復興を描く

Redesign, A Decade From The Great East Japan Earthquake and Beyond

羽藤英二［監修］
村上亮　中居楓子　中島崇（土木学会誌編集委員会）［編集］

公益社団法人土木学会

目次

第2章 福島

第3章　事前復興

第4章 未来へ

まえがき

復興を描く

羽藤 英二
東京大学大学院工学系研究科 教授

東日本大震災発災の直後から現地に入り、復興のお手伝いをさせていただいてきた。最初は瓦礫処理から始まり、高台移転や学校の統廃合、高速道路の整備や、除去土壌などの中間貯蔵施設までの輸送計画の立案、帰還に長期を要した原発被災地における支援センターの設立とその運営まで、多くの仕事は、地元の人たちと専門家や学生で一緒にチームをつくり、長年取り組み続けている。実際に関わってみて分かったことは「復興を描く」といっても専門家のたてた計画が地域の中でそのまま実行に移されることはほとんどないし、必ずしも全ての仕事がうまくいくわけではないということだ。現地で叱責されたり、「復興なんて時代遅れじゃないですか」と言われたこともある。復興に携わる人々が直面しているそうした厳しい現実はどこからやってきているものなのだろうか。もちろん災害は当初、混乱の中にあっても当事者による勇敢な行動を自然させ体験を共有し生き延びた人々の連帯を生み出していた。しかしその一方で、避難生活の疲れや援助の遅延からやり場のない怒りや不満が噴出し、住民同士のトラブルなどが目立ち始めた時期があったことも事実だ。さらに時間の経過とともに被災地には新たな日常が生まれ、生活の建て直しが進んでいく中で地域の中にも外にも徐々に格差が生まれ、復興から取り残され精神的な支えを失った人々はストレスを抱えることになる。苦境にたつ人々と共に復興を描くことは簡単なことではない。だからといって当事者を欠いたまま復興を進めるわけにはいかない。では、住民、専門家、行政担当者や学生といったさまざまな立場の人々はどのように復興に関わってきたのだろうか。人々の悩みの中で行われた取り組みについて立場を超えた生の声を知りたいと思ったのが本書編集のきっかけである。土木学会誌の編集長をしていた私は、震災から10年を迎えようとしていた頃、日本建築学会に働きかけて建築雑誌と土木学会誌の共同編集でこのテーマを扱おうと考えた。土木と建築の間でもさまざまな軋轢が厳しい復興の現場の中では起きていた。呼応してくださる研究者と若手エンジニアが少しずつ集まり、村上亮さん、中居楓子さん、中島崇さん、栗原健司さんらが中心になって長い時間をかけた編集作業がスタートすることとなったのだ。

復興はどのように展開してきたのだろうか?編集に取り掛かるに際してそのことがずっと気になっていた。ちょうど100年前の1923年9月1日に関東大震災は発生している。近代化しつつあった首都圏を襲った唯一の巨大地震は南関東から東海地域におよぶ地域に広範な被害を発生させ、死者105385、全潰全焼流出家屋は293387に上った。電気、水道、道路、鉄道等のライフラインにも甚大な被害が発生した。関東大震災の被害は甚大なものであり、復興計画は政府主導で行われ後藤新平らは、東京と横浜における都市計画、都市計画事業の執行など復興の事務を掌る帝都復興院を設立して官僚を結集させることで近代復興の原型が生まれたといっていいだろう。国庫補助の投入、中央官僚の主導、社会基盤整備を特徴とする強い近代復興は、第一次世界大戦後の軍縮を契機として生まれつつあった新たなインフラ制度とその方法論を下敷きにしている。一方で、近世から繰り返されてきた火災に対する火除け地や火消しといった江戸の防災の備えが市区改正で計画されてきた近代的社会空間の中で新たな防災機能として引き継がれていなかったという問題も指摘されていた。こうした事実に直面したエンジニアたちは都市の中に新たな防災機能を産み出していく。災害の常襲性の中で都市は復興を経てさまざまな形態へ変化を遂げたといっていいだろう。チリ津波の被害を大きく受けた大船渡では進行中だった国道整備を高台に変更したことで市街地がこの後高台に展開され今次津波の被害を抑え込むことに成功する。その一方で、陸前高田では鉄道駅が海側に外挿されたことで市街地がリスクの高い低平地に発達し今次津波によって大きな被害を受けることとなった。災害の常襲性は、地域の中に津波てんでんこと言われる三陸独自の避難規範を生み出した一方で、浦浜の地形の中に津波は常襲するから地域復興の構えも過去の災害履歴や都市計画の歴史の影響を常に受け続けているものであるといっていいだろう。こうした中、新たな地域組織による復興の試みが昭和三陸復興のころから始まっていたことが知られている。コミュニティ主体の復興まちづくりは阪神淡路の震災復興から東日本大震災においても自然しており、近代復興とは異なる現代復興を特徴づける一つの方法論といえよう。このほかにも高度化する避難や津波シミュレーション、膨大な復興史研究の取り込みに基づいて描かれた新たな地域像は現代復興の優れた性質といっていい。自治体復興に力点が置かれたことで広域復興がうまくいかなかったり、土木と建築の間の隙間がさまざまな分野で行われた復興において大きな課題を残したことも事実だ。しかし一方でそうした隙間を埋めるように福島復興では汚染によってなかなか取りかかることができなかった空間の復興よりも移動する人々を前提に空間から人へと復興支援の形は進化している。大きな災害の中で困っているのは転居を繰り返さざるを得ない人たちだけではない。ハリケーンカトリーナに直面したニューオリンズではtrapped populationと言われるその土地を離れられない人たちがいることが報告されている。被災地を離れてなお集まろうとする人たちと離れられない人たちを前に私たちはどう向き合えばいいか。長期化する復興期における新たな生き方や地域像を支えるために復興の形は多様化し、時代と共に進歩してきた。東日本大震災復興と福島原発復興のあゆみはこうした現代復興の到達点とエネルギー問題に悩む私たちの国の未来そのものを示している。東日本大震災復興のさまざまな等身大の実像を、現場で活動を続ける多くの執筆者とともにまとめることを私たちは試みた。

震災からしばらく経って、被災地での復興支援に取り組む一方で、東日本大震災の甚大な被害を前にもし南海トラフ地震や首都直下地震が今起きたらどうなるのだろうという思いを抱くようになった。当時繰り返されていた専門家による研究会では「災害はトレンドを加速させる」といった事実認識に基づいた議論がなされていた。急激に進む被災地の人口減少から、災害が起きてから復興の準備をしていたのでは間に合わないことが指摘されるようになっていたのだ。こうした議論を踏まえて、私たちは東日本大震災の復興支援のかたわら南海トラフ地震で津波の被害が予想される地域に入り、事前復興の活動支援に着手した。事前復興の活動をはじめた頃、東日本大震災で被災した当事者の方々や関わってきた人々の体験や思いがなかなか伝わらないことに対して焦りにも似た感情を抱いた。しかし考えてみれば、当たり前の話だ。事前復興などといってみたところで、災害がまだ起こっていないのだから他の地域で起きた災害を自分ごととして備えることが難しいのも当然だろう。そこで私たちは、まだ災害の起こっていない地域のエンジニアや地元の高校生を復興スタディツアーと称して東北の旅に誘い始めた。東北では多くの地域で復興の成果が蓄積されつつあり、優れたデザインや計画・政策だけでなく、時間を経てうまくいっていない事例も含めて、実際の現場に立ち、悪戦苦闘した人たちから直接今話を聞くことでしか伝わらないことがあると考えたのだ。私たちは全国の研究者やエンジニアと連携して復興デザイン会議や高校生たちによる防災地理部をたちあげ、東日本大震災だけではなく各地の復興事例を見てまわり、専門家の間で議論を重ねることで優れた活動をアーカイブすることを試みた。本書では、このような事前復興活動そのものの紹介にとどまることなく、土木や建築の専門家に評価された復興事例を地図上に整理した。優れた復興技術に概説を加えた上で各地の都市形成復興史を年表とダイヤグラムとしてまとめる作業は骨が折れる作業だったけれど、本書を抱えて復興地を訪れ、復興スタディツアーの旅を通じて一緒に同じ風景をみた人々との間に事前復興に向けた共通イメージを自然してもらいたいと考えたのだ。

関東大震災から100年、COVID‐19やウクライナ危機を経て、私たちの危機に対する態度は大きく変容した。地域において私たちはあらゆる局面において危機を考えざるを得なくなったといっていい。戦争や災害、常襲性をもつさまざまな危機は都市において壊滅的なダメージを与えるからだ。都市の集住は外敵からの防御と安定的生活基盤の確保を目的としており、その成立の過程で集積の経済が生まれ、経済、政治、文化の蓄積が進む。都市は危機を内包する宿命をもっているといってよかろう。だとしたら生じる危機をどうやって回避すればいいのだろうか。富は所有できるが危機は晒されるものだ。誰しもが難民となる可能性から逃れることはできない。では長い時間人々は自然の中で、都市で、どうやって生きてきたのだろう。そして私たちは次の復興をどう描けばいいのだろうか。私たち自身に対する問いと誠実な実践を社会は必要としている。関東大震災以降、膨大な交通と情報のネットワークを下敷きにしのぎを削るようにして私たちは都市をつくり続けてきた。とはいえ中規模の都市であり続けることでその土地にしかない文化を蓄積していたり、最初から小規模性を与えられているがゆえに魅力的な集落もあるだろう。答えは一つではない。だからこそ、立場を乗り越えて次の復興はどうあるべきかを考えたい。そんな思いで本書は発刊されることとなった。東日本大震災の発災から4496日が過ぎようとしている。人間は忘れるから生きていける。傷みをそのまま抱え続けられる人は多くない。だけど、そんな私たちがそれでもなお復興の日々の記憶を記録し継承しようとするのはなぜだろう。いつか記憶を喪う私たちの必然を前に、忘れたい記憶と忘れてはいけない記憶がある。だから今復興を描く、今もなお現場を歩き続ける全ての人々たちと共に。

第1章

十年

平成23年（２０１１年）の東北地方太平洋沖地震（東日本大震災）から十年。被災三県の主要な災害原因が極めて稀な頻度の超巨大津波であったこと、都市、地域、集落（コミュニティ）といった住民の日常の場そのものが損壊したこと、少子高齢化、人口減少にともなう地域の持続性の問題が顕在化するなかで、特に弱体化が懸念される中小都市および漁村農村地域が甚大な被害をうけたことなどの被災特性により、津波被害からの復興は、過去に経験したことのないものとなった。この十年で被災地の「復興」はどこまで進んだのだろうか、復興の現場で直面した課題は何なのか。復興の取り組みの従事者・有識者の多角的視座から復興の枠組みと思想を総括し、「時間」と「空間」、「人」や「地域」に根差した復興のあり方を再考したい。

建築と土木の復興

Crossover Understanding between Civil Engineering and Architecture in the Process of Reconstruction

［座談会メンバー］
貝島 桃代 氏　アトリエ・ワン、筑波大学芸術系 准教授、ETHZ Professor of Architectural Behaviorology
佐藤 愼司 氏　高知工科大学 教授
内藤 廣 氏　建築家、東京大学 名誉教授
三宅 諭 氏　岩手大学 農学部 准教授

［司会］
高口 洋人 氏　早稲田大学、日本建築学会会誌編集委員会 委員長
宮原 真美子 氏　佐賀大学、日本建築学会会誌編集委員会 委員
長澤 夏子 氏　お茶の水女子大学、日本建築学会会誌編集委員会 幹事

2020年10月16日（金） 建築会館にて

防潮堤に見る建築と土木のクロスオーバー

宮原――震災から10年が経過し、防潮堤が整い高台移転事業や区画整理事業により宅地化された土地に、住宅、商業、教育施設、震災遺構整備など各種建築が建ち、町として本来の生活を取り戻しつつあります。町の姿が見えてきたことで、土木と建築が取り組んできた復興の全容が見えてきたように思います。

今回は海岸工学を専門とし土木学会で津波調査を行われた佐藤先生、岩手県津波防災技術専門委員会など16の復興の委員会に携われた内藤先生、復興支援ネットワーク「アーキエイド」に参加され石巻市半島部を中心にプロジェクトに関わられた貝島先生、被災地である岩手で教鞭《きょうべん》をとりながら地域に密着して多くの復興計画に参加された三宅先生に、東日本大震災の復興を土木と建築の両視点から振り返りながら今後の課題・展望を語っていただければと思います。まず土木と建築の最たるクロスオーバーとも言える防潮堤についてお話しください。防潮堤は景観保全や住民合意を巡り、マスコミでも報道されたことを記憶しています**（図1、2）**。

内藤――私が携わった岩手県・野田村では防潮堤を新設した上で、三線堤という構成をとったのが特徴です。野田村は15mの津波に襲われ、

村の3分の1の約500世帯の家屋が倒壊しました。村長の小田裕士さんが復興に際して示した考えは、絶対に海側に人を住まわせたくないというもので、これは野田村がこれまでにも津波被害を受けているものの、しばらくすると皆忘れて海側に住んでしまってきたというのが理由です。そこで海岸沿いに一線堤をつくり、その内側の三陸鉄道や国道を二線堤と位置付け、さらにその内側に三線堤を盛土により計画し、この線を引くことで居住できないエリアを広く設定しました。三線堤の高さはそれほど高くないので、到達時間を遅らせて避難する、という考え方です（**図3**）。

宮原――岩手県が全般的に自治体の判断に委ねた防潮堤計画をとったのに対し、宮城県は県全域で足並みをそろえました。県ごとに対応が異なる理由はなぜなのでしょう。

佐藤――津波調査を経て土木学会が出した結論を端的に言えば、3・11レベルの津波を堤防だけで防ぐのはやめよう、というものです。堤防

図1　震災時に減災効果があった釜石港湾口防波堤
（出典：東北地方整備局）

図2　震災後に建設された石巻市雄勝半島鮎川浜の直立防潮堤
（提供：宮原真美子）

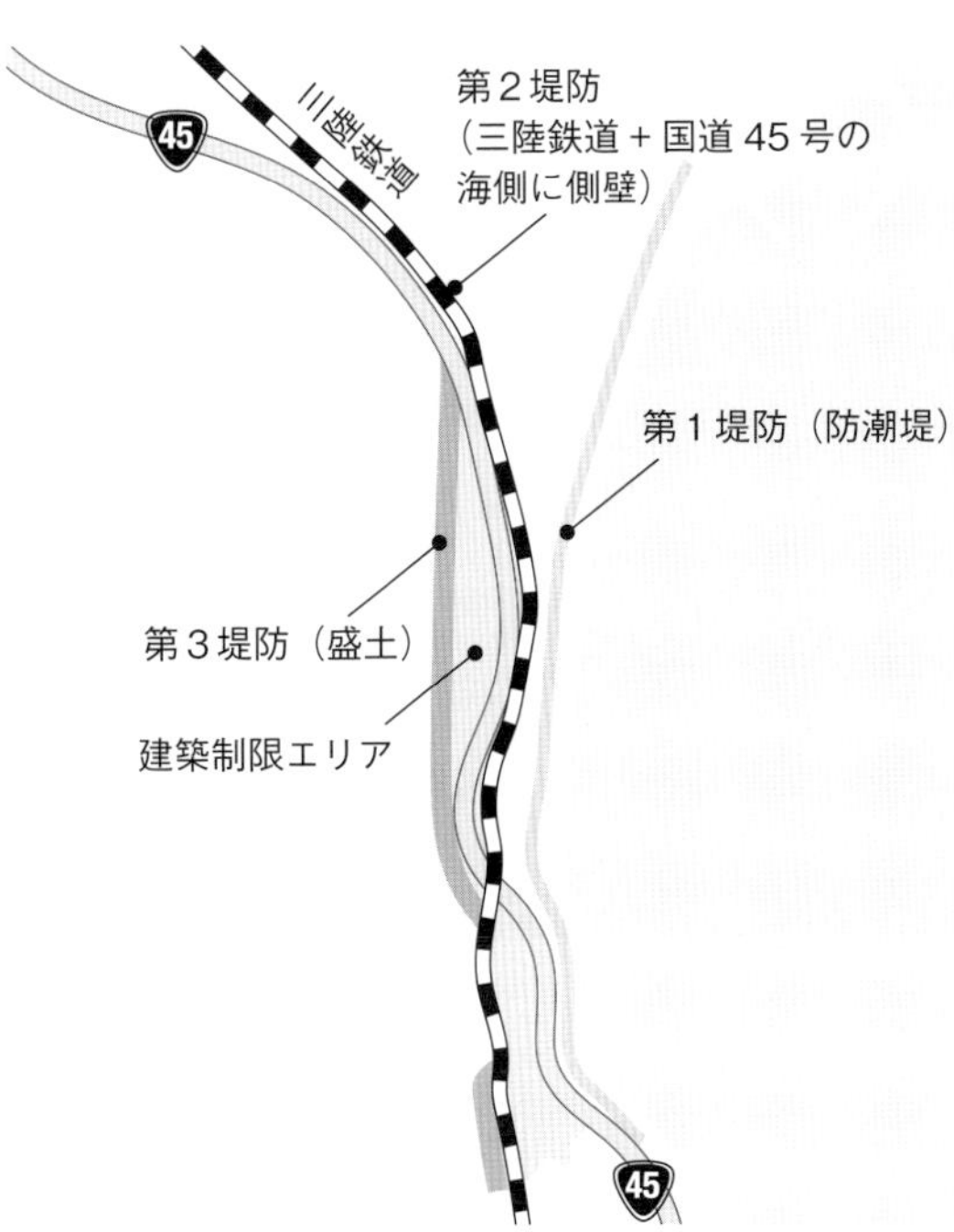

図3　岩手県野田村の三線堤

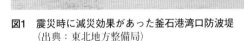

技術を手の内に取り戻すことは、レジリエンスにおいて重要です。工学が人々の暮らしを応援できるものになれば——

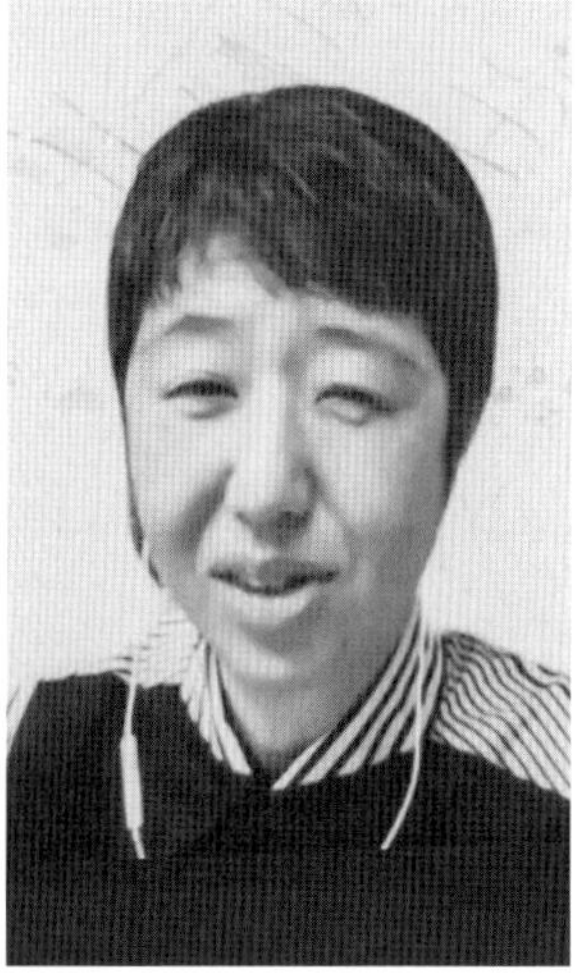

KAIJIMA Momoyo
1991年日本女子大学卒業。1994年東京工業大学大学院修士課程修了。1996-97年スイス連邦工科大学チューリッヒ校奨学生。2000年東京工業大学大学院博士課程満期退学。修士（工学）。建築意匠、設計、建築のふるまい学。

は安全性のために数十年に1回つくり変えなければならないのですが、千年に1回起こるレベルの津波のために20回ほどつくり変えるコストを、果たして社会が許容できるのかという議論がなされました。そして津波の規模を数十年から百数十年に1度発生するL1と、それを上回る東日本大震災レベルのL2に区分し、L1は防潮堤で防ぎ、L2は防潮堤で被害を低減するとともに避難対策を講じて対応する。その設定の判断は各都道府県に委ねる……という提案をまとめ、行政がこれらを基に通達した次第です。県ごとの対応の違いについては、海岸法で海岸管理者は都道府県と定められているためです。エリアによって過去の経験や地形も異なりますから。県ごとに対応が異なるのは、このような考え方に基づいています。

内藤——対応の違いは、住民感情の推移をどのように受け止めたかという理由もあるでしょう。例えば陸前高田市で実際に建設された防潮堤はL1対応の12・5mですが、震災から半年後の委員会で市町村からの意見聴取をした時には、とにかく防潮堤で防ぎたいのでL2対応の21mにしてほしいという意見が出た経緯もあります。

貝島——私の経験で言えば、石巻では防潮堤を下げる住民合意を取ったものの、県全体で同じ方針を取りたいという意向の前に覆せないということがありました。そのギャップをどう埋めるかは、南海トラフをはじめとする今後の震災復興や防災の課題の一つとなると思います。

内藤——コミュニティーの強固な合意形成が重要で、例えば大槌の赤浜地区は非常に結束が強く、柔軟な対応が実現できました。漁村集落で生死に近い環境にあるため自治力が強固なのです。しかし石巻などの都市部のような大きな集団では、合意形成が課題となります。

もちろん防潮堤をつくらないという決断をするのなら、その責任もコミュニティーが負わなければなりません。ただし本来、自治とはそういうものでしょう。前述の野田村は三陸で最も復興が早かった村としてマスコミからも注目を浴びましたが、これは村長の小田さんのリーダーシップに負うところが大きかった。喧嘩村長とも呼ばれ、大臣であろうと知事であろうと住民の立場に立って言いたいことははっきり言う方です。そうすると上位の自治体は村の意思を尊重するのです。事

図4　陸前高田市の復興した市街地（提供：陸前高田市）

実、被災後1年くらいは、国は県の意向を尊重する、県は市町村の意向を尊重する、とそれぞれ表明していたはずです。しかし下位の自治体が合意をまとめられないとなると、そこを県や国が負わざるを得なくなって、マニュアル通りのことしかできなくなってしまうのです。

三宅——地域で協議会的な組織を立ち上げながら、最終的には動けず行政が音頭を取ったところもありました。L1・L2の話で言えば、現場の行政職員にとっては国から指針が出されたことで住民に説明がしやすく、動きやすかったと思います。住民から直接責めの声を受けるのは現場の職員で、彼らもまた被災者ですから。

高台移転事業・区画整理に見る建築・土木・都市計画の関係性

宮原——次は、高台移転と区画整理による住まいの再建についてお伺いします。例えば、陸前高田では、津波復興拠点で中心市街地を、その周辺を区画整理による宅地整備を行いましたが、現在空き宅地が目立ちます。また、広大なエリアを嵩上げするために山を切り崩し海からの風景も大きく変わりました。果たして住民規模にあった事業であったのか、人口が減少する将来像を予測したシミュレーションなどは行われなかったのでしょうか（**図4**）。

内藤――私も建設途中の風景を見て慚愧の念に堪えないといった感を抱きましたが、変動要素が多すぎるのです。被災直後と数年たった段階では住民の感情も変われば、高台に移りたいという人の数も変わってくる。常に目標が動いている状態で、どこかで線引きをしなければならないというのが現場の実情だったんでしょう。

佐藤――それが津波や水害の難しさですね。２００５年にハリケーン・カトリーナに襲われ８割が冠水したニューオーリンズでも15年たった現在、人口は当時の６割にとどまっており、この状況を予測できた人はいません。どれほど魅力的な復興をしても、事前によほどの準備をしていないと難しいと思います。

高口――現場でつぶさに状況をご覧になっていた三宅先生は、高台移転事業・区画整理についてはどのようにお考えですか。

三宅――少子高齢化社会を迎え人口が加速的に減っている中、土地を切り拓き市街地の面積を広げる以上、街が低密度になることは予想できました。しかし必要なところだけ小さくつくると細かい調整が増えて時間もかかります。また、土地の権利を動かしづらいため、早期の復興を求められる時間制限もある中で考えられる事業の手法はこれしかなかったと思います。時間の問題は非常にシビアで、子育て世代は早く戻れるめどを立てないと、避難先で子どもが入学してしまい、絶対に戻ってこないんです。時間をかけてシミュレーションを重ねて将来像を見据えて……というのは正論ではありますが、子どもたちが戻ってこないということは地域の存続に関わるので、１日でも早く戻れる絵姿を見せてあげたいと、考えていました。

内藤――今回は建築と土木、二つの専門領域を超えて復興を議論するとのことですが、三つ目として都市計画の視点も重要だと思います。というのも土木はエビデンス重視で、一方、建築は人の暮らしによっており、その二つをつなぐソシオロジカルなアプローチが介在すべきであるからです。東日本大震災の復興計画ではそこが欠けていたがために、土木は公共寄りの防潮堤に専心し、人々の暮らしに近い建築は部外者にされた。本来、都市計画がこれらを有機的にまとめるべきでした。それが十分でなかったために、印象としては「固い復興」になったと思います。政策的には、防潮堤・高台移転事業・区画整理を三種の神器のように組み合わせることに終始せざるを得なかったのではないでしょうか。

　連携が取れていなかった代表的な弊害として、特別立法をせずに現行法の延長で全ての問題を解こうとした。だから、手法としては極めて官僚的です。区画整理事業にしても、より弾力的な運用の仕方があったのではないかと思います。これは個人的な臆測を出ないのですが、あの時は福島の原発こそが国家の存亡の喫緊の課題だったのではないでしょうか。首都圏退避も囁《ささや》かれる中、東北に関しては従来の延長線の手法で解こうという国の腹づもりがあったのかもしれません。

貝島――内藤先生の弾力的な運用、ということに関して言えば、私は民俗学者・山口弥一郎が1896（明治29）年と1933（昭和8）年の三陸地震による大津波の被害・再興を著した『津波と村（三弥井書店）』が2011年に復刊されたことが貴重なヒントとなると思っています。そこには集落が変化していく時間軸への視点があるのですね。津波被害に対する復興計画も、時代の変遷とともに漁業の産業化や車のような新たな交通インフラの登場など、構造的な問題が浮き彫りにされているのですが、こうした視点が欠落していたように思います。

人口減少についてはやむを得ないという感もあり、それは東日本大震災のみならず津波や水害が発生しやすい平地など、本来ならば住みにくい場所に人が住み始める構図について同様のことが指摘できると思います。震災での体験を経て、土地への考え方を見直す時期に入ってきていることを実感しました。

SATO Shinji
1958年生まれ。1981年東京大学卒業、同大学院修了。博士（工学）。専門は海岸工学。1997年土木学会論文賞。2019年より現職。

防潮堤の設計理念については、将来の人口減少や自治体の競争力まで見据えた学術的な検討が始まっています――

佐藤――川や海の近くなど危険で住みにくい土地は地価が安いので、ある意味住みやすく、開発対象になってしまうのですよね。地方自治体にとっての価値軸の一つは税収で、他の自治体と競合しなければならない構図が続く以上、これまでの津波被害と同じ歴史が繰り返されていくことを懸念しています。津波に関しては「津波防災地域づくり法」という法制度が整備されており、都道府県により津波災害警戒区域等を設定できるようにはなっていますが、公表するか否かは都道府県の判断に任せられているので、全国でも示しているのはごくわずかです。津波浸水想定を基準として警戒区域等を指定すると沿岸の大半の部分が警戒区域になってしまうので、自治体としては指定してしまえば競争に負けるという発想になってしまうのですね。

貝島――自治体としてなかなか言いにくいことと思いますので、学会という学術的な立場から、みんなが安心して住めるまちの将来像を発信していかないと価値観は変わらないのでしょうね。

内藤――どこで手を打つか自治体ごとに議論する必要があるのでしょうね。逆に、完全に安全な都市や村というのはあり得るのか、を問うてみたいですね。もしそれが実現すれば、人が住めないような極めて異様なまちになってしまうはずです。新型コロナウイルスにしても、ある程

今後に向け、建築と土木と都市計画が手を携えて取り組むべきです。「私権」と「公共の福祉」についての議論も必要でしょう——

NAITO Hiroshi

1950年生まれ。早稲田大学大学院修士課程修了。1981年内藤廣建築設計事務所設立。2001～11年東京大学にて、教授・副学長を歴任。2011年東京大学名誉教授。近作に高田松原津波復興祈念公園 国営追悼・祈念施設、東京メトロ銀座線渋谷駅など。

度受容しながらコミュニケーションや経済活動を営むバランスを見いだすことが求められていますが、これと同じことなのではないでしょうか。

貝島——水害被害が起こる土地を、例えば野球場など経済的な一時利用の場として運用するのには意義があり、水田や農耕地も生産の場だけでなく水の管理の場として表裏一体としてきた歴史があります。ただそうした場所に家を建て始めたのが問題で、例えば漁業で言えば仮住まいのはずであった漁師小屋が固定化されて人が住むようになり、ならば津波にも流されない頑丈なものを……と、ソフトからハードへの転換が起こり、技術の使い方が堅固なものをつくる方向に動いてしまった感が否めません。

内藤——貝島さんのおっしゃる通りで、ソフトウエアを見直してハードウエアの負担を軽くしていかないと、次の大災害への対応はできないと思いますね。東日本大震災の三陸の復興では時間的なリミットがあったのでハードウエアに注力せざるを得ませんでしたけれども、これからは逆にならなければと思います。

高口——エンジニアリングの世界では利用者が期待通りは動かないことを考慮して、少しオーバースペック気味に設計する傾向があります。三陸の復興でのハード偏重の反省やそこから得た知見を、50年先の人が正しく受け継ぐことに期待してよいのでしょうか。

佐藤——私は今、四国で教鞭をとっているのですが、神社にはここまで津波が来たなど印が残っていますよ。長く住まわれている方は、そうしたものを財産と思っていらっしゃいます。

貝島——いかに生きた知恵として蓄えるかということですよね。地域のお祭りでおみこしを担いだり炊き出しをするのも防災訓練の一環でしょう。こうしたことが途絶えつつありますが、いかに知恵として地域に根付かせていくかが必要だと思います。

内藤——陸前高田でも震災遺構を巡り、住民間で意見が衝突しました。もうあんなものの記憶なんか見たくない、という悲痛な思いを皆さん抱かれている。ただお身内を亡くされた青年商工会議所と婦人会の方が、言葉だけでは百年後に伝えられないのだから実物を残すべきだ、とおっしゃって遺構を残すことになりました。記憶の継承ということで言えば、ある程度分かりやすいハードウエアも必要かもしれません（図5）。

技術を手の内に取り戻す

宮原——次の災害時の復興に向け、われわれ専門家がソフトウエアを見直してハードウエアの負担を軽くしていく上で、ご提言がありましたらお話しください。

内藤——それこそ建築と都市と土木が手を携えて取り組むべきことですね。防潮堤の委員会でシミュレーションしたところ浸水域1m以下のエリアがけっこう広くて、これは雪国の克雪住宅のように1階をRCにするという建築的手法を取り入れれば、防潮堤の高さ頼みにならず、計画の自由度も上がったと思います。ただその時は建築サイドの関係者は私一人だけで理解を得られなかった。リスクを正しく理解すれば、多様な選択肢から柔軟に解答を選べるようになるのではないでしょうか。

佐藤——明治の技術者ならできたと思いますね。リスク判断に始まり包括的な職能が求められましたから。ただ今の学問は高度に先鋭化してしまい、そこで勝負しないと若い人が生き残れない時代になってしまっている。教育を変えなければなりません。とがらない、丸い教育も必要ですね。若い人たちがその丸い研究でどう食べていけるようになるか、環境づくりや方法論については試行錯誤中ですが……。

図5　**陸前高田市の震災遺構**（提供：宮原真美子）

子どもたちが戻ってこないことは地域の存続にかかわります。1日でも早く戻れる絵姿を見せてあげたかった——

MIYAKE Satoshi
1972年生まれ。1995年早稲田大学卒業。2000年同大学院単位取得退学。博士（工学）。都市・地域計画。共著に「東日本大震災合同調査報告書（建築編9，11，都市計画編」、「景観計画の実践」など。

内藤——本来、工学というのは人の暮らしを助ける技術ですからね。

貝島——私も工学は空間を扱う以上、そのデザイン・設計は必然的に統合性が問われ、さまざまな専門性をつなぐ、あるいは編集し直す作業と思っています。しかし技術というキーワードに対して、今は高度化されたものが求められ、その弊害が起きてしまっています。もう一度技術を自分たちの手の側に取り戻すことは、レジリエンスにおいても重要ですよね。かつての漁村の暮らしの知恵には、建築も土木も農業も生物学も治水も入っていて、先鋭化はされていないけれども統合性があった。工学がもっとインターディシプリナリーで、人々の暮らしを応援できるものになればと思います。

三宅——まちづくりで言うならば、住民が技術を駆使して身近な環境を整備していたのが、技術革新によって住民の手から技術が離れてしまった。そこに大規模な新技術で整備した結果、住民の生活から離れたまちができてしまうようなものです。新しい技術が生まれたとしても、それを住民側が使えるように託すのが、本当の意味での技術だと思います。そこがないために住民が関心を持てず、行政は何をしていたんだとあつれきが生じてしまいますから。

他分野との協働から生まれるもの

宮原——本来は建築も土木も一つのまちをつくるという観点では、同じゴールを見据えるべきだと思うのですが、三陸の復興で言えば建築はコミュニティーの離散をリスクとして捉え、土木は自然災害に対する危険度をリスクとみなし、ゴールの設定に乖離《かいり》を感じます。

佐藤——そのご指摘に関する反省はあり、土木学会では減災アセスメント委員会を立ち上げ、防潮堤の設計理念を見直す動きも起きています。将来の人口減少や自治体の競争力まで見据えた学術的な検討が始まっており、南海トラフ地震に生かせたらと思っています。

内藤——建築も都市も土木も、お互いに自分の専門分野以外について圧倒的に勉強不足だったと思います。私自身も東日本大震災がなければ、土地区画整理法や土地法、防災集団移転促進特別措置法をあらためて読み込むこともなかったでしょう。そこは互いに学びを深めるべきだと思います。

貝島――私も東日本大震災を通じて、土地の問題、すなわち建てられる以前の状況にさかのぼることの必要性を痛感しました。設計教育も敷地ありきではなく、土地や地域などの問題が地続きであることの理解を深められるような課題を設けたいですね。

内藤――敷地という話で言えば、次の災害に備えて土地の権利や私権について、建築学会・土木学会・都市計画学会で、議論する機会を設けて認識を深めておくべきだと思っています。皆が自分の土地の権利を主張したら、また区画整理事業や移転事業に難渋して、いびつなまちができてしまうかもしれません。現行憲法では「公共の福祉に反する場合」には国民の基本的人権を制限できることになっていて、それが民法にも降りてきて、さらにはその下位の法律にも冒頭で明記されています。実際に一時的な私権が制限された判例も出ています。これまでは、どの法令にも「私権」とともに併記されている「公共の福祉」を巡る議論は皆無でしたが、新型コロナウイルスを機に個人の自由や私権を巡る認識を問い直す声が上がりつつありますよね。このようなタイミングで「私権」と「公共の福祉」に関する議論を深めておけば、災害時にも必ず役に立つと思います。

三宅――私権の制限によりまち全体の価値を高められるかもしれないということですよね。かつてはコモンズという共通のリテラシーがありましたが、今は開発して売却して終わり、という世の中になっていますので、そのような権利関係を見直していかないと次がないのかもしれないですね。

貝島――困っている人の救済は工学の使命でもあり、かつ政治の根底にあるべきものです。前出の被災の可能性が高い土地の開発や、被災地復興の公共予算の割り振りなど、私権・公共の福祉という視点で深く議論を重ねて、あるべきまちの将来像が導けたらと思います。

高口――最後に東日本大震災の復興時に建築と土木がもっと協働できたら起こり得た可能性や、今後の災害に対する課題をお話しいただけますでしょうか。

貝島――建築側からすると、土木の仕様規定が厳密であると感じました。高度に制度化されている分、自由が利かず、イレギュラーなものだと予算が降りなかったことがあります。もう一つは社会的なストックになるだろうと規定・予算の範囲でデザインしたものが華美と批判されるなど、公共的な通念とクリエーティブな多様性に乖離があることを感じました。ソフト面で動かしたいこともなかなか予算が降りず、もう少し住民の声やクリエーティブに応える柔軟な政策があればと思います。

内藤――仮定の話になってしまいますが、もう少し市街地をスケールダウンして山側に近いところにもっていくなど、まちの将来人口に見合ったコンパクトなストック形成はできたかもしれませんね。三陸ではハードウエアとして大規模な区画整理を行って立派なまちができましたが、果たしてこれでよかったのか。大槌では２０３０年に人口が半分になるという予測を最初に発表しましたが、これはまちとして成立していくものなのか。三陸でもまちづくりはまだ、終わっていません。国の予算の分配が終わっただけで、まちづくりに終わりはないのです。その意味でこれからが本当の勝負でしょう。南海トラフは規模が違うので、国家予算として同じような復興の手法は絶対にとれないと思います。三陸を教訓に、次に生かす方法を考えておかなければならないはずです。

佐藤――今は事前復興が盛んにうたわれていますが、私個人としては違和感を抱いています。やはり復興というのは忘却される事態を想定して進めるべきプロセスですので、そこを無視してよいものなのか。事前復興はハードの整備というよりも、人間の性《さが》についてもアプローチした上で考えなければならない課題と思っています。

また東日本大震災でいまだ解決していない問題は福島ですね。非常に遅れている地域があるので学会がせんだって支援していかなければならないと思っています。

三宅――東日本大震災では予想を超えたトラブルにあったことを教訓として次に生かせればと思います。例えば停電。電気がないと何もできないんですよね。電気への依存度は非常に高く、南海トラフ地震ではいかに復旧する備えをとっているのか。そのあたりの見通しがまだ脆弱《ぜいじゃく》な印象があります。

内藤――この前、静岡を訪ねる機会があったのですが、静岡は駿河湾地震や富士山の噴火に対する危機感もあり、防災訓練の参加率が非常に高いらしいんですね。こうしたことを文化として全国で根付かせていくことは大切だと思いました。

もう一つは、これまで私たちが想定していない形での大災害が起こる可能性も考えておきたいですね。津波や地震や洪水だけではなくて、もしかしたら火山の噴火や深層崩壊かもしれない。したがって東日本大震災を振り返りつつも、そこだけにフォーカスしすぎると想定外の事態に対処できなくなるのが心配です。その意味で、普段から他分野ともっと交流をして災害に対する知識を深めておくべきでしょう。

座談会

土木の復興　今後に生かす東日本大震災復興の反省点

―構想・計画・実施の各局面―

Lessons of Design, Planning and Implementation as the Reconstruction Phase -Perspectives of Civil Engineers-

［座談会メンバー］
奥村　誠氏　東北大学 災害科学国際研究所 教授
岸井　隆幸氏　日本大学 理工学部 土木工学科 特任教授
中井　検裕氏　東京工業大学 環境・社会理工学院 教授
柄谷　友香氏　名城大学 都市情報学部 教授

［司会］
佃　悠氏　東北大学 大学院工学研究科 准教授
高口　洋人氏　早稲田大学、日本建築学会会誌編集委員会 委員長

2020年10月20日（火）　オンライン会議システムにて

復興に向けての構想や計画、実施段階の各局面で、どんな困難があり、どのように乗り越えることができたのか――。発災後、岩手県陸前高田市や宮城県石巻市で現地調査を行い、復興支援に携わってきた登壇者が、反省点を含め、建築・土木の分野横断的な視点からまちづくりの展望を話し合った。

土木系・建築系の諸学会が共同で緊急声明を発表

佃――初めに、皆さんがそれぞれ東北の復興にどのように関わってこられたか、紹介をお願いします。

奥村――もともと都市間交通を研究しており、2006年に仙台に移って、東北の地域振興について考え始めました。その前年に、国土総合開発法が国土形成計画法へと抜本改正され、人口減少時代に向けて地方を中心とする国づくりの方向を模索する時期に入ったところでした。豊かな環境などの東北の力を基礎とする振興の構想を検討していた矢先に、東日本大震災が起こったのです。

その後、東北は国内外から大きなご支援をいただきましたが、10年がたち、これからは自分たちの力で頑張らないといけない。今後、どのように明るい東北にしていくか考えているところです。

岸井――発災時、私は日本都市計画学会の会長でした。日本都市計画学

会は土木学会などと共同で2回の現地調査を行っています。阪田憲次土木学会会長を団長とする第1次調査団は、3月27日から4月6日まで現地に入り、主に被災状況を確認しました。4月の29日から5月7日にかけては、私が団長となり第2次調査団を派遣しました。

その後6月から国土交通省の直轄調査が始まり、私自身は被害が大きかった石巻市へサポートに行きました。1年目は復興の計画づくり、2年目からは復興事業推進のための調整会議の座長を務めました。完成に近づいている復興祈念公園のお手伝いもしています。

中井――私は当時、日本都市計画学会の専務理事代行でした。土木学会と共に現地調査に行き、その後の国の直轄調査では地区ごとに学識経験者を入れて調査するということで、その一員として陸前高田市に入りました。市の復興計画の検討委員会で、1年目は復興計画策定を支援。2年目からは各種復興事業が動き始め、復興推進委員会委員として土地区画整理事業（以下、区画整理）の相談などの支援をしました。また岩手県で復興祈念公園の有識者会議があり、その座長を10年近く務めています。

柄谷――専門は防災計画です。未曾有《みぞう》の広域巨大災害による急激な環境変化に、被災者や被災地がいかに適応していくのか、そのレジリエンスが大きな関心事でした。公助の限界を補う被災者の主体性はいつどのように発揮されるのか。復興の過程で生まれる新たな社会現象や課題を見出したい、それが「被災地に住まう」動機でした。発災3日目には東北に向かい、主に陸前高田市に長期滞在し、被災者が自主運営する避難所や応急仮設住宅に身を置き、参与観察を続けてきました。

佃――3月11日の発災直後に、各学会はどのような対応をしたのでしょうか。

岸井――すぐに各学会で支援の動きが始まりました。建築・造園・土木の各学会長さんとも連絡を取り合いました。

土木学会の阪田会長はまず「メッセージを発信しよう」と提案され、3月23日に土木学会、地盤工学会、日本都市計画学会の会長名で復興に向け「英知の結集」を呼びかける共同緊急声明を出しました。一方、日本建築学会とは建築関連団体災害対策連絡会に参加して議論を進めました。

その後4月26日に、建設系7学会会長共同提言として「国自ら広域被災地復興の中核となる広域協働復興組織を確立すること」など、踏み込んだ提言を内閣総理大臣に提出しています。

財政支援がなかなか決まらず
復興方針を示せないもどかしさ

佃――岸井先生が団長を務めた第2次調査団は、現地でどのような活動をしたのですか？

岸井――ちょうど復興に向けたさまざまな議論が始まった段階で、被災状況の把握基準を統一する必要性や安全・生活・生業の再建を目指す複合的な支援の必要性などを現地の自治体の方々と意見交換しました。

その後、第1次補正予算が5月2日に成立して国土交通省の直轄調査が6月に始まり、学会の先生方には作業監理委員として各自治体に1〜4人ほど入ってもらいました。国土交通省は室長、専門官、課長補佐クラスを地区担当として各自治体に貼り付け、調査を仕切りました。調査といっても実際は計画の作成支援のような役割です。作業監理委員を誰にお願いするか国土交通省とも話し合い、延べ50名以上の先生方に協力をしていただきました。

8月末には国土地理院が地盤沈降後の現況地図を作成しました。津波シミュレーションが行われ、津波防災の「L1／L2」の議論がようやくオーソライズされてきました。被災調査で、浸水深2mになると木造家屋は流出・倒壊することが分かり、そうしたことを自治体の皆さんに伝えながら計画を進めました。

しかし肝心の財政的な支援の話がなかなか決まらず、被災者の方に復興を明確な形で説明できないもどかしさがありました。11月21日に第3次補正予算が成立して、復興交付金などの制度がようやく見えてきて、やっと地元に具体的な復興の説明ができるようになりました。

先生方はそうした自治体のサポートをしながら、学会としての活動もしていました。土木学会と都市計画学会とで連携委員会をつくり、各自治体における取り組みや、抱えている共通課題を探ろうと、監理委員として現地へ入った先生方にアンケートを取り、情報共有しました。これが発災当時の流れです。

佃――ここまでの「構想段階」での反省点はありますか。

岸井――通常、災害が起きると国土交通省は真っ先に調査団を現地に派遣するのですが、今回は少し時間を要しました。

一つには福島第一原子力発電所事故への対応が急務で、やむを得ない部分もあったと思います。また、当時は民主党政権で、11年9月に菅政権から野田政権へと変わるなど、政治の混乱もありました。そのため復興予算が成立したのが11月、財政支援の枠組みをつくるまでに時間が

OKUMURA Makoto

1986年京都大学大学院工学研究科修士課程修了、京都大学助手、講師、広島大学助教授を経て、東北大学東北アジア研究センター教授、2012年災害科学国際研究所設置に際して移動し現職。国土交通省東北地方整備局事業監視委員会、仙台市都市計画審議会、仙台市総合計画審議会等の会長を歴任。

KISHII Takayuki

1977年東京大学大学院都市工学専攻修士課程修了。建設省勤務を経て1992年から日本大学理工学部土木工学科、1998年同教授、2018年から現職。2010～2012年（公社）日本都市計画学会会長。現在、（一財）計量計画研究所代表理事、（公財）都市づくりパブリックデザインセンター理事長。

かかってしまった。ちなみに復興交付金は非常に幅広く使える制度なので、今後のことも考えると、いつでも発動できるよう枠組みだけは維持しておくとよい、と私は思います。

区画整理事業をより機動的に使えるよう検討を

佃――中井先生は陸前高田市の復興に携わってこられました。構想の次段階である「計画策定時」の対応や課題についてお聞きかせください。

中井――現地の復興計画でポイントとなるのはまず時間です。被災者の方々の意向を聞き、時間をかけていねいに計画したいけれども、陸前高田の場合、復興計画は２０１１年中につくりたいという意向でした。検討を始めたのが6月頃なので、期間は6カ月しかありませんでした。その中で、復興した市街地のイメージを見せていかないといけない。

阪神淡路大震災の時は移転などの要素はなく現地再建でした。今回は移転の条件が加わり、しかも防潮堤をどこにどの高さでつくるかなど、外的条件がなかなか決まらなかった。国がどこまで財政支援するのかも分からない。そうした中で復興のイメージをつくっても、たびたび修正を余儀なくされ、行きつ戻りつしながら計画を徐々に詰めていきました。

佃――区画整理後に空き地が目立ったことから「あんなに広く区画整理する必要性があったのか」と疑問を呈する人もいますが、どう考えますか。

奥村――区画整理は本来、利用度を上げて価値を増進させるというアイデアで、右肩上がりの時にはうまく機能していた制度です。ただ時代が変わり、人口減少の今の時代にはなかなかそぐわない。けれども使える手法がそれしかなかったということではないでしょうか。

岸井――石巻市では、二つの場面で区画整理の手法を使いました。一つは、農地を買い上げて基盤整備して受け皿を作る「新市街地」6地区の区画整理で、スピーディーに2年半ほどで宅地を供給できました。

もう一つは、「既成市街地」の区画整理です。当初、まちなかに公営住宅を造ろうとしたのですが、適切な土地が手に入らない。一部の人が売ってくれても、基盤施設を修復してしかも盛り土をするには、面で整

自主住宅移転再建者の震災前後の居住地移動（震災前● ➡ 後●）

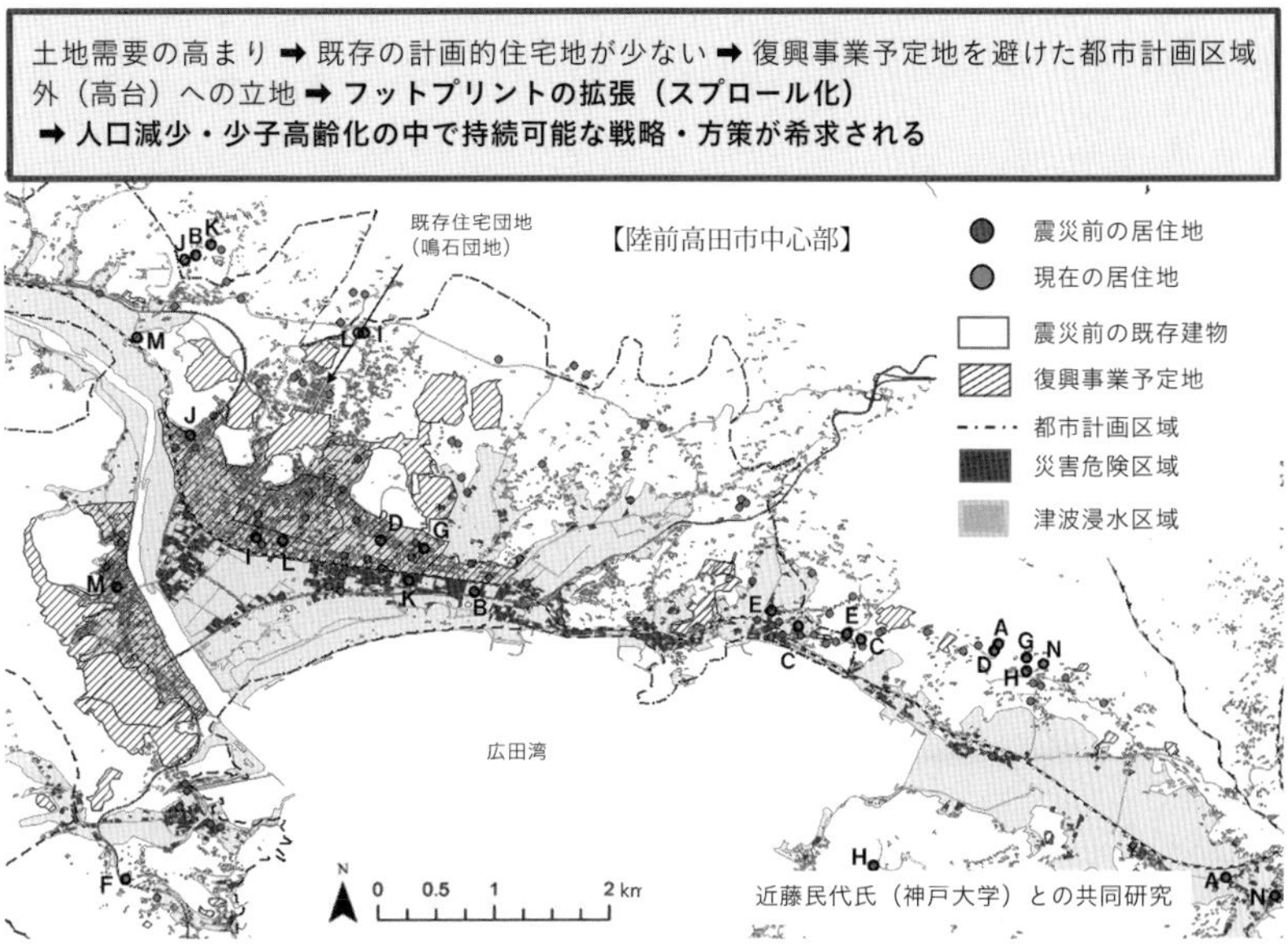

図1　自主住宅移転再建者の震災前後の居住地移動（2014年9月、陸前高田市中心部）

備をしないと使えないわけです。つまり区画整理をするしかないのですが、途中から用地を全面買収できる「津波復興拠点整備事業」が創設され、新しい可能性も生まれました。

中井——陸前高田の場合は、広範囲に市街地が壊滅状態であり、元の市街地と新たな高台両方を安全な町として復興する。そのために移転してもらうための仕組みとしては、防災集団移転促進事業（以下、防集）と区画整理事業しか選択の余地がありませんでした。

検討の結果、陸前高田の中心部は区画整理、周辺の漁村部については防災集団移転の事業手法を使いました。防災集団移転は土地を買い上げるので、住民が市外へ流出してしまう恐れがある。しかし区画整理は換地で土地をお戻しする。行政としては元の場所に戻って住んでもらいたいという思いが強いですから、手法としては間違っていなかったと思います。

ただ区画整理では換地照応の原則とか手続きとかいろいろな制約があり、もう少し自由な換地や事業途中での計画の柔軟な見直しなど、できればいいと思うことはたくさんありました。次の災害に備え、区画整理をより機動的に使えるように制度を煮詰めておく必要があると思います。

リスクコミュニケーションやスプロール化への対応

佃——柄谷先生は被災者の視点でこれまで復興の流れを見てこられました。

柄谷——宮古市田老に立ち寄った際、壊れた防潮堤の上で「ハード中心の防災計画の限界」を目の当たりにし、土木や防災に携わる一人として何ができるのかと落胆しました。「分からないなら、被災者に謙虚に学べ」。ボランティア活動で縁のあった陸前高田市の避難所にとどまることを決めました。

被災者との協働を通じて、二つの驚くべき現象がありました。一つは、避難所滞在時から将来のまちの姿やインフラ整備に関して、域内外の建設業者や支援者らを交えて語り合っていたことです。

共考の場を通じて、同じ議論のテーブルに着くためには、相互のコミュニケーションの前提をそろえることが重要と気づかされました。土木や建築に精通しない人々に対し、知識や理念などを共有する。他方「被災するということ」を経験された方々に学び、共感する。将来の広域巨大災害に備えて、事前にいかにコミュニケーション前提を揃えておけるか。その面でも、土木や建築に携わる技術者の役割はとても大きいと考えています。

二つ目は、行政による集団移転など復興事業を待たず、早期に移転を決めて自力で住宅を再建しようとする被災者の勢いです。津波から安全な土地を自ら探して回る。行政によらない被災者の存在が、真に支援を必要とする方々への資源の再配分を可能にしていると思いました。

図1は陸前高田市中心部における自主住宅移転再建者の震災3年半の居住地移動を表しています。「ひと」の行動としてみれば主体性の発揮と評価できる一方、都市計画上の確たる誘導策がない中では「まち」は高台を中心に都市計画区域外まで広がっています。人口減少や少子高齢化が進む中では、スプロール化に伴うコミュニティのシャッフル化や移動の不便、インフラ整備の拡張などへの対応が課題として挙げられます。

将来の広域巨大災害では、復興事業のさらなる長期化が予想されます。東日本大震災からの教訓を紡ぎ、多様な再建パターンを想定し、事前の計画に盛り込むことが求められます。被災者の自力再建を促す支援を検討しつつ、人口減少を見据えた持続可能なマスタープランを考え、ステークホルダー間で共有しておくことが大切です。

中井——確かに、現地で計画している最中に、自主住宅移転再建はどんどん進んでいきました。集約型の都市構造を目指す中でスプロールの懸念も当初はありましたが、次第にそういう復興の仕方もあるのではないかと思うようになりました。図面を見ると、地形的な条件もあり、全体としてはそれほどスプロール化は起きていないように思います。

ただ問題は、外に新しく住宅を建て、かつ、元いた土地を処分せずに持っている方が多いと思われることです。その方たちが区画整理の対象であれば、換地で土地が戻ってくる。けれどもすでに事業区域外に家を建てているので、区域内の土地の需要が落ちてしまう。このことが、区画整理事業区域で住宅再建の進まない一因になっているように思います。

岸井——石巻の場合、リアス海岸の地域はそもそも平野部がほとんどありません。津波から逃げるには高台に移るしかないのですが、使える土地は限られています。商売をされている方などは顧客がいなくなるので中心市街地や仙台まで出てしまう。

一方、平野部の復興では、被災者の希望を聞き、先行して受け皿となる市街地を整備しました。浸水の危険性がなく、被災地から離れておらず、公共交通機関が活用できるところにある程度集約化が図れました。JR仙石線に新駅も設置しました。

問題は公営住宅です。石巻市全体の住宅戸数5万戸強に対し、既設の公営住宅が1300戸、新たに希望通りに4400戸の災害公営住宅をつくる。つまり全住宅戸数の1割以上を公営住宅が占める状況になります。公営住宅はいずれ再編成が必要になると思われます。

NAKAI Norihiro

1986年東京工業大学大学院理工学研究科博士課程満期退学。ロンドン大学、東京大学等を経て1994年東京工業大学助教授、2002年教授、2018年より学院長。専門は都市計画、都市開発、景観計画。国土交通省社会資本整備審議会委員、国土審議会特別委員など。2014 ~ 2016年(公社)日本都市計画学会会長。

また民間賃貸住宅を借り上げる「みなし仮設」の制度が新しく入りました。被災された方の半数以上はみなし仮設に移られましたが、5年たてばそこでの生活に馴染《なじ》み、元の土地に戻ることが難しくなります。これも悩ましい問題です。

時間の制約が土木と建築の連携を生んだ

佃——計画の「実施段階」の話に移りたいと思います。震災前から東北の地で地域のあり方を考えられてきた奥村先生は、震災後10年の成果と課題についてどう見ていますか。

奥村——多方面からの支援を受け、東北は再生の絶好の機会を与えてもらったのですが、その機会を私たちは十分生かせたのか。例えばまちをゼロからつくるのに、なぜ電線の地中化ができなかったのか。なぜ高齢者のための自動運転車が走るまちがつくれなかったのか。もちろん、復興は急ぐ必要があり、考える余裕があまりなかったことは事実です。

一方、時間の制約がよい結果を生んだ面もあります。一般に、土木はユーザーに合わせようとする感覚が薄く、つくるものがいったん決まると途中で大きく変更はしません。しかし今回は10年で復興の区切りをつけるというゴールが決まっていたので、土木から次にバトンを渡す都市計画や建築と同時並行で仕事を進めていく必要がありました。この

KARATANI Yuka
京都大学大学院工学研究科博士課程満期退学。人と防災未来センター専任研究員、京都大学大学院工学研究科助手、名城大学都市情報学部准教授を経て2015年より現職。中央防災会議防災対策実行会議WG委員、国土交通省社会資本整備審議会気候変動に適応した治水対策検討小委員会委員などを歴任。

ため下流を見ながら調整し、多くの場面でエンジニアリングのセンスを発揮し、統一感のあるかなり質のいいものをつくれたと思っています。まちづくりの醍醐味《だいごみ》を経験し、技術者のやりがいや成長にもつながった。新しい時代に向け土木技術を発展させる契機になったと考えています。

佃――建築と土木が一緒になって復興事業を計画したところもありますね。

奥村――石巻市の川沿いや女川町には人が集まるエリアができ、そこを中心にまちを再編成できたと思います。まちづくりのコンセプトの段階でどのようにしたいかの対話ができたので、スムーズに運びました。

岸井――東日本大震災では、一帯の地盤が1m弱沈降しました。下水管がやられ、道路にも段差ができてしまった。まちを基盤から面的に再構築せざるを得ないので、建築的対応だけでは問題解決は難しいと言わざるを得ません。協調が必須です。

　復興に当たり最初にベースをつくるのは土木となりますが、計画段階で、建築の側から要請して道路の位置を変更してもらうなど、土木と建築のコラボレーションもありました。土木技術者も利用者の意見を聞きながら、最終的に出来上がる空間を意識して考える習慣が身につくなど、経験知を上げられたのではないでしょうか。

中井――陸前高田の場合、この10年間の大部分は土木事業が中心でした。私は都市計画でも建築寄りのことに携わっていますが、今回、決めたことを確実に推進する土木の方たちは本当に頼りになった。高さ12・5mもの防潮堤が5年間で本当に完成したのです。土量計算の際に「土を動かすだけで何年かかるか」と思っていたら、ベルトコンベヤーを組み立て1年間で動かし切った。その技術力に感服すると同時に、いろいろ勉強もさせてもらいました。

　土木の方たちは真面目です。ただ、計画をつくっていく上では、使ってもらう人たちの信頼をいかに得ていくかが重要です。技術者が技術や安全性をいくらきまじめに説明しても、人はなかなか動いてくれず、計画は前に進みません。コミュニケーション力が必要なのです。われわれ都市計画の分野でも、そういう力を持った技術者をどう育てていくか、非常に大きな課題だと感じました。

佃――最後に10年を振り返っての感想をお願いします。

岸井――今回、多くの皆さんの努力によってここまで復興できました。支援に入ったUR都市機構の存在も大きかったと思っています。ピーク時、現地に460人ほどが派遣されていましたが、彼らは技術力があり、ニュータウンの区画整理に携わってきた経験も豊富で、コミュニケーション力もあります。

ただ、東北の復興が終われば、今後大規模な開発事業はそうそうないでしょう。造成計画や移転計画のノウハウを持った人がいなくなれば、次の大規模災害の時が心配です。専門家集団を育成し、社会として装備する仕組みを今こそ検討する必要があるのではないかと思っています。

写真1　座談会風景

中井――陸前高田は10年を経て、中心部や高台はようやくまちの姿が見えるようになってきました。復興事業としては後1、2年で終わりますが、まちの真の復興はむしろこれからです。これをバネに地域の皆さんに復興をもう一段頑張っていただきたいし、私も引き続きそのお手伝いをしていくつもりです。

柄谷――復興を通してさまざまな経験をもつ人々が集い、分野や肩書を超えて何ができて何ができなかったのか共有する機会が大切に思います。その場に次世代の技術者らも巻き込み、復興の過程で得られた知見や課題、現場感を継承する。これからの東北の復興、ひいては将来の災害に向けた私たちの使命だと考えています。

奥村――建設業法では「建設事業の完成を請け負うのが建設業」と定義されています。では「復興」に完成の形があるのかというと、おそらくありません。ですが、そのベースになるものをきっちりつくっておけば、新しく課題が出てきたとしても、少しずつ対応していくことで地域が持続できます。そのようなベースになるものをどうつくっていくかが今後問われていくと思います。

まちが発展するかどうかを規定するのは、その土地を使う人々の活動です。そのベースになるまちのあり方、そこに住まう人の活動を土木のわれわれはきちんと捉えてきただろうか、という反省があります。

土木構造物に関しては、壊れた部分は目で見て分かる。けれども人々の活動が失われたり、その前提になる交通に問題が生じたりしても、なかなか気付けないし問題の予測も難しい。そうしたところを土木、建築、都市計画などの分野が連携し、ITやシミュレーション技術を使って見通し、地域をうまく運営していくことが重要になると思います。

高口――東日本大震災後の10年で得た知見を各分野で今後に生かすことが、われわれの責務ですね。本日はありがとうございました。

危機の中の領域史
—小さなインフラを見直す多段階的なアプローチ—

Discussing disasters from the viewpoint of Territorial History

［語り手］
伊藤 毅 氏　青山学院大学 教授、東京大学 名誉教授

［聞き手］
北河 大次郎 氏　文化庁 文化財調査官

2020年11月4日（水） 東京大学にて

長い歴史の中でこの10年を見直す

北河——まず東日本大震災からの10年を振り返っていただけますか。

伊藤——初めに、この10年間、被災された方々へのお見舞いと、復興に努力された方々、それをいろんなかたちでサポートされてきた方々に心から敬意を表したいと思います。

10年というのは、振り返られるべき年数だと思います。10年を一つの区切りとして、今まで何をやってきたのか、何が足りなかったのかなどをもう一度反省を込めて振り返る。忘却しないということは、非常に重要なことだと思います。

一方で私は、東日本大震災を10年よりもっと長く、第2次世界大戦後から現在までの流れの中で見直すべきだろうとも思っています。

わが国は１９４５年の終戦の後、戦後復興がスタートしましたが、戦後最初の大きな災害は１９５９年の伊勢湾台風です。これは台風の災害としては未曾有《みぞう》の災害で、約５０００人の方が亡くなりました。そしてこれ以降、阪神・淡路大震災が起きた１９９５年までの間、災害らしい災害はなかったんですね。つまり、36年間、日本はほとんど大きな災害を受けない太平の世の中で、高度経済成長の波に乗り、いろんな建築や都市あるいは土木の施設がつくられてきたということになり

ます。

　1968年には高度経済成長のピークに達しますが、この太平の時代の都市化の典型が、恐らく東京と並んで神戸だろうと思います。神戸は、宮崎辰雄市長が1969年から5期20年間市政をけん引、「輝ける神戸」としていわゆる都市経営と呼ばれるものを成功させます。そこに、太平の世を打ち破るように1995年阪神・淡路大震災が襲った。神戸や三宮、宝塚といった、まさに都市部を直撃した、6434人の方が亡くなる大災害でした。60年代から始まった都市の発展過程に一つ水を差すような事件が起きたわけです。

　もう一つ、忘れてはならないのは、1986年に起きたチェルノブイリ原発の事故です。次に1990年には湾岸戦争があって、アメリカと中東の緊張がかなり露骨なかたちであらわになりました。約10年後、アメリカの覇権主義と中東への関与の反撃として2001年に同時多発テロが起こります。

　2005年にはスマトラ沖地震があって、大きな地震とともに津波でたくさんの人が亡くなるという災害も起こりました。そして2011年に東日本大震災が起こり、22000人の方が亡くなる未曾有の大災害となりました。2014年にはイスラム国が成立し、現在、2019年から始まるCOVID-19の中にいる、と。

　こう見てくると全てが連鎖して私には見えます。戦後の日本の歩み、世界の歩み、そういうものの中でこの10年を位置付けないといけないと私は考えています。

近代から現代にフェーズが変わった

北河――もしかすると日本が本格的に近代化を始めたころまで、さかのぼってもいいのかもしれませんね。

伊藤――そうですね。日本の場合には、明治以降の近代化、西洋化していく動きの中で、いろいろな連鎖の源泉はあったと思います。ただ戦後から現在に至る期間は、いわば「現代」に入った時代と私は見ています。近代化の延長ではあるけれども、違う局面に入ってきた、と。その特徴をごく簡単に言うと、一つはグローバリゼーション。明治期に比べて、戦後の、特に80年代以降のグローバル経済というのがいろいろな災害

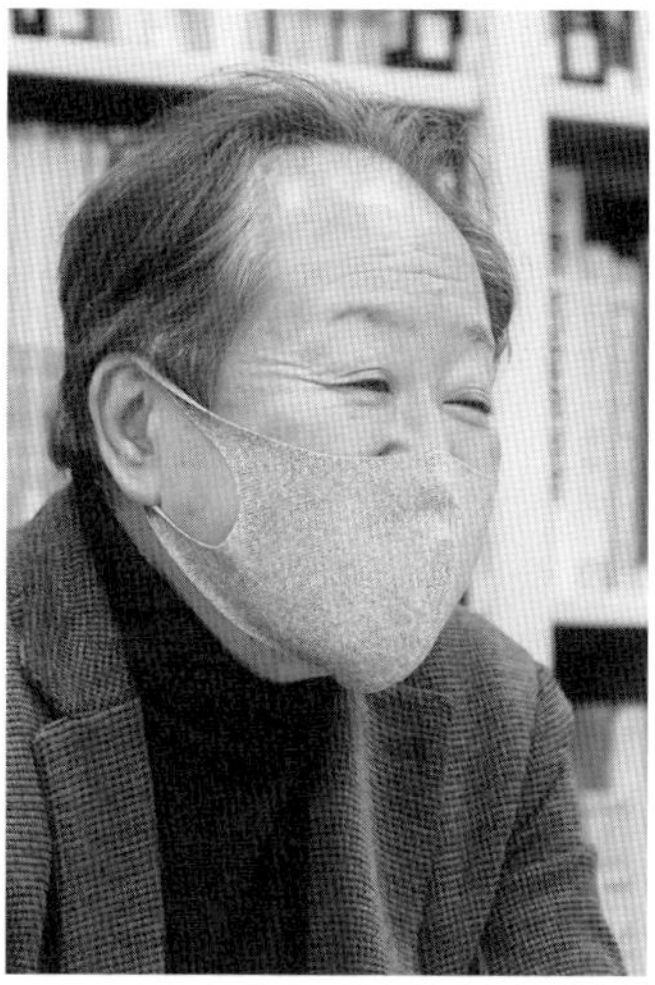

ITO Takeshi

1952年生まれ。東京大学工学部卒業、同大学院修了。東京大学助教授、教授を経て現職。工学博士。都市建築史。2012年日本建築学会賞（業績）。近著に『フリースラント』（中央公論美術出版）、『イタリアの中世都市』（鹿島出版会）。都市史学会会長。

KITAGAWA Daijiro

1969年生まれ。東京大学工学部卒業。Ecole Nationale des Ponts et Chaussées大学院修了。博士（国土整備・都市計画）。土木史、文化財。『近代都市パリの誕生』（河出書房新社）他。サントリー学芸賞、交通図書賞他。

の質を変えていったと思います。それからもう一つは、戦後すぐの冷戦という状態が一度無効化されるような新自由主義的な政治体制の変化がある。さらに三つめに、明らかに違うファクターとして情報化が進んだこと。紙のメディアしかなかったものが、今は世界中の様子がリアルタイムで伝えられるようになった。つまりいろいろな意味で、災禍を取り巻くフェーズが違ってきているのではないかと感じています。

北河——情報の話は身近であり、現在のCOVID-19渦中でも無視できない問題です。もう少し詳しく聞かせてください。

伊藤——東日本大震災が起きたときにも、リアルタイムで災害の様子が見られましたが、現在はさらに進んでいます。おっしゃるように、今われわれはCOVID-19の渦中にいますが、毎日のように感染者数が世界的に分かり、それがGIS上に置かれ、数値化されて目の前にある。私たちは情報の渦中にいながら災害を経験している。

私は災害というのは局面が三つくらいあると思っています。1次的な災害が津波や地震そのものだとすると、2次的な災害は、それによって受ける心の問題やメンタルの問題、あるいは情報とともにいる不安感など、ある種人間社会に情報が与える影響。そして3次的な局面は、それをもう一度客観的に見たときの災害の全体像だろうと思います。

現在のコロナ禍でも出生率が極端に落ちたり、自粛ポリス、フェイク・ニュースといわれるような問題が起きたり、情報が人間社会に確実に影響を与えています。私たちが生きていく中での、「災害の中にいる」という感覚は思ったより人間の精神的な部分に強く働きかける。震災の後、心のケアという問題はずいぶん話題になりましたが、いまだに解決していません。リアルタイムの情報が起こす大きな問題としてあるな、という気がしています。

100年と1000年のインターバル

北河——経済、政治、そして情報と、近代から現代に移ったときならではの現象が、東日本大震災では見られたということですが、ではそれらも含めて東日本大震災特有の問題として考えられていることがありましたら教えてください。

伊藤——まず一つは、インターバルの問題です。三陸沖という地域は地震と津波の災害を何度も受けている。およそ100年を切るくらいのインターバルで災害が起こっているんですね。一方、もう少し南のほうの、福島原発などが被害を受けた地域は1000年に一回という被害です。1000年前というのは貞観地震という平安時代の地震を指しているわけですが、そのときの記録を見るとだいたい似たような津波の被害だったことが分かります。つまり100年と1000年というインターバルのオーダーが違うものが二つ同時にやってきたということです。その二つを同時に考えなきゃいけないというテーマがまず一つありました。

もう一つは、地震とともに津波の被害が大きかったわけですが、それがある特定の場所を攻めたわけではなくて、太平洋側の沿岸地域全体、東日本と言わざるを得ないような広範囲の領域が被災した、ということですね（**図1**）。

さらにもう一つは何と言っても福島原発です。地震や津波のように

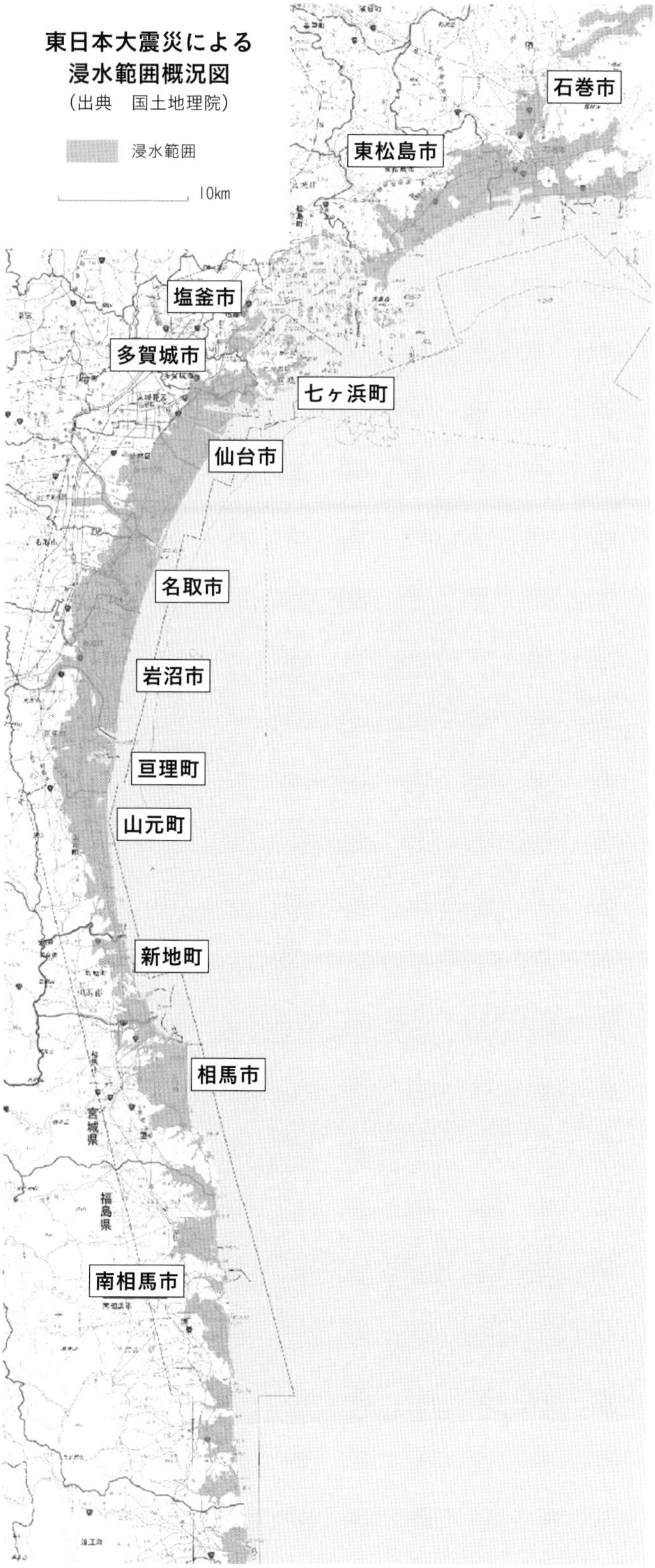

図1　広範囲にわたった津波被害（内閣府防災情報のページより）

目に見えるかたちの災害と、目に見えない放射性物質のようなものが同時に人類を襲うというのは、現在のCOVID-19を考えたときに、すでにそこでいろいろな兆候があったのかな、とも思っています。

北河——順番に伺っていきます。まず二つのインターバルの問題は、建築史・都市史・土木史の分野に、どのような教訓を与えたといえるでしょうか。

伊藤——大変難しいと思いますが、まず100年に1回というインターバルについては、100年間無事であればいいという防備の仕方は一つある。しかし1000年後のことを予想して何かを備えるということは、恐らく不可能です。ですから、対処という点において私たちは100年ということを一つのインターバルとして考えるべきだろうと思います。では1000年に対しては、何をすればよいのか。そこに、大地とともに生きる人間のフィロソフィカルな、技術や科学によらずに人が生存していくこと、その問題を恐らく提起しているんだろうと思います。インフラを強くつくるとかという問題ではなく、地球上で人間が暮らしていくための何か、暮らし方みたいなものに関わるテーマを私たちに提起しているのではないか。その二つを同時に考えていかないといけないというのが恐らく教訓だろうと思います。

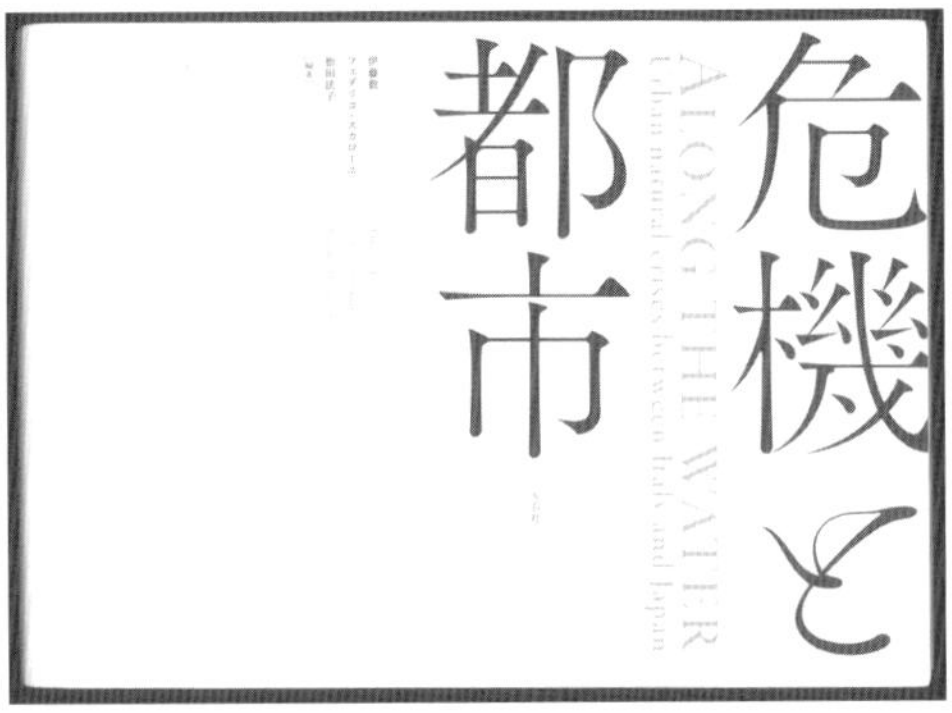

図2　伊藤毅他編『危機と都市 —Along the Water』（左右社、2017年）

広い範囲を長い時間の中で見直す試み

北河——長いスパンで、技術だけではなく、哲学や社会を含む幅広い視野から歴史を考えるというのは、2点目の広域の領域を考える話とつながると思います。先生はすでに『危機と都市 — Along the Water』という著書をまとめていらっしゃいますが、領域史について少しご説明いただけますか（**図2**）。

伊藤——東日本大震災が起きたとき、私は日本建築学会の建築歴史・意匠委員会の委員長をやっていて、まずできることとして被災した文化財の調査・レスキューをやりました。その建築たちはたぶん100年いくかいかないかぐらいの建築です。先ほどの100年のインターバルという点では、そういう文化財レスキューは大事なことでしたけれども、では1000年というのをどう考えたらいいんだということは建築の分野からは出てきませんでした。1000年というのは創造力の範囲を超えたインターバルだった。そのときに、フェルナン・ブローデルの『地中海』という本を思い出しました。この本の冒頭部分は「環境の役割」というタイトルで翻訳されていて、地中海という地形的な場所、海ができてくる長い歴史のプロセスが最初に描かれている。その1000年、2000年のあいだの変化をブローデルは長期持続（La longue dur?e）と呼び、長期という時間と中期、そして短期と、歴史には三つの時間の類型があると書かれていました。東北の被災した場所というのは、かなり広域に当たりますし、そこにはいろんな都市や農村が含まれている。それを考えるときには、全体を「領域」と考えて、その長い歴史を見ていかないと解き明かせないのではないか、ブローデルの長期持続ということを歴史家として考えないといけないと思ったのです。

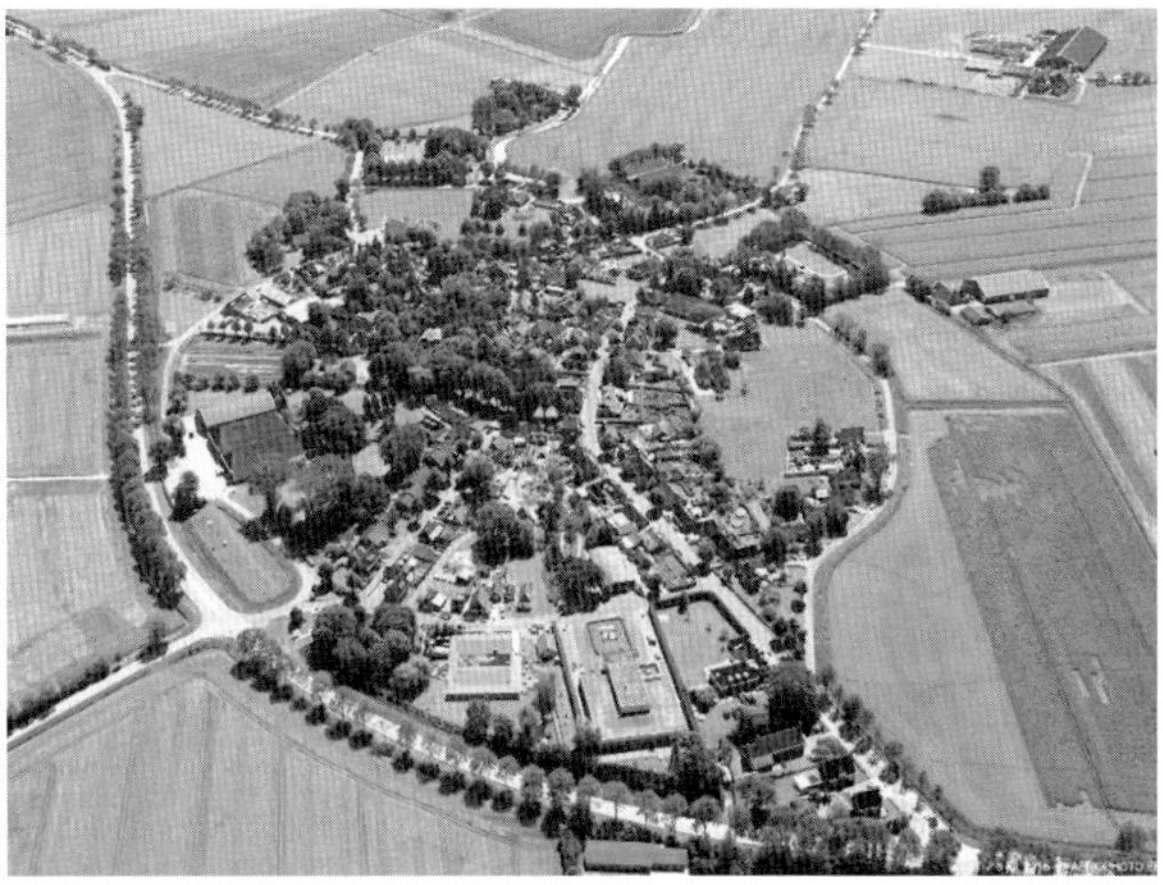

図3　テルプ上に展開する集落（WaddenacademieのHPより）

　2011年の後、県の単位でどうやって復興していくか、高台移転とか防潮堤をもう一度つくるとか、そういうことになるのは予想できたわけですが、そうではなく、一つながりの領域として見る人が誰かいないといけない、と。そこに私が領域史というものを考えた一つのきっかけがありました。

北河——先生は以前からインフラについても興味をお持ちでした。インフラと領域史とはどのように結びつくのでしょうか。

伊藤——都市史というものが、かなり狭い範囲しか扱っていないという反省から、震災の2年ほど前から沼地研究会というのをつくって、オランダで大地をどうつくったか、どう管理してきたかを調べていました。

　そこにはテルプとかテルペンと呼ばれる小高い人工的な丘があって、その丘に人々が居住するところからスタートしている。堤防や水路で排水しても、どうしても水に浸かるので、人工的に山を作って、そこを居住核として住まわれてきたんです（**図3**）。これは小さなインフラだと思いました。インフラというとわれわれは近代的な重厚長大な大きなボリュームのものを考えがちですが、もっと小さなインフラです。

　東日本大震災のときにあちこちで神社が残ったという話がありましたよね。ちょうどいい高台にあって、水をかぶることはなかった。つまりそういう小さなインフラが地域にあって、そこの高台に登れば助かるとか、そういうことがあった。

　そんな小さなインフラを考えていくことは、今後の都市や地域にとって、あるいは領域にとって必要だと思うのです。どの国にもありました

図4　震災後、多くの住民が復興計画に関わっている（大槌町）（写真提供：窪田亜矢、黒瀬武史）

よね、地域の人たちが維持管理をしながら守ってきたものが。その経験知みたいなものが、もう一度現在のレベルで再評価されるべきだろう、と。

領域というのは広い範囲を指していますけれども、それはベターっとした広がりではなくて、小さな分節社会がたくさんあって、その分節した小さな領域の集合体として広域の領域がある。もともと国土というのはそうだったはずですよね。それが行政とか県というかたちで、土地と地域がだんだん離れていった。その乖離した部分をどうやって戻していくかということを土木でも建築でも都市工学でも考えなきゃいけない。そこに恐らく東日本大震災の大きな教訓、私たちの考えるべきテーマがあるのではないか、と思います。

北河――小さなインフラを考える、それを考えるときには住民の主体性が大事だというお話で、幸田露伴の『一国の首都』という東京市区改正の時代に出された本を思い出しました。露伴は、都市の良し悪しは住民の都市に対する「愛重」に依存し、それは庭に対する主人の愛情が庭の状況に影響するのと同じだ、と述べています。それを読んで私は、では庭師はどうなるんだ、と思いました（笑）。これが、いい庭をつくるのに庭師の技術はもちろん大事だけれども、最後は主人の愛なんだという話だとすると、都市や国土では、建築家や技術者が庭師みたいなものですよね。いくら庭師が技術を磨いていろいろ言っても、最後はやっぱり住民の愛というか関心がなければ、いい都市なりインフラはつくれないという話ではないかと思いました（図4）。

ゼロイチではない、多段階的なアプローチ

北河――行政や技術者が関わると、ある方針を定めないといけないので、どうしても物事を単純化するというフェーズが出てくるのですが、住民社会がさまざまな矛盾を抱えているなかで、その矛盾をどうわれわれが受け止めるのか。必ずしも一つの正論だけでは住民主体のインフラはつくれないかと思います。そうした中で、専門家の役割についてお考えがあればお聞かせください。

伊藤――土木の役割は一貫して大きくて、国家がやる前は各地域の偉人がリーダーになってやっていました。日本の場合には川筋が問題でしたから、川をどう治めていくか、その地域のことをよく知っている地元の有力者が率先してそれをやっていた。やがて大学でシビルエンジニアリ

ングというのが技術者を養成するようになり、近代化していくわけですが、そこでちょっと地域と離れてしまったところがあったと思います。

専門の教育を受けた技術者が、地域の有力者に替わって土木を担うということは、それはそれで大きな役割があったわけですが、それができたのが近代という時代だったと思います。ところが現代に入って、恐らくそこまで国はもう面倒を見られない、技術的にもそこまでのことができなくなってきた。そうなると僕は分散型の整備の仕方とかコミュニケーションの取り方が必要になるのではないかと思うのです。先ほど言った小さなインフラですね。今まで、大きなものができるかできないか、ゼロかイチしかなかったんですけど、その間には多段階的なステップがあるだろう、と。恐らく東日本大震災以降のこの10年、専門家の方々は自分の専門外であっても一種の社会学的なアプローチをしたり、住民の意見を吸い上げたりしながら、それをやってこられたのではないか。そこで得たいろいろな知見が、今後の災害におけるレジリエンスみたいなものに関係してくるわけですね。ゼロイチの世界ではなくて、その間にどれくらい分節して多段階的な線を入れることができるかが、たぶん今後のテーマになるかなと思っています。

北河——考えてみると伝統的な日本の自然観では、一つの解決ではなくて、自然の変化を見ながらいろんな手を柔軟に使うという傾向がありました。戦後河川の総合開発を指導するためGHQ顧問として来日したローダーミルクという人は、一挙にダムをつくって失敗したムッソリーニの例と対比して、工事による川の変化を見極めてから、次の工事に移るという日本のやり方を高く評価しています。ですから、その時期までは先生がおっしゃったように段階的な対応が主だったのかもしれません。それが戦後、高い技術力をつけて国力も上がってという中で、少しずつ一気に解決するような巨大テクノロジーが成立していったということかもしれませんね。

伊藤——そうですね。その辺りをもう一度、現在の技術から再評価していくということが大事で、たぶんこれから建築や土木、都市工学が一緒になって研究や取り組みを進めていくことにつながるのではないか、と期待しています。

復興の現場から　―質の高い復興のために―

From the foremost line of reconstruction project from the tsunami disaster
–seeking a building back better for town and landscape–

平野　勝也　東北大学災害科学国際研究所　准教授

Katsuya HIRANO
1993年東京大学大学院工学系研究科修了。同年建設省入省。1995年東北大学助手等を経て2012年より現職。2011年の大震災以降、石巻市、女川町など復興まちづくりや、各地の防潮堤・水門の景観・デザインに実践的・実務的に参画。

復興事業への参画

２０１１年3月11日。あの日以来、東北にいる土木で景観・デザインを専門とする人間としての宿命を感じながら、筆者は6月から建築計画の小野田泰明氏、都市計画の姥浦道生氏と共に東北大学としての石巻市支援を皮切りに、２０１２年からは女川町の復興計画に参画しつつ、10年以上、宮城・岩手の沿岸部を奔走し続けてきた。その間、国、岩手県、宮城県の海岸堤防の計画・設計ガイドライン策定委員会等の委員なども務め、各地の実際の海岸堤防事業に関しても、海岸管理者と共に実践してきた。その他にも、石巻市街地の旧北上川河川堤防、宮古市閉伊川水門、石巻市石井水門など各地の堤防、水門デザインや、名取市閖上地区のかわまちづくり、高田松原津波復興祈念公園など、多くの事業に参画してきた。つまり、筆者はこの復興の当事者であり、第三者的な視点は持ちあわせていない。

東日本大震災の津波被害からの復興の特徴

まず、この復興の特徴として、日本の人口減少下で初めての大規模災害からの復興であることを指摘したい。人口減少が現実のものとなってからの日が浅く、関係者の中にある成功体験としての拡大時代の開発思考と、人口減少を見据えた最新のまちづくり的思考がぶつかり合う局面に多く出くわした。拡大思考の例でいえば、高台移転等によって低平地に広大な空地ができるのであれば、「空港を整備して産業振興を」

といった声まであった。

制度面から見ても、人口減少下におけるまちづくりのための制度はまだ十分には準備されていない状況であり、基本的には拡大時代の都市開発のための手法が、適用範囲等を拡大しながら、そのまま復興事業制度として用いられることとなった。人口減少下のまちづくりとしての復興事業が、拡大時代の制度を用いて実施されるという状態は、「備え」がなかったという他はない。

次に挙げておくべき特徴は、五百年から千年に一度という極めて稀な災害に対する防御水準であろう。土木学会の東日本大震災特別委員会津波特定テーマ委員会の検討をベースに、2011年6月に中央防災会議東北地方太平洋沖地震を教訓とした地震・津波対策に関する専門調査会は、今後、防災を考える対象津波を2種類に分けて対応すべきとの中間取りまとめを出している。2種類とは、俗にいうL1津波とL2津波である。比較的頻度の高い津波（数十年から百数十年に一度：L1津波）は、海岸堤防などで防護し、極めて稀な津波（五百年から千年に一度：L2津波）に関しては、避難を中心とした対策を取るという方針である。東日本大震災以前、海岸堤防の計画論として「既往最大基準（過去にあった最も大きな災害を防御するという基準）」が用いられていたが、その方針が転換されたのである。

この新しい方針は、景観、環境、利便性を著しく阻害し、投資効率としても疑問の残る巨大堤防の建設を回避するという点、洪水等との防御水準の符合という点においても、合理的な判断であるといえよう。しかしながら、現場での感覚は全く異なっていた。当然ながら「同じ津波が来たらまた被害に遭う復興」というのは、到底、被災者の支持が得られるものでは無く、L2津波からも安全となる復興が絶対条件であった。どれだけ専門家が「五百年に一度の極めて稀な津波」と話しても、被災者そして被災自治体にとってそれは「現に体験した津波」でしかない。この、いわば時間感覚の齟齬は、この復興を通じて解消されることはなく、大きな矛盾として存在し続けている。その一端は、中央防災会議の方針に従って整備された海岸堤防で防御されているエリアが、災害危険区域に指定されるという矛盾として現れている。

五百年に一度という低頻度大規模災害であっても物理的防御により安全性を保つというのが自然災害の多発する日本において適切であるとは実は思えないでいる。人口減少が進む日本において、より本質的な合意形成、すなわち日本人の自然観・公共観そのものまで含んだ「備え」が必要であったように思える。余談であるが、昭和三陸津波の復興においては、高台移転した漁村集落に対し、市街地は原位置再建である。つまり、「同じ津波が来たらまた被害に遭う復興」が行われていたことは明記しておきたい。その当時と社会のありようがどう変わったのか真剣に考えていく必要があろう。

こうした状況から、今次の復興において事実上L2津波防御のまちづくりが、例外はあるものの、ほぼ全ての地域で絶対条件となった。集落においては、リアス海岸部では高台移転、平野部においては、二線堤（厳密には高盛土道路）を用いた内陸移転で実現しているものがほとんどである。面積の大きい市街地においてL2津波防御を満たすことは至難の技であり、3つの高台に分散して移転した南三陸町の志津川地区、現地での嵩上げを行った名取市閖上地区など、それぞれの市街地で独自の対応が採られている。つまり、今回の復興事業は、移転や嵩上げなどの対応を採らなかった一部の地区を除き、街の水平移動や垂直移動を伴う大掛かりなものとなった。これが最大の特徴であるとも言えよう。

こうした街の移動を伴う大規模な復興事業の実施には、必然的に徹底した事業調整が必要となった。いわゆる道路、河川、海岸といった縦割りだけでなく、県と市町村という横割りも存在する。たとえ小さな漁村集落であっても、縦割り横割りに分断された事業を統合しなければ適切な復興に結びつかない。現場では、そうした事業調整に非常に多くの時間を費やすこととなった。なお、東日本大震災からの復興において批判の多い国費100%負担であるが、こうした事業調整においては極めて有効に働いた。たとえ1%でも県・市町村負担があった場合、その金銭的調整が紛糾して、おそらく復興事業は暗礁に乗り上げていたと思われる。

急ぐ復旧・復興がもたらした画一性

こうした状況下で、復旧・復興には尋常ではないスピードが求められた。その結果として、被災各地に不自然な風景や画一的な景観などが多く生み出された。窪田亜矢氏は、そうした復興の有り様を、当事者としての「日常―緊急」、社会としての「例外―原則」という二軸を用いて、その本質を捉えようとしている。[1] 窪田氏の論に従って言えば、災害という「緊急・例外」の状態からの復興プロセスの中では、ほとんどの場所で、多くの事業が「緊急・原則」による整備として進められた。その一方で、「日常・例外」の部分はほとんど形成されることがなかった。その結果、「原則」だけで風景が形成されることになったというのがこの復興なのであろう。

そうした「緊急・原則」によって形作られた復興の具体例としては、真っ先に高台移転地の風景が忸怩たる思いとともに浮かんでくる。各地の高台移転地の復興した姿はおよそ漁村集落の風景ではないのだ。「日常」の中で漁村集落が拡大する際は、民間での造成が基本となるため、社会的には「例外」となる急勾配の私道などとセットで少しずつ形成されてきた。急勾配どころか、階段でしか宅地まで上がれないような家も数多く存在した。その結果、地形に収まる佇まいを持つ漁村集落らしい風景が維持されてきた（**写真1**）。そうした佇まいは道路構造令という「原則」を維持していては作れないのである。石巻市内全ての高台移転地の造成設計を監修してきたが、実際、造成設計上最もクリティカルであったのは、漁港や幹線道路から、移転地に向かう取り付け道路および宅地内道路の勾配であった。「原則」を維持するために必然的に造成は大規模化していった。さらには、移転地団地内部も、市町村が持つ宅地開発指導要綱という「原則」が形を決めてしまった。長年民間事業者にそれに基づき指導をしてきた市町村としては、自らが事業主体である事業において、小さな漁村集落だからと言って無視することはできなかった。その結果、大規模造成された郊外住宅地のような高台移転地が誕生することになった（**写真2**）。窪田氏の言う「緊急・原則」による復興事業の典型なのかもしれない。

写真1　狭い平地に肩を寄せ合うように形成された典型的漁村集落

写真2　大規模造成を伴う郊外住宅のような移転団地の例

生き残りを賭けた復興

復興において、被災自治体が念頭においていたリスクは津波だけではない。確実に忍び寄る人口減少リスクこそが、今回の復興で最も重要なリスクであった。先述の通り、「備え」も十分でなく、「原則」に圧倒される復興事業ではあったが、人口減少の中で、まさに生き残りを賭けた街の再生が各地で必要であった。そのため各地でさまざまな計画・設計上の工夫や取り組みが行われているが、筆者が参画した全ての箇所で留意したのは以下の3点である。

一つ目は「時を繋ぐ」ことである。津波によって多くの家屋が流失してしまった。人は環境との結びつきで生きている。たとえば、人間の記憶システムでは、過去の記憶といった普段使わない記憶は思い出しにくいが、その場に立つと思い出しやすくなるという形で、環境に依存したシステムになっている。津波によって街のそこここで積み重ねられてきた人々の記憶を思い出すきっかけは、なくなってしまった。しかし、日本の街は自然に依存して作られてきた。人工物に依存した西欧と異なり、たとえ建物を失ったとしても、拠り所である自然はある。海は震災前よりも意味を深めて、山河は何事もなかったようにそこに佇んでいる。残された「記憶」を最大限繋ぎ止めて未来へ継承する。筆者が2011年4月に被災地を訪れ強く銘記した復興の鉄則である。

例えば、女川では、宇野健一氏の発案で、全ての市街地高台に眺望軸を設け、海への見晴らしを確保した（**写真3**）。震災前、浜で密集して暮らしていた時は、潮の香りを感じても、実は海を見る機会には乏しかった。海は遠くなったがいつも見えている。そうした女川の人々の暮らしと海とを繋ぎ直した。

二つ目が「交通の集中」である。成長時代、自動車交通はすぐに渋滞を起こして生産性を下げる原因となるため、道路計画は「交通の分散」が鉄則であった。しかしながら、人口減少の時代の地方都市においては、市街地のポテンシャルが維持されるよう、徹底的に交通が集中するようにするべきである。

写真3　女川町眺望軸の例（駅舎の向こうに海が見える）

女川では、一つの道に「生活軸」と銘打ち、ほとんど全ての銀行や郵便局を含め公共的施設をその沿道に集めた。女川に用事のある人は「生活軸」に確実に集中するようにして、少しでも中心市街地としてのポテンシャルを担保しようとした。一方、石巻最大の集団移転団地である河北（二子）団地は内陸の団地で、沿岸部の小さな集落からそれぞれ住人が来る。新しいコミュニティ形成のためにも人々が出会う仕掛けが必須であったため、街路網を工夫し、自動車も歩行者も一定の道に集中するようにした。交通が集中するということは、日常的に近所の人に出会うということでもあるのだ。小さな漁村集落の移転先も、なるべく幹線道路と結びつきが強くなるよう、調整を行っていった。

写真4　防潮堤の影響を軽減するデザイン（気仙沼市内湾地区）

　三つ目の留意点は、言うまでもないが「魅力を高める」ことである。人口減少下で、街が生き残り競争をする時代では、利便性は一定程度あればよく、「そこに行きたい」、「そこに住みたい」と人々に思わせる魅力をどう備えていくのかが、最も重要になると認識している。そのために本質的なことは、そこでの人々の事業や活動である。魅力ある人がいるところに人が集まり、輪が広がっていく。そして魅力ある事業や活動を支える高質な空間があれば、その事業や活動はより一層輝く。この主従関係は勘違いしてはならない。たとえば、シャッター商店街のアーケードを、どれだけ素晴らしいデザインのものに変更したとしても、シャッター商店街は絶対に再生しない。そこで事業を営もうとする人々なしに、デザインは何の役にも立たないのだ。

　こうした持続可能で魅力ある街を作る上で、水辺の魅力と街の魅力を共鳴させ相乗効果を得るというのは、王道の一つである。水辺にはそれだけの魅力がある。しかし、海岸堤防、河川堤防は高ければ高いほど、津波・高潮・洪水への安全性は高まるが、その一方で、街と水辺を分断し、水辺の魅力を共鳴させづらくなる。完膚なきまでの二律背反である。しかも、津波を受けた後の復興であり、安全性が重視され、海岸堤防・河川堤防が強化される中での事業である。その分断に抗い、少しでも水辺と街とを繋ぐ努力が行われた。

　石巻中心市街地では、川湊として栄えた江戸時代以来、堤防がない川と街との密接な関係が石巻の個性であり、人々の記憶も川と共にあった。そこに堤防を作ることによる川と街との分断を少しでも小さくするために、市が傾斜堤の裏法尻に直壁をたて、間を埋めることで堤防天端を大きく拡張し広場状の空間を作りつつ、建築物を直壁際に立て、天端広場と建物二階が直結する形で、川湊の風情を継承する一体的な空間を河川管理者である国、天端を拡張した市、民間事業者で徹底的に協議し整備している。他にも周辺の高台造成の残土を利用し、海岸堤防背後地を海岸堤防と同様の高さまで嵩上げ盛土をした女川中心街、石巻市雄勝地区、石巻市鮎川地区、河川堤防に側帯を設け、その上に建築を整備した名取市閖上地区など、海岸管理者、河川管理者の相当な努力によって、二律背反への挑戦が行われている。その他にも、筆者は関与していないが、気仙沼市内湾地区でも建築（ムカエル等）が直壁型の特殊堤である海岸堤防を抱き込むように整備されている**（写真４）**。

しかし、このような事例はごく限られた場所でしか実現していない。各所で街と海そして川との分断が発生している。そもそも、Ｌ１津波を防ぐ海岸堤防でさえ、巨大であるケースも多い。こうした反省は、南海トラフ、千島海溝・日本海溝などで想定されている大津波に対して、より柔軟な海岸堤防の高さ設定が行えるよう、土木学会海岸工学委員会と土木計画学委員会が合同で組織した減災アセスメント小委員会によって、より効果的・効率的な高さ設定の方法についてのガイドライン[(2)]を出すことに繋がっていった。

未来の復興へ向けて

復興の道程を振り返ってみると、災害大国である日本において、災害とどのように向き合うのか、そういう自然観の根本から考え直す必要性を感じてならない。その上で、人口減少というリスクにどのように立ち向かうのかを併せて考えていく必要がある。今回の復興の成否は歴史が判断すると思うが、現時点では、災害前からどれだけ地域全体で真剣に考えていたかが復興の質を大きく左右したと感じている。当たり前であるが、まちづくりの本質はいつもそこにある。

一人でも多くの土木技術者に東北太平洋沿岸部を見て回っていただきたい。そこには、本稿で述べてきたように日本が抱える課題が様々析出しているからである。その一つ一つを克服していくことで初めて、未来の復興、そして未来の日本の糧になるとそう信じている。

（１）窪田亜矢「復興のパラダイムシフトとしての復原」日本災害復興学会誌　復興Ｖｏｌ．９，№．２，ｐｐ11‐19，２０２１・３
（２）土木学会減災アセスメント小委員会「津波に対する海岸保全施設整備計画のための技術ガイドライン」２０２１・06

女川の復興
―被災自治体とURのパートナーシップによる災害復興―

Government and UR's Partnership in Onagawa's Reconstruction

[座談会メンバー]
佐藤 友希 氏　元・女川町 復興推進課計画担当、現・双葉町 建設課兼復興推進課
鈴木 一弘 氏　元・女川町 復興推進課予算担当、現・女川町 総務課財政係
森脇 恵司 氏　元・UR都市機構 女川事務所計画担当、現・UR都市機構 福島震災復興支援本部 復興支援部 双葉復興支援事務所
[司会]
村上 亮 氏　(株) 建設技術研究所東京本社 社会防災センター

2021年10月1日 オンライン会議にて

パートナーシップから始まった復興

――宮城県牡鹿郡女川町（図1）では、(独) 都市再生機構（以下、UR）とパートナーシップ協定を締結し、URが町の復興を全面的にサポートしています。自治体とURの連携による復興がいかに実現されてきたのか、今後に向けた教訓を発信できればと思います。まずは皆さまの復興との関わりについてお話しください。

佐藤――2011年3月の時点では土木職員として林道復旧などに携わったのち、2012年2月に復興対策室に異動になりました。小さい町で技術職員も少なく設計業務委託を発注できる人員も少なかったため、着任してすぐに1億円を超すような積算業務を手掛けることになりました。役場の中で最も長く復興に関わったプロパー職員という立場になります。

鈴木――震災当時は障害福祉担当として、被災した障害者の方々の安否確認や人工透析を受けている方の通院手段などの対応をしていましたが、その後、復興対策室に異動になりました。技術職の佐藤とは異なり私は元々事務職なので、土地区画整理などの用語も初めて聞く状態で、事業概要の勉強をしながら予算管理を担当することになった次第です。

SATO Tomoki
1981年生まれ。2000年女川町役場へ入庁。2012年2月から震災復興事業に携わり、その後2021年4月から福島県双葉町へ派遣され、災害復旧工事や復興事業を担当している。

森脇――URは発災後に現地に職員派遣を開始し、2012年4月には女川に現地事務所を構えます。私自身について言えば、発災当時はつくばエクスプレス（TX）沿線のニュータウン事業に携わっており、地元自治体と協議を進めたり、工事と計画をつなぐなど、いわゆる事業調整の仕事を担っていました。そして2012年4月に女川に異動します。女川町はURと2012年3月1日にパートナーシップ協定を締結、翌年7月19日に復興まちづくり事業協定を締結し、ここから高台移転に向けた造成事業、災害公営住宅建築等が本格化します。

防潮堤のない町へ

――被災の状況と、そこからどのようにURとの復興を進めていったのかお話しいただけますでしょうか。

佐藤――震度6弱の地震と高さ14・8mに及ぶ津波により、町人口1万14人に対し827名の方が亡くなり、東日本大震災で最も高い死亡率の自治体となりました。また町の住宅総数の9割に相当する3934棟が被害を受け、多くの住民が住む場所を失い、被災を免れた町外への流出も危惧され、行政・町民ともにいち早く復興を進めなければ、という機運が高まっていました。

女川の復興の特徴として、のちに「防潮堤のない町」として知られることになるように、基幹産業である漁業や景観への影響を考慮し、防潮堤はL1レベルを想定した標高4・4mにとどめています。

そして海辺を漁港施設やメモリアル公園とし、海抜5・4mに商業施設や避難ビルのある市街地エリアを配置し、居住地は盛土により今次津波でも浸水しない高さの高台へ移転して、津波対策を講じています（**図2**）。また、切土・盛土による土砂の過不足を周辺自治体と調整すると他自治体のスケジュールに左右されるため、スピードを重視して町内で土量バランスを完結させる方針を立てました。レンガ道のある駅

図1　宮城県牡鹿郡女川町位置図

周辺エリアは、海を望むシンボリックなエリアとして位置付けられ、景観に配慮し一体的に整備された空間は高く評価をいただくようになりました。

——URから見て女川復興の課題はどのようなものだったのでしょう。

森脇——女川町は被災した他の市町村に比べると人口規模が小さく、リアス式海岸特有の市街地形成により壊滅的な被害を受け、住宅地と市街地を一からつくり直す必要があったことが、大きな特徴でしょうか。

個人的な見解となりますが、まずなりわいを再建することが念頭にあり、避難されている方々が戻ってきた時に安心して継続的に暮らせる環境整備に注力したのが女川だと思います。また、200ha強の土地を整備するにあたり、全てを一律に進めるのは物理的にもマンパワー的にも不可能ですので、水産加工団地、高台の戸建住宅地、災害公営住宅という三つを先行整備として着手しました。これは須田善明町長のビジョンも大きかったと思います。

町中心部の大規模な区画整理事業では、国からは行政規模に比して事業面積が大きすぎるので、段階整備や縮小均衡をするよう指摘があり、UR内部でも議論したところです。ただ最終的には、誰も切り捨てないという町長の強い思いがあり、住民の意向調査等に基づき、関係者の合意形成を得ながら事業見直しを図るという方針で実施に至りました。

——まち全体の基盤整備事業はどのように進められたのでしょう。

鈴木——中心部は区画整理事業と津波復興拠点の面整備事業の組み合わせが、離半島部は防災集団移転促進事業と漁業集落防災機能強化事業の組み合わせが主となるので、事業構成が全く異なります。女川町の役場内には区画整理事業の経験者がおらず、補助制度

SUZUKI Kazuhiro

1981年生まれ。2004年女川町役場に入庁。水産農林課、健康福祉課を経て2012年2月復興対策室（2012年4月より復興推進課）へ異動、復興事業に携わることとなった。2021年度より現職。

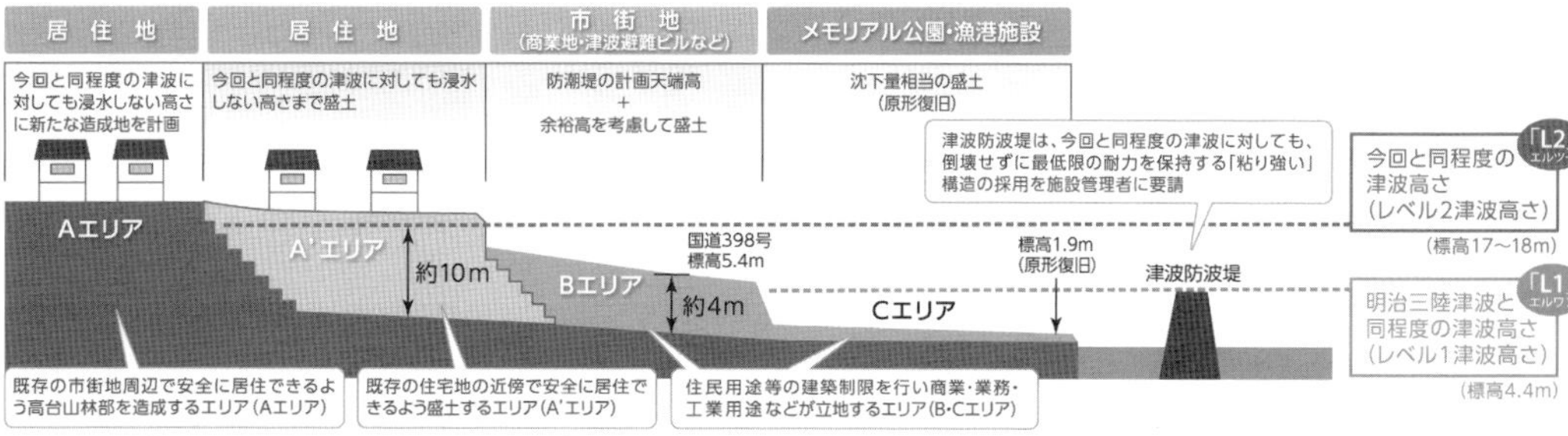

図2　女川復興まちづくりの断面イメージ（出典：女川町復興まちづくり説明会（町中心部）資料（2021年7月））

も逐一違うので、URや阪神・淡路大震災を経験した兵庫県西宮市からの派遣職員の力を借りて、皆で模索しながら進めました。
　区画整理のみならず、国道・海岸・公園・防潮堤などのインフラ整備もURに全面委託したので、URにとってもさまざまな事業が交錯してさぞ苦労されたことだと思います。

MORIWAKI Keishi
1970年島根県生まれ。1993年3月筑波大学第三学群社会工学類都市計画専攻修了。1993年4月地域公団（現UR都市機構）採用、茨城地域支社、女川復興支援事務所等を経て、2016年4月より現職。主に事業調整等を担当。土木職。

——他に行政内部の課題としてはどのような点が挙げられますか。

佐藤——URに委託し、工事はCM方式(注1)となったのですが、われわれの通常の枠組みにはない手法が多く、関係者の理解を得るのが大変でした。また震災復興事業で緩和はされるものの、森林法や河川法など法規制の確認や手続きが広範にわたるのには苦労しました。

森脇——URにとっても前例のないプロジェクトで、進行管理やエビデンスの確認、200haを5年という短期間で完成させる体制の確保など、手探りの部分が多かったですね。
　町の方々にしてみれば、そもそもURって何？　という感もあったことと思います。なのでまずは町の理解を得るべくきちんと説明ができるよう、URの役割や仕組みを構築することが初動期で腐心したところです。
　工事のCM方式も職人を全国から集めたり大型重機の確保などは当初予算に加算されておらず、現場を進めながら事業費を再度積み上げ、国に申請するという状況でした。ただわれわれも町の方々も目指す方向は同じでしたので、建設的に意見を交わすことができたと思います。

行政とURの相互理解

——今後も被災自治体がURと連携して災害復興に取り組むことが想定されます。お互いが連携する上でのポイントを教えてください。

佐藤——東北地方は従来URが大々的に事業を展開していた場所は少なく、どのような組織なのか理解を深める間もなく、復興事業が始まりました。URはわれわれにはないメソッドや経験の蓄積があります。並走するためには、行政も従前のやり方にとらわれず、いかに柔軟になれるかが、一つのポイントだと思います。

森脇——そもそも震災復興事業が通常URが手掛けている事業内容とは異なるものですし、特に女川町のように一から再建するケースはわれわれも未経験でした。

けれどもやったことがないのでお断りします、ではなく、町からの要請に対し、できること・できないことを見極め、できないことがあればどのような対処法があるか模索していくことが大切だと思っています。

専門家集団と言われますが、このような災害時においては、町から声が上がって初めて気付かされることも多々ありました。やはり互いに理解し合い、自治体からのオーダーに対して単に実行するだけではなく、より良い手法を提案し改善していくことが信頼関係の醸成につながると思います。

「事前復興」として何ができるか

――南海トラフ地震では甚大な津波被害が懸念されています。事前復興の重要性がうたわれて久しいものの、方向性が定められずに足踏みをしている自治体も多いと思います。

佐藤――事前復興は重要なものの、絵姿を決めすぎると軌道修正がしづらい自治体では実際の被災時に対応しきれない事態になる可能性もあるので注意が必要です。また、復興事業を大きく左右する用地問題は、地籍調査等できることはしておくべきだと思います。

もう一つは受援体制です。われわれが復興事業経験のある他自治体職員の知見に助けられたように、いかに経験者の支援を得るか。女川町や双葉町のような規模の自治体では、職員1人の役割が大きいので、有事の際にどのような支援を得られるか、さまざまな自治体と協力しながら体制を構築することが重要です。

森脇――女川町と双葉町に共通して言えるのは、つくって終わりではなく、整備した後の土地の利活用や、町が継続的に発展するためのインフラ構想です。こうしたことを事前復興の段階で協議しておくことが必要だと思います。津波で町の大半がなくなってしまった女川町、全町避難を余儀なくされた双葉町……単に住宅やインフラをつくればよいわけではなく、戻り住み続けられる道筋を描くことが大切なのだと思います。

その意味では、進捗《しんちょく》を常に情報発信していくことが必要です。もちろん事業計画がズレ込み、思いも寄らない課題に直面することもあるでしょう。しかしそこは隠さず、対策を住民にきちんと説明し、不安を払拭《ふっしょく》する。人口減少が避けられない地方の小さな自治体では、戻れる道筋を発信していくことは必須です。そのためにも住民の合意形成が根底になければなりません。

鈴木――早期に復興のイメージを共有するのが最重要課題ですので、住民の合意形成の大切さは強く実感しています。交付金の申請にしても、住民の意向について再三、国から問われますので、住民が声を上げやすい、あるいは行政とコミュニケーションを取りやすい体制を整えておくとよいと思います。

住民合意と関係者の当事者意識

——住民の合意形成の重要性について言及がありましたが、女川町の住民合意のプロセスについて、特徴的なことがあればお話しください。

佐藤——ＵＲとの連携事業がうまくいった背景の一つでもあるのですが、女川町は民間の水産業・商工業の方々が復興連絡協議会という民間組織を立ち上げ、町と議会に働きかける動きがありました。こうした取り組みが礎となり、行政も民間も共にまちづくりをしていこう、という機運が高まったと思います。

一方で緊急事態にはある程度の行政主導も必要です。多くの被災地において現地再建か高台移転かが議論となりましたが、女川町ではいち早く高台移転を呼び掛けました。早期にメッセージを発信したことで意見がまとまるのも迅速だったと思います。

写真1　住民説明会の風景

鈴木——町長は住民説明会全てに出て、自らの言葉で説明をしていました（**写真1**）。他の自治体だとここまで町長が表に出てくることはない、と思えるほどです。またＵＲに事業委託した後、われわれ行政は全世帯に個別面談を2回行いました。被災された方々と直接お話しすることで——時に厳しい場面もありましたが——「女川町で再建したい、その間は仮設住宅で我慢するから少しでも早く進めてくれ」と町の方々から声をいただけたのは、われわれの原動力になりました。

森脇——女川ではここまで手厚くやるのか、というほど住民説明会を開催していましたね。連日連夜、土日も含めて10カ所以上、町長自ら出れて発言されることに感銘を受けたものです。またその説明会には、住民との窓口となる行政だけでなく、われわれや施工を担うＣＭも参加して、内容によっては直接説明をしました。このように住民説明会で町の方々と対話すると、われわれもより当事者意識が強くなります。大変でも対話する機会は絶対に必要ですし、当事者意識はプロジェクトを左右するものです。女川町はその好例と言えるのではないでしょうか。

（注1）発注者の補助者としてコンストラクションマネジャーが、技術的な中立性を保ちつつ、発注者の側に立って各種マネジメント業務を行う方式。詳細は、「復興ＣＭ方式の効果分析報告書（H30・10 ＵＲ）」を参照。https://www.ur-net.go.jp/saigai/fukkocm/index.html

綾里地区（岩手県大船渡市）から発信する震災復興の〝かたち〟

The Reconstruction Process of Earthquake Disaster in Ryori, Ofunato City, Iwate Prefecture and Their Message to the Future Generations

［対談メンバー］
西風 雅史 氏　大船渡市議会議員（元・大船渡市綾里地区公民館主事）
饗庭 伸 氏　東京都立大学 教授
［司会］
加藤 秀樹、村上 亮　土木学会誌編集委員

2020年11月2日（月）　オンライン会議にて

わが国有数の津波常襲地である岩手県大船渡市綾里《りょうり》地区では、昭和三陸地震（1933年）後に行われた高台移転によって、東日本大震災での人的被害を大幅に減らすことができました。また、迅速な住民合意のプロセスが図られ、いち早く復興を進めることができました。当時、綾里地区の公民館主事として地区住民の意向をまとめた西風雅史さん、専門家の立場で復興計画の策定等を支援した饗庭伸教授に、復興のプロセスと教訓をお伺いします。

――まずはお二人の復興への関わりについてお話しいただけますか。

西風――私は綾里の生まれですが高校から仙台に移り、その後東京で過ごし、ふたたび綾里に戻り震災を迎えました。綾里は市から物資もなかなか届かない辺鄙《へんぴ》な土地ですが、米軍の救援物資のヘリが一番最初にやってきたほどの広さをもつ中学校があり、この校庭に90世帯分の仮設住宅（**図1**）を建設し、私自身も2011年6月22日に入居しました。また市役所から仮設住宅における自治会設立の要望を受け、事務局に携わることになりました。そして2012年から2017年まで綾里地区公民館主事を務め、防潮堤建設や住宅移転などの復興計画に関わるようになった次第です。

饗庭――私は都市計画やまちづくりが専門で、綾里地区との出合いは2012年5月頃になります。大船渡市は被災が広範囲にわたるため全ての地区に行政が入って復興計画をつくるのは難しく、中心部以外

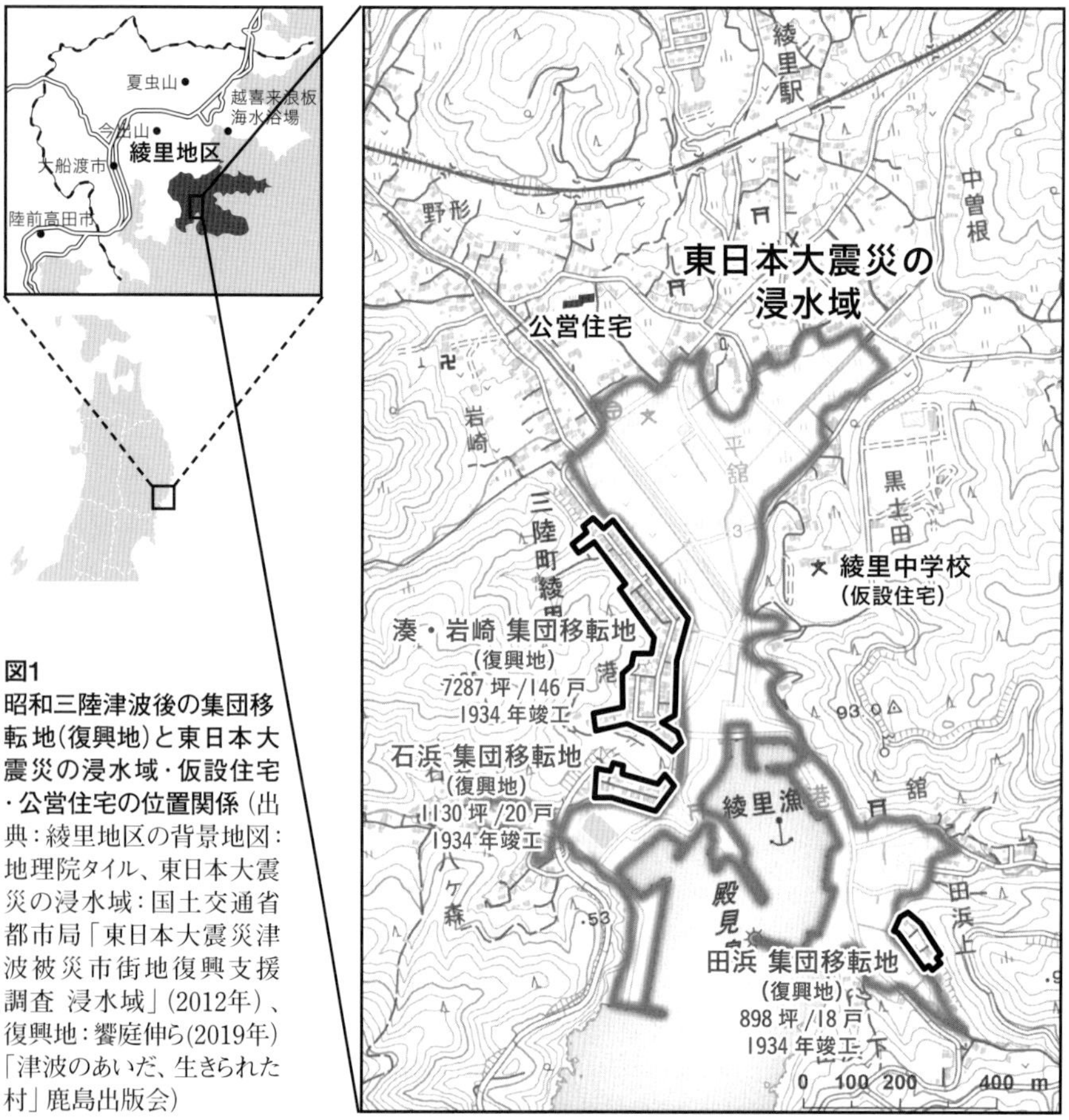

図1
昭和三陸津波後の集団移転地（復興地）と東日本大震災の浸水域・仮設住宅・公営住宅の位置関係（出典：綾里地区の背景地図：地理院タイル、東日本大震災の浸水域：国土交通省都市局「東日本大震災津波被災市街地復興支援調査 浸水域」（2012年）、復興地：饗庭伸ら（2019年）「津波のあいだ、生きられた村」鹿島出版会）

では各地区からの提案を最大限生かす、という方針をとっていました。私は最初、碁石地区のお手伝いをしていたのですが、２０１２年から綾里地区の支援へ回りました。

仮設住宅について言えば、国は２０１１年のお盆までに建設を、と旗を振っていましたが、到底間に合わないとの声が各地から上がっていました。しかし綾里では仮設住宅に入居するのが地元の方のみだったということもあり、スムーズに進んだ印象です。

西風――大船渡市の中心部だと仮設住宅の建設地を決めるのがまず難しく、探している間に別の土地に転居したり、他の地区から入居したいという人も現れて、必要戸数のとりまとめも困難だったと思います。

饗庭――綾里の動きを見ると、被災から約4カ月の7月13日に復興委員会が設立され、地域の方々が話し合う体制が整えられました。震災後の大混乱を考えると早い方ですね。それから約2カ月で復旧・復興に向けた第1次提言書を市役所に提出し、市と調整の後に２０１２年3月に要望書を作成しています。このあたりで専門家がいないと、まとまらないだろうと、私たちが呼ばれました。

明治以降の津波被害と復興の歴史

——饗庭先生は支援の一方で、綾里の津波被害と復興の歴史も調査されていますね。

饗庭——綾里は地震のたびに津波被害を減らしたまちともいえます。記録に残っているのは明治三陸地震（１８９６年）の大津波で、この時は12ｍの津波に襲われ１８６戸が流出、人口の約半分の１３４７人が亡くなっています。次が昭和三陸津波（１９３３年）で、津波高さは９・０ｍ、２４９戸が流出・倒壊、１７８人が亡くなりました。この時に高台移転が計画され、2年後に移転しています。そこは地元で「復興地（**図1**）」と呼ばれています。

復興地の造成には当然時間がかかったので、それまでの間は被災した低い土地に家を建て、復興地が完成してから順に高台に移り住むことになりました。低所の所有権はそのままにして高台に移転するため、低所と高台に土地を所有することになり、両方に住宅地が形成されました。

東日本大震災では23ｍの津波に襲われ、１８３戸が流出・倒壊、死亡・行方不明者は全人口２６００人の１％相当の26人です。住戸被害は主に低所で起こり、高台では1戸が全壊、5戸の床上浸水に留まりました。

——地元の方々は、津波に対してどのような危機意識をもっていたのでしょうか。

饗庭——綾里は１９６０年代に人口がピークを迎えます。そのころに道路網や鉄道網が標高の高いところに整備されたこともあり、高台への移転は、必ずしも津波対策という意識だけではなく、そういったインフラに引っ張られたものだと思います。また１９６０年から63年にかけて５・３ｍの防潮堤が整備されたことは、一度、津波に対する危機感が薄れた一因でしょうか。

西風——そのように思います。また漁業という生業を考えれば、浜に近い場所に長屋を構えるのは、ごく自然な発想ですから。高台移転はしたほうがよいという意識はあったものの、今ほどの強い危機感はなかったでしょう。

饗庭——過去の津波災害に関しては、皆さん祖父母世代から聞いていらっしゃるんですね。また東日本大震災の5年前に綾里小学校では、当時の校長先生が明治大津波で被災した祖父の体験をもとに執筆した津波劇が上演され、これを覚えていたため、高台に逃げたという方もいらっしゃいました。ちなみに西風さんご自身は、津波に関してどのような教えを受けたのでしょうか。

西風——津波よりも多発する地震に対して危機感があったように思います。地震がくると年寄衆から口癖のように、外に出ろ、高台に行けと

NARAI Masabumi

映像関連の仕事にフリーランスとして従事し、その後IT関連の広告代理店にて、イベント等の演出・プロデュースに携わる。震災後、応急仮設住宅の自治会事務局を経て、大船渡市綾里地区公民館 主事、2020年の市議会選挙にて大船渡市議会議員となる。

言われたものでした。ただ私たちの子ども世代になると、その意識は薄らいでいるでしょうね。

住民主導で取り組んだ防潮堤整備と住宅移転

——東日本大震災後、復興に向けた地域住民の合意プロセスはどのように図られたのでしょうか。

西風——大きな問題となっていたのは、防潮堤と仮設住宅解散後の住宅移転です。防潮堤に関しては、1979年から91年にかけて7・9mまで嵩上げしたのを14・1mにするという話が持ち上がっていました。震災直後で皆、逼迫《ひっぱく》感にとらわれていたのです。ただ時間が経つにつれ、復興地の海抜が約13mなのにそれより高いものをつくる必要があるのか、景観の問題はどうなのか、という声が住民間で上がるようになりました。

その後、饗庭さんたちに14・1mの規模を体感できるCGを作成していただき、これはとんでもない高さだと認識し、1年ほど話し合った結果、11・6mに落ち着きました。

住宅移転については市から、自立再建、高台への集団移転、公営住宅への入居という三つの選択肢について住民の意向をまとめて欲しいという要望を受け、2011年の暮れに意向調査を行いました。90世帯でそれぞれが約3割、すなわち各30世帯程度といった結果で、そこから大きな変動はありませんでした。

饗庭——住宅については、公営住宅（**図1**）は無料らしい、など根拠のない噂が流布され、皆さん揺れ動くのですね。噂に翻弄《ほんろう》され、気持ちが揺れ動く中で、綾里も約3割ずつというかたちにまとまっていったのだと思います。

西風——公営住宅の家賃が2万円というと、高齢者の方は到底払えないと卒倒しかねないほどのショックを受けていました。減免制度で月2千円になりましたが、それも近々終了するので市にかけあっているところです。

——高台への集団移転について、行政はどのような支援をしていたのでしょうか。

西風——復興委員会で候補地を探し出し、市役所経由で地盤などの適性について調べてもらいました。地主との契約も市で行なっています。

土地に関しては綾里の人間でないと使える場所などリアルな状況が把握できませんので、地元で候補地を挙げたことが移転を早めたと思います。ただ、行政にとってはスムーズなプロセスであったかもしれませんが、こちらからすると、自分たち主導で発信しないと物事が進まないという感は否めませんでした。

饗庭――その後、2015年の夏には公営住宅建設や集団移転のめどがつき、同年12月に仮設住宅の返還式典が行われます。綾里の復興が比較的スムーズに進んだ要因を他に挙げるとすれば、同じ町内でも被災した方としていない方、両方がいたことでしょうか。被災した方々は手一杯で、復興計画に携わるのは無理なのですね。被災していない方々が被災者の心情を汲み取りながら復興計画を進めるなど、上手に役割分担がなされていたと思います。

AIBA Shin
早稲田大学助手、首都大学東京准教授等を経て、2017年より現職。2019年に綾里地区の歴史や復興をまとめた「津波のあいだ、生きられた村」（鹿島出版会）を刊行。

――饗庭先生は、専門家としては、綾里地区で復興がうまく進んだ要因をどのように分析されているのでしょうか。

饗庭――結論としては、たまたまよいタイミングでよい要因が重なったということ。つまり、理想的であるけれども一般化できないのですね。

ただし、住宅移転に関して分析してみると、自力再建が他のまちよりも多い傾向がありました。土地をどう見つけたのか尋ねてみると、親戚が都合をつけてくれたとか、親が所有していたなど、血縁関係者内で融通しているケースが特徴的でした。大都市ではこのような土地を回しあう関係はありませんよね。一方で町内会のつながりも強く、支援物資を巧みに配分する上で大きな役割を果たしており、さらにその町内会の上のレイヤーとして地区という存在が、住民合意形成において機能していました。

地震に限らずコロナ禍のような非常事態を迎えたとき、家族・まち・地区・行政など、大小のレイヤーが機能する仕組みがあるのが望ましいと思っています。家族ができないことを町内会がやり、町内会ができないことを地区が、それでも無理なら行政が……と、助け合い、支え合っていくさまざまな仕組みが必要です。

あと、リーダーシップをもつ人材でしょうか。復興委員会の委員長の手腕に負うところも大きかったですね。

西風――初代委員長の佐々木昭夫さんは綾里漁業協同組合代表理事組

合長もつとめられ、頭も回れば弁も立ち、行政に対してどのようにモノを言えば話が通るかも知り尽くした、カリスマ的な存在でした。復興委員会主導で初期計画を進められたのは、佐々木さんのリーダーシップの賜物《たまもの》です。

綾里から学ぶ次世代への教訓

――南海トラフ巨大地震の被災想定地域には、綾里地区と地形的特徴や地域構造が似ているエリアも少なくありません。事前復興を考える上で、綾里の復興プロセスを振り返り、どのような教訓を発信できるでしょうか。

饗庭――過疎化や少子高齢化を迎え、地域のコミュニティは弱体化し、カリスマ的なリーダーがいないことを前提として、専門家による支援の方法論や行政の施策を考えなければなりません。「私たち専門家は、家族や町内会、地区といった仕組みがどのように生きているかを読み取り、そこに対する発信はできる」と思います。

一方で地域住民の方々に伝えたいのは、家族、まち、地区といった仕組みを、さまざまな機会で鍛えて欲しいということです。

事前復興という言葉で、地震に対する備えを地域の方々に呼びかけると、数年間は興味をもってくださるのですが、10年20年といったロングスパンでは持続しません。それがいつ起きるかわからないからです。災害のためのつながりを、災害への危機感で組織化したところで長続きしません。

したがってやはり大切なのは、「別に災害を目的とせず、何かが起こったときに地域の人たちを結びつける体制をつくっておくこと」ですね。綾里では昭和初頭にデザインされた「5年祭」という祭事があり、各集落が集まり、世代を巻き込んだ交流装置として機能していました。

もう一つ挙げるとすれば、「インフラ好きなオジサンを地域で育てていくこと」。かつて交通の便の悪い地域では、土木が発展の象徴であり、高速道路建設や鉄道駅誘致を行政に働きかける先導者がいたものです。地域全体を理解し、どのようなインフラが必要かをつねに考えている人です。そういう人を中心にした、まちづくりセンターや土木センターのような機能が地域にあるとよいのではないでしょうか。

西風――被災者からすると、「被災時の情報共有の仕組みを構築してほしい」と、切に願う次第です。とにかく情報が入ってこず、何人亡くなったか、何棟倒壊したか、どんな物資を必要としているか、そもそも情報が欲しいといったことも含めて、私たちから行政に投げかけないと動いてもらえない状況でした。

住宅移転にしても、どれくらい時間がかかるか市に尋ねても、国と折衝中とのことで具体的に示されませんでした。その間、被災者は不安に駆られ、どうしても明日明後日のことばかり考えてしまう。その中で将来の決断を下さざるを得ないのです。

土木や建築の専門家の方々には、災害が起こる前に――まさに「津波のあいだ」に、「被災者に何を伝えるべきなのか」、また「被災後の復旧・復興に際して被災者は何を考えるべきか」、「どのくらいのスパンで取り組むべきか」といったことを、行政や自治体に示していただければと思います。

過去の復興のかたちが津波に強いまちの形成に生かされ、災害を強く意識することなく、自然に高台への移住が進む雰囲気が醸成されていたこと、さらに、日常から人々の結び付きが強いだけでなく、結び付きが多様な階層（レイヤー）をなしており、助け合う仕組みがいろいろな側面で機能していることが、綾里地区の高い災害対応力の源にあるように感じます。

また、東京と岩手を結んだリモートでの対談を終え、最近のコロナ禍の状況を心配し合うお二人の様子を拝見し、地元の方と外部の専門家が信頼関係を築き上手く役割分担ができたことも、少なからず、早期に復興を進めることができた要因になったのではないかと思います。

農業と農村の復興

Reconstruction From Tsunami Damage in Agriculture and Rural Areas

門間 敏幸
東京農業大学 名誉教授

東日本大震災による農地・農業用施設の被害と復旧・復興の課題

東日本大震災による巨大津波は、東北地域の太平洋沿岸を中心に、水田2万ha、畑3500haの農地の流出や浸水（推定被害額4006億円）をもたらした。また、水利施設などを中心とした農業用施設の被害は1万7502カ所（推定被害額4835億円）に及んだ。農作物・林野・水産を含めた農林水産関係の被害額は、2兆4268億円と推計されている（農林水産省：2012年3月5日）。特に農地、農業用施設の被害は、岩手県、宮城県、福島県の3県に集中し、東北沿岸部の農業は壊滅的な被害を受けた。

こうした未曽有の大災害で発生した問題に住民、支援組織、公共機関がどのように連携して対応してきたかを緊急対応期、復旧期、復興・新生期の3区分で整理したのが**表1**である。連携の在り方は、発災からの時間の経過とともに、中心となる活動主体（自助・共助・公助のバランス）と問題解決場面が変化し、とりわけ復興・新生期にかけて共助の比重が高くなる。

東日本大震災は被災地の農業をどう変えたか

2015年農林業センサスの調査結果では、津波被害を受けた市町村では、岩手県25・3%、宮城県34・1%、津波と放射能のダメージを受けた福島県46・7%の農家が農業経営から離脱している。その結果、

MONMA Toshiyuki
1972年3月東京農業大学農学部卒業、農林水産省の研究機関を経て1999年4月に東京農業大学国際食料情報学部教授、副学長を歴任。東京農業大学定年退職後は、農研機構上席研究員。現在、農林水産省産学連携支援コーディネーター。

津波被災後の3県では大規模経営体の増加率が大きく高まっている。特に宮城県では50ha以上の農業経営体の増加が著しく、販売金額で1億円以上の経営体が増加するなど、津波災害からの復興を契機として短期間で農業経営の大きな変革が起こっている。

表1　災害ステージ別の復興主体の連携と問題解決場面

フェーズ区分	緊急対応期	復旧期	復興・新生期
活動時期	発生直後〜数週間	数週間〜数ヶ月	数ヶ月〜
中心となる活動主体	自助中心＋公助 共助はボランティア中心 	自助・公助が中心、共助はボランティア、企業、大学・研究機関等多様な個人・組織が参加 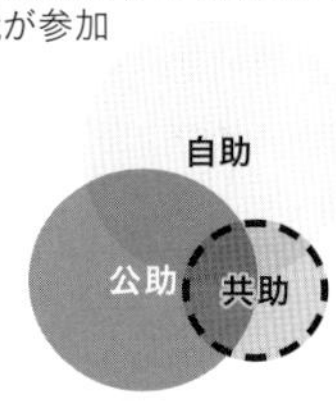	自助・公助・共助が連携して地域づくり・コミュニティ活動を展開 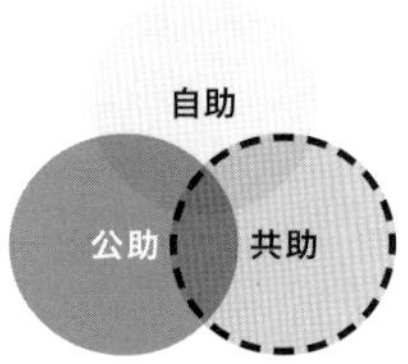
自助での問題解決場面	• 自らの命・家族の命を守る • 親類・縁者の安否確認 • 自らの生活環境整備	• 自宅のがれき撤去・修理補修等生活条件の整備 • 仕事への復帰条件整備	• 農林水産業の再開 • 被災企業の再開 • 住宅の新規建設
公助での問題解決場面	• 人命救助、生存者のための食料・医薬品・生活用品確保 • 避難所・仮設住宅の整備 • 電気・ガス・水道等基本インフラ整備	• ボランティアの積極的受け入れ • 仮設住宅・復興住宅整備 • 農林水産業等の生産基盤の復旧 • 被災した人々の救済（義援金配分、孤児・高齢者など弱者救済）	• 仮設住宅・復興住宅整備 • 農林水産業等の生産基盤の復旧 • 新たなまちづくり、むらづくりの展開 • 地域コミュニティ活動の支援 • 新たな産業の創設
共助での問題解決場面	• 緊急一般ボランティア活動 • 医療等専門ボランティア活動	• 緊急一般ボランティア活動継続 • 医療・産業復興支援、介護・心のケア等専門ボランティア活動	• 新たな地域づくりのためのコミュティ活動、農林水産業復興のための地域活動・組織活動の展開 • 産業復興支援、介護・心のケア、コミュニティ活動等支援のための専門ボランティア活動 • 緊急一般ボランティアの減少

東北農政局が実施した東日本大震災農業生産対策交付金等を活用した活動事例集（https://www.maff.go.jp/tohoku/osirase/higai_taisaku/hukkou/se_zirei.html）を見ると、宮城県28経営体、福島県8経営体、小規模農地が多い岩手県3経営体が新たな農林業の担い手として誕生した。突出して多い宮城県では、津波を受けた太平洋岸地域の多くが平たんな水田作地帯であり、水田作を中心に一部いちご、野菜などの園芸作も展開されていた。そのため、津波を受けた水田をいかに迅速に復旧するかが農業復興の最大の課題であるとともに、多くの農業機械や施設を喪失した農家の農業からの離脱によって発生する農地の受け手の確保が急務であった。国、県、市町村さらには試験研究機関・JAも参加してさまざまな対策を早急に整備して、新たな担い手農家の経営展開を支援した。また、地域農業を守るために被災住民が立ち上がり、法人設立・活動に関わる話し合いが行われた（**写真1**）。

震災後の新たな農業を支える担い手の事例と今後の経営課題

ここでは、甚大な津波被害から立ち上がり、新たな農業経営を展開している宮城県の二つの法人を取り上げ、その取り組みを紹介する。

第1の事例は、市街地の65%が浸水した東松島市の野蒜《のびる》地区の農業法人「アグリードなるせ」である。「農地を守り、地域とともに発展する経営体」を目指す方針の下、「なるせ方式」と呼ばれる無代掻《むしろか》き縦浸透型除塩で塩害を迅速に克服し、96・8ha（水田84・5ha、畑12・3ha）の農地で乾田直播、湛水直播《ちょくはん》、慣行移植で大規模水稲生産に取り組むとともに、大豆、大麦、小麦、飼料用とうもろこし、野菜の生産を行うなど多様な農業を展開している。また、当該法人が中核となって、住民の8割が地域外への転出を余儀なくされた地域コミュニティの再生に取り組むため、2014年に行政区、農協支部、土地改良区などの八つの団体を一本化した「のびる多面的機能自治会」を結成した。地場生産物を活用した6次産業化に加えて、祭り、小学生の体験学習、福祉事業にも取り組み、地域コミュニティの再構築を実現している。

写真1　新たな農業法人の活動についての説明会の様子

第2の事例は、被災した園芸農家の若者4人が集まって設立した「（株）イグナルファーム（東松島市）」である。農業、地域の全てが良くなる（イグナル）ことを願って命名された法人である。主たる農産物は最新の環境制御システムを備えた施設園芸ハウス1万282㎡でのキュウリ、同じく1万㎡のトマト、イチゴ9504㎡、そして露地でのネギ1・6haである。これらの作物は、いずれも経営者の若者が震災以前に取り組んでいた作物であり、法人設立後もそれぞれの専門技術を生かして主担当として責任をもって生産に取り組んでいる。2014年1月にはローソンと共同出資で流通・販売事業に取り組む（株）ローソンファーム石巻を設立、同年6月にはグローバルGAPの認証を取得、2017年10月にはイグナルファーム大郷を設立して品目・販路を拡大し、2018年度は2億円を超える売上を実現した。

以上の事例のように津波被災地では、短期間で未来の日本農業を先取りするような経営体が実現したが、当該経営体の安定的な発展のためには、①大規模経営を合理的に運営するための経営管理・労働管理のノウハウの蓄積、②圃場《ほじょう》区画の大型化、農業機械の大型化に対応した作物栽培技術の革新と労働力の年間利用システムの開発、③生産物の独自販売先の確保による収益の確保・安定化と価格変動リスクの軽減、といった課題への対応が不可欠である。震災後に誕生したこれらの新たな経営体の持続的な発展には、機械・施設の分散保有、安全な場所での農地・施設の確保、次世代の担い手の確保等の事前復興の視点も重要である。

漁業と漁村の復興

——漁業の復旧と漁村における人口流出——

Reconstruction of Fisheries and Coastal Communities
–Restoration of Fisheries and Population Outflow in Coastal Communities–

片山 知史　東北大学大学院 農学研究科 教授

漁業生産は80％以上、養殖生産は60～70％に

東日本大震災後の岩手県、宮城県における沿岸漁業の生産量は、震災前平均の80％以上に回復している（２０１６～２０１８年は、サケ、スルメイカ、サンマの不漁で岩手県の漁獲量が減少している。福島県の漁業試験操業を中心とした沿岸漁業の生産量は約25％である）。

養殖においても、順調に生産量が増加しており震災前の約60～70％の量を出荷できている。また、漁業センサスから単純に計算すると、操業や生産を再開できた漁業者は、資源量の増加や漁場（漁船漁業、養殖利用者数の減少によって、以前よりも収益性が高くなっている。果たしてこのような数字を基に、漁業も再開し被災地は既に「復興済み」と判断してよいのか。中長期的に見ると、実に多くの問題を抱えている。

海洋生態系と資源

漁業の成立条件は、資源と資本と労働力である。資源については、大学や国県の水産研究者が、大津波による大規模かく乱後の生態系の変移を調査した。大津波は、水中に生息する魚類やプランクトン、海底に分布する海藻や底生生物を押し流し、死滅させた。このような直接的な影響だけでなく、地形の変化や地盤沈下は、その後の海流や底質を変化させ、間接的に生物相を一変させた。しかし、海洋生態系、特に沿岸域の生物群集は、このような大規模なかく乱に対して驚くべき復元力を示した。まだ河口域や干潟における底生生物群集は変移過程であると

KATAYAMA Satoshi
1989年東北大学農学部卒。同助手、水研センター中央水研・室長を経て、2011年4月より現職。日本水産学会水産政策委員長、副編集委員長、水産海洋学会理事、北日本漁業経済学会理事、水産増殖学会副会長。

判断されるが、海洋域の生物群集や資源生物は、ほぼ1年内にかく乱前と同様の組成となり、生物量も回復した。

一方、2019年度末で7割が完成したという巨大防潮堤が、砂浜や海岸線を広く覆いつくすように建設されている。水産学から見ると、陸域と水域を遮断する構造物は、百害あって一利なしである。防潮堤だけでなく、10年たった今でも沿岸部は造成工事が続いている。雨の度に赤い泥が海に流れ込み、岩礁域における浮泥の堆積の海藻や岩礁生物に対する影響も懸念されている。

漁業復興予算

資本については、復興予算が手厚く措置され、また全国からの支援も届き、早期に海面漁業や養殖の操業を開始することができた。特に「がんばる漁業・養殖業復興支援事業」は、漁業者グループに必要な経費を保証する経営支援であり、約1兆円の規模で行われた。協業体形成、共同作業・共同経営の流れも作られた。一方、復興事業全体の手厚さ故に、副作用も生じている。

今回の復興事業は復旧ではなく、造り変える創造的復興であった。水産部門であれば、魚市場の荷さばき所、冷凍・製氷などの関連施設や水産加工工場が、その予算の性質上、高度衛生管理を含めた高水準の仕様で建設された。その投資によって、取扱量が増加したり単価が上がればよいのだが、漁業・養殖（特に東北は投餌養殖はわずか）は自然の生産力に依存しているので増産は容易ではない。鮮魚・加工品の価格についても、輸入を含め、大手流通業者がコントロールしている中、単価上昇も大変難しい。同様に、沿岸部のインフラも役場・病院などの公的施設も、過剰な施設が建設されている。維持費は誰が払うのか。以前から問題となっている箱物行政が被災地で大々的に展開され、そのツケが被災者・被災企業や被災地市町村に降りかかるという構造である。

漁業者の減少、人口流出

労働力について。岩手県、宮城県における2008年、2013年、2018年の漁業者（営んだ経営体）数は、岩手は、5313、3365、3406、宮城は4006、2311、2326であった。約6割に減少した。震災後の2013年当初は、両県ともに1000名以上の漁業者が「休業」し様子見をしていたが、ほとんどが再開しなかったことが示された。その背景としては、住居・生活拠点や漁村の再建がほとんど定まらず、生活と生産の場が分断されたことが大きい。結局漁業者は、漁村に戻らなかったのである。

同様のことが、漁村・地域全体にも言える。沿岸部の市町村では人口流出が著しい。国勢調査の結果、岩手県、宮城県の都市部では人口が増加しているが、沿岸部では15・6万人が減少した。2015／2010の減少割合を見ると、宮城県女川町37％、南三陸町29％、岩手県大槌町23％をはじめ、沿岸部では20％以上も減少した市町村が少なくない。リアス海岸の小規模集落（浜レベル）では消滅の可能性すらある。高台移転や壮大な居住エリアの作り変えのための10年規模の造成工事の裏側で、住民の多くは浜に戻らないことを選択している。内陸部等の移住先で、かかりつけの病院ができ、学校に通い、新たなコミュニティーが作られる。それまでの浜に、強い結び付き（地縁、血縁、愛着）があるか、もしくはよほどの生活利便性がなければ、元の土地に戻るという選択は取られないのである。

漁港と居住空間の分断、そして事前復興計画

2011年末に、多くの低地が災害危険区域に指定され、建築制限により居住利用ができなくなった。そして2012年度後半には、防災集団移転促進事業、漁業集落防災機能強化事業が始まり、「高台移転ありき」で走りだし、漁業者の住宅と水産関連用地整備を合わせた一体的な低地利用計画は検討されてこなかった。このことが、多くの地域で漁港と居住空間の分断が進んだ背景である。

写真1　被災地の利用の進まない低地（2020年）

生業の場である海や漁港・港湾と暮らしの場である集落が分断立地することになっただけでなく、低地利用はまばらとなってしまった（**写真1**）。人口流出に伴い、生活インフラ等の利便性も低下している。この分断を補完する必要があるが、中長期的に考えた場合、漁業活動（荷さばき、1次加工、6次産業対応、休憩・飲食など）が漁港付近で行われ、低地が生活の場として機能する利用のされ方が望ましいと思われる。家族漁業は、女性、高齢者との共同作業が必須である。

これらを考えれば、漁村の主体である漁業者や水産関係者が漁村から排除される結果にならないように、事後の取り組みをスムーズに進めるためにも、漁村コミュニティーと市町村による事前防災と事前復興づくりに関する合意形成に向けた議論が平時から行われる必要がある。

東北地域における産業復興の取り組み

Measures for Industrial Recovery in the Tohoku Region

渡邉 政嘉
東北経済産業局長（執筆当時）

震災から10年、産業復興の現状と課題

東北地域の産業復興はこの10年間で大きく前進し、地震・津波被災地域では復興の総仕上げの段階に入るとともに、原子力災害被災地域においても復興・再生が本格化している。

製造品出荷額等で見ると（**図1**）、２０１１年は東日本大震災の影響で大きく低下したが、２０１２年以降は増加傾向にあり、地域全体で見るとほぼ回復している。一方で、土地区画整理等ハード整備の一部に遅れの見られる沿岸被災地域や福島県の原子力災害被災地域においては、産業の復旧・復興に向け引き続きの対応が必要である。

この10年間、東北経済産業局では、ハード面での復旧・復興支援に加え、新商品の開発や販路開拓等といったソフト面での支援にも取り組み、産業としての活力の回復・向上に向けて取り組んできた。ここでは、その取り組みの一部を紹介する。

生業の復旧と商業・まちの再生支援

企業の私有財産は自力復旧が原則であった。しかし、東日本大震災は広範囲に被害が及ぶ未曾有《みぞう》の大災害となったことを踏まえ、地域経済の中核をなす中小企業等グループの施設・設備の復旧、整備並びに商業機能の復旧促進に対して補助を行う、これまでにない手厚い支援を実施することとなった。２０１１年より、中小企業等グループ施設等復旧整備補助事業（グループ補助金）の交付を開始し、２０２０年末時点

WATANABE Masayoshi
1990年東京工業大学大学院理工学研究科修士課程修了、同年通産省（現：経済産業省）入省、2005年東北大学工学研究科博士課程修了。産業技術環境局産業技術政策課長、中小企業庁経営支援部長等を経て、2020年7月より現職。

で、被災４県（青森・岩手・宮城・福島）でのべ１万件を超える中小企業者等に対し交付した。

また、被災地における雇用の維持・創出を図ることを目的とした各種企業立地補助金が創設され、被災４県における製造業の工場等の新増設や地域の核となる商業施設の整備を支援した。これにより、被災地域における働く場の確保とともに、住民帰還や商業機能の回復が促進され、復興に大きく貢献している。

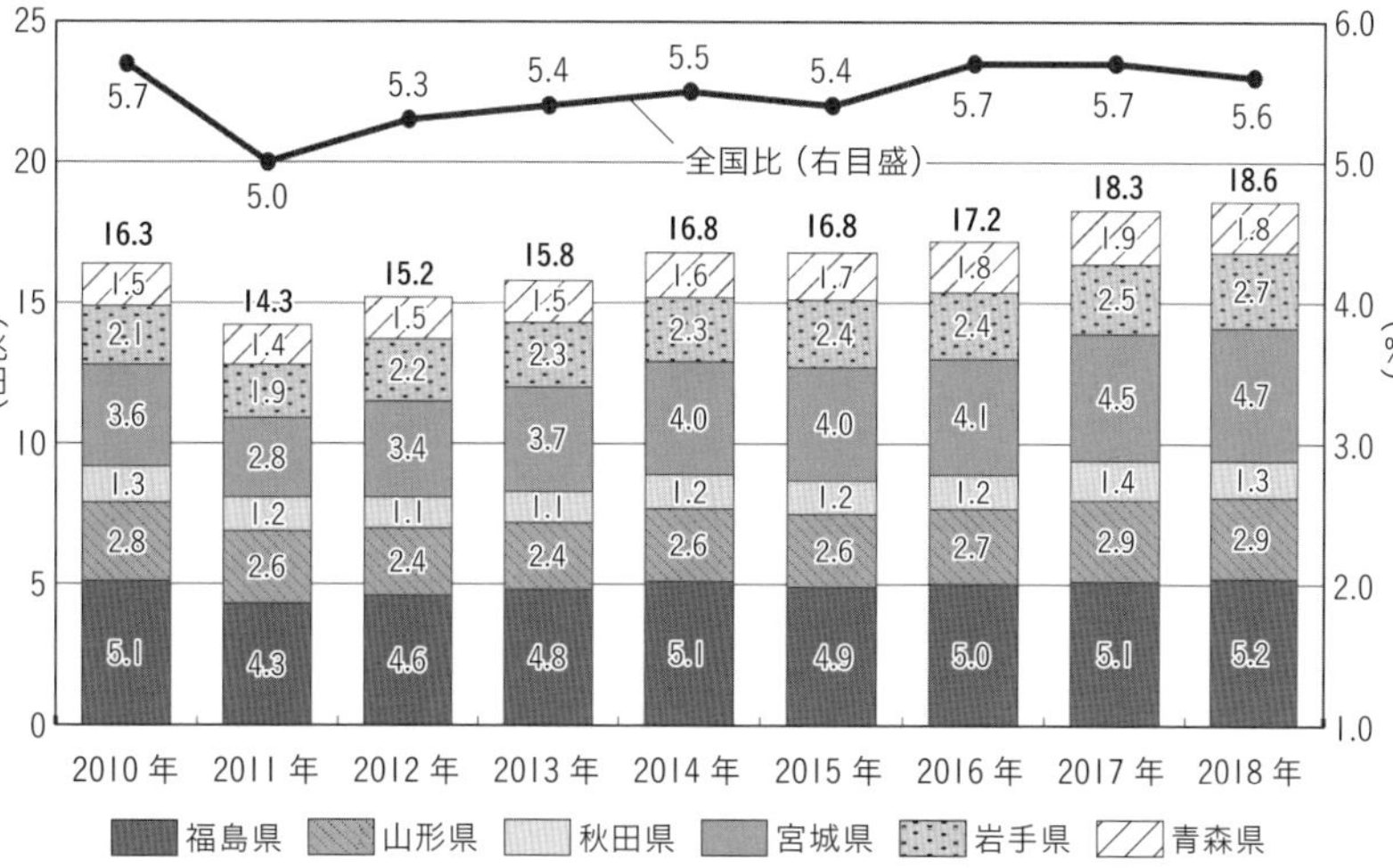

図1　製造品出荷額等の推移（出典：経済センサス活動調査（従業者4人以上）、工業統計調査（従業者4人以上））

宮城県女川町では、まちなか再生計画を策定して復興庁の認定を受け、ＪＲ女川駅前の商業施設エリアに２０１５年から16年にかけて「シーパルピア女川」と「地元市場ハマテラス」が開業した。これら施設は、津波・原子力被災地域雇用創出企業立地補助金（商業施設等復興整備補助事業）を活用してまちづくり会社がテナント型商業施設を整備し、一部テナントにはグループ補助金を活用した地元事業者が入居・営業している。周辺には、日帰り温泉や宿泊施設、金融機関、震災遺構旧女川交番等が整備されており、町民の日常生活を支えるだけでなく、来町者や観光客のニーズに対応する賑わいの拠点になっている。

水産加工業等の再生支援

青森、岩手、宮城の３県にまたがる三陸海岸は、その豊富な水産資源から世界三大漁場の一つに数えられている。この地域には水産加工業が集積し、雇用を支える基幹産業となっていたが、東日本大震災の津波により、甚大な被害を受けた。

震災後、三陸地域の水産加工業は、グループ補助金や企業立地補助金等を活用してハード面での復旧を果たしている。一方、２０１２年から毎年実施しているアンケート調査によると、水産加工業は建設業や製造業など他業種に比べ、震災前の水準に売上が回復していると回答した割合が低い結果となっている。加えて、「販路の確保・開拓」や「原材

写真1　JR女川駅から見たシーパルピア女川

料・資材・仕入れ等価格の高騰」「従業員の確保・育成」等、多くの経営課題を抱えている。

こうした状況を受け、当局では水産加工業等の復興支援に向け、広域連携や海外販路開拓を集中的に支援した。２０１６年３月には、産官等が連携し、三陸地域における水産加工業および関連産業の復興と地域産業の活性化に資するため、三陸地域水産加工業等振興推進協議会を設置。「三陸を世界トップの水産ブランドにする」というスローガンの下、展示商談会等の場における三陸ブランドのプロモーションや海外販路開拓支援、情報提供等を実施している。

震災の経験を踏まえ、新たな産業の創出へ

当局では、東日本大震災における減災・防災上の教訓を広く普及し、現地視察等を通じた交流人口・関係人口の拡大やいまだ根強く残る風評被害の払拭につなげるため、２０１６年より「復興シンポジウム」を実施している。名古屋や静岡など南海トラフ地震で被害が想定されている地域に出向き、学識経験者や被災地の企業経営者等による講演を行い、防災・減災の知識や教訓、復興への取り組み・状況を東北から発信した。

被災地では、人口減少や高齢化の進展によりさまざまな社会課題が顕在化し、地域づくりの担い手不足という課題に直面している。そうした中で、若者を中心に変化を生み出す人材が、副業・兼業、テレワークといった多様な働き方やプロボノ[注1]などを通じて、地域に入り込み始めている。「関係人口」と呼ばれるこうした地域外の人材を、いかに東北地域に取り込むかが重要と考えている。さらに、震災を経験した東北から、防災に関するさまざまな課題をビジネスの手法で解決する動きを起こし、新たなビジネス創出の支援に取り組むことも必要と考えている。

原子力災害被災地域の復興においては、国家プロジェクトである福島イノベーション・コースト構想を基軸とした産業復興支援が要となる。福島県沿岸部（浜通り地域等）の自立的・持続的な産業発展の実現に向け、当局としては、企業立地や地元企業を中心とする製品開発等への支援に向け、（一社）福島イノベーション・コースト構想推進機構や関係省庁、福島県、市町村等とより一層連携して取り組んでいく。

（注1）プロボノ：ビジネスパーソンが、職業上有している専門知識やスキルを無償提供して社会貢献する活動。東北では、被災地域の活性化に取り組む企業や団体に対し、首都圏人材等をプロボノとして派遣し、新事業展開や新商品開発等をサポートする動きがある。

復興の10年間の歩み
―学会の果たした役割と今後の課題―

What We Have Done and What We Will Do Next
–The Role of JSCE and AIJ–

[鼎談メンバー]（敬称略・五十音順）
家田 仁　第108代土木学会 会長
石川 幹子　中央大学 研究開発機構 教授
竹脇 出　第56代日本建築学会 会長
[司会]
高口 洋人　早稲田大学、日本建築学会会誌編集委員会 委員長
羽藤 英二　東京大学、土木学会学会誌編集委員会 委員長

2020年10月14日（水） 土木学会（オンライン会議システムを併用）にて

建築学会の竹脇出会長と土木学会の家田仁会長、ランドスケープ・アーキテクトの石川幹子中央大学研究開発機構教授が、震災から今日までを振り返り、今後の天災と向き合うための課題について議論した。

建築・土木・都市計画の専門家として復興を支援

高口――まず、皆さんがどのような形で東北の復興に関わってこられたか簡単にご紹介ください。

家田――東日本大震災が起こったのは、私がその年の6月から土木学会の副会長になるタイミングでした。発災直後、当時の阪田憲次会長から「震災担当」の特命を受け、被害と復興の調査とその後の復興に携わってきました。以来、国の復興調査や大船渡市の復興計画推進委員会などに参加してきました。原発事故のあった福島12市町村の復興推進の手伝いもしており、こちらはまさにこれからというところです。

竹脇――当時、私は建築学会の監事をしていました。地震の起きた3月11日の午後は、ちょうど建築学会の理事会に出席していました。理事会を中断してすぐに東日本大震災調査復興支援本部を立ち上げました。震災後は建築界でも「レジリエンス」が大きなテーマとなり、2019年に私が建築学会長に就任してからは「レジリエント建築タスクフォー

IEDA Hitoshi
1978年東京大学工学部土木工学科卒業後、日本国有鉄道入社。1984年より東京大学、2016年より政策研究大学院大学。その間に西ドイツ航空宇宙研究所、フィリピン大学、中国の清華大学、北京大学に客員教授として派遣。専門は交通・都市・国土学。

ス」を立ち上げました。

石川——私は震災当時、日本学術会議環境学委員会の委員長でした。被害があまりにも甚大で広域にわたっていることから、私は会長だった故・金澤一郎先生に、中国・四川汶川大地震に用いられた「対口《たいこう》支援」、すなわち被災しなかった自治体が被災自治体とペアになって支援する取り組みを日本でもやってくださいと直訴しました。金澤先生はこれを採用してくださいましたが、「対口」は「対ロシア」と誤読されないようにした方がいいと言われ、中国経済の専門家の意見を伺い「ペアリング支援」としました。日本学術会議として第1次緊急提言を出したのが3月25日でしたから、かなり早い時期です。この段階で、従来の支援体制を根底から変革したことは、その後の大災害への対応を考えますと、大きな社会的意義があったと思います。

その後、6月には原発問題への国際対応や住民主体の計画策定など、復興に向けた「7つの原則」を提言しました。私はその後、宮城県の復興会議のメンバー、宮城県岩沼市の復興に10年間携わってきました。

学会の役割。災害の歴史から得た教訓を生かす

高口——建築界・土木界は東北の復興に関してこの10年間、どのような取り組みをしてきたでしょうか。

家田——土木学会は発災直後から、津波を扱う海岸工学や土質工学、耐震工学など分野ごとの専門家チームのほか、他の学問分野の方々もお誘いして分野横断の総合調査団を派遣しました。

それらの調査に基づく提言の中でも特に大きな進展と言えるのが、津波防災にＬ１／Ｌ２の概念を導入したことです。これは「津波防災地域づくり法」として結実しました。土木でこの概念を本格的に取り入れたのは、阪神淡路大震災以降ということになります。新幹線や高速道路の高架橋が倒壊したのを受けて、新設構造物の設計や既存構造物の補強にＬ１／Ｌ２を導入したのです。これにより、その後の中越地震や東日本大震災では鉄道橋、道路橋はほぼ無傷で済みました。

東日本大震災を契機にこの概念を津波対策に拡大し、さらに今、河川洪水対策にも展開しようとしています。災害に学びながら、防災対策を一歩一歩進化させてきたわけです。

竹脇――建築学会でも発災後すぐに緊急調査に向かい、同年4月に報告会を開催しました。まちづくり系、計画系の人たちが中心となり、構造系や環境系も含めた多くの会員の参加を得て、同年9月に第1次提言、2013年5月に第2次提言を出しています。第2次提言では「津波」「対応」「首都」「原発」「継承」の5テーマを軸に合計67の提言をまとめました。

また、震災から2年ぐらいまでは、被災地域での支援活動を続けました。一つはNPOや市民団体の活動を支援する拠点として「きたかみ震災復興ステーション」の開設です。二つめは気仙沼市の小泉地区など各地における高台集団移転支援事業。三つめは東日本大震災復旧復興活動調査研究助成プログラムで、建築学会の小委員会などで調査・研究を行うグループに助成しました。

石川――日本学術会議は「7つの原則」に基づき、さまざまな活動をしてきました。都市計画分野では主として「市町村と住民を主体とする計画策定」の原則の実現と、「いのちを守ることのできる安全な沿岸域再生」の社会実装を行ってきました。

前者のコミュニティーを主体とした復興は、10年目を迎えますが継続しています。緩やかに新しい暮らしの場が立ち上がっていることは、大きな喜びです。

後者は、津波にのまれながらも残存した仙南平野の海岸林の現存植生調査を継続しています。多くの皆さまの協力と基金を活用し、「環太平洋の渡り鳥の飛来地」ともなる生物多様性の豊かな沿岸域の再生を実施しています。

震災の知見を生かした「事前復興」のあり方を問う

高口――10年間を振り返って、反省点や今後の課題と思われることはなんでしょうか？

石川――学術会議は「国民の連帯と公平な負担に基づく財源調達」という原則を提示しました。震災から10年がたつ今、これまで復興に要したコストを、何に充当し、誰がどのように負担してきたのか明確にし、今後の教訓にしなければと思います。

家田――あくまでも私見ですが、次の五つの「学び」を挙げたいと思います。

まず1点目は、「復興は各地域の意思と責任をベースにして進めるべきである」ということです。例えば、L1の津波に対して安全を確保するにしても、一律に防潮堤を造って終わりではなく、海岸ごとに高さを変える。岩手県釜石市の花露辺《けろべ》地区では防潮堤を造らず、住宅は高台移転して、低地は漁業の作業場とすることを住民総意で決めました。

2点目は、現地の復興計画と上位の政策の整合を図ることが極めて

ISHIKAWA Mikiko

1972年東京大学農学部卒業。工学院大学建築学科教授、慶應義塾大学環境情報学部教授、東京大学大学院工学系研究科都市工学専攻教授、中央大学理工学部教授を経て、中央大学研究開発機構教授。東京大学名誉教授。博士（農学）、技術士（都市及び地方計画）。都市計画・環境デザイン。

重要だがそれが容易ではないことです。人口減少下の日本では市街地のコンパクト化が国土計画上の大方針ですが、津波被災地における集落の高台移転前後のコンパクト性を数値的に計算し比較すると、ほとんどの地域で低下しています。例外的に顕著に改善されたのが石川先生が指導された岩沼市沿岸6集落の集団移転です。

3点目は、モビリティーの改善を前提にした市町村間の広域連携的な復興推進がうまくいかなかったことです。震災後、道路が地域の防災性を高める上で極めて重要であると認識され、国道45号など復興道路や復興支援道路の整備が進みました。人々が広域に移動するなら、地域の復興も市町村の枠を越えてもっと広域で考える必要があるのではないか。この点は課題です。

4点目は、震災の知見を生かした事前復興が、全国であまり進んでいないことです。南海トラフ地震は「30年以内に70～80％の確率で発生する」と言われており、住宅地の高台移転までは無理でも、復興プランの事前策定や重要施設を安全な場所に移転するなどは急務です。

5点目は、東日本大震災復興における「公助中心の復興」の限界性です。南海トラフ地震や首都直下地震の被災規模の大きさを考えると同じことは不可能です。場所ごとにより高度なリスク評価を実施し、その結果の公開を前提にした損害保険の充実や地域合意による土地利用規制の強化など、自助・共助の仕組みづくりが急がれます。

以上、いずれも従来の枠組みのままではカバーできない課題です。

高口――家田先生の問題意識は、建築とも共通する点が多いと思います。竹脇先生はいかがですか？

竹脇――4点目の事前復興については、非常に優れた考え方であり、推進すべきだと思っていますが、一方で懸念もあります。この言葉が最初に使われ始めたのは、阪神淡路大震災を経た1997年頃でした。ただ、当時は地震の予測技術が進んでおらず、あまり浸透しなかったのです。

今なら南海トラフ地震や首都直下地震などについては被害想定に基づき、事前復興に投入すべき予算と、被災後にかかる予算を分けて考えることも可能でしょう。しかし、歴史的に見て大地震の起こる確率が極めて低い地域までが一斉に事前復興へ動き始めたら、経済が追いつかないのではないか。発災確率を考慮しつつ、いかにしてリスクと向き合っていくかが今後の課題でしょう。

石川――私は「事前復興」という言葉は、立ち止まって考えるべき時期にきていると思います。この考え方に欠けているのは、長期的な視野に立った時間軸に対する概念構築です。私が関与した仙南平野の復興は「阿武隈川によって8000年間に形成された沖積平野の微地形」という特性を考慮しなければ、成立しませんでした。時間軸を汲み入れることにより、「事前復興」は真のインフラ構築へと舵をきることができるのではないでしょうか。

建築・土木・都市計画は使命を果たせたのか？

高口――建築学会は来年（2021年）3月に復興10周年のシンポジウムを開催します。

竹脇――次に挙げる五つのワーキンググループで1年間議論をしてきた成果を発表します。

WG1は「人口減少・高齢化に対応し災害につよい建築・まちづくりをどのように進めるか」。ここでは、エリア防災マネジメントや、東京一極集中と地方創生について取り上げます。

WG2は「災害につよいレジリエントな建築・まちづくりを科学技術的アプローチからどのように進めるか」。今回の震災で超高層ビルに大きな影響を与えた長周期地震動や、既存不適格建築物などの問題を扱います。

WG3は「災害を意識してエネルギー消費と健康に配慮した建築・まちづくりをどのように進めるか」。官民連携による神奈川県藤沢市の「Fujisawaサスティナブル・スマートタウン」など、オフグリッドの先進事例を紹介します。

WG4は「原発事故による長期的な放射能汚染被害地域での建築・まち・むらづくりをどのように進めるか」。原発事故以降、建築の構造設計分野でも取り組みが進んだ「想定外」への対応について取り上げます。

WG5は「災害の記憶を継承するまちづくりをどのように進めるか」。これは、ヘリテージマネジャーと呼ばれる人材の育成をどう支援していくか議論するものです。

これらのテーマの中には、建築と土木が協力して取り組むべき課題もたくさんあると思っています。

石川――家田先生の五つの指摘、竹脇先生が紹介されたWGテーマに共通する課題とは、一体何でしょうか？　ローマ人は「インフラとは人間が人間らしい生活を送るために必要な大事業である」と考えていたといわれます。つまり、インフラをつくることは文化をつくることに等しい。私は、空間と時間に立脚して、この文化をつくることこそが、建築、土木、都市計画の共通の使命だと思うのです。

最大の問題は、インフラをつくるマインドと方法論が抜け落ちたままにこの10年が過ぎてしまったことです。戦略的なプランがなければ、インフラはつくれません。

インフラの概念を超えた将来のまちづくりビジョンを

石川――1944年にロンドンの戦災復興計画をまとめたパトリック・アバークロンビーの『グレーターロンドンプラン』は、緻密な調査に基づく計画がきちんと図面にまで落とし込んであります。もちろん、ここには失敗もあったでしょう。しかし、重要なことは間違いも共有して改善していくことであり、失敗を恐れてイラストのようなものでお茶を濁していては前へ進めません。特に県レベルの復興計画が、イラストの域を脱しなかったことは、命と未来を預かる職能として猛省すべきと思います。

TAKEWAKI Izuru
1980年京都大学建築学科卒業、1982年同大学大学院修士課程修了。1991年京都大学工学博士。2003年京都大学大学院工学研究科教授。1982年京都大学助手、1989～1990年UCバークレー客員研究員。文部科学省大学設置・学校法人審議会委員（2007～2010）。専門分野は、建物の耐震・制振・免震。

『田園都市論』で知られるエベネザー・ハワードは「自分は目の前の小さなことから始める。志を持ち、正しい方向を向いていれば、いつかそれが大きなことにつながっていく」と言っています。両方とも、とても重要なことです。

家田――先ほど、事前復興が重要だと言ったのは、まさにその点です。切迫した状況下での対応が求められる被災後ではなく、事前に将来のまちづくりについて十分な議論をして、空間設計にまで落とし込めると一番いい。

石川――そういうビジョンが東北にはなかったし、気候変動・直下地震・コロナと、危機に瀕している巨大な首都圏にも残念ながらありません。それを成し遂げるのが学会の責務ではないでしょうか。

高口――大きなビジョンを描いたときに、誰がどういう責任でそれを実現していくのか。そこが曖昧なところに問題があると思います。

家田――同感ですね。加えて、福島では、何といっても、復興の最大の足かせとなってきた「風評被害」を撲滅しなくてはなりません。そのためには、政治的リーダーが先頭に立ち国家の信用をかけて偏見や風評と闘わなければならない。もちろん、われわれも知徳をもって全力で協力しなければなりませんね。

石川――そうですね。福島もそうですが、津波の被害を受けなかった東北の古い町の多くが、過疎化などで立ち行かなくなっています。家田さんが「挑戦」とおっしゃったように、これまでのインフラの概念を超えて、社会的イノヴェーションを創り出していく時期に来ていると痛感します。

竹脇――そのために、学会同士が協力していきましょう。原発問題を含めて、福島の将来ビジョンを考えることに特化した大学をつくるといった方法論もあるかもしれません。

羽藤――次の災害に対して日本はどういう立場を取っていくのか、今まさに分岐点にいるのだと思います。今日の議論を聴き、「国土と地域の社会像を描くための補助線としてのインフラ」を、今構想しなくていつするのか、と強く感じました。

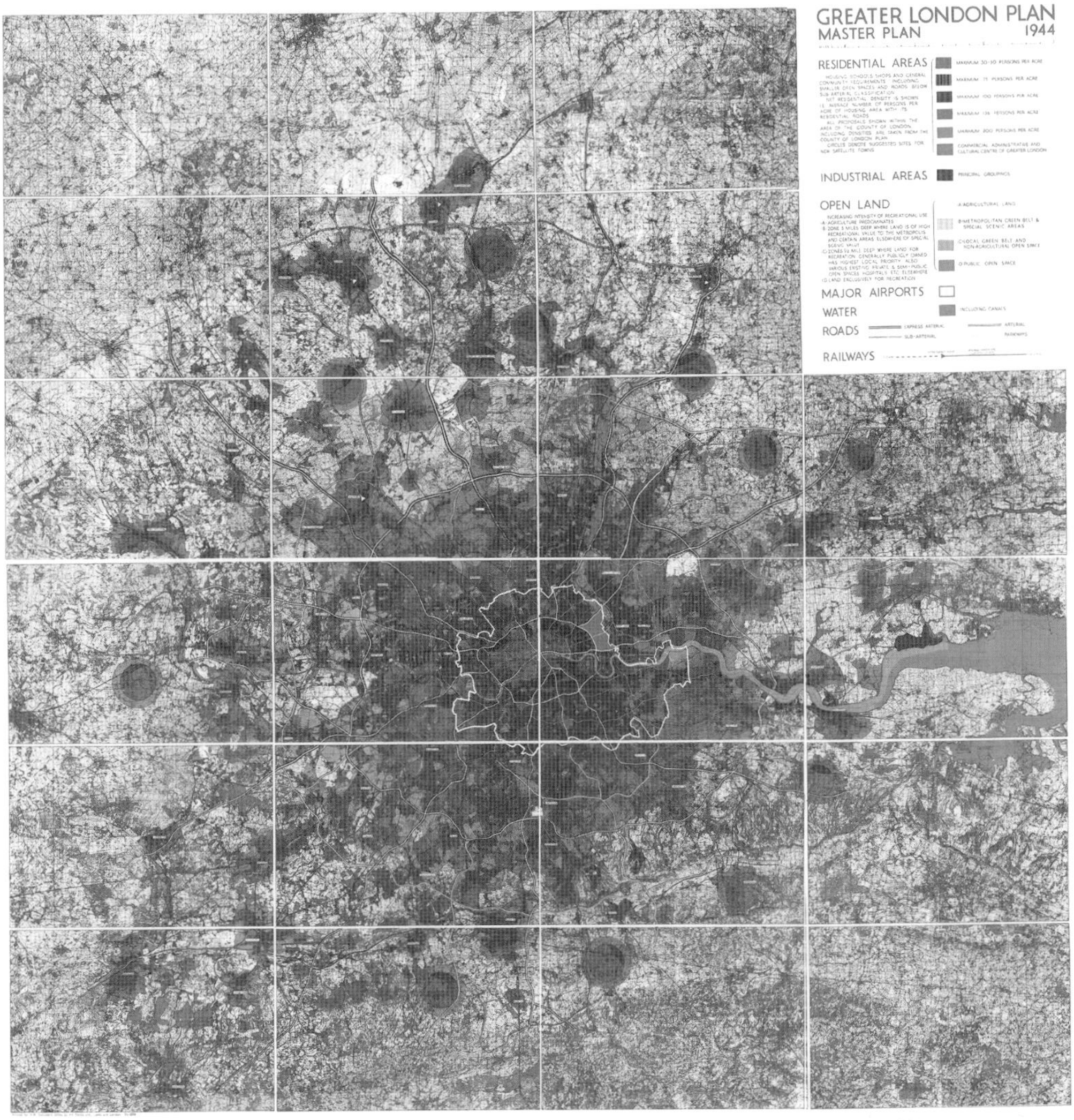

写真1　グレーターロンドンプラン（出典：Patrick Abercrombie：Greater London plan 1944, H.M. Stationery Office, 1945.）

第2章

福島

津波被害に加え原子力災害に襲われた福島では、10年以上が経った今もなお2万人以上が長期的な避難生活を強いられており、住民の帰還率が数%に留まる自治体もある。国や自治体による除染やハード整備は徐々に進められ、地元自治体や個人はかつての暮らしを取り戻しさらに魅力ある地域にすべく、さまざまな活動に取り組んでいる。原子力災害というさらに過酷な問題を抱えた地域の復興の様子から、私たちが学び、未来に残すべきものはどのようなことであろうか。まずは福島第一原子力発電所の廃炉や、除染の取り組みの状況を整理し、そして自治体や個人がそれぞれの課題に直面しながら取り組んできた活動の様子を紹介したい。

インタビュー

福島復興への貢献とこれから

Civil Engineering contributions to Fukushima reconstruction, What should we do now

［語り手］
家田 仁 氏　土木学会前会長、政策研究大学院大学 特別教授、東京大学 名誉教授

［聞き手］
中島 崇、浦田 淳司　土木学会誌編集委員

2022年7月8日（金） オンライン会議にて

福島復興への土木界の貢献

まずは除染・輸送・中間貯蔵などの環境回復です。膨大な量の汚染土除去から屋根の雑巾掛けなどの細やかな作業まで、一人ひとりが懸命に除染作業にあたり、福島の人々の暮らし・産業活動を取り戻すための基礎を作りました。また、各地に仮置きした除染土の中間貯蔵施設への輸送はこれまで大きなトラブルもなく運び終えるめどがついています。(注1) これは地元の人々の願望と協力を前提に、国や自治体、建設会社、輸送会社が全力を挙げた結果です。このようなインフラの中のインフラともいえる整備をしてきたのが土木界の人々だと思います。福島第一原子力発電所では、地下水を制御する凍土壁の建設や管理、大量の汚染水タンクの設置にも土木界の人々が貢献しました。土木学会としても被災地への調査団を派遣し、またシンポジウムでは、震災と原発事故からの復興に向けた議論を重ねてきました。政府の専門家会議においても、私を含めた土木関連の委員が国土やインフラの面から復興ビジョンの作成に関与しました。阪神・淡路大震災で得た教訓を生かし、津波対策にも防災＋減災の発想を適用し、高台移転や防潮堤を造る基本方針を決定できたことが、堅実な復旧・復興につながりました。土木界は過去の教訓を生かして取り組みを積み重ね、一歩一歩進んでいます。今

回は地域ごとの事情や住民の意向を勘案してきたことが次に生かされ、これからさらに進化していくと思います。

これからの復興に向けて日本が取り組むべきこと

何といっても第一は、風評被害の完全撲滅です。これは素朴ですが最も重要なテーマです。福島の米や魚には厳しい検査がなされており、世界でこれほど安全性が保障された食べ物はありません。国家の信用と国民の名誉を懸けて国は福島の食をもっとアピールするべきです。2点目は廃炉と中間貯蔵施設の広大なエリアについて、空間再構築ビジョンをどう描くかを真剣かつ本音で議論すべきだと思います。このエリアを語ること自体がタブー視され、50年後にどうするかということが一向に語られてきませんでした。廃炉の期間が読めず、将来像を描くのは難しいですが、「いずれこういう場所にしよう」という考えを持つ必要があります。3点目は「イノベーション・コースト構想」に福島の最も基幹的な産業である農業をもっと本格的に取り入れることです。例えば福島の日本酒は圧倒的に評価が高く、農業と発酵加工技術が融合して優れた「食」に成長し、第6次産業の代表的な存在になっています。これまで育んできた農業や食品産業に力を入れてほしいです。そのためには『二地域居住』が有望です。二地域居住は、都会の人が地方に別の居住拠点を構えて暮らしを豊かにするという発想です。原発周辺で農業を営んでいた方の多くは福島で生活を立て直す状況になっていませんが、営農意欲は高いと聞きます。避難先を生活拠点にしながら農繁期は福島の地元に通って農業を、という形もあるのではないでしょうか。4点目は高規格道路の整備です。浜通り地域は首都圏と仙台圏の中間に位置し、西には最大の軸線である中通り地域があります。常磐自動車道の早期開通に加え、高規格道路をもう一段充実させることで、広域連携的な復興を遂げられるでしょう。最後は原発事故処理です。菅政権（当時）は処理水を希釈し安全性を確認して海洋放流する方針を打ち出しました。事故直後の日本は世界標準より厳しい基準で処理水問題に対応しましたが、事故後10年を経過した今、もう一度冷静な世界標準の視点に立ち戻って取り組むことが必要です。環境省が飯舘村で手掛ける土壌再生事業は、科学的で住民と相談して進めている前向きな取り

IEDA Hitoshi
1978年より日本国有鉄道、1984年より東京大学、2016年より政策研究大学院大学。その間に西ドイツ航空宇宙研究所、フィリピン大学、中国の清華大学、北京大学に客員教授として派遣。専門は交通・都市・国土学。

組みだと思います。人と国のことを総合的に考えて手を打つのが土木人の務めです。

電力問題をどのように考えるか

東日本大震災を機に、日本は電力問題を問われています。本来は送電ロスなどを考えれば電源は大都市圏などの消費地に近接していることが好ましいですが、狭い国土を活用して十分な電力を供給するためにこのように遠隔地に電源を設ける形に発展してきました。食料や燃料もそうであるように、輸送や流通の技術で物理的な距離の問題を解決してきましたが、生産地に暮らす人々や地域がどのように苦労しているか、消費地の人々が考えることは少なく、両者は隔絶していると感じます。昔は、米を食べる時は農家の苦労をかみしめて食べるように言われたものです。電力はどこでどうやって作られているのかを考えながら電気をつける、スマホを扱うといった意識が必要だと思います。

電力問題は地産地消、カーボンニュートラルなどといった単純な理念的議論だけで進めてはなりません。例えば、太陽光発電を導入するにしても、山を切り開いて造ったことが巡り巡って土砂災害の原因になることもあります。電力問題がそうであるように、日本が抱える問題は複雑で、さまざまな観点から十分に議論して総合的に考えなければなりません。

（注1）環境省によると、輸送対象物量約１４００㎥のうち、２０２１年10月末時点で、約86％を中間貯蔵施設に搬出済みとなっている。

福島第一原子力発電所における廃炉・汚染水・処理水対策の現状

Fukushima Daiichi Decontamination and Decommissioning: Current Status

堀内　友雅

東京電力ホールディングス（株）廃炉推進カンパニー福島第一原子力発電所 計画・設計センター副所長

当社は廃炉・汚染水対策関係閣僚等会議で決定された中長期ロードマップ（２０１１年12月策定、２０１９年12月第５次改訂）の下、30～40年にわたる廃炉の取り組みを進めている。以前は全面マスクやカバーオールを装着しなければならないなど、世界一厳しい現場とも評されたが、現在は構内の約96％のエリアにおいて、一般作業服での作業が可能となっている。

1～3号機原子炉等の概況

1～3号機の原子炉圧力容器内および原子炉格納容器内には燃料デブリが、また、１／2号機の使用済燃料プール内には新燃料とともに使用済燃料が存在し、現在も水を用いた冷却運転を実施中である（**図1**）。燃料デブリ、使用済燃料ともに事故当初と比べて崩壊熱が大幅に減少し、各所の温度は年間を通して15～35℃程度と低い温度に保たれている。格納容器内圧力や格納容器からの放射性物質の放出量等のパラメータにも有意な変動はない。これらのことから、各号機とも冷温停止状態を維持し安定した状態にあると判断している。

なお、燃料デブリの冷却状態の実態を把握するため２０２０年2月、3号機で約48時間の原子炉注水停止試験を実施した。注水停止中の原子炉圧力容器底部の温度上昇率は約０・６℃、原子炉圧力格納容器温度の上昇は約０・７℃とおおむね予測範囲内の温度変化であった。同様の結果は既に1／2号機でも確認済である。一方、使用済燃料プールについては、２０１７年に1～3号機で実施した試験によって、冷却を停止しても自然放熱により水温が運転上の制限温度（1号機は60℃、他

HORIUCHI Tomomasa

1994年東京電力（株）入社、原子力土木部門に配属。新潟県中越沖地震で被災した柏崎刈羽原子力発電所の復旧等に従事し、2011年以降、福島第一原子力発電所の廃炉・汚染水・処理水対策に取り組む。

号機は65℃）に到達しないと評価している。

使用済燃料プールからの燃料取り出し

①瓦礫撤去・除染・遮へい、②燃料取り出し設備の設置、③燃料取り出し、④保管の順に実施する。４号機（１５３５体）を２０１４年12月に、３号機（５６６体）を２０２１年２月に、それぞれ完了している。以下１／２号機の状況を記す。

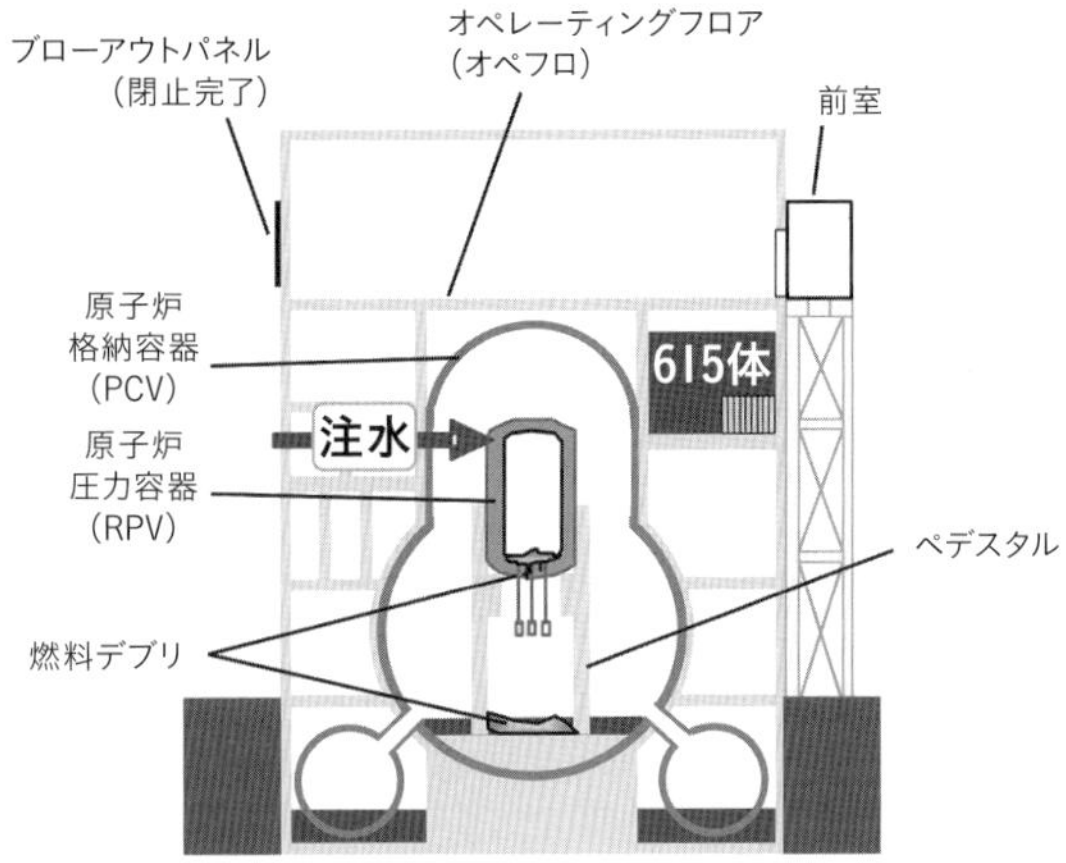

図1　2号機プラントの状況

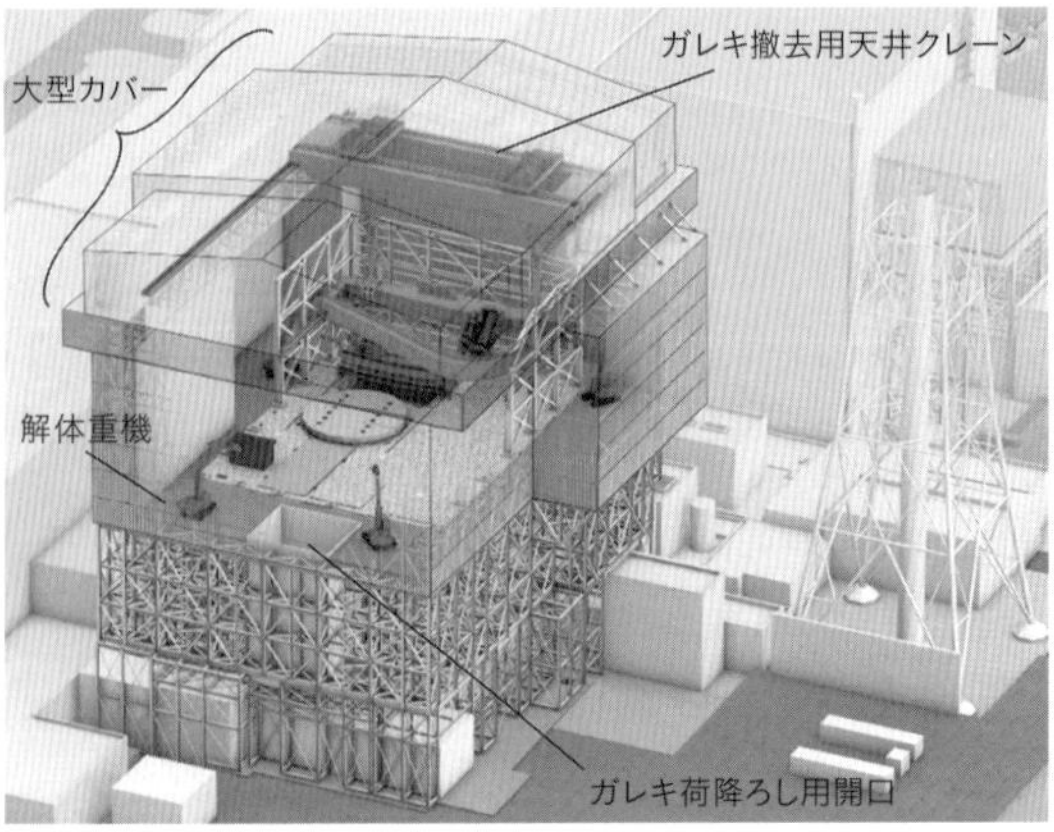

図2　1号機燃料取り出し概念図

１号機の取り出し工法については、より安全・安心に作業を進める観点から『大型カバーを先行設置しカバー内でガレキ撤去を行う工法』を選択した（**図2**）。原子炉建屋南側の崩壊屋根等の撤去に際しては、天井クレーン／燃料取扱機の位置や荷重バランスが変化し落下するリスクを可能な限り低減するため、これらを下部から支える支保の設置を２０２０年11月に完了した。その後、大型カバーに干渉する部材（震災直後に設置した建屋カバーの残置部）の解体を２０２１年６月に完了した。また、同年４月下旬から大型カバー設置へ向けた仮設構台の組立てを開始し、同年８月から大型カバー設置に係る準備工事を開始した。引き続き、２０２７～２０２８年度に開始予定の燃料取り出しに向けて作業を進めていく。

２号機の取り出し工法については、２０１８年11月～２０１９年２月に実施したオペレーティングフロア（オペフロ）内調査の結果を踏まえ、ダスト管理や作業被ばくの低減などの観点から、原子炉建屋南側に小規模開口を設置しアクセスする工法を選択した。その後に実施した残置物の片付け等により、オペフロの線量は２割程度低減（２０１８年度比）しており、その後、除染作業のモックアップを遠隔技術開発センター（楢葉町）にて実施し、２０２１年８月からオペフロ除染作業を開始した。引き続き、目標線量（１mSv／h）を目

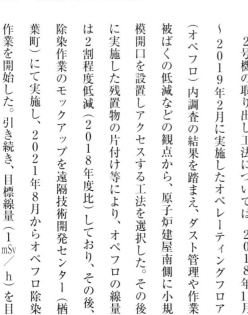

指し、除染・遮へいを実施していく。また、建屋南側に設置する燃料取り出し用構台については、干渉する地中埋設物等の撤去が完了し、同年10月から地盤改良を開始した。2022年度から構台設置に着手する予定としており、2024～2026年度に開始予定の燃料取り出しに向けて作業を進めていく。

燃料デブリ取り出し

廃炉の核心である1～3号機からの燃料デブリの取り出しは、これまで世界のどの国も経験したことのない取り組みである。取り出しは、①原子炉格納容器内部調査、②燃料デブリ取り出し、③保管の順に実施する。極めて高線量の環境下での作業となるため、ほとんどの作業を遠隔で実施する。これまでの調査により得られている情報から推定される各号機の状況は以下のとおりである。

1号機：燃料デブリの大部分が格納容器底部に存在

2号機：圧力容器底部に多くが残存し、格納容器底部にも一定量が存在

3号機：圧力容器底部に一部が残っている可能性はあるが、2号機と比較して多くの燃料デブリが格納容器底部に存在

取り出しは、作業状況に応じて柔軟に方向性を調整するステップ・バイ・ステップのアプローチで進めること、気中工法に軸足を置き、圧力容器底部に横からアクセスしての取り出しを先行することを、2017年9月に決定した。その後、2号機の内部調査で格納容器底部等の堆積物の状況がより明らかになったことなどを踏まえ、取り出しの初号機を「安全性、確実性、迅速性、使用済燃料の取り出し作業との干渉回避を含めた廃炉作業全体の最適化の観点」から2号機と決定、2022年内に試験的取り出しに着手し、段階的に規模拡大する方針である。

2021年7月に試験的取り出し装置が英国から日本に輸送され、現在、性能確認試験を実施しており、遠隔ロボットの操作技能を習得することを目的に、同年7月から福島第一原子力発電所の所員9人を三菱重工業に派遣、操作訓練を実施している。

汚染水対策

汚染源を「取り除く」、水を「近づけない」、「漏らさない」の3つの基本方針に沿って、地下水を安定的に制御するための重層的な汚染水対策を継続的に実施している（**図3**）。日々発生する汚染水に対して、「近づけない」対策（地下水バイパス、サブドレン、陸側遮水壁等）や雨水浸透対策として建屋屋根破損部への補修等を実施してきた結果、汚染

水発生量は対策前の約540m^3／日（2014年5月）に対し、2020年度には約140m^3／日まで低減した。建屋滞留水については、滞留水移送装置を追設する工事を進め、2020年に1～3号機原子炉建屋、プロセス主建屋、高温焼却炉建屋を除く建屋内滞留水の処理が完了した。今後、原子炉建屋については2022～2024年度に滞留水の量を2020年末の半分程度まで低減させる予定である。

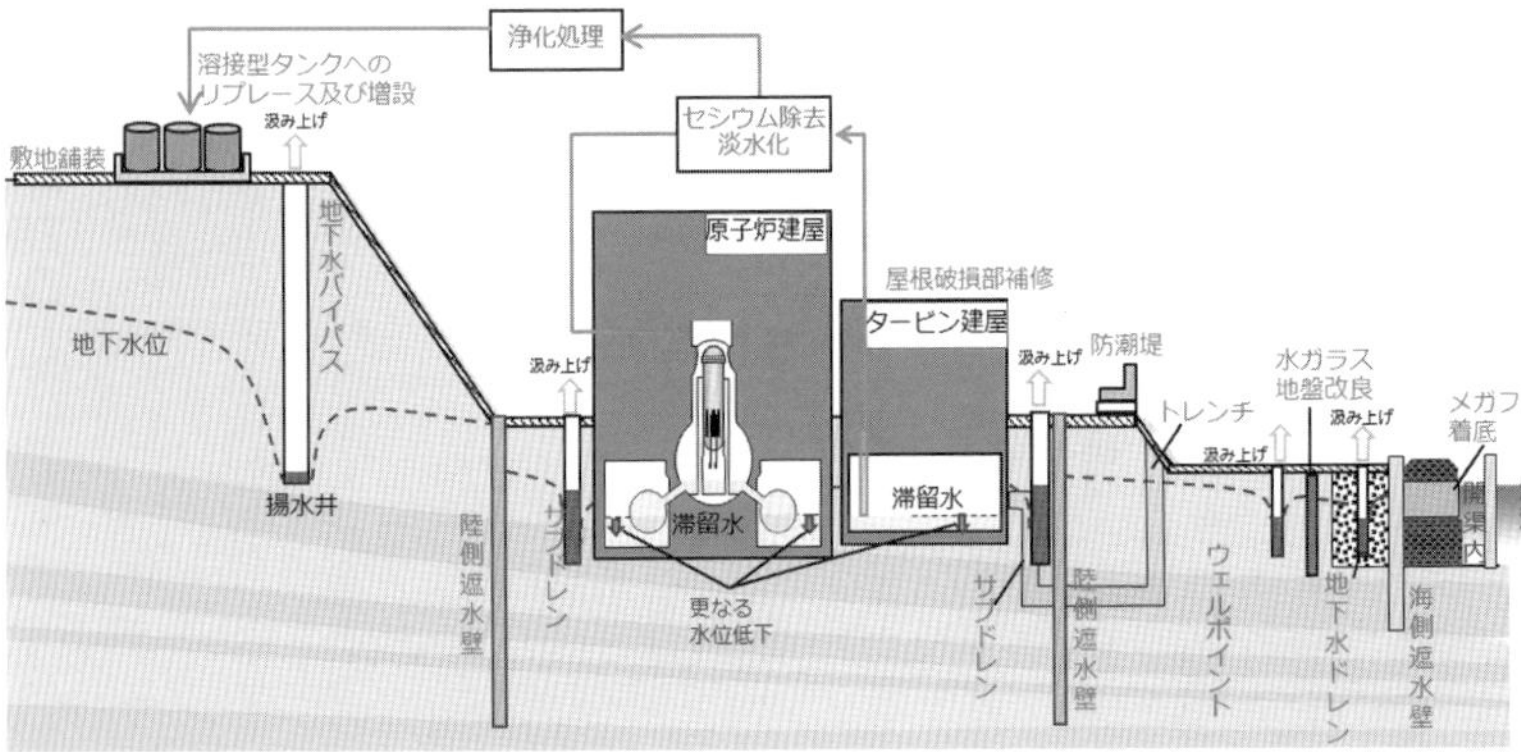

図3　重層的な汚染水対策の概念図

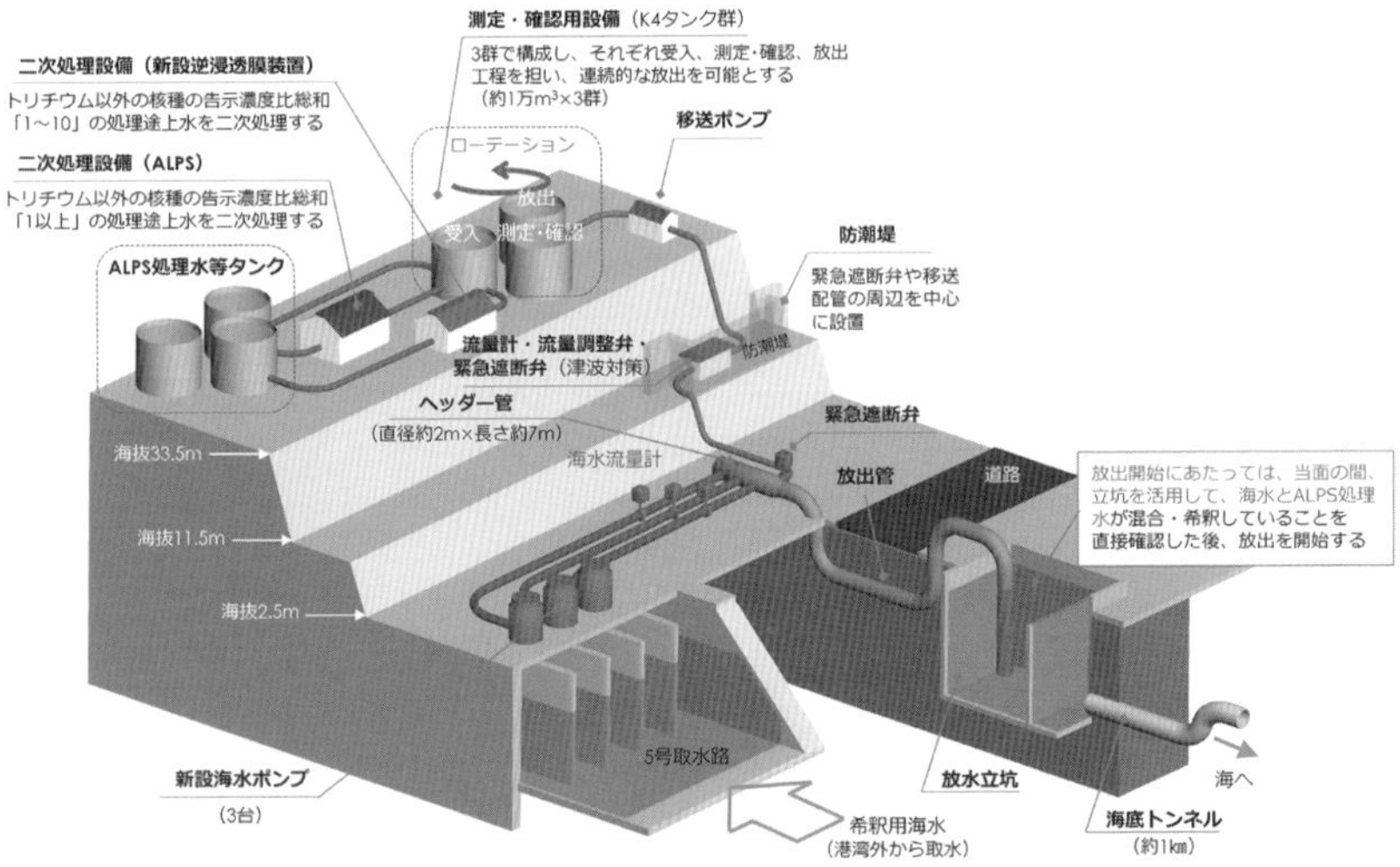

図4　安全確保のための設備の全体像

処理水対策

多核種除去設備等処理水（ALPS処理水）の取り扱いに関する基本的な方針については、2021年4月13日に「廃炉・汚染水・処理水対策関係閣僚等会議」より決定された。また、同年8月24日の同会議において、基本方針の着実な実行に向けた当面の対策として、「風評を生じさせないための取組」ならびに「万一、風評が生じたとしてもこれに打ち勝ち安心して事業を継続できる環境」を構築していくことが示された。当社は政府の基本方針を踏まえ、安全性の確保を大前提に、風評影響を最大限抑制するための対応を徹底するべく検討し、その状況を同年8月25日に公表した。概要は以下のとおり（**図4**）。

まず、タンクに保管されている水のトリチウム以外の放射性物質について、希釈する前の段階で安全に関する基準を満足するよう、ALPSや新設する逆浸透膜装置により、何回でも浄化する。浄化した水は、測定・確認用設備にてトリチウム以外の放射性物質が基準を満足していることを測定・確認する（当社ならびに第三者機関）。

ALPS、逆浸透膜装置では取り除けないトリチウムについては、現在排水している地下水バイパスやサブドレンのトリチウム濃度の運用目標値（1500Bq／L）、年間トリチウム放出量（22兆Bq）を下回るよう、100倍以上の海水で十分に希釈する。具体的には、5号機取水路に海水ポンプ（17万㎥／日×3台）を新設して海水を取水・希釈し、放水立坑・海底トンネルを通じて、沿岸から約1㎞先に放出する。また、設備に異常が発生した場合や海域モニタリングで異常値が確認された場合に速やかに放出停止できるよう緊急遮断弁を設置する。

海域へのトリチウムの拡散状況や、海生生物への放射性物質の移行状況を確認するために、トリチウムを中心にモニタリングを強化していく。モニタリングの強化は、放出前後の比較が行えるよう、放出開始の1年前から開始する。トリチウム等の生物に対する影響については、これまでの科学的知見等からその安全性は確認できていると認識しているが、実際にALPS処理水を含む海水環境において海洋生物を飼育し、これまでに得られている科学的知見に照らすとともに、それらの状況について透明性高く社会へ示すことで、ALPS処理水の処分に関する理解の醸成、風評影響の抑制につなげたい。

以上について、政府の基本方針で示された2023年春ごろの放出開始に向けて取り組んでいく。また、環境に放出する放射性物質の量を可能な限り低減すべきという観点から、現在では除去することができないトリチウムを分離する技術について、実用可能なものがないか継続して調査していく。

風評影響および風評被害への対策

ALPS処理水の海洋放出に伴う人および周辺環境への影響、ならびに風評影響への懸念等を踏まえ、当社として、国内外に対し、ALPS処理水等に関する正確かつ科学的根拠に基づく情報をさまざまな媒体を通じて迅速かつ透明性高くお伝えし、ご理解を深めていただけるよう努めていく。とりわけ、ALPS処理水に含まれる放射性物質については、客観性をもった測定・評価のため、第三者機関により測定・確認を実施いただくとともに、その結果についてタイムリーに公表していく。また、測定時のサンプル採取に関して、地元自治体等の視察を受け入れることも検討している。なお、ALPS処理水処分の安全性については、国際原子力機関（IAEA）が厳正かつ透明性ある評価を実施し、客観的な立場から国際社会に情報発信する取り組みを

２０２１年８月から開始している。加えて、風評を受け得る産業の生産・加工・流通・消費の各段階への取り組みの強化・拡充等を進め、それらの対策を講じてもなお、風評被害が生じた際には、迅速かつ適切に賠償していく所存である。

廃棄物管理

廃炉活動に伴い発生する固体廃棄物については、当面10年程度に発生する物量の予測を行った上で、必要な減容処理施設や保管施設を導入する計画を立案し、作業の進展状況等による変動を踏まえ、毎年見直しを行っている。廃棄物を減容する設備としては、使用済保護衣類の焼却・減容を行う既設の雑固体廃棄物焼却設備に加え、敷地造成等で発生した伐採木等の焼却を行う増設雑固体廃棄物焼却設備の設置を進めており、２０２１年度末までに竣工する予定である。また保管施設としては、既存の施設に加え、固体廃棄物貯蔵庫２棟と、水処理に用いた吸着塔類を保管する大型廃棄物保管庫１棟の設置を進めている。

今後の計画

汚染水発生量について、平均的な降雨に対して２０２５年内に１００m³／日以下に低減させる。引き続き、高放射線環境下での既存設備の撤去といった課題の解決に取り組み、雨水浸透防止対策（陸側遮水壁内側の敷地舗装および建屋屋根破損部の補修）を進めていく。

燃料取り出しの開始時期は、１号機：２０２７～２０２８年度、２号機：２０２４～２０２６年度。２０３１年内までに、１～６号機全ての使用済燃料プールからの取り出し完了を目指す。１／２号機ともに、オペフロ内線量低減に向けた効果的な除染・遮へいを検討・実施していくとともに、１号機に震災前から保管している破損燃料の取り扱いについても検討していく。

燃料デブリ取り出しの初号機として２号機で気中・横から試験取り出しに着手し（２０２２年内）、段階的に規模を拡大。原子炉格納容器内へのアクセスルート上の堆積物や干渉物除去時のダスト拡散抑制のため、放射性物質の監視機能強化や、ガス管理システムの運用変更等を実施していく。

当社は、原子力事故の当事者として信頼の回復に努めるとともに、「復興と廃炉の両立」の大原則のもと、福島第一原子力発電所の廃炉・汚染水・処理水対策を安全・着実に進め、福島への責任を果たしてまいります。最後に、福島第一原子力発電所の廃炉活動に関係される全ての皆さま、ご家族の皆さまに心から感謝を申し上げます。

東京電力HP

福島環境再生10年のあゆみと今後の取組

Environmental Restoration in Fukushima
–10 Years of Progress and Plans for the Future–

新井田 浩　環境省 環境再生・資源循環局 放射性物質汚染対処技術担当参事官

東日本大震災から10年と10カ月が経過しようとしている。ここに、改めてお亡くなりになった方々のご冥福をお祈りするとともに、今なお不自由な暮らしを強いられている全ての皆さまに対して、心よりお見舞いを申し上げる。

2011年3月11日、東日本大震災に伴う東京電力福島第一原子力発電所（以下、「福島第一原発」と言う。）の事故により、大量の放射性物質が環境中に放出され、東北・関東一円に拡散するなど、広範囲に極めて重大な影響を及ぼした。その結果、多くの住民が長期間にわたって避難を余儀なくされた。

環境省では、住民の方々が一刻も早く帰還し、生活の再建に取り組めるように、多くの関係機関の皆さまのご協力を得ながら、世界的にも前例のない規模と方法で、除染事業等の環境再生事業に取り組んできた。その過程では、地元の方々の大変重いご決断のもと、中間貯蔵施設を受け入れていただくことにもなった。

本稿では、改めてこれまでの10年の取組を振り返るとともに、今後の福島再生に向けてどのような取組を進めようとしているのかについて紹介する。

放射性物質に対する緊急対応

2011年3月11日、福島第一原発の事故に伴い、内閣総理大臣により「原子力災害対策特別措置法（平成11年法律第156号）」に基づく緊急事態宣言が発せられ、同原発から半径20㎞以内に避難指示が、半径20～30㎞の範囲に屋内退避指示が出された。

NIIDA Hiroshi
1992年東京工業大学大学院理工学研究科修了、同年建設省（現・国土交通省）入省、（独）水資源機構ダム事業本部ダム事業部担当課長、青森県県土整備部長、北陸地方整備局河川部長等を経て、現職。

２０１１年４月６日には、文部科学省による半径80㎞圏内の広域的な航空機モニタリングが始まり、放射性物質による汚染が広範な地域にまで広がっていることが明らかとなったことから、避難指示区域外も含めて放射性物質に対する緊急対応が必要となった。

しかし、日本では原子力発電所自体が安全と言われ、「核原料物質、核燃料物質及び原子炉の規制に関する法律（昭和32年法律第１６６号）」では炉の敷地外の汚染は想定されておらず、「環境基本法（平成５年法律第91号）」においても「放射性物質による大気の汚染、水質の汚濁及び土壌の汚染の防止のための措置については、原子力基本法（昭和30年法律第１８６号）その他の関係法律で定めるところによる。」と、大気や水環境等についての放射性物質の規制が除外されており、一般環境中に放出された放射性物質による汚染へ対応するための具体的な方法や分担などの実務的な枠組みの整備は不十分であった。

このような中、まずは子どもに対する対策を早急に行う必要性から、２０１１年４月19日に文部科学省から福島県教育委員会等に対して「毎時３・８μSv以上の空間線量率が測定された学校内外での屋外活動を制限する」旨が通知され、これを受けて伊達市や郡山市では校庭等の表土除去が開始された。また、放射線の知見をもつ有識者が「（除染）アドバイザー」となり、伊達市や南相馬市、飯舘村などをはじめとしていくつかの自治体が除染活動を開始した。２０１１年７月19日には、原子力安全委員会から「今後の避難解除、復興に向けた放射線防護に関する基本的な考え方について」が公表され、防護措置の参考レベルとして、長期的には年間１mSvを目標とすることが示された。

一方、地震・津波によるがれきや家屋解体による廃棄物等に加え、自治体での下水処理汚泥や農作業で生じた稲わらなども放射性物質により汚染され、目下の課題として、これらを災害廃棄物として速やかに処理する必要があった。このため環境省では、２０１１年６月３日に原子力安全委員会がとりまとめた「東京電力株式会社福島第一原子力発電所事故の影響を受けた廃棄物の処理処分等に関する安全確保の当面の考え方について」を踏まえ、２０１１年６月23日に「福島県内の災害廃棄物の処理の方針」を定め、放射性セシウム濃度が８０００Bq／kg以下の焼却灰については管理型最終処分場に埋め立て処分し、８０００Bq／kg超の焼却灰については一時保管する等の方針を示した。

法的枠組みの確立

このように、徐々に放射線・除染に関する知見集約等が進められていく中、２０１１年８月26日、議員立法により「平成二十三年三月十一日に発生した東北地方太平洋沖地震に伴う原子力発電所の事故により放出された放射性物質による環境の汚染への対処に関する特別措置法

（平成23年法律第110号）」（以下、「放射性物質汚染対処特別措置法」と言う。）が参議院本会議において可決・成立し、8月30日公布、2012年1月1日全面施行とされた。本法律では、「国は、これまで原子力政策を推進してきたことに伴う社会的な責任を負っていることに鑑み、事故由来放射性物質による環境の汚染への対処に関し、必要な措置を講ずるものとする。」と国の責務が規定され、加えて、放射性物質汚染対処特別措置法に基づく措置に係る費用は、全て東京電力の負担とされた。この法律の制定により、除染をはじめとする環境再生事業の基本的な骨格が定まった。なお、具体的な役割分担は、「災害対策基本法（昭和36年法律第223号）」の考え方をベースに、市町村が除染等を実施する（財政措置は国が行う）ことを基本とし、避難指示により行政機能を十分に果たすことが困難な地域においては、国が除染や廃棄物の処理等を実施することとなった。

そして、長期的な管理が必要な処分場の確保やその安全性の確保については、国が責任をもって行うこととし、環境省は2011年10月29日、「東京電力福島第一原子力発電所事故に伴う放射性物質による環境汚染の対処において必要な中間貯蔵施設等の基本的考え方について（以下、「中間貯蔵施設等の基本的考え方」と言う。）」を発表し、福島県内の土壌・廃棄物を対象に中間貯蔵施設を設置し、中間貯蔵開始後30年以内に福島県外で最終処分するなどの方針を示した。

その後、2011年11月11日には「放射性物質汚染対処特措法に基づく基本方針」が閣議決定され、「土壌等の除染等の措置に関する基本的事項」や「除去土壌の収集、運搬、保管及び処分に関する基本的事項」、「事故由来放射性物質により汚染された廃棄物の処理に関する基本的事項」等が定められた。

そして、2011年12月14日には除染方法や除染に伴い生じた除去土壌の収集・運搬及び保管に関して取りまとめた「除染関係ガイドライン」を、2011年12月27日には放射性物質により汚染された廃棄物の処理等を行うための「廃棄物関係ガイドライン」をそれぞれ環境省が策定・公表し、2012年1月1日の法施行に合わせて、本格的な除染や廃棄物の処理が開始されることとなった。

除染、廃棄物処理の本格化

国が除染を実施する「除染特別地域」として指定した11市町村（楢葉町、富岡町、大熊町、双葉町、浪江町、葛尾村および飯舘村の全域、および田村市、南相馬市、川俣町、川内村の一部の区域（人口：約8万人（避難前）、面積：約1150㎢））については、環境省が2012年1月26日に発表した「除染特別地域における除染の方針（除染ロードマップ）」に従い、除染モデル実証事業（技術的知見の収集）、先行除染（役場、公民館等の公的施設や、常磐自動車道や上下水道施設等のインフラ等を対象とした除染）を経て、本格除染（帰還困難区域を除く）に着手した。本格除染については、２０１２年７月の田村市、楢葉町、川内村の除染開始を皮切りに、他の市町村においても、順次、除染実施計画を策定し、除染を開始した。

また、警戒区域および計画的避難区域の外であって、事故前からの追加被ばく線量が１時間当たり０・23μSv以上の地域で「汚染状況重点調査地域」として指定した１０４市町村（８県、人口：約６９０万人、面積：約２万４０００㎢）については、市町村が汚染状況の調査を行い、うち93市町村において除染が必要と判断されたことから実施計画を策定した上で除染を実施した。

また、放射性物質により汚染された廃棄物については、放射能濃度が８０００Bq／kg超の「指定廃棄物」および汚染廃棄物対策地域（楢葉町、富岡町、大熊町、双葉町、浪江町、葛尾村および飯舘村の全域、ならびに田村市、南相馬市、川俣町および川内村の一部の区域）で発生したがれき等の「対策地域内廃棄物」（以下、総称して「特定廃棄物」と言う。）を環境省が、その他の汚染廃棄物を市町村等が、それぞれ分担して処理することとした。特定廃棄物の処理にあたっては、可能な限り再生利用に努めるとともに、田村市および川俣町を除く９市町村において整備した11の仮設焼却施設により可燃物の減容化を図っている。焼却灰などで放射能濃度が10万Bq／kg以下のものについては、福島県および地元の富岡町、楢葉町のご了解を得た上で民間処分場を国有化した「特定廃棄物埋立処分施設」で、２０１７年11月から埋め立て処分を実施している。

中間貯蔵施設の整備

仮置場や現場で保管されていた除染で発生した除去土壌等や、通常の埋め立て処分ができない放射能濃度10万Bq／kgを超える特定廃棄物の処分にあたっては、最終処分までの間、安全かつ集中的に管理・保管できる「中間貯蔵施設」の整備が不可欠であった。２０１３年12月には「中間貯蔵施設等の基本的な考え方」に基づき福島県および双葉町、大熊町、楢葉町に対して中間貯蔵施設の受け入れを要請し、２０１４年12月には大熊町が同施設の建設を容認、翌２０１５年１月には双葉町も建設を容認、同年２月には両町ともに中間貯蔵施設への搬入を受け入れていただき、同年３月から除去土壌等の搬入を開始することができた。その後、２０１６年３月には「中間貯蔵施設への除去土壌等の輸送に係る実施計画」を取りまとめ、同施設への搬入が本格化するとともに、受入・分別施設や土壌貯蔵施設の整備にも着手した。当初、施設内に搬入した除去土壌等は施設内の保管場で仮置きをしていたが、これ

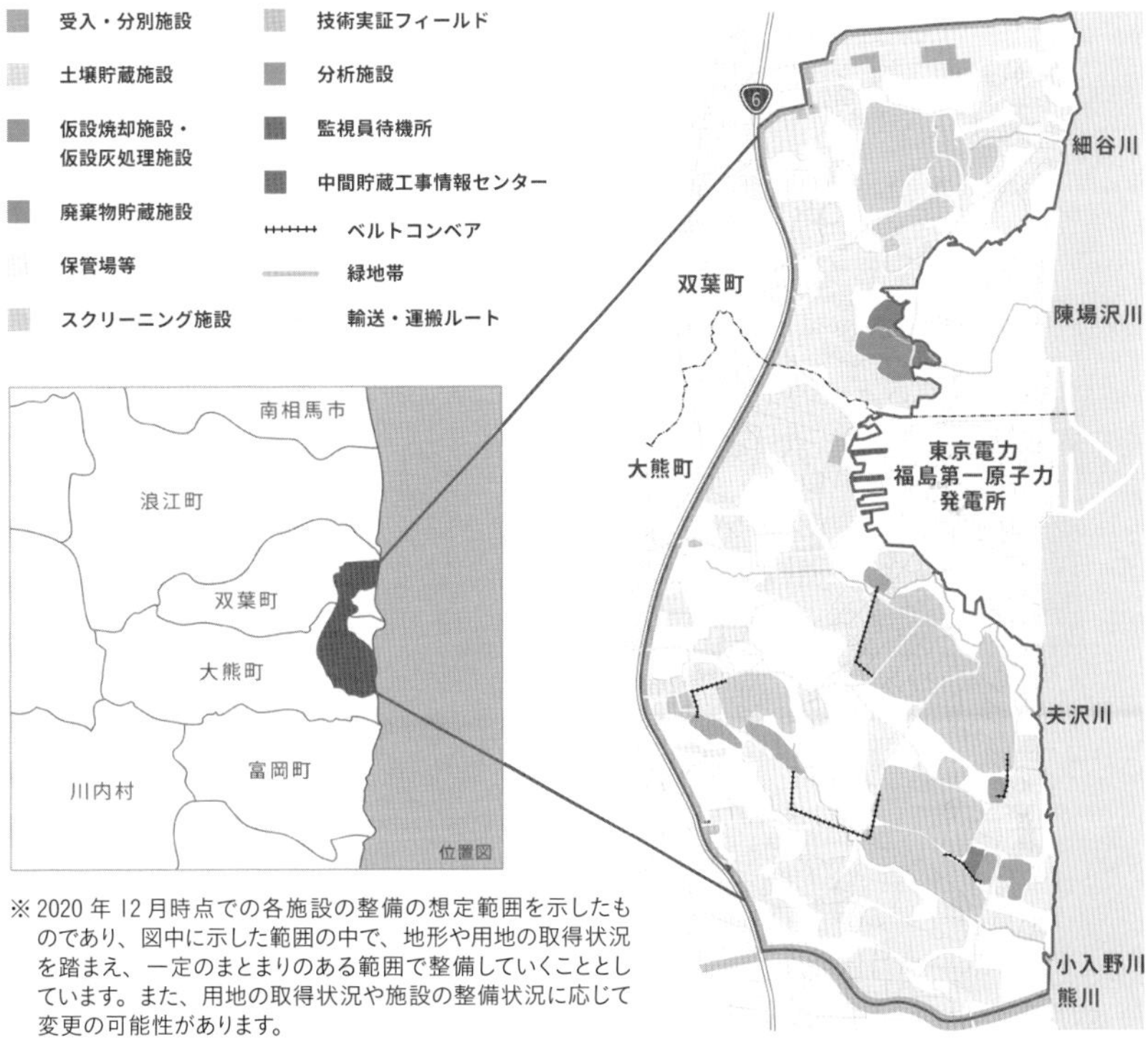

※2020年12月時点での各施設の整備の想定範囲を示したものであり、図中に示した範囲の中で、地形や用地の取得状況を踏まえ、一定のまとまりのある範囲で整備していくこととしています。また、用地の取得状況や施設の整備状況に応じて変更の可能性があります。

図1　中間貯蔵施設の配置

らの施設の整備により、２０１７年10月からは貯蔵施設への貯蔵を開始することができた。

中間貯蔵施設（**図１**、**写真１**）は、福島第一原発の敷地を取り囲む約16km²の区域であり、そのうち約11km²が大熊町、約５km²が双葉町に位置している。主要な施設は、搬入される除去土壌等の分別処理を行う「受入・分別施設」（９施設）、分別された除去土壌を放射性セシウムの濃度などに応じて貯蔵する「土壌貯蔵施設」（８工区）、草木などの可燃物を減容化して容量を減らす「仮設焼却施設・仮設灰処理施設」（３施設）、ばい塵《じん》などの廃棄物を貯蔵する廃棄物貯蔵施設（３施設）である。このほか、搬入した除去土壌等を一時的に保管する保管場、中間貯蔵施設から退出する車両の汚染検査を行うスクリーニング施設等がある。施設用地は、地権者の皆さまの多大なるご協力をいただきながら国が取得または地上権設定を行っている。

福島県内除去土壌等の県外最終処分に向けた減容化や再生利用

福島県内で発生した除去土壌等については、「中間貯蔵施設等の基本的考え方」を踏まえ、２０１４年11月の「中間貯蔵・環境安全事業株式会社法（平成15年法律第44号）」（ＪＥＳＣＯ法）の改正により、「中間貯蔵開始後30年以内に福島県外で最終処分を完了するために必要な措置を講ずる」ことが国の責務として規定された。県外最終処分に向けては、減容・再生利用によって最終処分量を低減することが重要であるため、環境省では、２０１６年４月に「中間貯蔵除去土壌等の減容・再生利用技術開発戦略」および「工程表」を取りまとめ、①減容・再生利用技術の開発、②再生利用の推進、③最終処分の方向性の検討、④全国民的な理解の醸成等について、目標を定めて具体的な取組を進めている。特に、土壌や焼却灰の減容・再生利用技術については、早期に減容処理の見通しを立てて最終処分の方向性を明確化するために、２０２４年までに基盤技術の開発を一通り完了することを目指している。

この「戦略」および「工程表」に従い、２０１６年６月には「再生資材化した除去土壌の安全な利用に係る基本的考え方について」を取りまとめるとともに、南相馬市小高地区東部仮置場や飯舘村長泥地区において、再生利用の安全性等の確認を行う実証事業に着手した。引き続き、本格的な再生利用に向けて実績を積み上げていきたいと考えている。

写真1　**中間貯蔵施設の状況**（2021年9月）

写真2　**飯舘村長泥地区事業エリアの遠景（水田試験エリアとは、「水田機能を確認するための試験」のエリアを表す）**

除染の効果と避難指示の解除

除染特別地域における国直轄除染は、関係市町村の協力のもと、２０１７年３月末までに除染実施計画を定めた11市町村全てで面的除染を完了することができた。汚染状況重点調査地域における市町村除染は、２０１８年３月末までに除染実施計画が定められた93市町村全てで面的除染を完了した。福島第一原発から80㎞圏内における空間線量率の分布マップ（図2）を見ると、事故1カ月後と事故114カ月後では大幅な空間線量率の減少が確認できる。また、除染後のモニタリング調査（図3）では、地表面から1mの高さの空間線量率が除染前と比べて、宅地では76%、農地では72%、森林では55%、道路では64%低減という結果となり、除染による放射線量の低減とその後の維持を確認することができた（2018年8月までに事後モニタリングを実施した約56万地点の平均）。

なお、除染廃棄物を含めた特定廃棄物については、2021年9月末までに約131万tを処理するとともに、除染で生じた除去土壌等については、帰還困難区域を除いて、2021年度末までに中間貯蔵施設へのおおむね搬

80km圏内における空間線量率の分布マップ

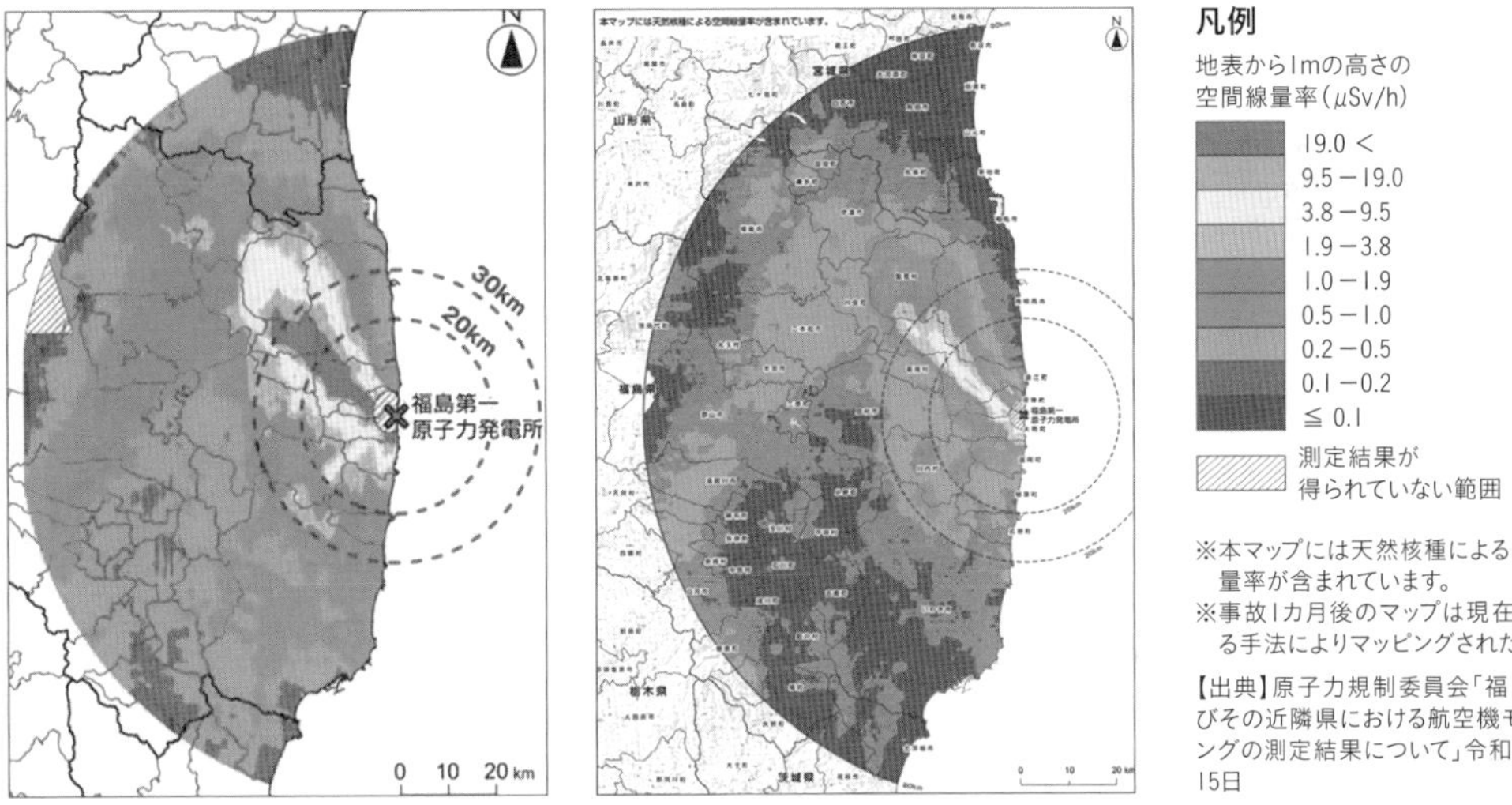

※本マップには天然核種による空間線量率が含まれています。
※事故1カ月後のマップは現在と異なる手法によりマッピングされたもの。
【出典】原子力規制委員会「福島県及びその近隣県における航空機モニタリングの測定結果について」令和3年2月15日

事故1カ月後（2011年4月29日）　**事故114カ月後**（2020年10月2日）

図2　空間線量率の分布の変化

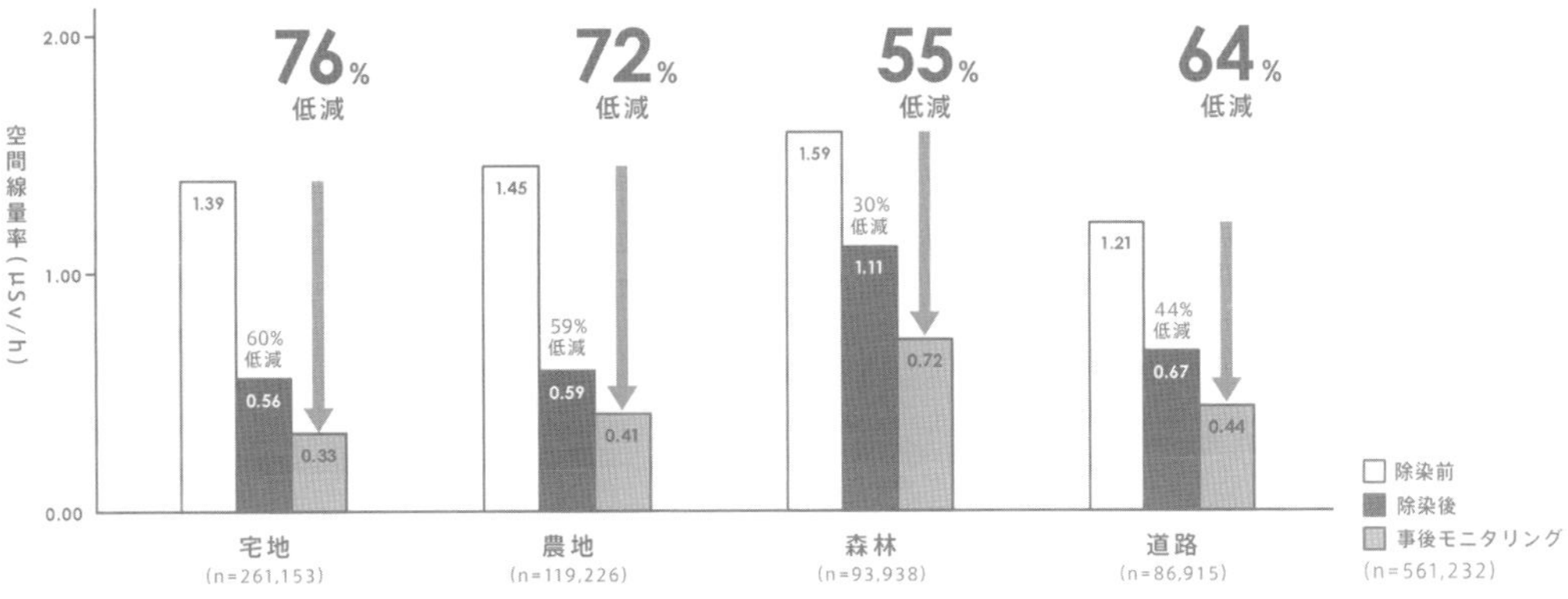

注：宅地、農地、森林、道路の空間線量率の平均値（測定点データの集計）
宅地には学校、公園、墓地、大型施設を、農地には果樹園を、森林には法面、草地・芝地を含む。
除染後半年から1年に、除染の効果が維持されているか確認をするため、事後モニタリングを実施。
各市町村の事後モニタリングデータはそれぞれ最新の結果を集計。

［実施時期］
除染前測定：2011年11月～2016年11月
除染後測定：2011年12月～2017年11月
事後モニタリング：2014年10月～2018年8月

図3　除染後のモニタリング調査の結果

入完了を目指している。

除染の結果や特定廃棄物の処理状況等を踏まえ、空間線量率で推定

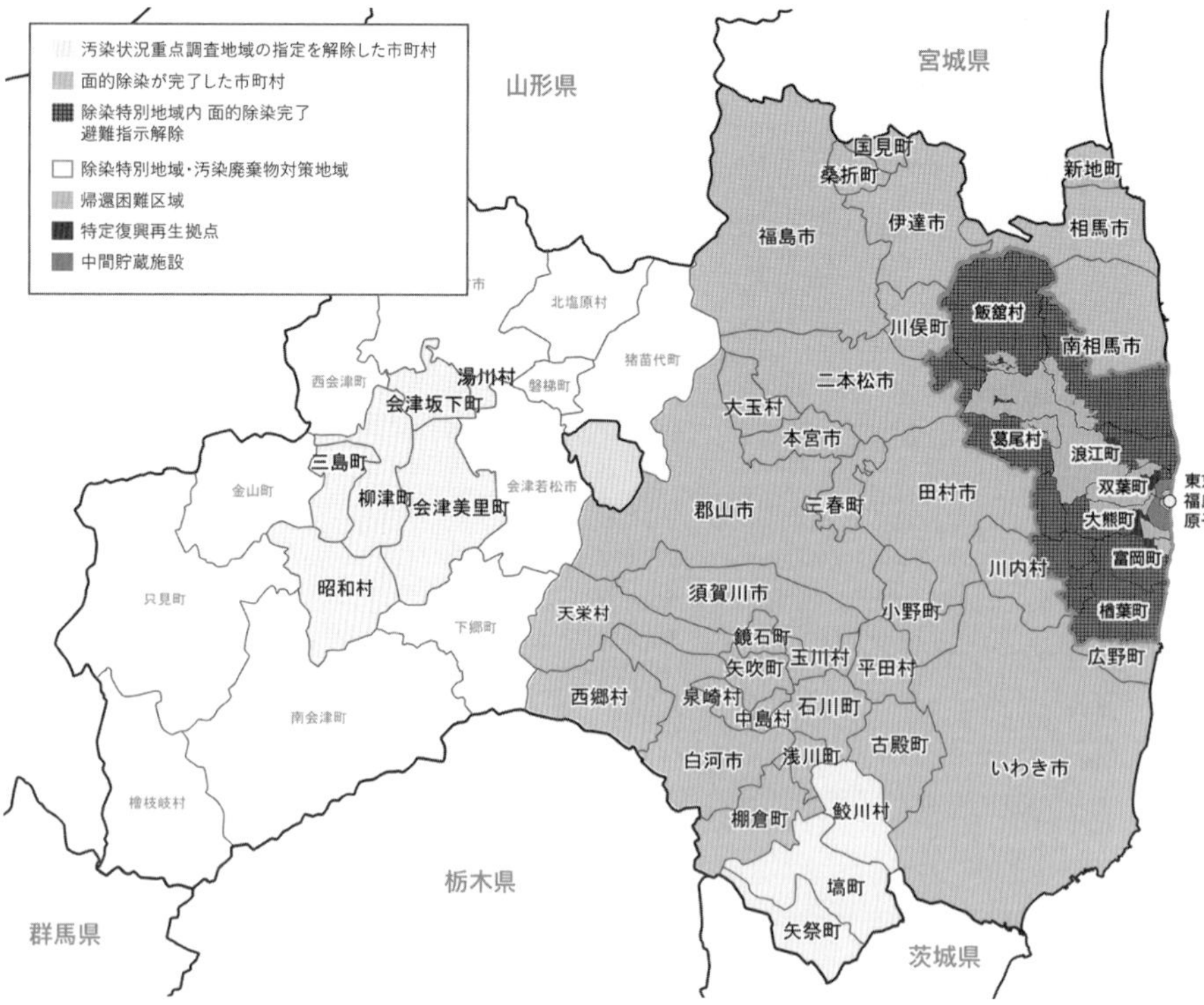

図4　除染及び避難指示解除等の状況（2021年11月現在）

された年間積算線量が20mSv以下になることが確実であることなど、避難指示解除の要件を満たすことが確認された地域から順次避難指示が解除され、2020年3月4日までに、帰還困難区域を除く区域の避難指示が解除された（**図4**）。これにより福島県全域の避難者数は、ピーク時の2012年5月時点の約16・5万人から、2020年5月には約3・8万人にまで減少した。

残る帰還困難区域については、2016年8月の原子力災害対策本部による「帰還困難区域の取扱いに関する考え方」および2017年に改正された「福島復興再生特別措置法（平成24年法律第25号）」に基づき、帰還困難区域を抱える6町村（双葉町、大熊町、浪江町、富岡町、葛尾村および飯舘村）が特定復興再生拠点区域（**図4**）に係る計画を策定した上で、関係機関が連携して取り組むこととしており、環境省においては現在、2022年春に双葉町、大熊町、葛尾村の、2023年春に浪江町、富岡町、飯舘村の各復興拠点の避難指示解除に向けて、除染や家屋解体、解体廃棄物等の処理を進めている。

福島再生に向けて
―次の10年を見据えた未来志向プロジェクト

環境省では、環境再生の取組に加えて、脱炭素、資源循環、自然共生

といった環境の視点から地域の強みを創造・再発見することを通じて、福島復興の新たなステージに進むことを目指し、2018年8月から四つの施策を柱とする「福島再生・未来志向プロジェクト」に着手した。一つ目の柱は、2015年に策定された福島県浜通り地域の新たな産業基盤の構築を目指す国家プロジェクト「福島イノベーションコースト構想」の一環として進めている、先進的なリサイクル技術の産官学連携、技術開発等の産業創成への支援である。二つ目は脱炭素まちづくりに対する支援、三つ目は福島県の国立・国定公園等の自然を生かして交流人口拡大を目指すため2019年4月に福島県と共同で策定した「ふくしまグリーン復興構想」への支援、四つ目は風評払拭《ふっしょく》にもつながる情報発信とリスクコミュニケーションを通じた地域活性化への支援である。2020年8月には、これらの取組をさらに発展させるため、福島県と「福島の復興に向けた未来志向の環境施策推進に関する連携協力協定」を締結した。これを踏まえ、2021年2月には、「ふくしま、次の10年へ」と題して、脱炭素社会と復興まちづくりを同時実現する先進地の創出（脱炭素）や福島の風評払拭につなげる環境先進地域へのリブランディング（風評払拭）、震災・原発事故や環境再生の記憶を福島の子どもたちへと継承する取組（風化防止）の三つの視点で、環境省が進めるべき取組を取りまとめ、環境大臣と福島県知事のweb会談を通じて双方の意識共有を行った。

また、福島県内除去土壌等の県外最終処分の実現に向けた取組を前進させるとの決意のもと、2021年度から、減容・再生利用の必要性・安全性等について、東京を皮切りに全国各地で対話集会を開催するなど、全国での理解醸成活動を抜本的に強化している。

福島のその先の環境づくり

これまで環境省では、環境再生事業等を通じて、福島の復興・再生に向けて全力で取り組んできた。中間貯蔵施設を受け入れてくださった大熊、双葉両町の関係者や先祖伝来の貴重な土地を提供くださった地権者の方々をはじめ、ご協力をいただいた全ての皆さまに本誌面をお借りして深く感謝を申し上げる。

その一方で、福島の復興は道半ばであり、帰還困難区域の解除や除去土壌等の県外最終処分に向けた減容・再生利用の取組など、いまだ多くの課題が残されている。今後も地域のニーズをきめ細かに捉えながら、福島のその先の環境づくりに尽力して参りたいと考えているので、引き続き皆さま方のご理解とご協力をお願いしたい。

飯舘村長泥地区での除去土壌の再生利用実証事業について

Demonstration Project for Recycling Removed Soil, in Nagadoro Borough, Iitate Village

喜久川 裕起

環境省 福島地方環境事務所 中間貯蔵部 土壌再生利用推進課

事業開始までの経緯

東京電力福島第一原子力発電所の事故後、全村避難を余儀なくされた福島県相馬郡飯舘村では、2017年3月31日に大部分の地区で避難指示が解除されたが、長泥《ながどろ》地区は村内で唯一帰還困難区域に指定され、いまだ避難指示の解除に至っていない。その長泥地区では、住民から土地が荒廃することへの強い不安の声や、長期的な土地利用を見据えた環境再生を行ってほしいという意見があがっていた。また当時、飯舘村の除染で発生した除去土壌は多くが仮置場等で保管されており、仮置場等の早期の解消も望まれていた。そのような状況もあり、2017年11月20日に「長泥地区の環境再生・復興に向けた要望書」で飯舘村より環境省に対し、除去土壌の再生利用の知見を生かしつつ、村内の除去土壌の再生利用も含め、長泥地区の土地造成・集約化を通じた環境再生を実施してほしいという要望があった。これを受け、同年11月22日に環境省・飯舘村・長泥行政区との間で「飯舘村長泥地区における環境再生・復興に向けた確認書」を取り交わし、①除去土壌の再生利用を含む環境再生事業を通じて、長泥地区の復興のみならず、飯舘村、福島県の復興に貢

写真1 飯舘村長泥地区環境再生事業の遠景

KIKUKAWA Yuki

2019年環境省入省、地球環境局総務課に配属。2020年7月から福島地方環境事務所中間貯蔵部中間貯蔵総括課土壌再生利用推進室（現在は土壌再生利用推進課）に着任し、企画・広報などの業務を行った。

献するこ と、②環境省、飯舘村および長泥行政区が連携して、有識者の意見を踏まえ、安全・安心に十分に配慮しながら事業に着手すること、という2点を確認し事業を行っている(**写真1**)。

事業の概略について

この事業は、村内の仮置場等から除去土壌を長泥地区内に設置された再生資材化施設に運搬し、放射能濃度測定や異物除去等を通して除去土壌の再生資材化を行い、農地造成のためのかさ上げ材として利用するものである。

本事業は確認書を取り交わした後、長泥地区の住民や農業・放射線等に関する有識者等で構成された運営協議会(注1)を設置し、事業の進め方や方向性等について、ご意見・ご指導を賜りつつ協議を行いながら事業を進めてきた。2018年11月には、再生資材等を使用したポットでの栽培実験を実施した。2019年には安全性等を確認するために再生資材を用いて試験的に盛土を造成し、その上で資源作物等の栽培実験を実施し、植物へのセシウムの移行や周辺環境に対する放射線安全性等に関するデータを蓄積してきた。また、その間に地権者からの同意取得や工事に向けた発注・設計準備等を行い、本格的な工事に向けて準備を進めてきた。そして、2020年6月から、農地造成のための準備工事を実施している。長泥地区はもともと水田が広がっていたが、震災後10年間手付かずで、柳等が造成予定地に生い茂っていたため、草木の除去等を行った。合わせて盛土の安定性を確保するため、腐植物の除去や湧水処理を行った。準備工事の後、除去土壌から製造された5000Bq/kg以下の再生資材(注2)を盛土し、その上に放射線を遮るため50cm以上覆土し、農地造成を行っている。1日に大型土のう袋約1000袋を再生資材化し盛土する計画で進めており、盛土完了後には、排水構造物や場内道路等の工事を行う。工事完了は2023年度を予定しており、造成された農地が飯舘村および地権者に引き渡される予定である。本事業で造成された農地では、飯舘村特定復興再生拠点区域復興再生計画に基づき、農の再生が行われる計画である。

また、再生資材を用いて試験的に造成した盛土で行っている栽培実験では、2020年度から地元の要望も受け食用作物の栽培も行い、放射線安全性等の確認を行っている。その結果、栽培された食用作物の放射性セシウムの放射能濃度は0・1~2・5Bq/kgと、一般食品に関する放射能濃度の基準値(100Bq/kg)を大きく下回った。また、試験盛土周辺の空間線量率や浸透水等の放射能濃度等のモニタリングも実施しており、これまで安全性に問題がないことを確認している。今後も栽培実験やモニタリング等を通して、データを蓄積し除去土壌の再生利用の安全性等を確認していく。

除去土壌の再生利用の今後に向けて

最後に除去土壌の再生利用の今後に向けて課題と展望を3点提示し、まとめとしたい。

①飯舘村長泥地区の環境再生事業では、２０２１年度から水田の機能を確認するための試験を実施している。この試験は、覆土に使用している土砂の性質を確認するために実施しており、土壌の透水性・排水性・地耐力等の項目について確認を行っている。今後試験結果を確認し、必要に応じて協議を行う予定である。

②除去土壌等の県外最終処分に関する国民の認知度を高める必要がある。環境省が２０２１年に行った除去土壌等の最終処分・再生利用に関するＷＥＢアンケートでは、「除去土壌等が中間貯蔵開始後30年以内に福島県外において最終処分されると法律で定められていること」の認知度は、県内で5割に対し、県外では2割という結果であった。これを受けて環境省では、国の責務である県外最終処分の実現に向け、減容・再生利用の必要性・安全性等に関する全国での理解醸成活動を強化しており、全国各地で対話フォーラムの実施等に取り組んでいるところである。

③再生利用の安全性等に不安を持たれている方もおり、多くの方に安全性等をご理解をいただきながら進めていくことが重要である。特に、再生利用を実施する場所における地元住民の方のご理解が不可欠である。長泥地区の本事業では、協議会で事業の安全性を住民の方とともに確認し、栽培実験についても住民の方と協働しながら日々の栽培を実施しており、住民の方とコミュニケーションをとりながら一緒に事業を進めてきた。そのような観点でも、長泥地区での実証事業の意義は大変大きい。

このように除去土壌の再生利用については、解決すべき課題があるが、飯舘村長泥地区での事業を通じてさまざまなデータが得られつつあり、一歩一歩着実に進んできている。今後、実際に長泥地区に来ていただき、現状をご覧いただく機会(注3)を増やす取り組み等を進め、事業で得られた知見を幅広く公開し安全性等の理解がより深まるよう努めてまいりたい。

(注1) 飯舘村長泥地区環境再生事業運営協議会のこと。長泥地区の住民のほかに、周辺行政区の住民や飯舘村役場職員、農業・放射線等に関する有識者、環境省職員で構成されている。

(注2) 本事業で使用する再生資材は、再生利用に係る作業者、周辺住民、施設利用者の追加被ばく線量が1㎜Sv／年になるように、放射能濃度が５０００Bq／kg以下の土壌を用いている。また、維持管理時において、周辺住民・施設利用者に対する追加的な被ばく線量をさらに低減する観点から、50㎝以上覆土を行っている。

(注3) 本事業については見学会を実施している。詳細は以下のホームページをご覧ください。(https://www.jesconet.co.jp/interim_infocenter/observation_nagadoro.html)

福島復興の現状と課題

Current Status and Issues for Reconstructing Fukushima

大西 隆
前・豊橋技術科学大学 学長、東京大学 名誉教授

東日本大震災から10年目の今年は、原発事故に襲われた福島の被災地にとっても名実共に節目の年になる。復興庁の廃止期限が2021年4月から10年間延長され、原発事故被災地の復興を進める根拠となってきた福島復興再生特別措置法（福島特措法）が改正され、帰還促進に加えて移住・定住促進が盛り込まれる等、新たな態勢での復興が始まるからである。筆者はかねて、福島の復興においては、「場所の復興」―諸活動が可能となる状態への地域の復興と、「人の復興」―被災した人々が仕事を含めてそれぞれの生活を取り戻すこと、を区別することが必要ではないかと考えてきた。被災の翌日から復興への歩みが始まった津波被災地と比べて、原発事故被災地では放射性物質による汚染が長く続くために帰還が遅れている。このため、特に若い世代の被災者は新しい場所で生活を再建することになり、場所と人の復興が分かれて進んできた。

場所の復興と人の復興の現状

まず、場所の復興を見てみよう。2020年春までに、避難指示区域のうち居住制限区域と避難指示解除準備区域では、全ての市町村で避難指示が解除された。つまり、解除された地域では、除染と物理減衰によって、年間実効線量がＩＣＲＰ勧告にある緊急時の被ばく限度の最低値に当たる20mSv以下に下がったことになる。残った帰還困難区域でも、その大部分を占める6町村で特定復興再生拠点区域が指定され、2022年から2023年には避難指示が解除される見通しとなるなど場所の復興が進んできた。

ONISHI Takashi
東京大学教授（都市工学）、東日本大震災復興構想会議委員、日本学術会議会長、科学技術イノベーション会議議員等を歴任。現在、福島12市町村の将来像に関する有識者会議座長。

しかし、問題は残されている。現在なお居住することができない帰還困難区域は337㎢と広大であり、国による除染後、避難指示解除を予定している特定復興再生拠点区域はそのうちの約8％にすぎない。しかも、放射性物質による汚染は東電と国による人災、と国は認めながら、誰がどのようにして帰還困難区域の全ての地域の原状復帰を目指すのかを明確にできていない。

また、除染で生じた汚染土壌は、各現場の仮置き場から福島第一原発周辺の中間貯蔵施設に集められており、除染が行われていない帰還困難区域分を除いて2021年度中に1400万㎥となる全量の搬入が完了することになっている。しかし、これは、その名が示すように中間的な状態であり、2015年度の中間貯蔵開始から30年以内に福島県外での最終処分を完了することになっている。一方で、汚染土壌のうちで分別等によって再生資材化された5000Bq／kg以下の土壌については、盛土用等の再生利用が計画され、飯舘村の特定復興再生拠点区域における農地の嵩《かさ》上げ現場で実証実験が進んでいる。もちろん再生資材についても、安全を前提としているのであるから福島県外でも利用することが課題となる。

農地については、およそ183㎢の原発災害による営農休止面積のうち約30％が再開されたにとどまっている。漁業については、全魚種で出荷制限は解除されたものの、試験操業が続き、県の漁獲量は震災前の10％程度にとどまる。今後の難問は、福島第1原発敷地に総量で1000基ほどのタンクに約120万t蓄積し、なお日量約180tで増加している汚染水の取り扱いである。除去できないトリチウムを含んだ汚染水とはいえ、十分に希釈することで基準を下回る状態で海洋放流する海洋投棄案が有力であり、最終的な詰めに入っているとされる。しかし、現在でも試験操業にとどまっている福島県漁業の状態を後退させる恐れや、風評被害によって市場の評価がさらに下がる恐れがあると心配する漁業関係者にとっては簡単に認め難いことも理解できる。

残されている問題で大きなウエートを占めるのは、人の復興である。地元自治体と復興庁が定期的に行っている被災自治体における住民意向調査（帰還意向等の把握）では、自治体間の差異が明瞭になっている。南相馬市、楢葉町、川内村、田村市では既に帰還している人が40％を超え、これから戻りたいと答えた人を合わせると50％を超える一方で、双葉町、大熊町、富岡町、浪江町のように、いまだ帰還した被災者がごくわずかにとどまる地域もある。帰還者の割合は前述の帰還困難区域がどれほどの割合を占めるのか、と大いに関係する。ただ、避難指示が解除された地域についての居住率（避難指示解除地域の住民登録者に占める居住者数）を見ても富岡町、浪江町で20％を下回っているなど、長い避難生活の過程で、既に別な地域で生活の基盤を設け、帰還しないことを決めている人が少なくないことを示している。住民意向調査では、「戻らない」との回答者は、双葉町、大熊町、富岡町、浪江町で50%近くかそれ以上である。

これからの課題

福島では、既に触れた汚染水対策や第1および第2原発の廃炉等、なお課題が残る原発事故対策を進めていかなければならない。同時に、事故から10年が経過し、場所の復興と人の復興を重ね合わせる営み、すなわち帰還者のさらなる増加を促す活動も活発になってきている。その際に課題となるのが、帰還困難区域の避難指示早期解除である。

帰還困難区域に住民登録されている被災者は2・2万人に及んでいる。その90%以上を占める地域では、解除のめどが立っていない。早期解除のためには、日常生活に不安のない空間線量まで低下させることが必要となる。しかし、大部分が山間地なために除染のめどが立っていない。その結果、広大な周辺地域が帰還困難区域のままでは、解除された地域での日常生活に健康不安が付きまとう、という状態が継続する恐れがある。したがって、ホットスポットの存在等も明らかにした帰還困難区域の空間線量分布図を作成し、①他の解除地域のように重点的な除染によって解除可能となり居住地としても活用できるゾーン、②自然減衰の結果、定住地や恒常的な職場としなければ立ち入りには支障のないゾーン、③線量が高く当面立ち入り制限を継続するべきゾーン等を区分するゾーニングを行うことも検討するべきであろう。加えて、避難指示が解除された地域、特定復興再生拠点区域で除染を進める地域で、帰還しない人が明らかになるにつれ、残された建物や土地をどのように再利用していくのかも課題となる。

福島特措法の改正では、元の住民の帰還に加えて、移住定住を促すことも加えられた。地域の復興には、新たに居住して、活動する人々を受け入れることが必要とされるからだ。除染や廃炉の技術開発と関連産業の育成を展望した福島イノベーションコースト構想や、技術開発、人材育成に着目した国際教育研究拠点構想が提案されている。これらは、復興に関連するという意味で被災地に立地する意味を持つものの、その他の地域でも展開可能な事業でもある。したがって、これらの事業が移住定住につながるように、魅力的で、安全安心を十分に確保できる方法で進められることが必要となる。その際に、段階的にならざるを得ない復興に対応した生活環境のきめ細かな整備、つまり生活に必要な施設やサービスを、場合によっては既存の市町村界を越えても受けられるような定住者本位の生活圏づくりも欠かせない。

執筆時点（2021年1月）

福島復興へ
―原発立地自治体・大熊町の現在と未来―

For Fukushima Revitalization –Present and future of Okuma town where the nuclear power plant is located–

［語り手］
吉田 淳 氏 福島県大熊町長

［聞き手］
浦田 淳司、中島 崇 土木学会誌編集委員

2021年8月23日（月） オンライン会議にて

福島第一原子力発電所が立地する大熊町ではいまだ多くの地域が帰還困難区域に指定されている。そうした中、町の生活を取り戻すための取り組みが進んでいる。大熊町の職員・町長として復興に尽力されてきた吉田淳町長に、町の現状と課題について伺った。

――震災前の大熊町について教えてください。

吉田――大熊町は、西は阿武隈山地、東は太平洋に面し、温暖な気候で非常に住みやすいところです。震災前の産業は米・畜産・果樹・野菜を組み合わせた経営農業が主体で、約1万1500人の町民が暮らしていました。電源立地交付金や東京電力からの固定資産税を活用した公共施設整備や子育て支援、公共料金の抑制などの施策が認められ、人口は増加傾向にありました。

――町長ご自身および町としてのご苦労について教えてください。

吉田――原子力発電所事故の直後は「2、3日すれば戻れるだろう」と考えていた町民がほとんどでしたが、今も約9000人が県内外で避難生活を続けています。震災直後、生涯学習課長という立場であった私も避難先の会津若松で避難者対応をしていました。混沌《こんとん》とした避難先で町民のささやかな要望にも応えることができず、職員として非常につらい思いをしたことを覚えています。また、中間貯蔵施設受け入れについても苦しい思いがあります。当時の町長とともに福島県や双葉郡

の町村、町民と何十回も協議を重ね、「中間貯蔵施設受け入れ」という苦渋の決断を下しました。なかなか決断できずにいましたが、「除染土の受け入れ先が無ければ除染は進まない、除染が進まなければ福島県の復興はできない」「ここは町が決断しなければ」という地権者や行政区長の思いに後押しされて決断できた背景があります。今でも受け入れに反対する方もいます。先祖代々から守ってきた土地を喜んで手放す方は一人もいません。このような厳しい決断を迫られた方たちのことを思うと今でも胸が痛いです。

——大熊町の復興の状況について教えてください（詳細は図1）。

吉田——２０１９年４月に大川原１、２行政区、中屋敷行政区の避難指示が解除されました。大川原に役場、住宅、診療所、商業施設、交流施設を順次整備し、復興拠点を設けました。さらに、２０２０年３月には大野駅周辺の避難指示が解除され、ＪＲ大野駅が再開、東京方面から常磐線特急１本で来ることができるようになりました。町の外との交流が広がっていくことを期待して準備しています。避難指示が解除された地域には約９００人が生活しており、約３５０人が役場の職員と元々の住民、残りが東京電力の廃炉作業関係者です。

町内の帰還困難区域のうち、大野駅を含む８６０haが特定復興再生拠点区域に指定され、２０２２年春の避難指示解除に向けて、国は除染、町はインフラ整備を進めています。駅周辺は大熊町の旧市街地であり、どうしても復興を進めたかった場所です。工業団地の整備、大野小学校のインキュベーション施設化などにより、産業

YOSHIDA Jun

1979年10月大熊町役場に入職。同町の生涯学習課長、総務課長等を歴任。2016年1月に就任した副町長を経て2019年11月から現職。

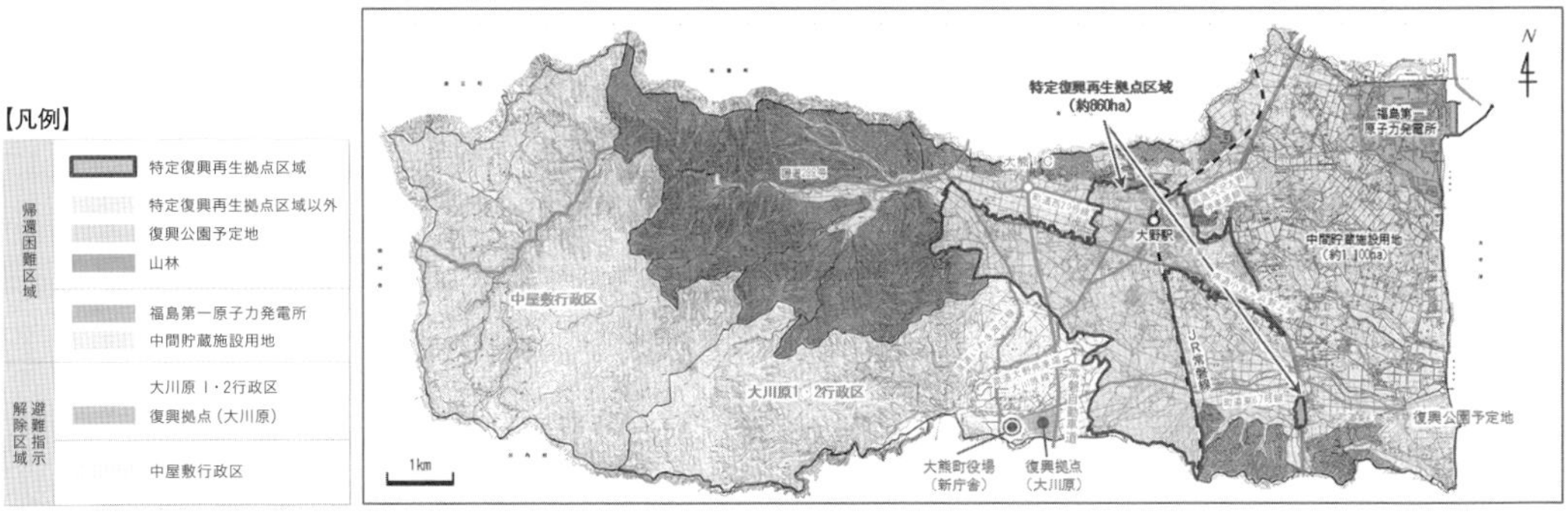

図1　大熊町管内図

の創出、企業の誘致を図り、働く場所を確保したいと考えています。同時に、駅周辺の良質なアパートを除染・修繕して住宅の確保も進めています。

特定復興再生拠点以外の帰還困難区域（２７０４ha）は、道筋が見えていないことから、マスコミ等で「白地」と呼ばれています。震災前にこの地域に住んでいた大勢の町民のためにも、これを取り戻すことは必須だと思っています。政府の原子力災害対策本部において、ようやく住むための除染を行う方針が発表され、帰還に向けた希望が見えてきました。

最後に中間貯蔵施設ですが、これは大熊町・双葉町の2町にまたがり整備されています。現在、常磐道を中心に、毎日ダンプトラック２０００台分の除染土が施設に運ばれており、２０２１年度末には搬入が完了する予定です。搬入開始から30年以内（２０４５年）に県外で最終処分完了に必要な措置を講ずることが法律（中間貯蔵・環境安全事業株式会社法）に定められていますが、全国的にはそのような認識はあまり無いのではないかと思います。国には正確な情報発信と共に県外搬出の取り組みを強めていただきたいです。

――今後の復興で大事なことを教えてください。

吉田――産業創成、住宅、医療、介護、教育などの施設整備を一体として進めることが大事です。順調に整備を進めています。また整備と同じく、コミュニティー作りも大事だと感じています。仮設住宅への入居を調整した際、先着順ではなく元々近くに暮らしていた者同士のコミュニティーが保《たも》てるように配慮しましたが、これは成功したと思います。震災前のコミュニティーを保ったまま町に帰還するのは難しいですが、これから新たなコミュニティーができるよう、孤立せず交流ができるような形を目指しています。

残念ですが再び震災前の人口に戻すのは難しいと思います。しかし、毎年実施している意向調査の結果では、「町に戻った・戻りたい」あるいは「戻るか判断がつかない」と答えている方が約40％を占めており、「40％の人が戻る可能性がある」ことは明るい材料だと捉えています。第二次復興計画において、２０２７年度の人口目標を４０００人と設定しました。帰還される方々に加えて、町外からの移住にも期待しています。人が戻る、新しく人が来る魅力ある町作りが大切です。その一環として、原発事故を経験した大熊町だからこそ、原発や化石燃料に頼らない「ゼロカーボン」を宣言しました。本年度は地元の企業と協力し新電力会社を立ち上げ、ゼロカーボン協力補助制度の設計に取り組んでいます。このように地元の企業を呼び戻し、手を組んでいくことが大事だと考えています。

一昨年、ようやく町に帰還し、大熊町の復興はスタートラインに立てましたが、一つの課題を解決したらまた別の課題に追われるということの繰り返しです。日々難しい問題に直面していますが、近道や特効薬は無く、少しずつひもといて解決していくしかありません。「戻りたい」と思ってもらえるように、また戻らないと決めた方にも「故郷は大熊町」と思ってもらえるように、さらに外部の人を呼び込めるように、国や県と連携して町作りを進めていきます。

座談会

原子力災害からの復興
―避難・帰還の現実と地域の今後―

Recovery from Nuclear Disastar
–Evacuation, Return and Future of the Area–

［座談会メンバー］

村井 洋幸 氏　福島県南相馬市役所 こども未来部 こども家庭課 こども企画係長

渡部 義則 氏　福島県南相馬市 小高区 大富元行政区長

佐藤 秀三 氏　福島県浪江町 権現堂 行政区長

［司会］

羽藤 英二　土木学会誌編集委員長

太田 慈乃　土木学会誌編集委員

2021年8月1日（日） 権現堂区集会所にて

原発事故から10年、環境再生・インフラ整備などを中心に復興への取り組みが行われてきた福島。地元自治体や地域住民は、刻々と移り変わる状況をどのように受け止め、避難や帰還という選択を経てきたのか。行政・住民のそれぞれの立場から、地域の現状や課題、今後の復興への思いを語っていただいた。

――まずは簡単に自己紹介をお願いします。

村井――南相馬市小高区出身で、南相馬市役所に勤務しています。震災時は本庁財政課におり、その後小高区地域振興課で復興拠点施設の立ち上げ・運営を行いました。現職はこども未来部で、南相馬市全体の少子化対策に取り組んでいます。

渡部――南相馬市小高区の山側にある、大富行政区の区長を3年、同時に小高区区長連合会副会長を務めました。大富地区は山側なので、里山の維持管理が最大のネックになっています。避難指示解除から5年経過し、復興は次のステップに入ってきていると感じています。

佐藤――浪江町権現堂地区の区長を長く務めており、浪江町全49行政区の区長会会長をやっています。

大震災の翌日に原発事故が発生 ―緊急避難の現実とは

——震災直後の状況や避難について、それぞれで違った状況があったかと思いますが、教えてください。

佐藤——3月11日は私の誕生日で、免許を更新して家に戻った時に地震が起きました。防災無線で津波警報が鳴っていましたが、自宅のある町場までは来ないだろうと思い、近所を1軒1軒回り、安否を確認しました。しばらくして海側の地区から人が避難してくるのを見て、本当に津波が来たと分かりました。翌12日、ほとんど情報が入らない中、避難指示が出て、町民の大部分、おそらく8000人以上が、町の山側の津島地区に避難しました。後から判明しましたが、津島地区は非常に放射線量が高いエリアだったのです。15日には30km圏外に避難となり、二本松市内に役場機能ごと避難しました。浪江町は、町の大半が福島第一原発から20km圏内なので、全町民が避難を余儀なくされました（**図1**）。

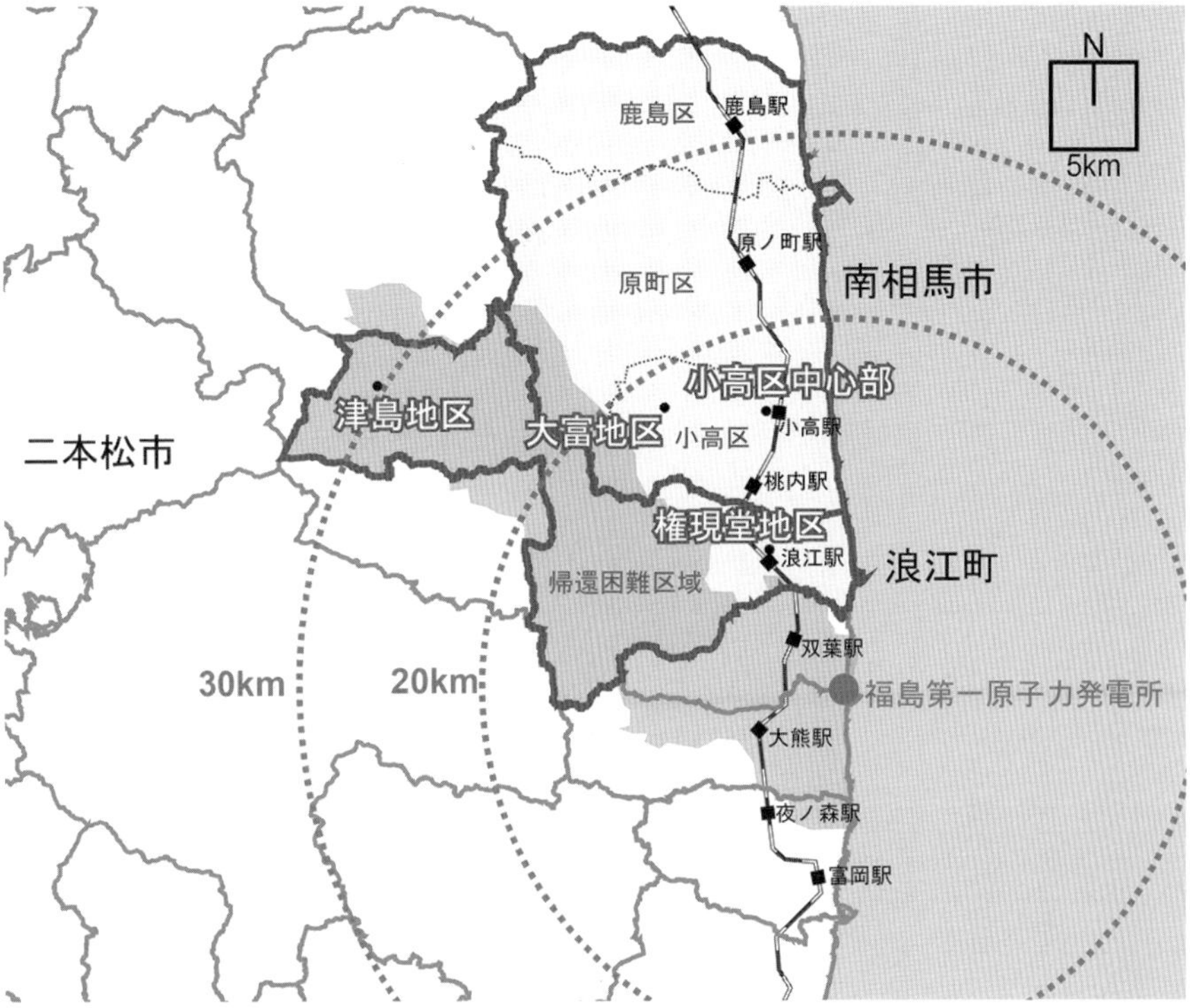

図1　南相馬市、浪江町の位置

渡部——当時を思い返すといっぱいありすぎて、うまく整理ができません。震災時は小高工業高校に勤めていました。ひどい揺れで泣き叫ぶ職員もいる中、蛍光灯が床に落下し散乱するなど校内は大変な状況でした。校庭の地面が波打っている光景は今でも忘れられません。校舎が高台にあったので、夕方から津波の被害を受けた方たちが避難してきました。体育館、校庭、校舎の全てを避難所として開放し、夜通し対応に追われました。翌12日に原発が危険な状態になったことから、避難所対応は役所に任せて職員は自主避難となりました。私には寝たきりの家族がおり、いったんは市内の病院に受け入れてもらいましたが、間もなく病院機能が麻痺しました。ガソリンが入手困難となったため、急きょガソリンを軽トラから乗用車に継ぎ足し、東京の病院まで家族を搬送しました。いつ学校が再開されるか分からないまま、2カ月ほど東京で避難生活をしました。小高区は警戒区域に指定されたため、小高工業高校は県内5カ所にサテライト校が設置され、生徒も教職員もばらばらになりました。

――自治体の立場では、また違った状況があったのではないでしょうか。

村井――地震・津波・原発事故の三つの複合災害だったことで、発災後の対応は非常に難しく、行政も混乱の極みでした。発災直後から、避難所開設、避難者受け入れ、被災者救助にあたりながら、翌日には原発事故が発生。現場はバタバタと動いていましたが、行政の中枢では、被害状況を把握する材料が少なすぎて、判断が難しい部分もあったと感じました。

MURAI Hiroyuki

旧小高町（現南相馬市小高区）生まれの南相馬市職員。東日本大震災後に小高区内に開設した復興拠点施設「小高交流センター」と子どもの遊び場「NIKOパーク」の整備・運営に携わった。現在はこども家庭課に勤務。

区域指定による地域の分断、避難指示解除後の現状

――被災直後は非常に混乱した状況だったのですね。避難中の地域との関わりや、葛藤など、それぞれの立場で感じていたことをお聞かせください。

佐藤――体育館への避難直後は統制が利かず、物資の取り合いなどが起こっていました。そこで、体育館に避難している人たちを班に分けて、毎日仕事を割り振って、避難所の運営を行いました。その結果大きなトラブルなく生活できるようになりました。二本松市の仮設住宅へ入ってからは、自治会長を務めました。快適に生活できるよう、窓を二重サッシにするなどさまざまな要望に応えました。支援の申し出に対しては、とにかくベンチを作ってもらいました。仮設住宅に暮らす人たちは、別々の行政区から来ているので、元々の知り合いではないのです。ベンチで隣に座ることでコミュニケーションが生まれ、ご近所付き合いができるようになっていきました。仮設住宅の地元地域の方々には非常によくしてもらい、今でも関係が続いています。ただ失敗だったと思うのは、子どもたちがばらばらになってしまったことです。子どもたちはそれぞれの避難先で別々の学校に転入したので、避難指示解除後に「なみえ創生小学校・中学校」として学校を再開しても、生徒はほ

とんど戻ってきませんでした。子どもたちを中心に、行政区ごとに避難できればよかったと思います。

村井――南相馬市は南から、小高区・原町区・鹿島区の3区からなります。小高区は原発から20㎞圏内で全域が警戒区域に指定され、活動が止まっている状態。原町区は20～30㎞圏内で、警戒区域とそうでない地域が存在。鹿島区は30㎞圏外で、日常に向けた取り組みが進む一方、仮設住宅の建設など避難者への取り組みも行われる、といったように3区で異なる状況がありました。警戒区域かそうでないかで、賠償の額などが大きく違い、行政として対応が難しいことは今でもあります。当時私は財政担当でしたので、その複雑な状況をありありと感じました。

――2016年に南相馬市、2017年に浪江町の避難指示が帰還困難区域を除いて解除されました。解除・帰還後に見えてきた課題や、取り組まれてきたことをお伺いできますでしょうか（図2）。

渡部――2016年7月に避難指示が解除され、大富地区では震災前の70世帯に対して、12～13世帯が帰還しました。帰還した住民が少なく、住んでいる場所もまばらに点在している状態でしたので、住民が孤立しないよう、集いの場「大富サロンかけの森」を立ち上げました。

佐藤――私は、浪江町に戻ってきた町民一番乗りだといつも言っています。避難指示が解除される前の、準備宿泊に申請したのが一番だったのです。帰還してからは「チームなみえG&B」を立ち上げました。

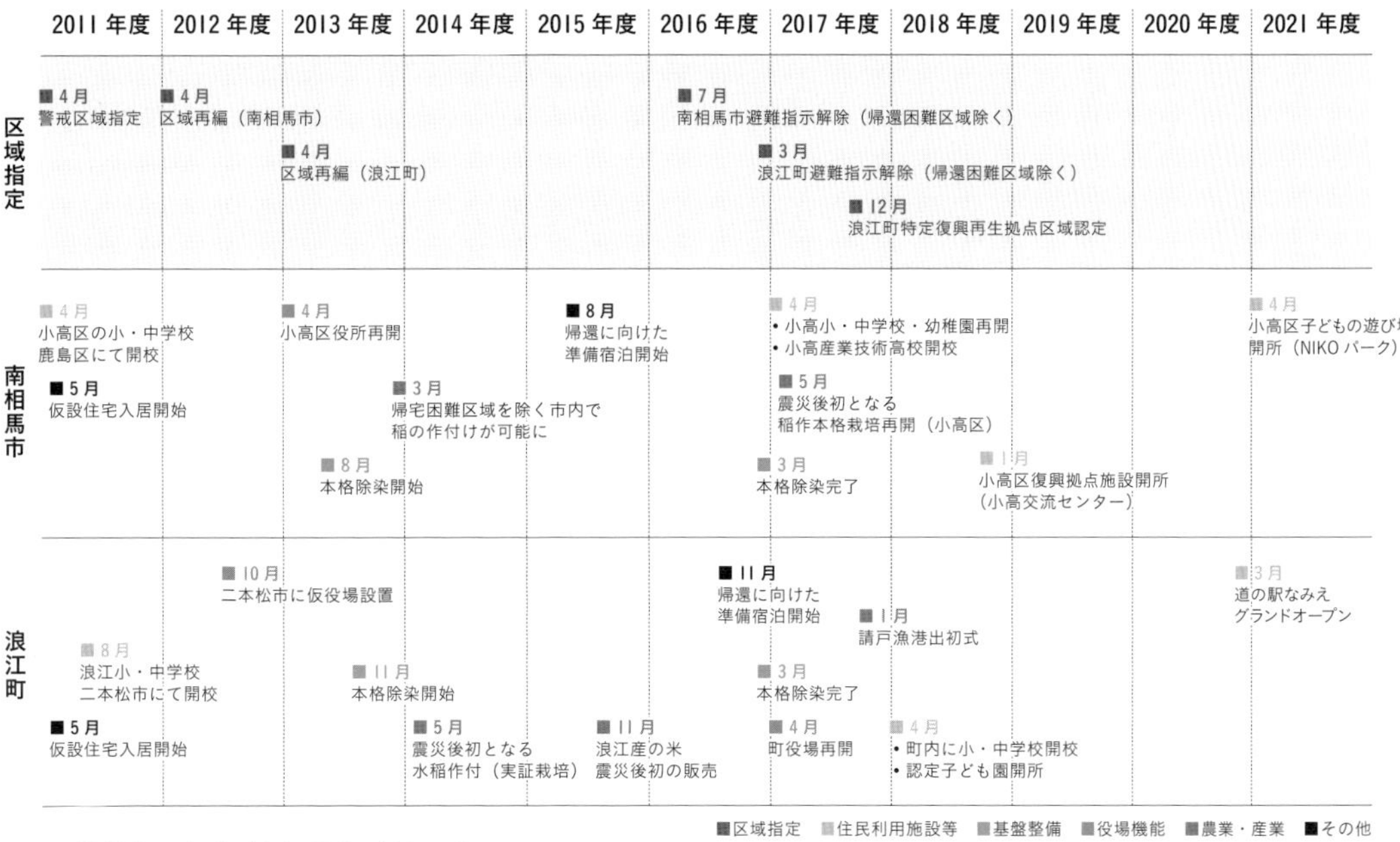

図2　被災後の年表（南相馬市、浪江町）

G&Bは、じいちゃんばあちゃんという意味で、まだ少ない浪江の子どもたちを応援する、約250人の団体です。小中学校の運動会を盛り上げたり、学校の花壇に花を植えたり、美術館に連れていったり、子どもたちに寄り添った活動をしてきました（**写真1**）。

渡部――大富地区での帰還者は大半が65歳以上で、20代はいません。自宅が解体され、更地も増えています。現在は、里山の維持管理が最大の課題です。小高では、農業法人により一部営農が再開されつつありますが、山間部の農地はトラクターが入りづらく手が付けられていません。道路の草刈りなど、今までは住民で管理していましたが、人口が減ってしまった今はとても無理な状態です。荒れていくのを見ていくしかな

写真1　チームなみえG＆B活動の様子。子どもたちと花植え

写真2　小高区山側の大富地区の様子。帰還後に育てたひまわり畑

写真3　小高区復興拠点施設「小高交流センター」

いのかと思うとつらいです（**写真2**）。

村井――行政としては、解除前から小高区の復興拠点整備を進めていましたが、何人帰還するのか分からない状態のまま整備計画が進むという、雲をつかむような話でした（**写真3**）。原発災害の怖さは、住民がある日突然ぱっといなくなることです。住民がゼロになってしまった地域は、最終的にどこを目指せばよいのか。市としてはできるだけ多くの人が戻れるよう帰還を支援しますが、その選択肢を選べない人もいます。帰還しない人たちの生活再建に向けた支援も行政の役割です。元々の小高区の住民は約1万3000人で、現在は約3800人。数字上の帰還率ではなく、営みとしての帰還率を考えると、厳しいと言わざるを得ないのが現状です。

WATANABE Yoshinori
1954年生まれ。小高工業高校実習教員として勤務。2011年原発事故により勤務校が県内5カ所に分散再開し、本校に戻れないまま2015年退職。その後、南相馬市放射線健康相談員、大富行政区長および小高区区長連合会副会長を歴任。

避難指示が解除されても帰還が進まない理由

――帰還が進まない要因については、どのようにお考えですか？

渡部――震災直後に放射線の恐怖を植え付けられてしまったことが大きな要因と感じます。この地域の人は、原発爆発の映像を幾度となくテレビで見て、コメンテーターの発言等により負のイメージを刷り込まれました。また、避難先での住宅再建に手厚い補償があったため、避難先で家を建て定住する世帯も多かったです。避難先での生活が落ち着いている人たちに帰還を促しても、戻ってくることは難しいでしょう。

村井――震災直後の原発への恐怖心は、年代を問わずリアルな記憶として多くの方に刷り込まれていると思います。一刻も早く避難したいのに車は渋滞して動かない、原発の状態や、放射線の影響などの情報も入ってこない。そんな恐ろしい記憶があるので、避難指示が解除されても故郷に足が向かないという人は多いのではと感じます。

渡部――住民登録を更地になった住宅跡に残しつつ、他の場所で生活再建をしているという状況もあります。

佐藤――津波被災地は住居を建てることのできない災害危険区域に指定されているので、浪江町に住所があっても戻れない人もいます。浪江町は現在でも約8割の面積が帰還困難区域なので、そこに家がある人も

SATO Hidezo

震災前から浪江町の行政区区長を務める。数カ所の避難先で自治会を立ち上げ、2017年にはいち早く帰還し住民の生活改善に尽力。現浪江町行政区町会会長、住民代表として復興に関わるさまざまな役職を担う。

戻れません。現在は約１７００人が町内に居住していますが、震災前の人口の１割にも届きません。避難している人のほうが圧倒的に多いので、「どこにいても浪江町民」と言われていますが、実はその言葉が足かせになっているのではないかと感じます。帰還した町と避難先を両方支援し続けなければならない状態は、いつか必ず負担になります。

復興の今後、ありたい未来とは

――放射線や帰還困難区域だけではなく、住民票の課題もあるのですね。復興の今後についてはどのようにお考えでしょうか。

渡部――復興とは何だろうかと思うのが正直なところです。風評被害により、食用米は作っても正当な値段で販売できない状況がいまだに続いています。福島産の食品の検査基準を厳しく設定したことにより、逆に「基準値以下」でないと出荷できず、生産者にとって大きな負担になっている部分もあります。もっと線量の高いものが一般に流通しているにもかかわらず、一度でも基準値を超えたものが出てしまうと、せっかく復興のために生産・開発したものが全て無駄になり、復興の歩みが遅れてしまうことも現実に起こっています。

村井――もちろん宮城、岩手でも課題はあると聞いていますが、福島は原発事故がなかったら、もう少し多世代が一体となって進んでいけたのかな、と思うこともあります。

佐藤――私は、どんな災害でもそこに人が住んでいれば復興できると考えています。地域の人が安全に住めるようになること、住むことが復興。帰還してからの復興は、人との関わりが一番大切です。町の人全員が、お互いを下の名前で呼び合えるくらいの気配り、目配り。周囲の町から「ひがんで」もらえるくらいの町になっていかないと、と思います。

暮らしやすい地域というポテンシャル
――原発事故を逆手にとって

――帰還者が少ないながらも、今住んでいる人のつながりを強めていけば、お互い助け合って豊かな地域になっていくのではと感じました。地域を継続する営みについては、踏み込んで考えていくべき課題はありますが、外から見ていると風景がきれいで魅力的な地域だと思います。

渡部――住む環境としては東北の中では温暖で、とても暮らしやすい地域です。原発事故を逆手に取って、住環境・自然環境の良さを外部にPRできる機会だとも思います。今であれば、補助制度は充実しており、遊休農地もたくさんあるので、農業に関心があれば起業のチャンスはあります。長い目で見て、若い人たちの移住政策を進めていくべきだと感じます。

佐藤――浪江町でも、他県の会社が進出してきたり、新産業として花卉《かき》栽培を進める人たちが出てきたりしています。そういった動きを見ていると、この地域もまだまだ伸びしろがあると感じます。一方で、放射線については受け止め方が人それぞれであり、きちんと勉強することが大事だと考えます。処理水や廃炉に関しても研究機関などから学ぶ機会があれば、この地域に関わる企業も増えるのではないかと思います。

村井――行政としては、ハード面での復興は一段落したので、ここから先はソフト面の施策が重要だと感じていますが、ソフト対策のほうが難しいと感じています。南相馬市では、震災以降、住民の意見を取り入れる場面は飛躍的に増えています。今後も意見交換会などを通して、住民の意見を聞きながら取り組んでいきたいです。外部に向けては、シティプロモーションとして情報発信を強化しており、この地域の前向きな情報を発信していくことが大切になってくると考えます。行政が発信した情報で、帰還できない人も自分の故郷を誇りに思ってもらえる、地域が前に進んでいると感じてもらえればうれしいですし、地元に目を向けてもらえるような情報を届けていけるよう、努力していきたいです。

――復興の中で生まれたさまざまな活動や営みを、新しい人も混ざって作っていければ、他の地域にない魅力が生まれてくるのではと感じました。

原子力災害からの復興
—福島の本格復興・創生に向けて—

Recovery From a Nuclear Disaster –Towards Full-Fledged Post-Earthquake Reconstruction and Revitalization of Fukushima–

［座談会メンバー］（敬称略）

小沢 喜仁　福島大学 共生システム理工学類 特任教授

福士 謙介　東京大学 未来ビジョン研究センター 副センター長

斎藤 保　（公財）福島イノベーション・コースト構想推進機構 理事長、（株）IHI 相談役

［司会］

村上 亮　（株）建設技術研究所、土木学会誌編集委員

2020年10月7日（水） 土木学会役員会議室にて

環境再生・インフラ整備はもとより、農林漁業をはじめとする地場産業、そして新たな産業基盤を構築する福島イノベーション・コースト構想を基軸に復興に向けて歩んできた福島。10年にわたる取り組みを振り返り、さらなる未来の創世に向けて展望を語っていただきます。

——福島の復興に向けた10年の歩みを俯瞰《ふかん》するため、まずは携わってこられた取り組みについてお話しいただけますでしょうか。

斎藤——国家プロジェクトである福島イノベーション・コースト構想推進機構の理事長として、浜通り地域等の産業回復につとめてきました。また原子力損害賠償・廃炉等支援機構の技術委員として復興のために欠かせない廃炉問題にかかわっております。

小沢——２０１２年から２０１８年まで福島大学で地域連携担当副学長として、復興に携わってまいりました。またふくしまワイン広域連携協議会を組織して、浜通り地域等の川内村や県内全域でブドウ栽培のお手伝いをはじめ、全国有数のフルーツ王国である福島の６次化産業の発展にも取り組んでおります。

福士——私の専門は環境工学で、一見土木と関係のないように思われるかもしれませんが、日本最大の下水処理場である仙台・南蒲生浄化センターが被害を受けたこともあり、下水道工学の見地から土木学会

の合同調査に参加いたしました。その後も福島には調査で通っており、環境工学やサステナビリティの観点からお話しできればと思います。現在は、東日本大震災復興リレーシンポジウム実行委員会副委員長を務めています。

東日本大震災を振り返って
—風評被害を科学で払拭《ふっしょく》する

——津波災害と原子力災害という特殊な複合災害の被災、除染対応や広域避難の課題などを振り返り、今、提言できることは何でしょう。

福士——東京におりますと10年を経て、福島の被害が国民の中で風化してきた印象を受けています。実際に復興庁ではいまだに膨大な資料をまとめ続けているのですが、それが国民に伝わっていない。震災から数年は国民全員でバックアップしていこうという機運が感じられたものですが、例えば除染を例に挙げれば当初予定していた除染地域の作業が完了したため、メディアで取り上げられる頻度も減り、今も続いている現場の苦労がリアルタイムで届いていません。私は先だって川俣町・双葉町を訪ねたのですが、帰還困難区域はまだ線量も高く、状況が好転していないことを痛感しました。人がいない場所の復興デザインをどのようにしていくか、課題は多いと思います。

OZAWA Yoshihito
1954年山梨県生まれ。1984年東北大学大学院工学研究科博士課程修了。福島復興・創生においては、イノベーション・コースト構想推進会議委員、JST復興促進プログラムPO、文科省廃炉基盤事業ステアリングコミッティー委員などを務める。専門分野は、機械工学。

小沢——福島に限らず日本のどの地方も、少子高齢化等によるコミュニティーの弱体化が問題視されていましたが、東日本大震災はその構造をことの外浮き彫りにするものでした。さらに原子力災害が加わることで、県民が多角的に取り組んでいる農業を直撃したのがさらなる痛手となりました。

復興計画も第2期にさしかかり、地域を盛り立てながら進めてゆくことが大切だと思っております。またロジスティクスに関しては、浜通りから青森にかけて三陸沿岸に高速道路が整備されたことで動きが活発になった感があり、複雑な復興の過程において評価すべきことと考えています。一方でファシリティの充足についてはまだ課題があり、積極的に仕掛けをして、情報発信をし、コミュニティーの規模を拡大しなければならないでしょう。

福島大学としては震災直後の２０１１年4月に、大学が復興に持続的にかかわるべく「うつくしまふくしま未来支援センター」を設立し、放射線、農業、教育をはじめとする諸分野について取り組んでおります。このように大学が従来にはない機能をもちながら、教育研究を強化して地域に根ざして復興の一端を担っていく意義を強く意識しています。

斎藤――県産の農林水産物に対する風評被害がやわらいできたという向きもありますが、地元で意見交換をするとまだ払拭できていないようです。福島にとっては大切な産業ですので、大きな課題の一つと捉えています。その流れで言えば今直面している最たる問題として、廃炉にまつわる処理水の海上放出問題が挙げられます。数値的には世界基準値以下であると科学的に実証されているものの、漁業関係者は消費者心理を懸念していると聞いています。福島だけで解決できる問題ではないので国もサポートし、手を携えて取り組まなければなりませんね。

小沢――新型コロナウイルスに関してはスーパーコンピューター「富岳」で飛沫拡散のシミュレーションを行い、流言飛語に惑わされることがないよう効果的な情報提供が行われています。福島でも処理水を放流した場合の範囲や影響について、科学的な根拠を専門家が示せれば、信頼と安心を獲得できるのではないでしょうか。

福士――新型コロナウイルスなどの感染症や放射線といったものは、不確実性に対する恐怖を呼び起こすので、科学で状況が解ければ、安心と安全が寄り添っていくのではないでしょうか。

福島イノベーション・コースト構想が切り拓く福島の未来

――安全安心が確保されて帰還や移住を考えた時に、働く環境が整備されていないと、生活を持続できません。この課題に対して、国家プロジェクトとして立ち上げられたのが、福島イノベーション・コースト構想(注1)です。推進機構・理事長である斎藤様から概略をお話しいただけますでしょうか。

斎藤――本機構は浜通り地域等の産業回復のため、新たな産業基盤の構築をめざすべく2017年7月に設立され、廃炉、ロボット・ドローン、エネルギー・環境・リサイクル、農林水産業、医療関連、航空宇宙の重点分野の具現化を進めるとともに、その実現に向けた産業集積、教育・人材育成、交流人口拡大、情報発信、生活環境整備に取り組んでおります。

――これまでの代表的な成果は、どのようなものでしょう?

斎藤――一例として、新規の研究開発を計画している企業と地元企業とのビジネスマッチングや、それらの事業化・知財戦略・販路開拓等の支援を進めております。廃炉関連産業も地元企業が参入できるようマッチングスキームを構築し、支援を実施しています。

FUKUSHI Kensuke
1966年生まれ。1989年東北大学工学部土木工学科を卒業。1996年米ユタ大学において博士号取得。東北大学、アジア工科大学を経て2001年より東京大学に勤務。専門は環境工学、サステイナビリティ学。

とりわけ注目を浴びているのが、南相馬市と浪江町に整備した、陸・海・空のロボットの研究開発や操縦訓練などを行う「福島ロボットテストフィールド」でしょうか。2020年3月に全面オープンしてから8月までに約210件の実証事業が実施されました。中核となる研究棟は22の研究室を擁し、全国から大学・大手企業が入居しています。浜通り地域等に新規でロボット関連の56社が進出し、地域の活性化としては喜ばしい状況を迎えています。ロボットテストフィールドは橋梁・トンネルなどの土木関係からも人気が高く、予約が埋まっているとも聞いております。

――ロボットテストフィールドがこれほど人気を博している理由は、なぜなのでしょう。

斎藤――実際にお寄せいただいた声によると、無人航空機の開発に当たり従来は国内でほとんどなかった滑走路や格納庫などの施設が充実していることや、製作者が実験に立ち会えることで実現に向けた大きな推進力となる手応えを感じている、とのことです。

――福島イノベーション・コースト構想のこれからの課題については、どのようにお考えですか。

斎藤――地元の方々に構想をより身近に感じていただければと思います。いわゆる「見える化」ですね。また施設としての拠点は完成したので、集積した産業を地域に根づかせ、雇用促進につなげられればと思っております。新しいアイデア・人材をいかに呼び込むか、注力していきたいところです。

小沢――確かに専門性が高いだけに、地元の企業経営者や市民の方にそのニーズが分かりにくい面はあるかもしれませんね。また先ほど企業間のマッチングのお話がありましたが、例えばエコシステム形成の前段階としてこれらの事業に興味を持ついろいろな技術を有する企業の方々などの交流の場を設定して、ニーズのある技術的な部分をていねいに説明して共通の理解を図り、行政・企業・大学をつなげていくことでプロジェクトに加速力をもたらすことができるかもしれません。さらに将来的には企業自身が、または企業が連携して自律的に運営できる体制に移行できるよう、投資が動く仕掛けづくりも必要になるでしょう。イノベーションを中心としたエコシステムが地域で構築されたらと願っています。

SAITO Tamotsu

1952年山形県生まれ。1975年東京大学工学部卒業。同年、石川島播磨重工業（株）（現（株）IHI）入社。2018年10月より（公財）福島イノベーション・コースト構想推進機構理事長に就任し、東京商工会議所副会頭、経済産業省計量行政審議会会長などを務める。

福士――産業の集積によりネットワークが生まれ、ディスカッションから新たなアイデアが創出される。ＩＴ企業の一大拠点となったシリコンバレーをほうふつとさせるようなエリアに成長してほしいですね。

地方で企業が成長すると東京に進出してしまうという難があります。しかし、福島イノベーション・コースト構想にはロボットテストフィールドや廃炉など、ここにしかないインフラの存在に先見の明があると思っています。ちなみに海外の投資家や研究者へのアプローチなどの海外展開はお考えでしょうか？　国際化を取り入れるとさらに強みが増すと思うのですが……。

斎藤――海外も視野に入れて動きつつあり、課題の一つとして掲げています。復興庁には浜通り地域等に国際教育研究拠点を創設する構想もあり、こうした流れも含めて国際化を進められたらと思います。

福士――新型コロナウイルスの影響で、遠隔地とのコミュニケーションも根づいてきたので、ある意味、追い風と捉えられるのではないでしょうか。学際的なつながりの風通しも良くなり、みんなで問題をシェアしていち早く解決しようという機運が高まっていますので期待したいですね。

農業、インフラ整備、まちづくり、教育――創生に向けて土木が果たせる役割とは

――最後に福島の本格的な復興と地域の創生に向けた課題・展望をお話しいただけますでしょうか。

斎藤――福島イノベーション・コースト構想の対象地域である浜通り地域等について言えば、より東京とアクセスしやすい交通インフラを構築できればと思います。知財を集積し、人口を増やしてまちとして発展していくには移住が必要で、決意するに当たってはトライアル的に行き来ができるほうがよいでしょう。仙台空港からのアクセスも改善できると、海外からの視察や国際交流の一助となるのではないでしょうか。

また家族で定住するためには、学校などの教育機関やアミューズメント施設の充実が必要です。こうしたまちづくりを含めて、福島を盛り立てていきたいですね。

小沢――交通の便が良くなり人の行き来が活発になった時に、福島な

らではの豊かさをあますところなくアピールできればと思います。その一例が果物やお米など震災時に風評被害で打撃を受けた農林水産物です。今は秋口でもおいしくいただける桃の開発や、6次化商品である日本酒ばかりでなくワインなども頑張っていますよ。

福士――こんないい地域は他にないですよね。ただし残念ながら農業は一般的に収入が高くはならないので、小沢先生のおっしゃった6次化の推進や、付加価値の高いお米や果実への注力など、人が欲しいと思えるものに対する供給体制が必要です。商品開発・生産・流通などを含めた地域全体の設計がうまくできればよいですね。人口増加は、こうした側面にも支えられていますから。

小沢――新しいことや面白いことが起こりつつある今だからこそ、その動きや地元の魅力を、中学生・高校生といった若い世代にきちんと伝えることも大切だと思っています。自らの地域に誇りを抱くことは、地域に対する信頼にもつながり、アイデンティティーが生まれます。

そのためには教育の形も変わらなければなりません。とかく昨今は伝聞形で物事を知る生徒が多いので、実際にイノベーションが起こっていることを肌で体感できるような仕掛けづくりを考えたいですね。

また事前復興の重要性がうたわれていますが、「備える」ためには地元への愛着や、土地に根ざして仕事をしていく未来を思い描ける環境づくりが必要で、これも教育に携わる者の使命であると考えています。

福士――今は福島イノベーション・コースト構想などを契機として、県外の人がオープンに福島に入ってきているユニークな状況と捉えることができるでしょう。地元の良さは長く住み続けている人には見えにくいので、新たに入ってきた人たちが福島の魅力を再発見すると、潜在的な魅力をさらに広げることができるのではないでしょうか。

そして何事もやってみてダメだったらフィードバックをして別のトライアルをする。そこに土木学会は大きな寄与ができると思うのです。土木は非常にユニークな分野で、橋梁と下水など一見畑違いの専門家が一堂に会する学問です。私の専門分野である環境工学も医学や化学との連携も強く、全産業を巻き込みながら前に進むことができるのではないでしょうか。人が暮らす、働く、余生を過ごす――現在の浜通り地域等はそのような意味においても、壮大な実験地であるという印象を受けています。

斎藤――土木について言えば、小沢先生のお話にあったような若い世代に訴求をしやすい分野であることは確かです。トルコで大型橋梁を架けていた時、熱心に魅入っていた地元の少年がいたのですが、大きくなったらこういう橋をつくりたいと、のちにＩＨＩに入社して世界で4番目に長いオスマン・ガーズィー橋の建設に携わることになりました。橋梁のような大型構造物やインフラは、ストレートに子どもの夢を刺激するんですね。土木にはこうした未来を育む力があるとも言えます。あらためてその役割や可能性を見つめ直し、本格復興と創生に貢献できればと願っています。

――本日はありがとうございました。3・11から10年。今改めて土木技術者一人ひとりが、それぞれの立場で福島に貢献できることを見つめ直し、協力し合いながら、新しい行動を起こすことが求められているのだと感じます。この議論の続きは、「土木学会　3・11東日本大震災復興リレーシンポジウム企画：福島復興シンポジウム～福島のこれからの30年を考える～（2021年3月9日（火））」に引き継ぎたいと思います。

（注1）福島イノベーション・コースト構想の詳細は、下記QRコードを読み取り、ご覧ください。

インタビュー

原発被災地再生に向けた地域の取組
―福島県南相馬市小高区における農業復興と新たなまちづくり―

Efforts for Recovery in a Nuclear Disaster Area －Agricultural Recovery and Community Renovation in Odaka, Fukushima－

［聞き手］太田 慈乃、浦田 淳司　土木学会誌編集委員

約5年4カ月の間避難区域に指定されていた福島県南相馬市小高区では、被災後10年が経過した今、若者・移住者との協働や新しい技術を取り入れた活動が行われている。本企画では、農業復興、地域の場づくりに取り組まれている住民の方々にお話を伺った。

農業復興への事業者の歩み
―若い世代の雇用とスマート農業技術の活用―

［語り手］佐藤 良一氏　（株）紅梅夢ファーム代表取締役

荒廃農地から、営農再開に至るまで

――まず、被災後の状況を教えてください。

佐藤――被災後1年間、小高区は警戒区域に指定され、人の出入りが全くなく、どこが田んぼか道路か分からないほど草ぼうぼうの状態でした。翌年の避難区域再編で立ち入り可能になり、農地の草刈りや津波によるがれき撤去を行う団体を立ち上げました。小高区出身の有志、総勢約200人からなる「ふるさと小高区地域農業復興組合」です。その活動により、やっと農地らしい姿になりました（**写真1**）。

――営農再開に向けてはどのように取り組まれたのでしょ

写真1　復興組合による農地の草刈り作業

SATO Ryoichi
1953年、小高区の専業農家9代目として生まれる。旧小高町農業委員、旧小高町議会議員などを歴任。震災後、2012年にふるさと小高区地域農業復興組合を設立し、現在紅梅夢ファーム代表取締役、南相馬市農業委員を務める。

うか？

佐藤——当時は全く方向性が見えず、まずは土や水、作物に含まれる放射線量を知りたいと考え、２０１２年４月に試験栽培として水稲の作付けをしました。結果、特別な対策をしていない状態で、基準の１００Bqに対して10Bqという数値が出て、近いうちに営農再開できると希望を持ちました。その後、試験栽培を毎年続けて試行錯誤をし、２０１７年から本格栽培に切り替え、現在に至ります。

——会社を立ち上げられた経緯を教えてください。

佐藤——紅梅夢ファームという会社を、２０１７年１月に立ち上げました。元々は、機械のリースや人の手配を通じて、各集落での営農を支援する立場と考えていました。しかしふたを開けてみると、期待していた30代・40代の中堅が戻らず、集落営農がほとんど機能しない状況でした。そこで、私の会社でも営農を担うことに決め、現在に至ります。

——現在はどの程度営農が再開されているのでしょうか？

佐藤——小高区の農地約２８００haのうち約70haを作付けしており、米、大豆、菜種、玉ねぎ等を栽培しています。お米は、宮城の舞台ファームという会社から連携の申し出を受け、そちらに出荷しています。検査は厳しいですが全量を買い取ってもらえるのでありがたいです。

若い世代への期待とスマート農業

——担い手不足の中、どのように人材確保をされているのでしょうか？

佐藤——長く農地を守り営農を続けるために、若い人たちに期待しようと、２０１８年から地元の農業高校の新卒者を採用し始めました。現在9人の社員の多くが20代です。若い社員はみな「地域を昔の姿に戻したい」等と、農業についてしっかりした考えを持っています。会社のインスタグラムでの情報発信なども始めており、とても期待をしています。

——スマート農業技術も活用されていますが、きっかけを教えてください。

佐藤——高卒の社員たちは技術的な経験がないため、技術面でのサポートで悩んでいました。そんな折、ロボットトラクターの紹介を受けて導入したのが最初です。その後、農水省のスマート農業実証プロジェクトに参加することになり本格化しました。実際、自動操舵《そうだ》装置やドローンの活用により作業が効率化するなどの効果を感じています。実証は終了しましたが、市でも支援の動きが出ており、引き続き活用していく予定です（**写真2**）。

営農拡大への課題と展望
―担い手不足・組織の立ち上げ

――今後の展開はどのように考えていますか？

佐藤――小高区では今後、三つの営農組織が立ち上がる予定です。生産活動は地域をエリア分けして、当社では小高区や市全体を統括する立場でサポートをしていければと考えています。当社では、現在70haの営農面積を、2025（令和7）年には300haまで拡大する予定です。ただ、それ以外の農地は管理の担い手が不足しており、荒廃していくことが心配です。人が戻らないし、帰還者の多くが高齢者。元々の農家の8割方は農地を手放したい、管理を委託したいという意向があります。警戒区域の間、人の手が入らず農地が荒れていく姿に心を痛めてきました。そのため、今後は、作付けをしない農地の管理を担う法人組織を立ち上げる予定です。

写真2　ドローンでの農薬散布

新しいまち小高をつくる
―地元の人と外から来た人をつなぐ旅館のおかみ―

［語り手］小林　友子氏　双葉屋旅館

放射線量測定の活動 ―この土地で暮らすために

――多岐にわたる活動をされていますが、まず放射線量測定を始められた経緯について教えてください。

小林――このまちで暮らせるのかどうかを自分たちで確かめたいと思い、測定を始めました。2011年の小高の空間線量は0.4μSv／h(注1)で、2013年にチェルノブイリを訪れて計測した際には、0.3μSv／hでした。事故から約25年後のチェルノブイリと大きく変わらず、小高もいずれは帰って暮らせる数値になるだろう、というのが最初に感じた

KOBAYASHI Tomoko

1952年小高に生まれる。2011年以降、小高商工会女性部部長、地域協議会委員となり、震災後の小高のまちづくりに関わる。旅館再開を果たし、おかみとして働く。

ことです。

——具体的にはどのように測定しているのでしょうか？

小林——2011年から毎年、500mメッシュで線量測定した結果をマップにし、公共機関などに配布しています。特定非営利活動法人チェルノブイリ救援・中部の活動のお手伝いとして参加しています。依頼があればボランティアで測定もしています。行政のモニタリングポストは、整地してから建てられたため比較的低い数値が出ることが多く、自分の家の数値を確かめてほしいという依頼もあります。

——どのようなことが分かってきましたか？

小林——測定場所の少しの違いで数値が急に変わることがあり、完璧な除染はできないのではないかと感じています。また、道路で測定した数値よりも、宅地など人々の生活圏での測定値の方が高い傾向にあります**（図1）**。

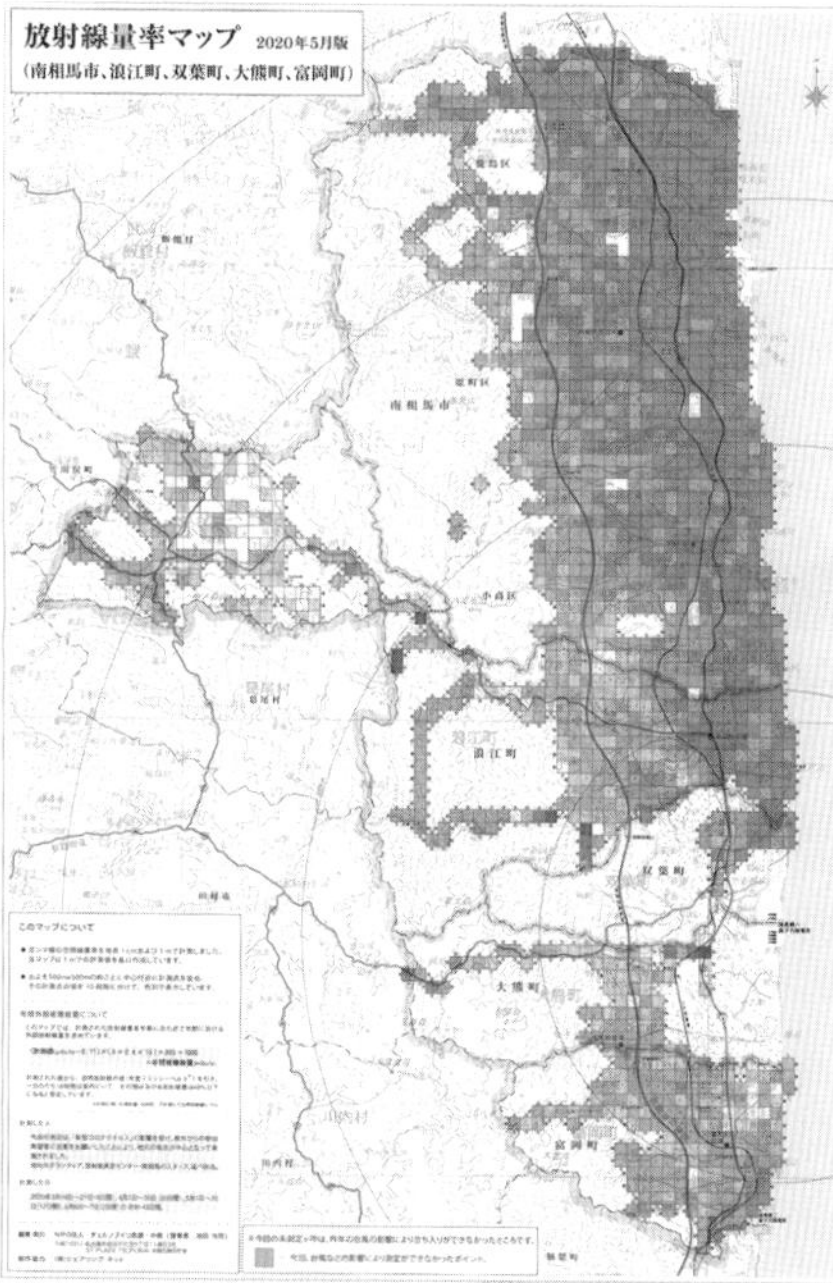

図1　放射線量マップ

新しい場づくり——誰でも気軽に立ち寄れる場所に

——早い時期から地域のアンテナショップをオープンされましたが、どのような思いがあったのでしょうか？

小林——2015年にアンテナショップ「希来」を立ち上げました**（写真3）**。当時は地元の人が家の片付けに来ても、ボランティアの方たちが手伝いに来ても立ち寄れる場所がありませんでした。みんなが気軽に休める場所をつくりたいと思い、「希来」を開店しました。当時来ていたボランティアの方たちに、きちんと対価をお支払いしようと、仕事として店長をお願いしました。また、仮設住宅で作られていた手芸品な

写真3　「希来」とJR小高駅

どを、お店に販売しました。

——最近のリニューアルでは、どのように変わったのでしょうか？

小林——リニューアルにあたり、起業型地域おこし協力隊（注2）のデザイナーの方などに相談して進めました。希来オリジナルとして、南相馬産の菜種オイルを使ったドレッシングやボディソープなどを商品化しました。また、移住してきたお花屋さんからお花を仕入れて販売したり、アロマセラピストの方を招いてワークショップを開いたりしています。小高に来てくれている若い人たちを受け入れて協力したいな、と。外から来た新しい人たちには基盤がないので、希来でつなぐことができたらいいなと思っています。

今後のまちづくりへの思い　―駅前の顔として

——現状のまちに対して、感じていることはありますか？

小林——多くの空き地や農地にメガソーラーが設置されるようになり、風景として残念に感じています。また、除染などのために山砂が削り取られた後、そのまま放置されており、大雨の際に土砂が流れ出ることを心配しています。長い目で見て、誠実なまちづくり・基盤形成をしていく必要があると思っています。

——ご自身の取り組みについて、今後への思いはありますか？

小林——小高では震災後、いろいろな思いのある人が来てお店を開いたり起業している中で、地元の自分が何をすべきかを考えてきました。自分のところは小高駅前の顔として、電車から降りた人に「何かあるな」と思ってもらえたらいいな、と。小高に来た人にこのまちをいいなと思ってもらえるように、外から来た人と地元の人たちがつながる場所でありたいと思います。

（注1）μSv／h：1時間そこにいた人が被爆する線量を示す単位。国では、年間の追加被爆線量1mSvを根拠に、0・23μSv／hを基準としている。
（注2）起業型地域おこし協力隊：南相馬市では地元企業と連携し、地域に根差した魅力ある仕事づくりを行う移住者を募集している。

被災地と学生が長期的に関わる
―１０５０㎞離れた葛尾村の人々と広島の学生との交流―

Long-term relationship between disaster-stricken areas and students
–Interaction between Katsurao village people 1050 km away and students in Hiroshima–

土木学会誌 学生編集委員

原子力災害の被害を受けた福島県双葉郡葛尾村下葛尾行政区の人々と１０５０㎞も離れた場所にある広島大学の学生との間には、災害支援をきっかけとした交流が生まれ、現在も続いている。われわれ、学生編集委員は、復興途中である葛尾村の皆さまと、葛尾村を応援しようと活動している広島大学ボランティア団体「アイリス」の皆さまにお話を伺った。本記事ではアイリスの皆さまと葛尾村の皆さま自身の率直な言葉をお伝えするとともに、われわれ学生委員が取材を通して感じた被災地と学生が関わることの利点や、関わりが被災地・学生双方に及ぼす影響について述べる。この記事が、世の中の学生が災害支援と向き合うためのヒントとなれば幸いである。

写真1　葛尾村現地の写真（撮影：学生編集委員）

被災から約11年、葛尾村の現在

福島県双葉郡葛尾村は、２０１１年3月11日に発生した東日本大震災および、それに伴う福島第一原子力発電所の原子力災害の被害を受け、全村避難を余儀なくされた。その後、２０１６年６月12日には一部地域を除いて避難指示が解除され、少しずつ住民が村に戻りつつある。

その中でも今回私たちが取材した下葛尾行政区は、帰村している世帯割合が最も高く、住民同士が助け合い、暮らしが営まれている地域である。しかし、もともと過疎・中山間地域である条件に加え、被災により子育て世帯の帰村が進んでいないため、震災前と比べて村内の高齢化は急速に進んでいる。村内の高齢化率は、震災前の32%（2010年4月時）から、現在は40%（2021年4月時）へ増加している。実際に下葛尾行政区を訪れてみたところ、農地や家屋は手入れされ、商業施設にも明かりはともっており、他の帰還困難区域である地域に比べて人々の営みがあることが見て取れた（**写真1**）。それでもやはり、村ですれ違う人は少なく、避難指示解除から6年たった現在も復興途中であることを実感した。

災害支援に学生が関わるきっかけ

福島県では、葛尾村のような高齢化が進む地域に対して「大学生の力を活用した集落復興支援事業」[注1]を実施している。広島大学ボランティア団体「アイリス」は、この支援事業に2019年から参加し、事業1年目には現地訪問、事業2年目以降はクラウドファンディングや写真展を通して葛尾村の広報活動などに取り組んでいる。実際に、広島大学の学生による復興支援が葛尾村の人々、ならびに広島大学の学生自身に何をもたらしたのだろうか。まず、学生の視点から広島大学アイリスの初期メンバーである原ゆうみさま、勝部知早野さまにお話を伺った（**写真2**）。

平成30年7月豪雨をきっかけに“長期的な支援の大切さ”に気付く

——福島県の復興事業をきっかけに、2019年冬から現在まで葛尾村との交流が続いていますが、そもそもなぜ、福島県の復興支援に関わることになったのでしょうか。

勝部——私たちは平成30年7月豪雨の学生ボランティアとして参加したことがきっかけで、メンバーと出会いました（**写真3**）。ボランティアに参加した理由は

写真2
Zoom取材の様子（アイリスの皆さま・葛尾村長さま）

写真3　平成30年7月豪雨のボランティアの写真（提供：広島大学アイリス）

人それぞれであったので、アイリスのメンバーが集まったことは偶然だったと思います。このように、初めは皆一般的な学生ボランティアだったのですが、平成30年7月豪雨の復旧支援が終わりに近づく頃、ある社会人の方から助言をいただいたんですね。『災害が起きた直後、応急復旧期(注2)までは外部からの支援が多く集まる。しかし、復興始動期に入ると外部の支援が急に離れていくことで、残された被災地の方への支援が手薄になることが問題だよ』と。この一言から私たちは「被災地ともう少し長く関わってみよう」と思いたち、広島大学生によるボランティア団体「アイリス」を発足させました。このように、西日本豪雨の被災地への長期的な支援を行うために活動を始めた私たちですが、まず長期的な支援に関して、復興途中である東日本大震災の事例から学ぼうと考えました。そこで、福島県が募集していた「大学生の力を活用した集落復興支援事業」に応募したわけです。

課題を解決することだけが復興ではない

――復興事業1年目の活動として、実際に現地を訪れ、葛尾村の住民の方と交流したことを通して感じたことや、訪問前後の気持ちの変化について教えてください。

勝部――復興事業1年目の活動は、葛尾村の課題を見つけることを目標に、現地の施設を回り、住民の方への聞き取り調査を行いました（**写真4、5**）。そこで得た気付きは、放射能の影響に対する考え方に世代間で格差があることです。帰村が進んでいない若い子育て世代の方は「暮らしへの放射能の影響が不安なため帰村が難しい」という現実的な意見がみられる一方で、ご高齢の方は「この村を元通りにして、活気を取り戻したい」という村の復興を希望している意見が多くみられました。住民の方々のお話を伺う中で、外部の視点として個人的には『世代間でそれぞれが抱く考えを共有し、認め合う場をつくることができたらいいな』と思っていました。

原——調査を通して課題発見に取り組む一方で、葛尾村の方々は私たちに、ただ純粋に葛尾村の良いところを知ってもらいたいのだと感じる場面がありました。現地訪問前は、課題の掘り起こし等自分たちに強く求めることが何かしらあるのだろうと考えていたので、「（災害支援をしに来たのに）それだけでいいのか？」と正直驚きました。また、日々の暮らしについて伺う中で、私たちからすると大変だろうと感じることであっても、住民の方自身は特に苦と思われる様子はなく、逆に現状の暮らしに満足して、暮らしておられることを実感しました。そのため、当時は「私たちのような外部の人間が、現状に満足している住民の方々に向けて、発見した課題を伝えることは外部の自己満足でしかないのではないか」という葛藤もありました。これらのことから、課題解決をすることだけが葛尾村にとっての復興につながるのではないということに気づきました。この現地で感じた葛藤や気付きが2年目以降の活動方針につながっていきました。

写真4　事業1年目（2019年度）葛尾村訪問の様子（提供：広島大学アイリス）

写真5　葛尾村での交流会の集合写真（提供：広島大学アイリス）

——2年目の活動として2020年度には、クラウドファンディング（注3）や写真展を開催しています（写真6）。これらの活動を通して、「葛尾村の応援者を増やす」というコンセプトに込めた思いについて詳しく教えてください。

原——1年目の現地訪問を終えて、今後、長期的にどう葛尾村と関わっていくかを話し合った時、「事業の一環で、年に1度集落に足を運ぶのも、何か違うよね」という違和感を抱いていました。現地訪問の際に、復興の在り方は課題解決だけではないという気付きもあったので、私たちは自分たちの活動によって関わりのない外の人にも現在の葛尾村を知ってもらい、応援者を増やすという形を考えました。具体的には、クラウドファンディングを活用した情報発信や、支援として集まった

写真6　事業2年目（2020年度）広島市内で開催された写真展の様子（提供：広島大学アイリス）

資金をもとに広島市内の数カ所で写真展を開催しました。私たちが行ったこれらの活動は、正直葛尾村の暮らしに関する課題の解決に直接的にはつながっていないと思います。それでも、私たちの活動によって葛尾村のファンが増えることが、葛尾村の皆さんのために少しでもなればと思い、活動を行ってきました。

復興支援における土木学生への期待

次に、学生を快く受け入れ、共に復興に取り組む葛尾村の篠木弘村長や住民の方々に、アイリスとの交流や、葛尾村の今後における学生への期待について伺った。冒頭で触れたように葛尾村では震災後、急速に高齢化が進み、若者が少なくなっていた。そのような中で生まれたアイリスの学生との交流について、篠木村長や住民の方々は、大学生と会えること自体が住民の皆にとって、心の安らぎになっているという。また、写真展などの活動によって、全国に葛尾村のことが広まっていることについては、これまでアイリスが取り組んできた復興の結果なのではないかとおっしゃっていた。さらに、アイリスメンバーのような学生が被災地に関わることに対して、村長は「土木学生のような知識を持たれている学生に、災害時に専門的な知識を役立ててもらいたいと期待しています。昨今のように、災害がいつ起きるか分からない状況の中で、専門的な知識を持った学生との対話を通して、村民の命を守りたいと思っています」とおっしゃっていた。この言葉はわれわれ学生委員にとって驚きであった。学生への期待値がとても高いように感じられたからだ。われわれ学生からすると、実務に携わる経験が少ないためか、学生の自分なんかがと遠慮し、知見に基づいた考察を提案することは避けてしまうことも大いにあると思う。しかし、地方の集落などにおいては、われわれのような学生にこそ、その村のことを考え、発言することを非常に期待してくださっているのだ。葛尾村では現在、本事業の他にも復興事業として学生を巻き込んでいく取り組みも行っている。このように、依然として復興途中である葛尾村であるが、学生という外の視点を葛尾村の活性化に取り込もうとする動きがみられている。

学生は第一歩を安心して踏み出すことができる

全国の土木学生（主に高専生や大学生）が被災地にボランティア等で復興に関わる際のヒント、あるいは最初の一歩を踏み出す後押しになるよう、今回の取材活動をまとめる。まず、社会がわれわれ土木学生の参画を求めているということを伝えたい。われわれが経験を得て成長することが、社会の未来につながるからだ。そのために社会が、学生が参画するための枠組みを数多く準備してくれている。そして、被災者の方はさまざまな復興への支援を必要としており、学生が復興の一翼を担うことは十分可能である。加えて、最初の一歩の動機は何でもよく、重要なことは、そこから何を考えて次の一歩につなげるかだと思う。また、課題を解決することだけが復興ではなく、被災者の方々が未来を描く際に寄り添うことが大切であると感じた。アイリスの皆さんが行った写真展などの活動は、事業の一環として葛尾村に赴くだけではなく、アイリスの皆さん自身が、葛尾村の人々にとっての復興の形について真《しん》摯《し》に考えたからこそ生まれたものだろうと思う。復興のゴールが一つではないように、われわれの支援の在り方もそれぞれのカタチがあるはずだ。だからこそ、広島と福島という１０５０㎞も離れた土地で、関係が今も続いているのであると思う。

一方で、土木学生の中には、被災地への関心はありながらも、アイリスの皆さんのように、実際の行動に移せる人はそう多くないだろう。アイリスの皆さんは、土木学生が災害支援を通して被災地と関わる意義について「一般的な社会的意義のためだけでなく、自分の気持ちに素直に行動することが、関心を広げ、自分自身の次の行動にもつながると思う」ともおっしゃっていた。もし、少しでも被災地への支援に心が動いた時は、素直に行動に移すことが、私たち学生にとっても大きな財産になるのではないだろうか。

最後になるが、災害支援を考える学生の背中を押すきっかけになればと、本記事にご協力いただいた葛尾村役場の方々、住民の方々、アイリスの皆さまに謝意を表する。

（注1）福島県ホームページ：「大学生と集落の協同による地域活性化事業について」より参照。本事業は、地域住民だけでは集落の維持・再生が困難になることが心配される地域において、外部の大学生の視点を借りることで、集落の活性化や集落の応援団を育成することを目的にしている。

（注2）災害復興には、発災からの支援内容が時間によって大まかに想定されており、それぞれの期間を、緊急対応期、応急復旧期、復興始動期、本格復興期と呼ぶ。

（注3）このクラウドファンディングでは、起案者であるアイリスの学生が活動報告や葛尾村の人々の今の声を発信することで支援金を集め、支援者に対しては葛尾村の特産品をリターン品として贈る等を行った。

福島復興へ
―原子力安全管理とエネルギーの未来―

For Fukushima Revitalization
–New Nuclear Regulation and Future of Japanese Energy Policy–

［語り手］
田中 俊一 氏　前原子力規制委員長

［聞き手］
浦田 淳司、中島 崇、岸部 大蔵　土木学会誌編集委員

2021年9月13日（月）　オンライン会議システムにて

福島第一原発事故の後に設置された原子力規制委員会の初代委員長を2012年から5年間務められた田中俊一氏に、原子力安全管理の信頼回復への取り組み、原子力エネルギーとの向き合い方、福島復興にむけて必要なことについて、お聞きした。

原子力安全管理の信頼回復へ

――原子力規制委員会では、原子力の安全管理に対する信頼回復のために、どのような取り組みをされましたか。

田中――規制委員会が設置された2012年当時、原子力安全管理への信頼は失墜していました。新たな体制・施策・規制により、安全への信頼を得ることが大きな目標でした。同様の事故を二度と起こさないため、国民の安全を考え、委員会の活動原則を策定しました。特に、「独立した意思決定」と「透明で開かれた組織」という原則が大事だと思っています。信頼回復のために、委員会活動を公開する必要があると考え、委員会等における事業者とのやりとりを含めて、全てYouTubeでライブ中継・公開しています。誰もが視聴でき、全ての記録が残ることで透明性を確保でき、誤った批判や報道を減らすこともできました。独立性自体は、国家行政組織法でも規定されていますが、（注1）透明性の保証により、独立性を示すことができたと考えています。

——今後、どのように安全文化を作っていくべきでしょうか？

田中——まず、規制さえ守っていれば、安全になるわけではないことを、事業者が理解する必要があります。本当の安全管理とは、全く問題が起こらないことではありません。技術者であれば分かると思いますが、トラブルはいつでも起こり得ます。トラブルが起きた時に、しっかり対処することが大事です。厳しい規制があるので絶対に安全である、という安全神話に縛られて、本当の安全管理ができなくなってしまっていました。周辺の住民・環境に被害を及ぼすトラブルは避けることを第一に安全管理を行う。そのために、事業者や技術者は努力するというスパイラルが必要です。大きな事故を防ぐために必要な技術や科学を発達させていかなくてはなりません。個々人が、安全管理の仕事に意義を感じて、安全を守るための技術・能力を上げていくこと、その心構えを持つことが大事です。

TANAKA Shun-ichi

1967年東北大学工学部原子核工学科卒、日本原子力研究所入所、2007～2010年原子力委員会委員長代理、2012～2017年に原子力規制委員会の初代委員長、その後、福島県飯舘村に居を構えて、福島復興の支援活動に従事。

——国民に安全への信頼を感じてもらうには、何が必要でしょうか？

田中——一人一人に原発の安全に係る知識を求めることは無理です。事業者から情報をどんどんオープンにしていかなくてはなりません。それも、一方的に〝広報〟するのではなく、安全上の課題を含めてオープンに議論する姿勢も必要です。どのような問題が今後起こるのかを、あらかじめきちんと伝え、事業者が自分たちの問題として取り組んでいかなくてはなりません。

——バックフィット制度[注2]は、安全向上にどのように貢献しますか？

田中——世界的に見ても、バックフィットを大きく取り入れた日本の制度は画期的です。一方で、法学的には、環境の変化により規制判断を変更するバックフィット制度は稀有であり、適用する場面がやってくるかは、まだ分かりません。自然災害対策に適用する可能性はありますが、地震や火山等の研究分野との連携が必要です。例えば、カルデラ火山噴火を前提とするのであれば、個々の原子力発電所の対策だけでなく、あらゆる社会活動についての議論が必要でしょう。いずれにせよ、事業者や専門家が厳しい議論を積み重ねながら、技術力を高めていくことが、安全を守るために必要だと思います。

将来の原子力利用は？

――今後、日本の原子力エネルギー政策はどうすべきでしょうか？

田中――まず核燃料サイクル（注3）を前提にした政策全般を見直す必要があります。高速炉サイクル技術は全く見込みがありません。また、再処理で出てくるプルトニウム燃料（ＭＯＸ燃料）を使える発電所（プルサーマル基）も国内に4基しかありません。原発新設が見込めない現在の状況で、軽水炉サイクルを回すこともできません。使用済核燃料の廃棄方法（注4）も、世界的には、再処理せずに直接処分する政策が一般的になってきています。長期貯蔵の研究・開発も世界的に進んでおり、１００～２００年程度、発電所内での保管ができるようになりつつあります。その間に、使用済み燃料の処分を含めて原子力政策全般を議論するべきでしょう。

また、エネルギー自給率、カーボンニュートラルと温暖化、再生可能エネルギー、原子力発電の活用等、さまざまなトピックを合わせて議論しなければなりません。科学技術の積み重ねにより今の電源構成が成立しており、実用的なエネルギー源は急激には変わりません。再生可能エネルギーを一気に導入することはできないし、電源構成の変化には時間が当然かかります。同時に、本当に、原子力エネルギーを使わずに、日本のエネルギーが賄えるのか、事業者が、覚悟をもって、議論をしていかなければなりません。

戦後、原子力爆弾の被害を受けた日本が、平和利用のために原子力エネルギーの開発・利用を行うことについてかつて学術会議の中で厳しい議論が行われました。太平洋戦争開戦の一因はエネルギーにあるとも言われていますが、軍事利用でなく平和のために原子力を平和利用するという信念を持って、開発・利用に取り組みました。この原点をきちんと学んでおくことは大事だと思います。

福島復興に必要なこと

――原子力事故からの復興に向けて、必要なことはなんでしょうか？

田中――Ｃｏｖｉｄ-19の感染症対策においても同じ問題があると思いますが、健康への影響をどう考えるか、風評被害をどうなくすのかが大事だと思います。放射線や放射能の健康影響や食品の基準については、各分野の専門家が、責任をもって、真摯《しんし》に考える社会的責任があります。例えば、現在の食品の放射性物質の基準値は、世界基準と比べて10分の1以下になっています。非科学的で合理性のない厳しい基準は、風評被害にとどまらず、復興の大きな障害になっています。

廃炉の問題にどう取り組むのかも大事だと思います。福島第一原発事故の廃炉を着実に進めることは、復興の前提条件です。廃炉には長い時間がかかります。だからこそ、廃炉の課題や今後起こることをきちんと説明しながら、廃炉作業に取り組むことが大事です。

復興を進めるという点では、なかなか帰還が進まない現実を踏まえて、帰ってきた人に寄り添った政策が求められています。高齢化が急速に進み、過疎化が進む中で安心して生活できる環境を作ることが大切で、都会のような暮らしを求めたり、新産業を誘致するよりも、まず社会的・地理的環境に合った政策が必要だと思います。

（注1）原子力規制委員会は、国家行政組織法3条2項の委員会（通称、三条委員会）として、府省の大臣などからの指揮や監督を受けず、独立して権限を行使できる。
（注2）運転許可を得た原子力発電所でも、新たな情報によって基準が変更された場合、最新の基準に適合させるように義務付けることができる制度。基準を満たさない場合、停止命令を出すことができる。
（注3）原子力発電で使い終えた燃料から核分裂していないウランや新たに生まれたプルトニウムなどを回収し、再び原子力発電の燃料に使うサイクル。
（注4）日本では、使用済燃料を再処理・再利用することで、高レベル放射性廃棄物の体積を4分の1程度にした上で、冷却後、最終的に地下300mより深い安定した地層中に処分することを基本方針としている。

原子力発電所の津波評価技術の進展と今後

Progress and Future of Tsunami Assessment Strategy for Nuclear Power Plant

松山 昌史
（一財）電力中央研究所 原子力リスク研究センター 副チームリーダー

東日本大震災を起こした東北地方太平洋沖地震による津波は、最大遡上《そじょう》高が約40ｍと巨大で、かつ津波高が5ｍ以上となる沿岸距離が500㎞以上と広域に影響を及ぼした。福島第一原子力発電所においては、放射性物質を放出する事故（以下、福島第一事故）が発生し、いまだに帰還困難区域が残っている。事故の主な要因は、津波で遡上した海水が原子炉建屋に浸入、全電源喪失や安全系の機能喪失を引き起こしたこととされており[1]、想定規模を超える津波に対する脆弱性を露呈させる形となった。本稿では、津波評価の変遷と東日本大震災後の津波防護の考え方について紹介する。

津波評価技術の変遷

表1に、津波想定の考え方や学術団体等の動きを時系列に示す。

1993年の北海道南西沖地震津波の被害を受け、関係省庁の防災行政で津波対策の手引きがまとめられ、既往最大の津波のみならず〝想定し得る最大規模の地震津波〟を考慮に入れる必要が指摘されたことが契機となり、1999年には土木学会原子力土木委員会に津波評価部会（現、津波評価小委員会）が発足し、2002年に「原子力発電所の津波評価技術」がまとめられた。技術としては、原子力施設の設計用の津波を設定する上で、津波の波源における不確実さを主に考慮し、潮位も考慮することにより、決定論的に設計用の津波を設定するものであり、国際原子力機関（IAEA）や米国の原子力規制委員会（NRC）の当時のリポートに参照・引用され[3、4]、一定の評価が国際的に認められていた。

MATSUYAMA Masafumi
1990年京都大学工学研究科修了、同年電力中央研究所に入所、主に津波評価研究に携わる。2021年より現職。

しかし、２０１１年の東日本大震災では、前述のように想定以上の津波に対する脆弱性が露呈する形となり、その後、複数の学術団体から公表された新たな知見や提言等を鑑み、「原子力発電所の津波評価技術２０１６[5]」を発刊した。同書は、東日本大震災後に発表された津波防護に関する考え方を整理した上で、津波の評価に必要な調査、決定論的・確率論的評価手法、数値解析手法、地震以外の要因による津波評価手法等について最新知見を踏まえて取りまとめたものである。原子力土木委員会のウェブサイトからＰＤＦ（日本語・英語版）が入手可能である。

東日本大震災後、その被害調査、地震、地質、津波、環境等あらゆる分野で津波研究が進められた。さらに、東北地方太平洋沖には、日本海溝海底地震津波観測網（S-net）が２０１７年に整備され、海底の地震の揺れと津波の水位を24時間体制で広域に観測することができる。この観測データを津波の即時予測に直接活用することも期待される。

なお、東日本大震災後、福島第一事故の国会事故調査委員会で、土木学会原子力土木委員会の委員構成について、電気事業者に関係するものが多数含まれており、２００２年版の評価書が不透明な手続きで策定された等との指摘を受けたことから、委員会の構成員の適正化につながる改革を実施するとともに、２０１６年版の策定にあたっては、策定方針を公開講演や研究討論会で示し、公衆審査の実施、得られたコメントへの対応の作成と公開を行うことにより、策定プロセスの透明化を図った。

表1　津波の想定の考え方の変遷と学会の動き

1945 年以降の主な津波災害	津波の想定の考え方（国）	原子力：学会・産業界
1946 昭和南海地震		
1952 十勝沖地震		
1960 チリ地震	既往津波等	別途想定し得る最大規模の地震津波を検討し、既往最大津波との比較検討を行った上で、常に安全側の発想から対象津波を設定することが望ましい
1968 十勝沖（三陸北部沖）		
1983 日本海中部地震		
1993 北海道南西沖地震 ➡	1998「地域防災計画における津波対策強化の手引き」➡	2002「原子力発電所の津波評価技術」[2] 土木学会
1994 北海道東方沖地震		
2004 スマトラ沖地震	・設計津波の外郭防護 不確実さの考慮	2007「津波水位の確率論的評価法」 土木学会
2010 チリ地震		
2011 東北地方太平洋沖地震 ➡	2013 新規制基準[7]	2011 津波 PRA 標準策定 日本原子力学会
	・基準津波の外郭防護 不確実さの拡大・拡張 ・防護の多重化 深層防護：建屋津波浸水対策等	2013「危機耐性」[6] の提案 原子力土木委員会 2015 原子力安全のための耐津波工学 日本地震工学会 2016 原子力発電所の津波評価技術 2016[5] 土木学会 2019 津波 PRA 標準改定[9] 日本原子力学会

今後

防護戦略の高度化
→深層防護、基準津波、津波 PRA によるリスク定量化
→リスク評価の継続、意思決定材料としての業務化
→リスク情報のステークホルダーと共有・理解

深層防御と危機耐性

福島第一事故を受けて、複数の学術団体から提言がまとめられた。こ

こでは土木学会と日本原子力学会について取り上げる。土木学会原子力土木委員会では「原子力安全土木技術特定テーマ委員会」を組織し、地震や津波等の自然外部事象に対する原子力安全のあるべき姿について提言した。[6]まず原子力安全について基本的な考え方である深層防護について国際原子力機関（ＩＡＥＡ）による5層にわたる概念（**表2**）を示した。深層防護は多層の防護策を組み合わせることで、対象施設等の安全性を高めるために用いられる。次に、福島第一事故の主な要因は設計で基準とするレベルを超える津波により、深層防護のレベル３「設計基準内への事故の制御」が破られ、さらに津波の敷地内および建屋への浸水に対して、同レベル４「アクシデントマネジメントによる過酷なプラント状態の制御」にあたる有効な安全機能が存在しなかった。これを踏まえて、(i)基準地震動・基準津波を超える可能性の認識およびその場合の対処、(ii)さまざまな被災シナリオの考慮が不十分であったという2点が最大の問題であると指摘した。そこで地震、津波に対する原子力発電所の「安全性」に加えて、新たに「危機耐性」（anti-catastrophe）」を提案した。設計基準のレベルを高くした場合に安全性は高まるが、それでも設計基準を超える事象に対する危険（残余のリスク）は残っている。設計基準を超えた場合においても、原子力発電所のシステム全体として危機的な状況に至る可能性を十分に小さくする性能を「危機耐性」とした。

日本原子力学会の「東京電力福島第一原子力発電所事故に関する調査委員会」は、福島第一事故とそれに伴う原子力災害の実態を分析し、その背景と根本原因を示した。その報告書[1]によると、事故の直接的な要因として、「自然災害への対応不備」「過酷事故対策の不足」「緊急時対応の混乱」の3点が指摘されている。

　これらの提言を踏まえると、原子力発電所においては、津波のような自然外力に対して、「深層防護」を基本概念として、設計規模の外力に対する安全性に加えて、設計規模を超える外力に対応可能な「危機耐

表2　IAEAの深層防護と外的事象の一つとしての津波対策の関係の例

	防護レベル	目的	目的達成に不可欠な手段	津波評価への適用（例）
プラントの当初設計	レベル1	異常運転や故障の防止	保守的設計および建設・運転における高い品質	通常運転状態が維持可能 津波の侵入防止・設計基準高さ
プラントの当初設計	レベル2	異常運転の制御および故障の検知	制御、制限および防護系、並びにその他のサーベランス特性	緊急の措置（運転制限、自動停止等） 津波の検知（@ 判断に用いる位置） 安全上必要な水位の検知
プラントの当初設計	レベル3	設計基準内への事故の制御	工学的安全施設および事故時手順	非常時安全系の措置による事故収束 津波の侵入防止（事故水準津波）
設計基準外	レベル4	事故の進展防止およびシビアアクシデントの影響緩和を含む、過酷なプラント状態の制御	補完的手段および格納容器の防護を含めたアクシデントマネジメント	設計基準事象（事故）を超える事態 安全停止状態への移行が困難（想定事故津波） アクシデントマネジメントの措置（進展防止、影響緩和等）
緊急時計画	レベル5	放射性物質の大規模な放出による放射線影響の緩和	サイト外の緊急時対応	地域共生 地域への津波影響の評価と緩和策 発生時の最適対応

性」という性能を維持することが必要である。危機耐性は残余のリスクに対応する性能と見ることもできる。

強化された規制基準と津波対策

2012年に原子力規制委員会とその事務局として原子力規制庁が設置され、原子力利用における安全確保を図るため必要な施策の策定・実施を担うこととなった。翌年改正された原子炉等規制法においては、重大事故も考慮した安全規制への転換や、最新の知見を既存施設にも反映する規制（バックフィット）への転換が加えられた。この法改正を受けて策定された新規制基準では、①設計基準外の事象に対しても重大事故に至らないための対策の強化、②安全機能が一斉に喪失しないような大規模自然災害に対する対策の強化、がうたわれている。自然現象では、地震・津波以外に火山・竜巻等も想定の対象となり、津波については断層運動以外の要因による津波も対象となった。①は、設計事象を超える事象に対応するという点で、先に示した危機耐性の確保の考え方と調和的である。②に関して、原子力規制委員会では基準津波[7]を設定し、「敷地において、基準津波による遡上波を地上部から到達、流入させない。」とし、「基準津波の策定に当たっては、最新の知見に基づき、科学的想像力を発揮し、十分な不確かさを考慮していることを確認する。」と記載されている。津波評価に一定の不確かさを考慮して設定した基準津波が敷地に流入しない、ドライサイトと呼ばれる要求であり、防潮堤等の敷地の外部を防護する施設の天端高と基準津波の津波高（最大水位）の比較が新規制基準に対応する審査において大きな論点の一つとなっている。

電力会社では、安全性を向上させるために、基準津波の大きさや敷地の高さを考慮して、外郭施設である防潮堤や防波壁を設置し、加えて基準津波を超えた場合を考慮して建屋の入り口の水密性を強化している。また、日本の原子力発電所は冷却水として海水を用いることから、トンネルなどで海につながっている海水取水ポンプなどから水が溢《あふ》れることを防ぐために周囲に防潮壁を設置するなどの対策を行っている。

深層防護による津波防護の枠組みとリスク評価手法

先に示した深層防護の基本概念[8]を具体化する上で、ハザードの質と規模、防護に関わる不確実さを知見の程度に応じて、防護の各層を適切に実装することが重要である。深層防護の概念は、原子力特有のものではなく、例えば、国土交通省が東日本大震災後に進めた防潮堤のハード対策のみに頼らず、避難などのソフト対策を組み合わせた多重防護の津波対策もこの概念と調和的である。

日本地震工学会に原子力安全のための耐津波工学の体系化に関する調査委員会が設置され、２０１５年に「原子力安全のための耐津波工学—地震・津波防御の総合技術体系を目指して—」がまとめられた。本書は原子力発電所の津波防御に関する工学的枠組みの高度化を目指したものである。従来の決定論的な津波高に対する防護対策のみによらず、津波リスクを定量的に評価する手法についてまとめられている。津波リスクの定量化には、確率論的リスク評価手法（ＰＲＡ：Probabilistic Risk Assessment）を適用することが提案されている。自然災害のＰＲＡは、米国を中心に１９８０年代に地震を対象に開発された。米国ではＰＲＡにより地震リスクを客観的に評価し、リスクの監視と低減に活用している。日本では、地震ＰＲＡを参考に津波ＰＲＡの手順がまとめられた[9]。

津波ＰＲＡは、原子力発電所に内在する津波リスクの全容を把握するためのツールである**（図１）**。原子力発電所に到達する津波高さとその頻度（確率）を定量化する（ハザード解析）。これを踏まえ、津波が到達した際に被害を受けると事故につながる可能性がある安全上重要な系統、構築物、機器（ＳＳＣ）を同定するとともに、それらが被害を受けても、事故を緩和するＳＳＣが機能するかしないかにより何が起こるか（事故シナリオ）を分析する。次の段階では、機能の維持／喪失が事故シナリオに影響するＳＳＣに対し、津波の高さに応じた影響（浸水・没水、波圧・波力、漂流物影響等）による損傷確率を定量化する（フラジリティ解析）。そして、ＳＳＣの津波被害に加え、人的操作の成功または失敗の組み合わせにより、原子炉の冷却機能が失われることで原子炉で生ずる燃料の損傷（炉心損傷）に至る頻度を定量化する（システム解析）。これらの評価により、設計時の想定を超えた津波の到達によって起こり得る事故につながる原子力発電所のリスクを含む弱点を見いだすことができる。また、重大な事故に対する対策の効果を定量化することができる。

ＰＲＡは、確率的にリスクを定量化すると同時に、その評価過程で生じる不確実さを含めて定量化する技術でもある。不確実さは、偶然的なものと認識論的なものに分類され定量化される。前者は偶然に支配される物理量等の予測不可能な不確実さ（例：津波波源の地震規模がばらつくこと）を、後者は知識や情報が不足していることによって生じる不確実さ（例：津波波源の地震規模のばらつきの幅がどの程度か）を表す。ＰＲＡを用いたリスク評価では、将来起こり得る不確実さを考慮し、最良推定値の探求がなされる。このリスク評価結果とその過程で得られた事故シナリオは、決定論的な評価結果等と合わせて対策などの意思決定を行う上で、対策の効果の定量化等、重要な役割を果たす。また、日々高度化する津波評価技術とそれらで得られた知見をＰＲＡに定期的に反映する必要がある。

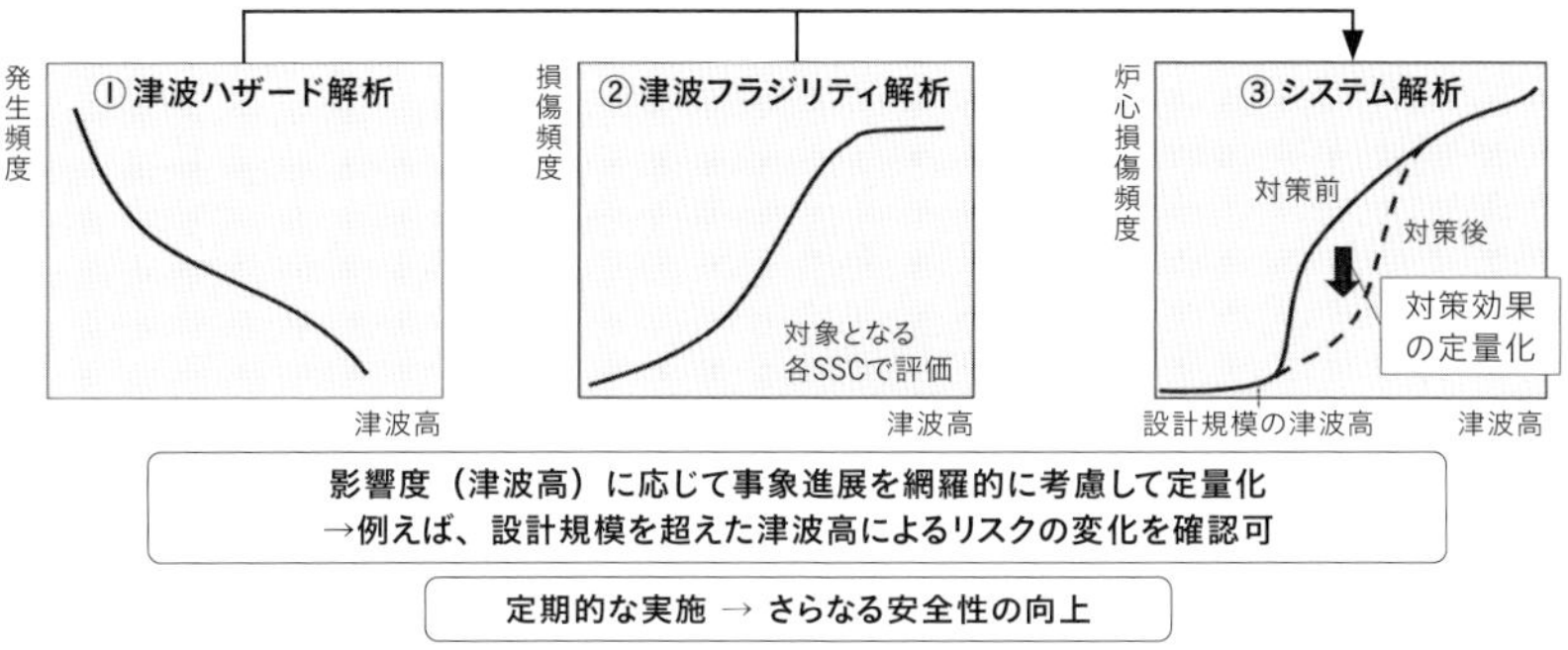

図1　津波PRAの概要

教訓と今後の備え

福島第一事故を経験し、自然災害から原子力発電所の防護については、単層防護ではなく、深層防護の概念に基づいて戦略を高度化することが重要であることを述べた。津波については、設計として考慮する津波規模（基準津波）の引き上げに加えて、その規模の外力を超える場合の対策を構築し、その有効性を最新の知見を反映したリスク評価により定期的に確認し、必要に応じて改善することが重要である。このリスク論に基づく考え方や評価結果を、施設管理者の電力会社、規制機関の原子力規制委員会、立地地域の住民等のステークホルダーと共有し、対策等の意思決定を進めることが原子力発電の信頼の向上につながると考えられる。

津波は広域災害であり、地域として、住居地域、各種港湾、工業地域、農業地域を踏まえた津波防災計画を検討すべきである。原子力災害を起こさない不断の努力は大事であるが、もしもの時の備え（避難計画）には地域との協力が欠かせない。また、東日本大震災時に女川発電所は地域住民の一時的な避難場所として機能した。これは発電所が地域における貴重なインフラであった事例として捉えることができる。このように施設自身が被害を受けるかどうかで発災時の役割に変化がある可能性がある。その地域における緊急時の事前の備えとして、あらゆるシナリオと選択肢を検討しておくことが重要である。

参考文献

(1)日本原子力学会：福島第一原子力電所事故 その全貌と明日に向けた提言、―学会事故調 最終報告書―、2014年
(2)土木学会原子力土木委員会：原子力発電所の津波評価技術、2002年
(3)IAEA（2011）：Meteorological and Hydrological Hazards in Site Evaluation for Nuclear Installations, Draft Safety Guide, DS417.
(4)NRC（2009）：Tsunami Hazard Assessment at Nuclear Power Plant Sites in the United States of America - Final Report (NUREG/CR-6966).
(5)土木学会原子力土木委員会：原子力発電所の津波評価技術2016、2016年
(6)土木学会原子力安全土木技術特定テーマ委員会：原子力発電所の耐震・耐津波性能のあるべき姿に関する提言（土木工学からの視点）、2013年
(7)原子力規制委員会：基準津波及び耐津波設計方針に係る審査ガイド、2013年
(8)日本原子力学会：原子力安全の基本的考え方について第1編別冊　深層防護の考え方、2014年
(9)日本原子力学会標準委員会：原子力発電所に対する津波を起因とした確率論的リスク評価に関する実施基準、2019年

3・11後のドイツのエネルギー転換政策・法整備と２０２１年連邦議会選挙

German Energy Transition Policy and Legislation after 3.11 and the Bundestag Election in 2021

一柳 絵美 （公財）自然エネルギー財団 研究員

エネルギー転換政策の具体的道筋を定めた法整備

２０１１年３月に発生した東京電力福島第一原発事故を受けて、原発運転延長方針を撤回し、２０２２年末までの脱原発に踏み切ったドイツ。３・11から10年後の２０２１年３月11日には、連邦環境省が脱原発完了のための12の計画を発表した。計画内では、脱原発完了のために、再生可能エネルギー（以下、再エネ）拡大を加速し、原子力と石炭から風力と太陽光へと迅速に置き換える考えだ。

このように、ドイツは、原発・石炭の利用を段階的に減らしながら再エネを拡大するエネルギー転換を進めている。２０２１年上半期には、ドイツの純発電量に占める再エネの割合が47・9％に達した。再エネの中では、風力が23・4％で最も多く、太陽光11・2％、バイオマス8・9％、水力4・4％と続く。再エネ以外では、無煙炭・褐炭を合わせた石炭火力が26・3％、原子力12・8％、ガス火力12・2％である。(1)

ドイツは、エネルギー転換政策の各分野の中長期目標を法律で定めている（**表1**）。例えば、２０２１年版再生可能エネルギー法では、２０３０年に総電力消費の65％を再エネ発電で、２０５０年には気候中立な発電方法で国内の電力発電・消費の全てを賄うと記す（第一条）。２０１１年改正の原子力法では、２０２２年までに全原発の運転停止を掲げる。残り6基の原発を２０２１年末までに3基、２０２２年末までに3基停止する予定だ（第七条）。２０２０年施行の石炭発電廃止法では、２０３８年までに全ての無煙炭・褐炭発電所廃止を定める（第

ICHIYANAGI Emi

（公財）自然エネルギー財団研究員。ベルリン自由大学大学院で環境マネジメント修士号取得。自然エネルギー財団では、ドイツのエネルギー・気候政策を中心に担当。

表1 エネルギー転換政策目標の法整備（出典：EEG2021、AtG、KVBG、KSGを基に筆者作成）

分野	法律	条文	目標
再生可能エネルギー拡大	再生可能エネルギー法（EEG 2021）	第1条	2030年　再エネ65%
脱原発	原子力法（AtG）	第7条	2022年　脱原発完了
脱石炭	石炭発電廃止法（KVBG）	第2条	2038年　脱石炭完了
温室効果ガス排出削減	連邦気候保護法（KSG）	第3条	2045年　気候中立

表2 選挙公約でのエネルギー政策目標（出典：各党の選挙公約原文を基に筆者作成）

	社会民主党（SPD）	キリスト教民主・社会同盟（CDU/CSU）	緑の党（Die Grünen）	自由民主党（FDP）
政党色	赤	黒	緑	黄
再エネ拡大	2040年までに再エネ電力100%	再エネ拡大の大幅な加速	2035年までに100%再エネ	再エネの完全市場移行
脱原発	現目標維持（2022年まで）	（記載なし）	2022年まで	（記載なし）
脱石炭	現目標維持（2038年まで）	現目標維持（2038年まで）	2030年まで前倒し	（記載なし）
温室効果ガス排出削減	2030年 65%減、2040年88%減、2045年気候中立	2030年 65%減、2040年88%減、2045年気候中立	2030年 70%減、20年以内気候中立	2050年気候中立

二条）。２０１９年施行・２０２１年改正の連邦気候保護法では、２０３０年に１９９０年比で温室効果ガス排出65％削減、２０４０年に88％削減、２０４５年には温室効果ガス排出実質ゼロの気候中立を目指す（第三条）。

２０２１年連邦議会選挙後のエネルギー政策の行方

気候変動が重要な争点だった２０２１年9月のドイツ連邦議会選挙では、ドイツ社会民主党（ＳＰＤ）が第1党となった。次期政権では、新しく3党連立政権が誕生する可能性が高い。11月の現時点で有望視されているのは、第1党のＳＰＤ（赤）と緑の党（緑）、ＦＤＰ（黄）による「信号機」の政党色による連立である。

主要政党の選挙公約をみると、ＳＰＤは遅くとも２０４０年までに全ての電力を再エネで賄う目標だ。緑の党も２０３５年までの１００％再エネを目指す。脱原発目標に関しては、緑の党とＳＰＤが２０２２年完了を再確認した。脱石炭完了時期については、緑の党が２０３０年まで前倒しの意向を表明した。温室効果ガス削減目標は、ＳＰＤとＣＤＵ・ＣＳＵが２０４５年気候中立達成とし、緑の党は現目標を上回る20年以内の気候中立を主張した。ＦＤＰは２０５０年気候中立達成方針で現目標を下回る[2～5]（**表2**）。

政党間でエネルギー政策に乖離《かいり》があるため、新政権発足には、政策内容の擦り合わせが不可欠だ。しかし、2021年10月15日には、早くも、SPD・緑の党・FDPの連立政権打診へ向けて大枠が合意された。緑の党の要求に応じて、脱石炭完了時期を2030年へ前倒しする目標を明記したほか、2022年に連邦気候保護法を再び改正して、気候保護緊急プログラムを導入する計画などが発表された。いずれにしても、ドイツの脱原発・脱石炭・再エネ拡大という大きな方向性は今後も継続されそうだ。

脱原発政策に関わる民意と市民を交えた議論

最後に、ドイツの脱原発政策と市民の立場に言及したい。2021年夏のドイツ連邦放射性廃棄物処分安全庁（BASE）委託の世論調査によると、ドイツの市民の76％は脱原発に賛同しており、原子力利用のリスクについては、33％が極めて高い、34％がとても高い、24％が低い、6％がリスクはないと回答している。[6]

ドイツは、原発順次停止と同時並行で、放射性廃棄物最終処分場立地選定の難題に取り組み、市民を交えた議論を進めている。象徴的なのは、2016年に設立された高レベル放射性廃棄物最終処分場立地選定のための「国民参加同行委員会（NBG）」である。[7] 最大定員18人の委員を有する本委員会では、無作為選出の市民委員6名が、有識者らと協働し、中立的な立場から、選定過程の透明性向上に貢献している。委員の任期は3年で、16～27歳の若い世代の市民代表枠が2人分設けられ、次世代の市民の意見を処分場立地選定過程に反映するきっかけとなっている。[8] 2022年の全原発運転停止後も、ドイツの脱原発の道のりは続く。中長期に及ぶ放射性廃棄物処分の影響を受ける次世代への配慮は重要な課題だ。

参考文献

（1）Fraunhofer ISE (Fraunhofer-Institut für Solare Energiesysteme ISE) https://www.ise.fraunhofer.de/
（2）SPD (2021) AUS RESPEKT VOR DEINER ZUKUNFT. DAS ZUKUNFTSPROGRAMM DER SPD
（3）CDU/CSU (2021) Das Programm für Stabilität und Erneuerung. GEMEINSAM FÜR EIN MODERNES DEUTSCHLAND. Programmentwurf zur Bundestagswahl 2021
（4）BÜNDNIS 90/ DIE GRÜNEN (2021) DEUTSCHLAND. ALLES IST DRIN.
（5）FDP (2021) NIE GAB ES MEHR ZU TUN. WAHLPROGRAMM DER FREIEN DEMOKRATEN.
（6）BASE (Bundesamt für die Sicherheit der nuklearen Entsorgung) https://www.base.bund.de/
（7）NBG (Nationales Begleitgremium) https://www.nation ales-beg leitgremium.de/
（8）一柳絵美：ドイツの放射性廃棄物最終処分場選定過程における市民参加 ―国民参加同行委員会（NBG）の事例―、環境と公害、第51巻、第2号、63～69頁、2021年

※2021年11月24日、3党は連立協定を発表した。2030年に脱石炭完了を前倒し、再エネ電力80％を目指す。

２０５０年カーボンニュートラルのための日本のエネルギーミックス

Energy Mix of Japan for Carbon Neutrality in 2050

秋元　圭吾　（公財）地球環境産業技術研究機構 システム研究グループリーダー 主席研究員

気候変動対応への要請とカーボンニュートラル

２０１５年にパリ協定が採択され、世界の平均気温上昇を産業革命前に比べ２℃未満に十分に低く抑え、また１・５℃に抑えるような努力を追求するとし、２℃目標に対応する排出削減として、今世紀後半には、温室効果ガスについて人為的起源排出とシンクによる吸収をバランスさせるという、いわゆるカーボンニュートラル（実質ゼロ排出、以降、ＣＮと記載）が合意された。日本政府はこれに対応して、２０１６年の地球温暖化対策計画において、２０３０年の温室効果ガス排出を２０１３年度比で26％削減し、２０５０年には80％削減する目標を掲げた。

しかし、その後、国内外で早期のＣＮ実現への要請が強まる中、２０２０年10月に菅前首相は、２０５０年までにＣＮを目指すと宣言した。これは１・５℃未満の気温上昇に抑制するシナリオと整合性があるとされる。そして、２０２１年４月には、２０３０年排出削減目標について、46％削減へと深掘するとし、さらに50％減の高みを目指して挑戦するとした。

カーボンニュートラル達成のエネルギーミックス

ＣＮ実現について、一次エネルギー供給の視点で記載したのが**図１**である。ＣＮはエネルギーの脱炭素化が不可欠であるが、後述のように脱炭素化に貢献し得るエネルギーには、技術的、社会的、経済的な制約が

AKIMOTO Keigo
1999年地球環境産業技術研究機構に入所。総合資源エネルギー調査会、産業構造審議会等、多数の審議会委員を務める。気候変動に関する政府間パネル（IPCC）の代表執筆者。エネルギーシステム工学が専門。博士（工学）。

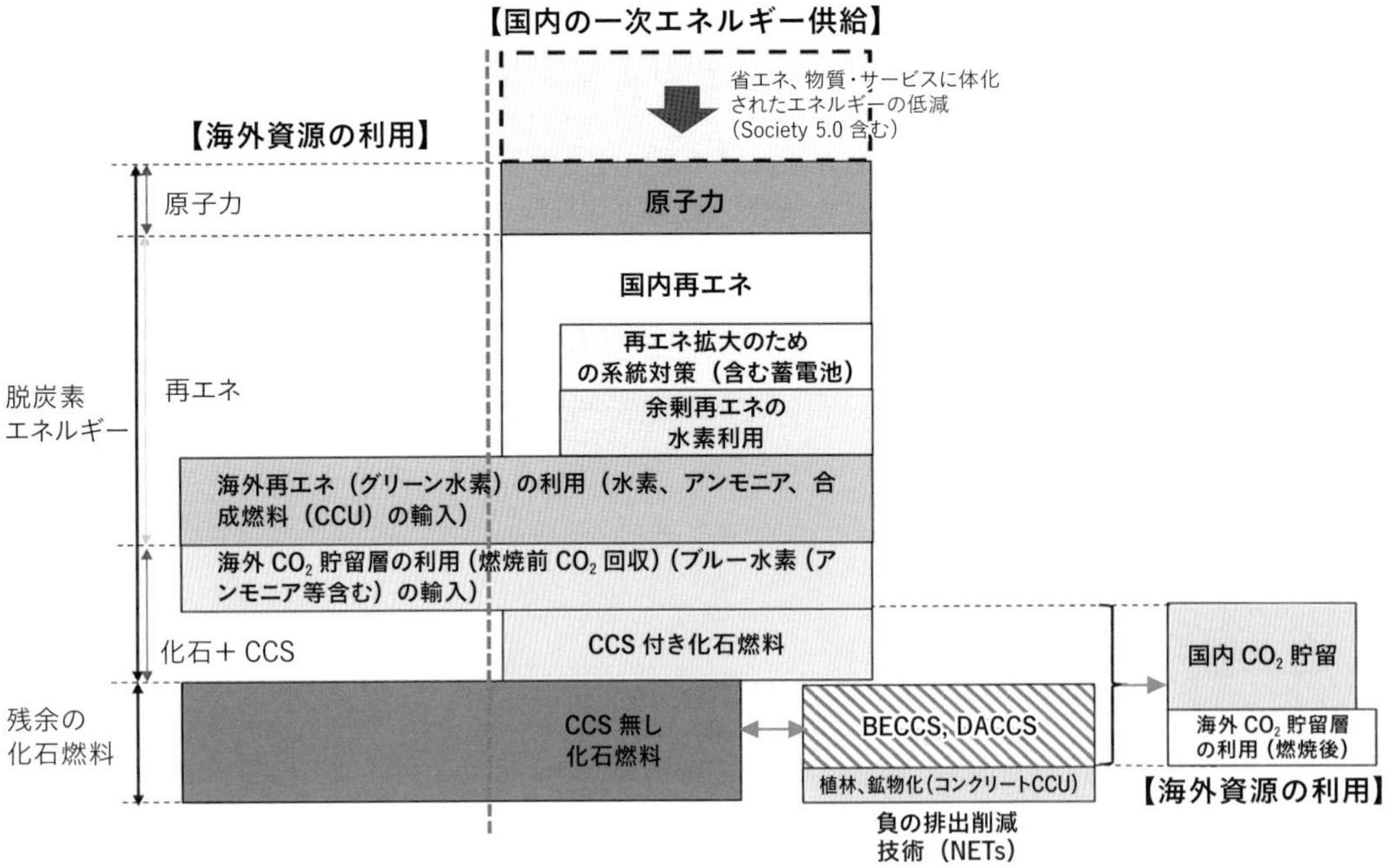

図1　一次エネルギー供給で見たCNのイメージ

ある。そのため、全体コストの最小化の視点も踏まえると、省エネルギーはCN実現においても重要である。省エネルギーは個別の技術の省エネルギーを超えて、シェアリング経済、サーキュラー経済の実現をもたらすような、デジタルトランスフォーメーション（DX）による社会変化が重要になってくる。

その上で、一次エネルギーとしては、原則、再生可能エネルギー（再エネ）、原子力、CCS（CO_2回収貯留）付き化石燃料のみで構成することが必要となる。ただ、これら国内のゼロ排出エネルギー源にコストや量の制約、経済合理性の点から、海外の再エネやCCS化石燃料を水素に転換した上で活用することも考えられる（前者はグリーン水素、後者はブルー水素とも呼ばれる）。さらに、利便性を高めるために、水素に窒素や炭素を付加し、アンモニアや合成燃料（合成メタンや合成液体燃料）にして利用することも重要性が高い。

カーボンニュートラルにおけるCCSの役割

CCSは化石燃料発電所や製鉄所などの燃焼排ガスからCO_2を分離・回収して、地中に貯留することで化石燃料を利用してもCO_2排出は大気中には放出されないこととなるため、CN実現の重要な一手段と考えられる。CCSの最大の課題はCO_2貯留にある。分離・回収したCO_2は、１０００～２０００ｍ程度の深さの地中にCO_2を圧入して貯留する。CO_2貯留可能量は１４６１億ｔ程度（日本の排出量の１００年分以上）存在しているとの評価もある。[1] しかしながら、日本の場合、断層が多いことや、人口密集により陸域でのCO_2貯留のハードルも高く、海底下の貯留を主に考えることになり、高コストになりやすい。また、地下の地層の構造を正確に把握することが難しく、投資リスクが大きい面がある。

一方、貯留のハードルの高さも手伝って、コンクリートでのCO_2固定など、回収したCO_2の有効利用（ＣＣＵ）も重要な対策である。ただし、CO_2固定量は限定的であるため、補完的な位置付けとなる。

負の排出技術の活用の必要性

ＣＮのためには、原則、一次エネルギーを再エネ、原子力、ＣＣＳ付き化石燃料のみとする必要があるが、ＣＮは排出と吸収をバランスさせることである。ＣＣＳ無しの化石燃料排出があっても、それをオフセットする負の排出技術と呼ばれる吸収があれば良い。植林や、ＣＣＳ付きバイオエネルギー（ＢＥＣＣＳ）、大気からCO_2を工学的に回収し貯留する、大気中CO_2直接回収貯留（ＤＡＣＣＳ）などの対策がある。これら技術も活用しＣＮを目指す必要がある。

カーボンニュートラルにおける再エネの役割

ＣＮ達成に向けての主要な対策は再エネであり、その大幅な拡大は必須でその主力は太陽光発電と風力発電となる。しかしながら、大規模な利用になればなるほど、条件の悪い場所で発電された、高いコストの再エネを活用することになる。

太陽光発電と風力発電はエネルギー密度の低いエネルギーから電力を作り出すため、その分、必要な土地面積が大きくなる。火力・原子力発電（１００万kW）と同量の発電量を得るための必要面積は、太陽光では１００倍程度、風力では４００倍程度である。[2] 日本は、平地面積が小さく、大規模な土地が必要な太陽光発電や風力発電は、導入規模が大きくなると、他の土地用途との競合が起こりやすくなる。日本はすでに平地面積当たりの太陽光、風力の発電電力量は、ドイツやイギリスなどより高くなっている。[3] 実際に現時点でさえ、景観や森林伐採等で土砂災害のリスクの懸念が広がるなど、地方自治体の中には条例を制定し規制を図る動きも見られている。今後、太陽光、風力のさらに大幅な拡大が必要な状況であり、ますます、これらの問題が大きくなってくると考えられる。

また、日本では、例えば風力発電は、北海道や東北、九州北部などに比較的大きなポテンシャルがあるが、関東や関西などの電力の大消費地までの送電線の容量は制約されており、増強が必要である。そして、特に太陽光発電は日中のみの発電となるため、導入量が増えてくると、太陽光発電の出力抑制が必要になり、太陽光発電のkWh単価が上昇することとなる。このような状況は共食い（カニバリゼーション）効果と呼ばれている。出力抑制があまりに大きくなると、kWh単価が大きく上昇することとなるため、揚水、蓄電池、水素、ヒートポンプ蓄熱などの蓄エネルギーと組み合わせることが重要になる。当然ながらコストの上昇となることがほとんどであるので、全体の費用対効果を見極めて、適正な水準の変動性再エネの導入量を目指すことが必要である。

カーボンニュートラル実現における原子力の役割

ＣＮ実現のためには、さまざまな対策オプションを活用することが重要であるが、ここまで見てきたように、それぞれの対策は大きな役割があるとともに限界もある。そのような中、原子力の活用も極めて重要と考えられる。原子力は、脱炭素電源であることに加え、そのエネルギー密度の高さから、原子力発電所１００万kWの年間発電電力量を得るのに、濃縮ウランはわずか21ｔしか必要ないが、天然ガスでは95万ｔ、石油１５５万ｔ、石炭２３５万ｔ必要である。[2] そのためエネルギー安全保障上も優れている。

ただし、原子力にも多くの課題があり、とりわけ福島第一原子力発電所事故以降、社会的な理解が十分に進んでいない。また、日本においては、人口低下や製造業の国際競争力の低下によって、エネルギー需要が低下する可能性もある。一方で、ＣＮ実現のためには、電力化率を高めることが重要であるため、電力需要が増大する可能性もある。ただ、いずれにしても将来の電力需要見通しの不確実性が増している。将来の電力需要の見通しの不確実性が高いと、原子力のような大規模集中型の発電所の投資リスクは高くなりやすい。さらには、原子力政策や規制の予見可能性の乏しさが、原子力発電という大規模な技術への投資リスクを一層増大させている。原子力は、設備利用率の悪化とそれに伴うコスト増、競争力の低下という悪循環からの脱却が大きな課題となっている。

このように難しい課題があるが、原子力無しではＣＮ達成のハードルが相当大きくなると考えられ、原子力発電の持続的な活用が必須と考えられる。例えば、筆者らが資源エネルギー庁の総合資源エネルギー調査会に提供したエネルギー経済モデルを用いたシナリオ分析では、２０５０年ＣＮ実現において、２０５０年の総発電電力量に対する原子力比率の上限を10％もしくは20％と想定したが、最終処分までを含

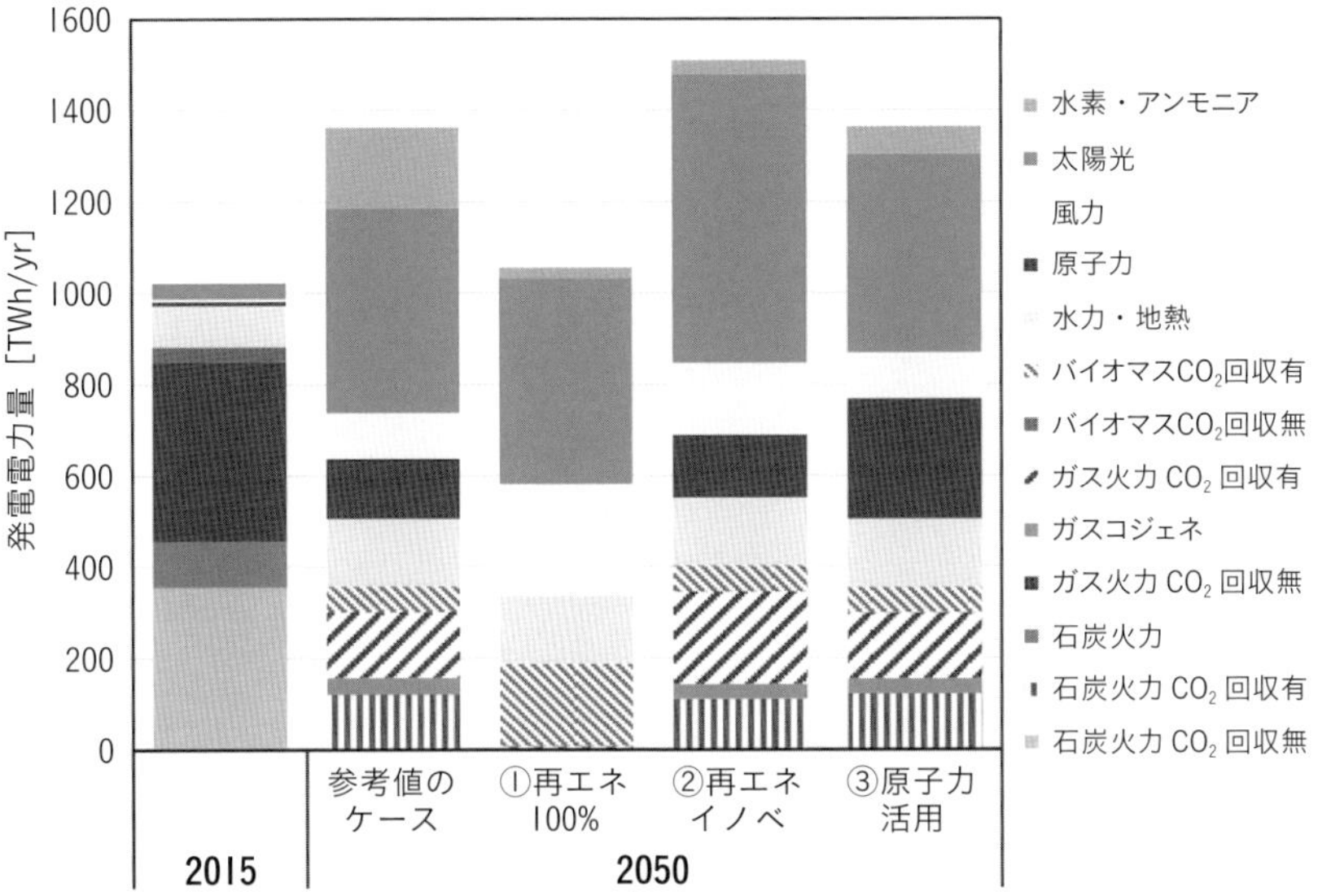

注）②再エネイノベケースは太陽光、風力のコスト低減を大きく見込んだ場合、③原子力活用ケースは原子力比率最大 20% を想定

図2　日本の2050年CN達成のシナリオ分析例：発電電力量(4)

めた原子力コストを考慮したとしても、いずれの場合でもその上限まで利用することが経済的であった（**図２**）。そして、原子力比率を10％から20％へと引き上げられた場合には、年間１・４兆円程度コストを低下できる。さらに仮に50％まで引き上げられた場合には、年間５兆円程度もの対策コストを抑制できると推計される。一方、再エネ１００％時には電力コストが大きく上昇すると推計される(4)。

このような状況を踏まえ、第６次エネルギー基本計画案では、「原子力については安全を最優先し、再生可能エネルギーの拡大を図る中で、可能な限り原発依存度を低減する」としつつ、「国民からの信頼確保に努め、安全性の確保を大前提に、必要な規模を持続的に活用していく」としたところであり、気候変動や経済、エネルギー安全保障のリスクを総合的に考えて、原子力の適切な利用を進めることが重要と考えられる。

参考文献

（１）ＲＩＴＥ、ＣＣＳのあり方に向けた有識者会議資料（２０１３）、https://www.meti.go.jp/committee/kenkyukai/sangi/ccs_kondankai/pdf/001_05_00.pdf
（２）総合資源エネルギー調査会（２０２０）、https://www.enecho.meti.go.jp/committee/council/basic_policy_subcommittee/033/033_004.pdf
（３）総合資源エネルギー調査会（２０２１）、https://www.meti.go.jp/shingikai/enecho/denryoku_gas/saisei_kano/pdf/025_01_00.pdf
（４）総合資源エネルギー調査会（２０２１）、https://www.enecho.meti.go.jp/committee/council/basic_policy_subcommittee/2021/043/043_005.pdf

原子力災害と復興、そしてエネルギー問題にいかに向き合うのか

Revitalization from Fukushima Daiichi Nuclear Accident, and How to consider Nuclear Energy

［座談会メンバー］

村上 道夫 氏　大阪大学 感染症総合教育研究拠点 特任教授（常勤）

菅原 慎悦 氏　関西大学 社会安全学部 准教授

中島 みき 氏　NPO法人国際環境経済研究所 主席研究員

吉田 学 氏　（一社）HAMADOORI13 代表理事

［司会］

浦田 淳司、中島 崇　土木学会誌編集委員

2021年9月14日（火）オンライン会議にて

東京電力福島第一原子力発電所事故から10年以上がたつ中で、顕在化したさまざまな健康リスク、議論の進まないエネルギー問題、そして、いまだ途上にある被災地の復興。福島浜通り地域のこれからと、日本の未来を考える上で、切り離せない問題について、正面から議論した。

——はじめに、東京電力福島第一原子力発電所（以下、福島第一原発）の事故による災害や原子力エネルギーとの関わりも含めて、自己紹介をお願いします。

吉田——福島第一原発が立地している大熊町出身で、今は、浜通りの若者が中心となって地域連携を実現しようと、（一社）HAMADOORI13を立ち上げ、代表をしています。福島第一原発の事故の後、一度は避難していたのですが、今は地域に戻って、企業創出・地域再建などに向け活動をしています。

村上——リスク学を専門としていまして、福島第一原発の事故以降、被ばく線量評価、被ばく対策の効果評価をしています。加えて、二次的な健康影響の調査をコミュニティーの医療者の方々らと一緒にやっています。

菅原——文系出身なのですが、工学系の博士課程で、学際的な教育プログラムで原子力について学んでいた時に福島第一原発事故が起きました。当時の危機対応や、そもそもの原子力安全の在り方など、いろいろ

と至らなかった点があるのではないかと考え、安全向上に貢献したいと、原子力のリスク評価と意思決定をテーマに研究を続けてきました。

中島――国際環境経済研究所で、産業界の視点から、エネルギー政策の提言等に取り組んでいます。東日本大震災後、関西の経済団体で、立地地域と消費地域とのエネルギー政策に関する意見交換などの活動を行ってきました。エネルギー政策は非常に複雑で、社会の理解に時間を要するという実感があります。

原発事故と健康リスク

――事故をきっかけとした健康リスクについて、伺いたいと思います。

村上――振り返ってみると、さまざまな健康課題があったと思います。まずは、高齢者の中でも老人施設に住んでいた方々を中心に、避難してから3カ月以内の間に死亡率が急増しました。現実的には避難しないという選択肢はありませんでしたので、避難するべきではなかったと短絡的に述べたいのではありません。避難に伴う健康リスク増加に対する準備が必要ということが教訓だったと思います。こうした健康リスクは、ハリケーンなどの他の災害でも指摘されています。慢性的な健康影響としては生活習慣病、特に糖尿病の増加がみられます。これは、南相馬市の約8年分の調査から、避難の有無によらない共通した傾向となっています。一方で、高血圧は投薬でかなり良くなった傾向があり、必ずしも悪いことばかり起きているわけではありません。他に、鬱《うつ》などの心理的苦痛の問題があります。避難指示の出た13市町村で、通常は3%といわれる心理的苦痛を抱える人が、事故から1年後では15%位まで増加しました。徐々に減ってきていますが、最近でも5%位います。さらに、自殺については、事故直後はそれほど目立ってはいなかったのですが、震災後3〜4年目位から、岩手県・宮城県では増えていなかったのが、福島県では増えていて、さらに避

MURAKAMI Michio

東京大学大学院工学系研究科都市工学専攻博士課程修了後、福島県立医科大学医学部健康リスクコミュニケーション学講座准教授などを経て、2021年8月より現職。専門はリスク学。工学（博士）。

- ●被ばく
- ●被ばく以外の健康影響
  - ☑ 急性期：避難中、避難後の死亡（特に老人施設からの避難）
  - ☑ 慢性期：生活習慣病（特に糖尿病）
    心理的苦痛
    自殺
    Well-being の低下

図1　福島第一原発事故後の健康影響の一例

SUGAWARA Shin-etsu

2007年東京大学工学部都市工学科卒業、2012年同大学院工学系研究科原子力国際専攻博士課程修了。電力中央研究所での勤務を経て、2019年秋から現職。もとは文系でしたが、工学や技術の傍らで学んだ経験から、文理の「あいだ」に関心を持っています。

難指示解除のタイミングの前後で自殺者が増えました。生活そのものが変化することによって、人々の体も心も大きな影響を受けたと考えています。また、日々の楽しみやWell-being（幸福）が、暮らしの見通しのなさと連動して低下しました（**図1**）。

吉田――私は、事故当時、東京電力のグループ会社に勤めていました。震災当日は、福島第一原発にいて、構内で震災に遭い翌日には千葉、３月末には神奈川へ避難しました。その後、福島に入り罹災証明書発行のための帰還困難区域内の家屋調査に従事するなど、事故後の仕事や生活の環境変化はとても大きいものでした。当時は気付いていなかったのですが、最近、成人した子どもと話をすると、子どもたちも目まぐるしい環境変化の中、つらい思いを抱え、隠しながら生活していたのだなと感じています。

――放射線リスクの認知は、居住場所・避難先の選択に影響したのでしょうか？

村上――避難指示区域に住んでいた方を対象に行われた調査では、リスク認知が原因で県内外といった居住場所を決めているのではなく、居住場所がリスク認知に影響しているのではないかという結果が出ました。つまり、福島にいるとリスク認知が下がっていくんですね。もちろん、さまざまな要因が関連していると思いますが、生活環境そのものや、そこでの経験がリスクの捉え方自体に影響を大きく及ぼしていると考えています。一方で、リスク認知に関連した課題に対してどのように取り組むべきかという観点も重要です。リスク認知は意思決定の媒介要因にはなっていると思いますが、個々のリスク認知自体を変化させなくても、社会としては、アウトカムである消費行動や幸福度を改善するための他の方法も取り得るのだろうと思います。

原発の社会受容とリスク認知

――リスク認知の話は、原発の社会的な受容の話にもつながりますが、いかがですか？

菅原――社会科学的なリスク認知の研究発展は、やはり原子力事故と関わっていて、１９７９年のスリーマイルアイランド事故の前後から発展しています。米国では、事故後の１９８６年に安全目標を発表するのですが、(注1)この間の議論において、技術側では確率論的リスク評価をゴリゴリ進めるのに対し、社会科学の側では、人々がそのリスクをどう受け止めるのか、原子力のリスクが十分に低いと言えるのかなどが焦点になります。こうした中で社会心理学的なリスク認知研究が進展し、定量的リスク評価に載りにくい、人々が感じる怖さや信頼の問題などもリスクの一側面として捉えた上で、原子力のリスクが受容可能かどうかという議論へとつながっていきます。リスク認知研究の蓄積は、リスクに対する専門家と一般の人々との間の受け止め方のズレを説明し、後者もまたある面では合理的なものだという見方を与えることで、安全目標の議論を豊かにする意義があったと思います。

一方、この過程で、社会科学の原子力リスクへの関わりが、リスク認知の観点にばかりフォーカスされてしまったという印象もあります。専門家が出してくるリスクの数値は所与のものとした上で、定量的な評価結果と人々の受け止め方をどう調和していくのかに議論が集中してしまった。本来であれば、社会科学の側が、専門家が計算したリスクの数値がどう作られているのか、どのような限界があるのかに踏み込んで議論していくべきだったのではないかと考えています。

例えば、震災前に示されていた確率論的リスク評価の結果は、炉心損傷頻度が10^{-7}や10^{-8}といったオーダーで、非常に小さいものでした。しかし、これらの評価は内的事象（機械の故障など）のみを反映したもので、自然災害などの外的事象の評価はまだできていなかった。後から話を聞くと、地震なども含めるとリスクが数桁上がるのではと懸念していた専門家もいたようです。しかし、それらの数字がどのくらいロバストなのか、評価の背後にある知見がどの程度確立されているのかといった議論は、なかなか社会に出てきません。原子力学会などでは、リスク評価に伴う不確かさや未知性についてもかなり細かく議論がされているわけで、こうした不確かさが捨象された数字〝だけ〟が流通していくことは、社会的な議論にとって問題があると思います。リスクの数字に伴う不確かさや知識の側面なども含めて社会とコミュニケーションできれば、原発のリスクを受容するかどうかという議論が、もっと望ましい形になると考えています（図2）。

図2　数値のつくられる過程を社会に開く

中島——エネルギー政策は、安全確保を大前提として、安定供給、経済性、環境性の三つのバランスをとっていくというのが基本です。この三つの中で、エネルギー政策基本法からは、安定供給が特に重要な概念であると読み取れます。かつて高度成長期には石油に大きく依存していましたが、１９７０年代のオイルショックを契機に、輸入に頼る石油依存度を下げ、原子力や液化天然ガス（ＬＮＧ）の導入を進めてきました。資源の少ない日本では、エネルギー源を多様化することで、安定供給を確保してきたのです。それぞれのエネルギーにメリット・デメリットがあることを理解した上で、安定供給、経済性、環境性のバランスをどう取っていくのかを議論していく必要があります。残念ながら、震災以降の10年を振り返ると、議論の土台となる各エネルギーの長所・短所すら社会の理解は十分ではなく、議論が全く進んでいないと感じます。過去、福井と大阪の交互開催で、立地地域の方々と、消費地域の関西企業の社員の皆さんとの意見交換を行ったところ、相互に新たな気付きもありましたし、やはり、実際に発電所を訪問して自身の目で見るとより理解が深まりました。こうした活動を通じ、リスクをどう捉え、マネジメントするのかを考える場が必要ではないかと思い至りました。リスク・リターンをどう考えるか、教育の場で、コミュニケーションを図る機会を提供することが望ましいと考えます。

科学と政治の分離は可能か？

——原子力政策の議論を進める上で、何が必要だと思いますか？

菅原——問題の性質として、科学技術の側面をもつと同時に、価値や政治の側面もあります。原子力リスクの議論は科学と政治の両者が分かちがたく結びついているはずなのですが、震災以降は、これを純粋に科学技術の問題として捉え、政治の部分は排除する方向に進んでいるようにも見えます。私自身が関わっていた民間事故調もそうですが、国会事故調の論調はその典型です。(注2)つまり、福島第一原発事故の反省として、津波の科学的知見はちゃんとあったのに、経営や政治の判断が邪魔をして対策できなかった、という見方です。原子力規制委員会もこのような考えで制度設計されているように思われます。しかし、本質的に科学と政治が絡み合った原子力政策において、無理やり科学と政治を分離しようとすると、議論の焦点も参加する人も限られてしまい、狭い視野の議論になってしまうのではないかということを危惧しています。

村上——リスク評価の枠組みにおいて、マネジメント・対策の評価も含めて考えることが重要です。対策は、政治的な意思決定が関わってきますので、科学と政治を単純に分離できる話ではないと思っています。科学側もリスク評価において、なるべく俯瞰的にWell-beingまでを射程として評価したいと思っていますが、どうしても評価できる内容は一部になってしまいます。そうした科学側の評価を参考にしながら、さらに評価しきれていない二次的な影響も考慮に入れて、行政が判断していくという形になるのだと思っています。

菅原——原子力政策の在り方を議論するときに、技術側だけでなく、パブリックの視点を取り入れるために市民参加が大事という形に進みやすいのですが、福島の現場で、こうした技術と価値が絡む問題の意思決定について、市民目線ではどのように感じられていますか。

吉田——専門家、技術者でないと分からない部分を理解し受け入れるためには「市民参加の場」に頼らざるをえないと感じます。私が生まれた時から福島第一原発はあって、原発は当然安全なものだと思っていました。事故が起きて初めて、リスクとはこういうことだったのだと感じました。専門家の中には、事故以前から原発のリスクを指摘していた人もいたと思いますが、原子力が日常に溶け込んでいた地域環境から、原発事故のようなリスクと向き合う状態にはなかったのだと感じています。

菅原——私も事故以前に福島第二原発周辺で色んな話を聞く機会があったのですが、確かに、原発全体の安全というよりは、作業員の被ばくリスクや廃棄物の処理・処分の問題が多かったです。社会科学分野の特徴として、当たり前を疑うという部分があると思いますので、事故以前から原発の大きなリスクについて気付けなかったのかという自省があります。

NAKAJIMA Miki

京都大学経済学部卒、同大学院経済学研究科修士課程修了。関西電力で調査、戦略、海外・再エネ事業等に従事。2016年関西経済連合会に出向、環境・エネルギー政策を担当。2022年電源開発株式会社入社。国際環境経済研究所主席研究員、東京大学公共政策大学院客員研究員。

日本のエネルギーの現状と再エネ

——次に、エネルギー政策全体について議論していきたいと思います。吉田さんから見て、エネルギー政策の印象はどのようなものですか？

吉田——福島は、原子力発電所が立地していて、特に大熊町出身の私にはエネルギーは原子力という認識が強くありましたが、現在は事故の影響で廃炉が決定し、処理作業が進んでいます。大熊町は、原発事故によって大きな影響を受け、この無念の思いがある大熊町だからこそ問題を先送りせず未来のためにと、ゼロカーボン宣言をしています。私自身も営農型のソーラーシェアリングに福島県内で関わっています。いま

YOSHIDA Manabu

1975年福島県双葉郡大熊町生まれ。東日本大震災を福島第一原発構内で経験。その後、罹災証明書発行に伴う家屋調査に従事し、建築会社を起業。地域連携による復興促進にむけ、2020年にHAMADOORI13を発足し、50人程度の若者により活動。

だ風評被害により、福島県産農産物は事故前の価格水準に回復できていない状況もあり、電力供給の収入も得ながら、農業を営む太陽光発電モデルができればと考えています。ただ、全般として、どういったエネルギーがよいのかは分かっていません。

――日本のエネルギーの現在の状況はどうなっていますか？

中島――震災以降、原子力で賄っていた発電電力量を主に火力で補っているわけですが、火力の主力となっているＬＮＧは備蓄が難しく、輸出国側でのトラブルなどが起こると燃料不足となるリスクがあります。石炭は二酸化炭素を多く排出するため低減する方針で、石油は備蓄に優れるものの採算性維持が困難になりつつあります。日本の再生可能エネルギー（以下、再エネ）では、水力の次に太陽光発電のシェアが多いのですが、悪天候の日などには発電量が格段に低下するため、他の電源も確保しておく必要があります。カーボンニュートラル（以下、ＣＮ）という先進国の潮流の中で、今後、再エネをより多く取り入れていく必要がありますが、太陽光であれば日射量、風力であれば風況がよい場所に立地しないとコストダウンが難しいものの、日本は地理的条件に恵まれた適地が少ないことも課題です。もはや供給側の努力だけではＣＮは成り立たず、需要側の取り組みもより重要になります。従来は、再エネと需要の変動に合わせて、出力調整のできる火力や揚水式水力でバランスをとってきました。今後、出力変動が大きい再エネの導入が進む中、発電量に合わせて需要を調整できないかという問題提起がなされています。２０５０年のＣＮに向け、蓄電池やＥＶなどを組み合わせ、再エネの変動に応じて、エネルギーを使うタイミングを考慮し、需要を最適化するという議論です（**図３**）。

村上――社会システムのリデザインと合わせた議論なのでしょうか？

中島――はい。これまで、大規模電源で発電した電気を、送配電網を通じて都心などの需要地に送るという、電気の流れが一方向のネットワークが基本でした。今後は、小規模な太陽光発電や蓄電池などを需要地内に設置するなど、発電設備を分散化し、地域内の配電網で電気の流れが双方向となるフレームワークに移行しようという議論です。こうしたフレームワークは既に米国でも欧州でも示されています。電力だけにとどまらず、運輸や通信などにも関連しますので、コミュニティーをどうデザインするか、産業政策そのものの長期ビジョンとも言えます。

原発事故被災地のこれから

――新たな産業の創生は、福島の被災地でもいろいろと検討されていると思いますが、いかがですか？

吉田――福島の被災地には、全町避難を余儀なくされた町村があり、解除され町民が戻ったとしても人口が大きく減少したことで、電力のマイクログリッド化（注3）が可能なエリアになっています。他にも、インフラ整備がゼロからできるという地域特性を生かし、少子高齢化や産業・雇用創出、医療、教育、コミュニティーの再生、社会インフラや省エネルギー・環境、犯罪抑止、対災害性強化等の日本社会が抱える地方の課題を解決するためのモデル事業の推進、地域の新産業基盤構築を目指す福島イノベーションコースト構想と連携し、先端技術を取り入れた新産業創造への取り組みが、進んでいます。

一方で、そうした新産業を地域が受け止め切れているかというと、やや供給過多（人材不足）になっている部分もあるかもしれません。受ける地域側としてもどのような産業が必要か、どのように根付いていくのかをよく考えていかなければなりません。これまでの10年間は原発事故の収束、除染や解体、帰還困難区域の解除への取り組みが中心で、産業を考える余裕はなかったように感じます。来年春には特定再生復興拠点の解除により大熊町・双葉町も駅周辺に人が生活できる場所が生まれて、企業も地域の中で活動できるようになっていきます。人が戻り、生活基盤を作っていく上で、どのような仕事・産業が必要かという議論を進めたいと思っています。

村上――経済と健康は密接に関連していますので大事な問題と思っています。気になっていることとして、震災により失業した人で、仕事をしたい方が仕事を得られるのか。特に帰還を希望する方において世帯失業者の有無とWell-beingの関連が見られていますので、雇用の需要と供給がマッチングできると

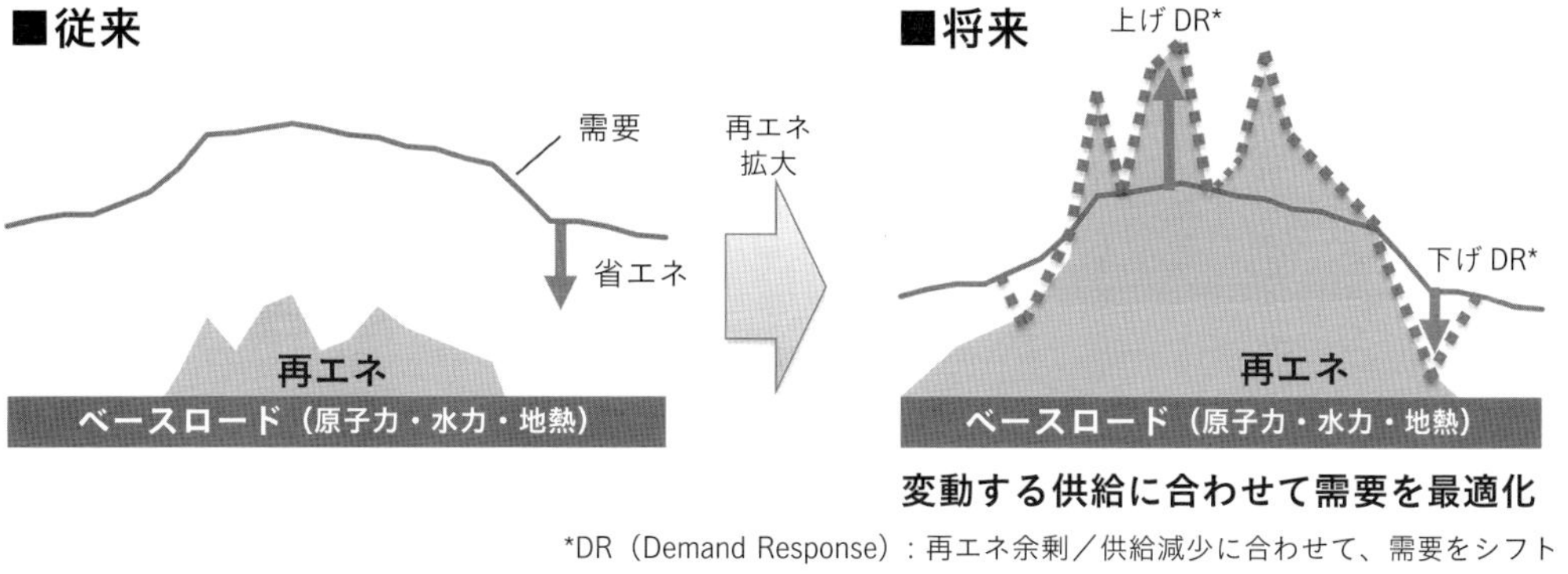

*DR（Demand Response）：再エネ余剰／供給減少に合わせて、需要をシフト

図3　発電量に合わせた需要調整のイメージ（資源エネルギー庁資料を加筆修正）

よいと思います。また、帰還する方の特性として、〝元気な〟高齢の方が多いと思います。避難生活の中で介護の状態になると帰れないので、比較的若い高齢者の方が帰っています。これが、10年後どうなるのかという点は気になっています。

また、復興というと、Built-back-betterを想起します。被災前より良い環境にしたい、日本の課題を解決する先進的な地域になりたい、という話ですが、被災した方やコミュニケーターの方とお話ししていると、以前の日常生活を取り戻したいという気持ちを持っていると感じます。コロナ禍を体験してみて、たしかに前の生活に戻りたいという気持ちを強く感じます。より良いものを作りましょうというよりも、日常生活を取り戻したいということのほうが強いのではないかと思うのです。このあたり、いかがですか？

吉田――おっしゃる通りだと思います。今、大熊町には１０００人程度の方が住み始めましたが、ゼロベースで復興していく中で、震災前の形にしたいという気持ちは強くあります。ただ、大熊町に戻るというモチベーションの中で、ゼロよりもマイナスを背負った地域だからこそ課題解決のようなことをせず、普通の町に戻ってしまったら、元の形にすら戻れないのではと危惧しています。多くの人に（帰って）来てもらうため、そのために何をすべきかを考えたいです。

菅原――元の生活に戻るため、また自律性をもった未来の地域を育むため、取り組まれているのだと感じます。

多様なアウトカムを踏まえた議論を

――他に、本日の議論を振り返っていかがでしたでしょうか？

菅原――中島さんの原子力施設の相互理解の話の中で、安全かどうかだけでなく、より広い議論があってもいいのかなと思っています。地域側から見た時のメリットとして、交付金がもらえて財政が潤うといったことだけではなく、例えば原子力防災を通じて自然災害に対する意識や健康への感度も高まるとか、さまざまなリスク問題に対して住民を巻き込んだ議論を行える素地《そじ》ができる、といった正の影響が地域に現れるならば、原子力施設への目線も変わるのではないかと思っています。

村上――おっしゃる通り、いろんなアウトカムを考えることは大事だと思います。放射性廃棄物の最終処分場の地域選定やＡＬＰＳ処理水の海洋放出の問題でも、その意思決定をどうするかが非常に大事だとは思うのですが、一方で、アウトカムはそれだけではなくて、地域の方々のWell-beingの向上も一つのゴールなんだという視点を持ちながら考えていくことが大事なのではないかと思います。

中島――これまで、原子力はベース供給力として、消費地域、ひいては国民全体のWell-beingを下支えしてきたのだと思います。一方、現状では、暑さ寒さが特に厳しい日の電力の供給力の予備率が基準以下になることもあります。そうした現実を、われわれはどう受け止め、何をしていくべきなのか、国民一人一人が考えていけたらと思います。

吉田――どんな話になるかとドキドキしながら参加させていただきましたが、とても面白かったです。ありがとうございました。

（注1）米国原子力規制委員会は1986年の"Safety Goals for the Operation of Nuclear Power Plants"の中で、定性的・定量的な安全目標を提示した。

（注2）事故後、国会、政府、民間、東京電力による四つの事故調査委員会活動が並行して行われた。東京電力以外の調査報告書では、独立性と専門性の高い新しい規制機関の必要性を指摘。

（注3）電力消費者の近くに小規模な発電施設を設置し、分散型電源を利用することで安定的に電力を供給するという仕組み。

第3章

事前復興

最低限の生活や医療の確保、応急仮設住宅の提供、生活再建、そして将来を見据えたまちづくり—東日本大震災では、住民と自治体職員が共に被災するなかで、多様な時間軸の計画と実践が複雑に絡み合いながら同時に進行した。きびしい時間的制約のなかで次の津波災害に向けた安全を考慮し、さまざまな利害関係者の意見を反映した復興ビジョンを描くことは簡単ではなく、多くの自治体が苦労を強いられた。この教訓から、東日本大震災以後、南海トラフ地震が想定されるエリアを中心に、被災後ではなく「被災前」から復興後のまちの将来像を描く「事前復興」が進められている。本章では、地域の具体的な実践から示唆される課題と展望を見ていく。

「地域の思い」から始める事前復興計画

How Can We Create Community Develop Vision?
–Pre-Disaster Recovery Planing–

牧 紀男
京都大学防災研究所 社会防災研究部門 都市防災計画研究分野 教授

東日本大震災からの学び

2021年3月11日で東日本大震災の発生から10年を迎える。復興庁の資料(注1)(2020年9月現在)によると仮設住宅等の居住者は約1000戸(ピーク時12万4000戸)まで減少し、インフラや公営住宅・宅地整備もおおむね完了している。また生業についても宮城・岩手・福島で製造品出荷額は震災前の水準を超える水準にまで回復している。原子力災害からの復興事業は道半ばではあるが、自然災害による被災地のハード整備はほぼ完了した。その一方で津波に対して安全なまちは造られたが、人が戻ってこないという問題が発生している。震災が発生する6年前(2005年4月)に石巻市と合併した雄勝町では、災害前618世帯であった旧雄勝町中心部の世帯数が70世帯(11・3%)にまで減少した。(注2)宮城県の被災自治体の震災前からの人口変化を見ると、①人口が増加する(仙台市、名取市)、②人口減少率が災害前の水準に戻る(石巻市、気仙沼市)、③人口減少率が戻らない(南三陸町、女川町)という三つのパターンが見られる。災害は社会のトレンドを加速させることが知られており、被災地域は本来であれば数十年先に経験する人口減少・高齢化という問題と直面することとなった。

復興事業については、被災した人の生活再建を支援する目的で実施されているが、行政による復興事業によらない人の生活復興感(注3)が高いという現実がある。生活復興感とは、被災した人が震災後の生活の変化にうまく適応し、生活に満足感を得ているのかを測定した指標である。大きな被害を受けた地区では、被災した人は①事業区域内で自力再

MAKI Norio
1968年生まれ。和歌山県出身。1996年京都大学大学院工学研究科環境地球工学専攻博士課程指導認定退学。防災科学技術研究所研究員等を経て2014年一京都大学防災研究所教授。著書に「復興の防災計画」「災害の住宅誌」(鹿島出版会)他。

建、②地区を離れて自力再建、③復興公営住宅に入居のいずれかの方法で住宅再建を行うこととなる。宮城県名取市における質問紙調査の結果を見ると②地区外で自力再建＞①復興事業地区で自力再建＞③復興公営住宅という順に生活復興感が高くなっており、行政の支援がある復興事業地区で再建する人よりも、地域外で自力再建した人の生活復興感が高い。自分でどれだけ住宅再建に主体的に関わることができるのかが生活復興感を規定しており、転出して自力再建した世帯は、住宅再建のプロセスを完全にコントロールできているのに対し、災害復興公営住宅の入居世帯は、行政の支援を待つしかなく自ら住宅再建のプロセスを全くコントロールできないため生活復興感が低くなっている。復興事業に参加する人は、事業の進捗《しんちょく》に住宅再建のプロセスが影響を受けるため復興感が低くなっていると考えられる。

写真1　迎（ムカエル）

　さまざまな課題がある東日本大震災からの復興であるが、今後のまちづくり、さらには津波災害からの復興を考える際の鍵となるような新しい試みも生まれている。大船渡市では、地方都市シャッター商店街の処方箋となるような取り組みが行われている。商店街の商店を全て買い取ることはなかなか困難であり災害復興だから可能であったということもあるが、元の商店もテナントとして入居するような仕組みを用いて被災した商店街が再建された。テナントの場合、商店を閉めるのであれば家賃を払ってまでその場所を確保することは考えないため、シャッター商店街とならず商店を更新していく仕組みが担保されている。さらに地元商工会、企業、市が参画するエリアマネジメントの仕組みを通じてテナントの確保を行う仕組みも同時に構築された。また気仙沼の内湾地区に建設された商業・公共施設である「迎（ムカエル）」（**写真1**）は、地域の堤防のない街をつくりたいという強い思いに応えて防潮堤と建築物が一体となった施設として整備された。大船渡や気仙沼に共通するのは「こういった街をつくりたい」という地域の強い思いである。

　南海トラフ地震の被害が予想される地域に、東日本大震災の経験を生かしていくことが重要であり、災害前から復興について考えていく「事前復興」という取り組みが進められている。以下、それらの地域における東日本大震災からの学びについて紹介していくこととする。

復興グランドビジョンと事前復興計画

災害復興を考える際に最も重要なのは「どんな「まち」にしたいのか」という地域の思いである。先述の大船渡や気仙沼では、こんな「まち」として再建したいという「地域の思い」が、長く時間は掛かったが新しい試みを生み出す原動力となっている。「堤防がないまち」という地域の強い思いがなければ、時間も手間もかかる「迎」のような建築やフラップゲート型の堤防は生まれなかった。地域の強い思いがあれば、技術者はその実現のために尽力する・できるのである。「地域の思い」は、復興計画の中では復興グランドビジョンと言った言葉で呼ばれる。グランドビジョンというと何か壮大な地域開発計画のようなイメージを持つかもしれないが、人口減少社会のグランドビジョンはそういったものではない。石巻市で復興まちづくりに関わってきたプランナは、復興を行う上で「大きな方向性」「価値」をいかに共有するかが重要（注4）であると言う。

こういった東日本大震災の教訓を踏まえ、筆者らのグループは「価値を共有する」ことから始める事前復興計画策定のプロセス（図1）を実践してきている。計画策定の最初のステップである「復興ビジョンの設定」については、東日本大震災以降、被災地域で取り組まれてきた「失われた街」模型復元プロジェクト（注5）の方法を利用した。被災したわけではないが、街の模型を囲んでまちの思い出について語り合うことで、そんなこと知らなかったと

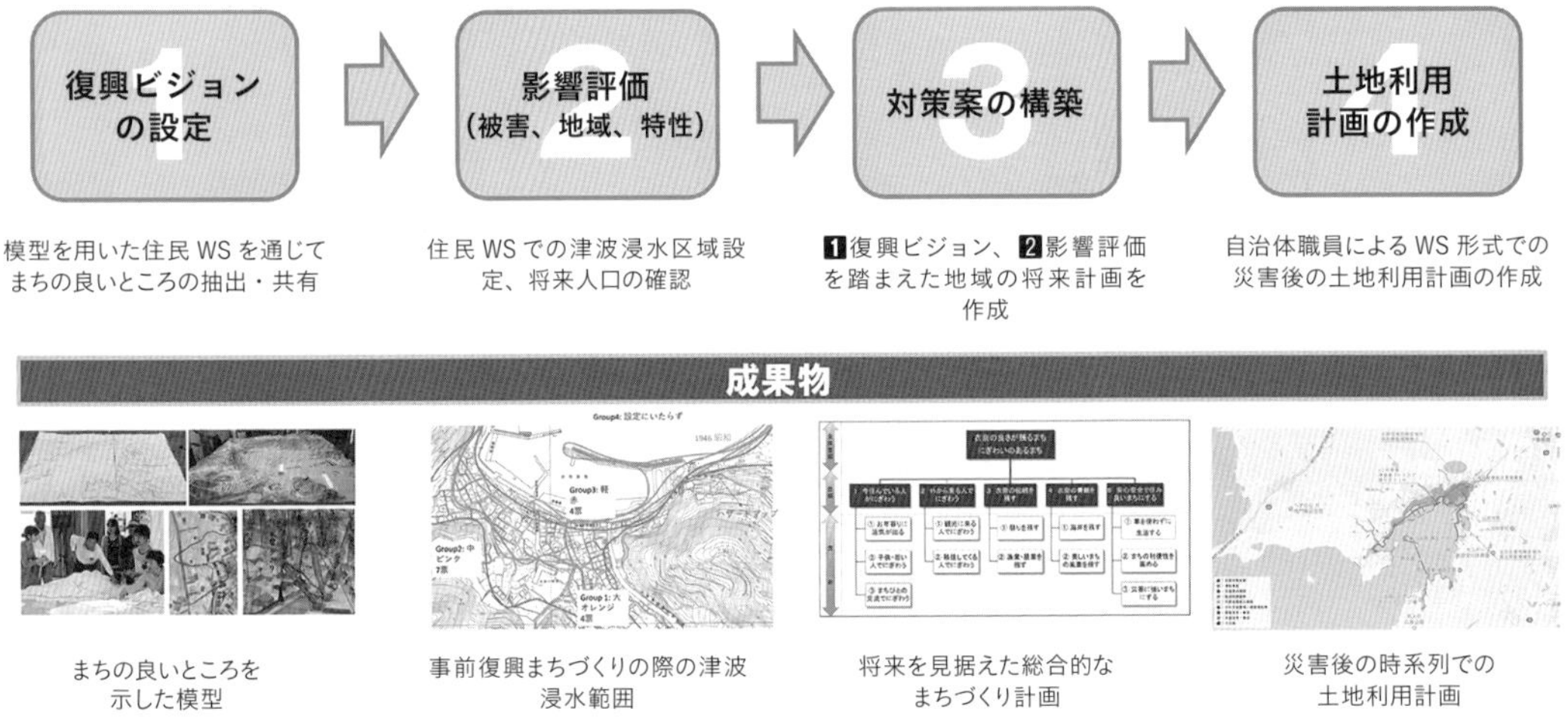

まちの良いところを示した模型
事前復興まちづくりの際の津波浸水範囲
将来を見据えた総合的なまちづくり計画
災害後の時系列での土地利用計画

図1　事前復興計画策定のプロセス

か、それぞれの好きなまちの場所を共有することができている。兵庫県南あわじ市福良地区で実施した際には**写真2**に示すような、まちの良いところを記録した冊子の作成を行った。人口減少社会においては、まちの開発計画を書くのではなく、今のまち、まちに対する「共有された」思い出が復興ビジョンとなると考えている。

こんな「まち」にしたいという思いに対して、どういったことが発生するのかについての検討が次のステップとなる。南海トラフ地震で被災することが予想されている地域では、地震よりもむしろ人口減少が地域にとって深刻な問題となっている。将来の人口推定、さまざまな被害想定結果(注6)を基に地域にどういった被害が発生するのかについての検討を行うことで「こんな「まち」にしたい」という思いと、現実（人口減少、被災）との間のギャップが明らかになってくる。このギャップを埋める対策を考え・整理したものが計画である。一般的なまちづくり計画であるが、あえて「事前復興計画」と呼び、市民の関心をあつめることとしている。さらに計画を具体化し、場所に落とし込んだものが土地利用計画となる。

プロセス全体を実施するということではなく、各段階を和歌山県由良町、兵庫県南あわじ市、愛知県碧南市で実施し、計画手法の検証を行ってきている。**図2**は筆者

写真2　『ふくらいふ』

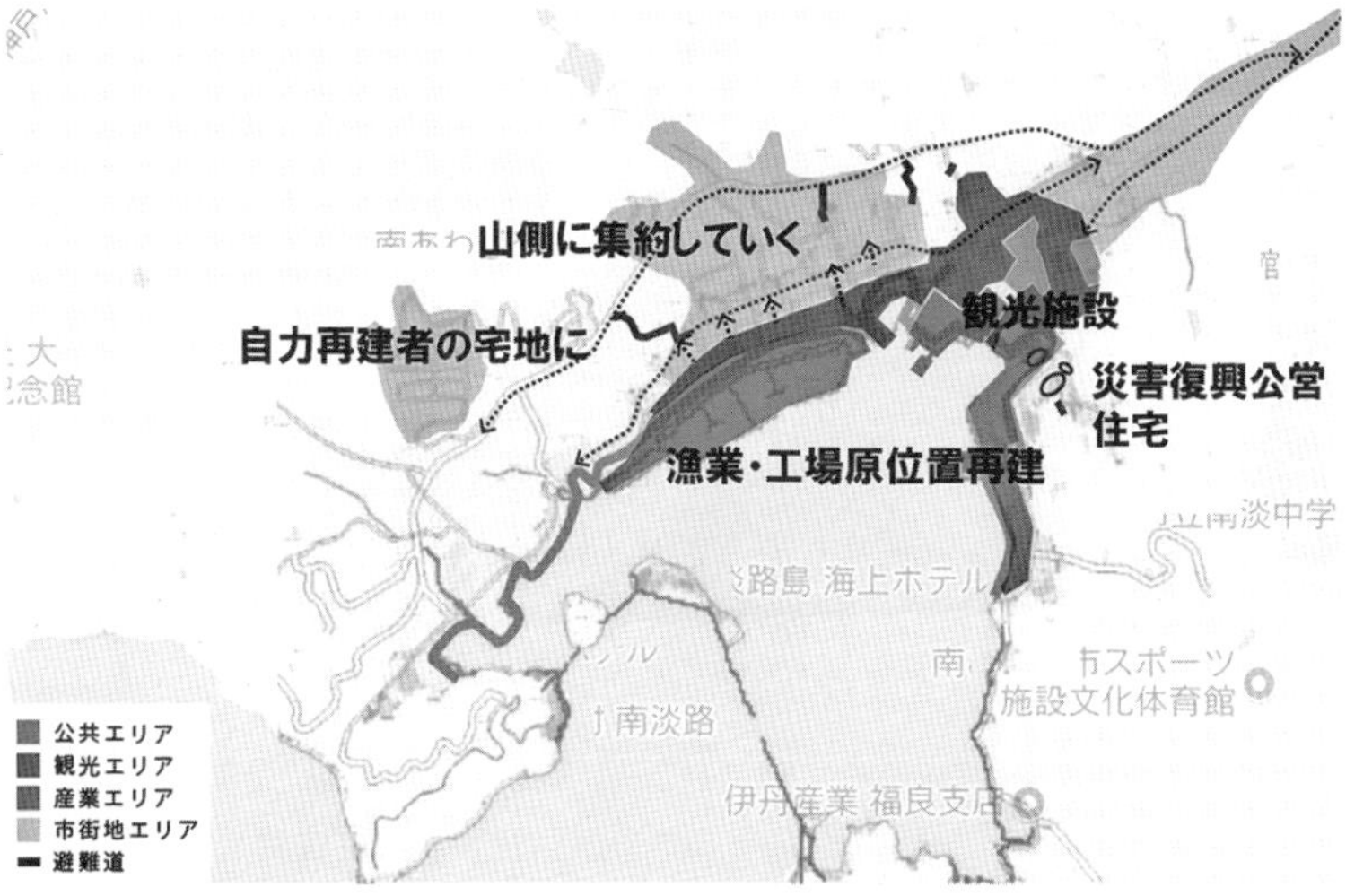

図2　福良地区での検討結果

らのチームが南あわじ市福良地区の復興土地利用計画として検討を行ったものである。被災地では応急仮設住宅・災害廃棄物処理・仮設商店街用地とさまざまな用途で土地が必要となり、土地利用計画の策定は災害発生直後からの時系列で検討していく必要がある。応急仮設住宅を建設した場所には災害復興公営住宅は建設できない。また復興土地利用計画を策定する場合に不可欠な災害危険区域の設定は、本検証においても東日本大震災の土地利用計画策定と同様、Ｌ１津波の防潮堤を建設した場合のＬ２津波（Ｍ９巨大地震）の浸水シミュレーションを実施し、２ｍ以上の津波浸水深が想定される場所については対策を講じるということで検討を行った。都市的土地利用が行われている福良地区においては浸水深２ｍの場所には盛土を行うという原案を作成、原案を元に地域の思いを踏まえた検討を行い山側にまちの集約化を行うとともに、現在不足している避難路を整備するような案を作成した。

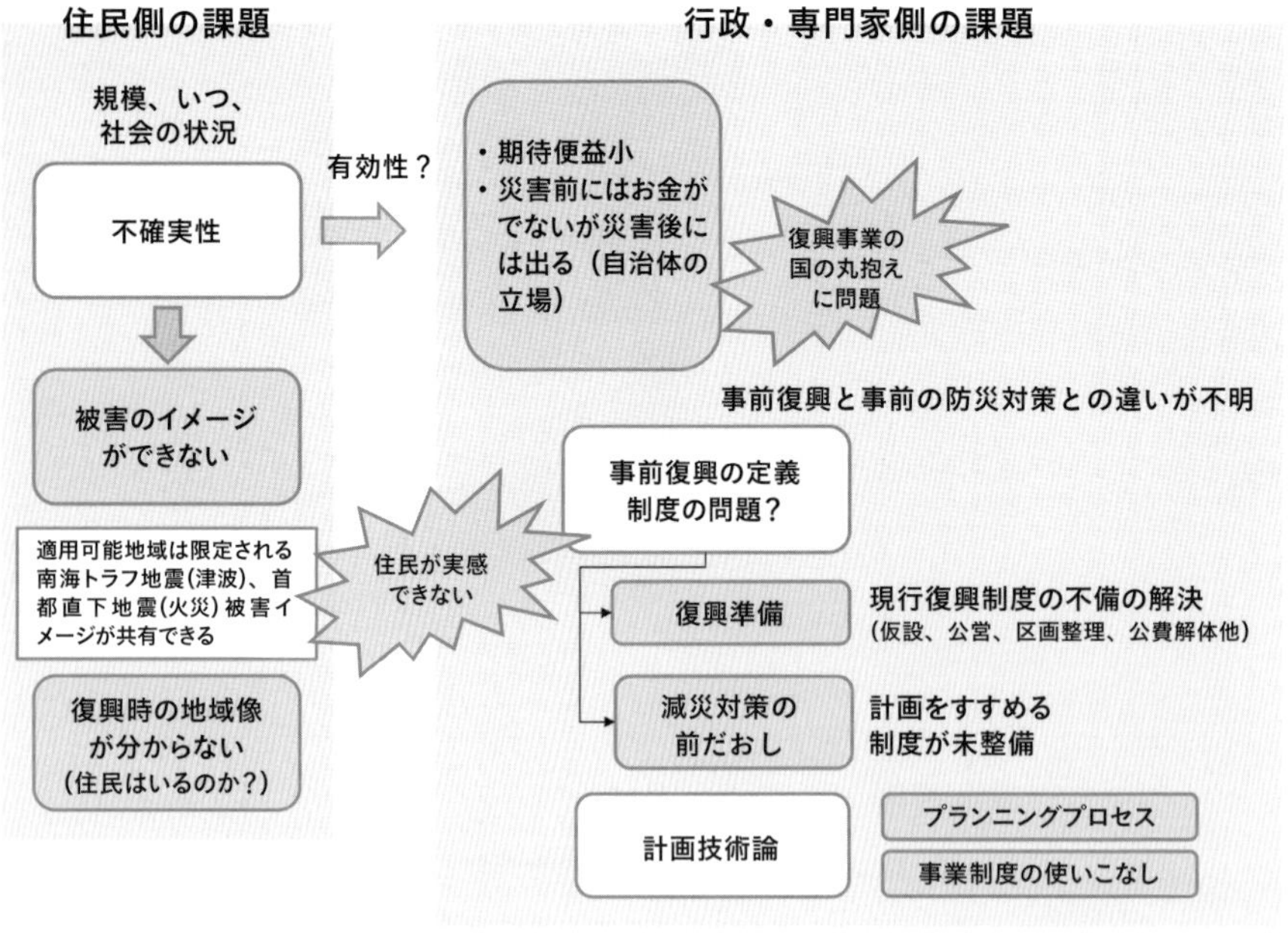

不確実性：南海トラフ地震の規模、発生時期、南海トラフ地震が発生した時の社会状況が不明確
計画技術論：どのように住民参画をすすめるのか、どういった事業制度（土地区画整理事業、防災集団移転促進事業等）を利用するのか
プランニングプロセス：どのような順番（シミュレーション、住民の意見聴衆等）で計画策定を行うのか

図3　事前復興計画の課題（出典：ひょうご震災記念21世紀研究機構）

事前復興という取り組みの課題

東日本大震災以降「大規模災害からの復興に関する法律」（２０１２）が制定され、復興についての制度整備も行われるようになっている。復興対策の重要性は認識されるようになったが、発災前から復興についても考える「事前復興」の取り組みはあまり進んでいない。事前復興が進まない理由について分析を行った結果が[注7]**図３**である。災害前に復興に対する取り組みが進まない原因には大きく二つある。住民側の課題と

しては、将来どんな被害が発生するのかについての実感を持つことができないということがあり、行政側の課題としては、事前復興を進めるための財源確保が難しく、活用可能な制度も浸透していないということがある。住民側の課題については、事前復興に向けての取り組みを積極的に進めている地域もあり、地道に啓発活動を続けていくことが重要であると考えるが、行政側の課題は深刻である。行政が事前復興の対策を進める上で課題となるのは、被災した後に対策を実施すれば国から予算が出るのに対し、災害前に実施した場合は自己負担割合が高くなることである。現在、起債や道路事業と一体で庁舎の内陸移転や行政施設の高台移転が実施されているが、事例は限られている。被災後の復興の取り組みと連続性をもった概念として事前復興を位置付け総合的な防災対策の枠組みを構築していくことが重要である。

（注1）復興庁：東日本大震災からの復興の状況と取り組み、復興庁、2020年9月
（注2）荒木笙子、秋田典子：石巻市雄勝町における災害危険区域内住民の居住地移動の実態、ランドスケープ研究、第82巻5号、611～616ページ、2019年5月
（注3）生活復興感とは阪神・淡路大震災の被災地において、2001年、2003年、2005年に行われた「生活復興調査」の中で、「生活の充実度」「生活の満足度」「1年後の生活の見通し」の三つに関する質問項目を14項目設け、各質問項目を5件法で問い合わせた。これらの項目に対し因子分析を行った結果、一因子が抽出されたことから、14の質問項目が一つの潜在変数をはかっていることが明らかとなり、この潜在変数を「生活復興感」と名付けたものである。林春男：阪神・淡路大震災からの復興調査2001―生活調査結果報告書、京都大学防災研究所、2002年
（注4）JSURP タスクフォースセッション『東北復興』から『まちづくり』へ、2017年7月8日（土）における苅谷智大（街づくりまんぼう）の発言
（注5）詳細については以下のURL参照のことhttps://www.losthomes.jp/
（注6）牧紀男、馬場俊孝、高橋智之、柄谷友香、川崎浩司、キム・ミンスク：シナリオによって変化する津波・水害シミュレーション情報の適切な提示手法に関する研究、地域安全学会梗概集、23～26頁、No. 43、2018年
（注7）（公財）ひょうご震災記念21世紀研究機構研究戦略センター編：南海トラフ地震に対する復興グランドデザインと事前復興計画のあり方研究調査報告書、（公財）ひょうご震災記念21世紀研究機構研究戦略センター、2018年3月

最大津波高34m
―高知県黒潮町における「新想定」後の防災対策―

Pre-Reconstruction of Community Driven by the Assumption of Maximum Tsunami Height of 34m –A Challenge of Kuroshio, Kochi–

[聞き手] 中居楓子 名古屋工業大学大学院工学研究科 社会工学専攻

2012年3月に内閣府が発表した新想定で最大津波高34mが想定された高知県黒潮町。東日本大震災の教訓を受け継ぎ、将来の被災を見据えたまちづくりが進められてきた。本企画では、被災前に防災集団移転促進事業の活用を検討した出口地区の取り組み、被災前市町村初の一団地の津波防災拠点市街地形成施設の都市計画決定を適用した新庁舎移転について、役場担当者、地域住民の方にお話をうかがった。

出口地区高台移転勉強会
―被災前地区で防災集団移転促進事業の活用を検討―

[座談会メンバー]
金子 保氏 出口地区 防災部長
西村 享之氏 黒潮町 情報防災課 南海地震対策係（兼 出口地区住民）
国見 和志氏 黒潮町 総務課 総務係長

[オブザーバー]
山沖 幸喜氏 出口地区 区長

2020年9月29日 出口地区集会所にて

勉強会の出発点：わがこととしての東日本大震災

――よろしくお願いします。まず、皆さんの自己紹介をお願いします。

金子――今は出口地区の防災部長をしています。以前は出口地区の消防団で活動していましたが、勉強会に取り組んだ当時は、自主防災組織メンバーでした。

西村――私は、今は黒潮町情報防災課南海地震対策係として働いています。生まれも育ちも出口地区で、今も地区の消防団に入っています。

役場に入庁して間もないころ、南海地震対策係に配属されて最初に関わったのが、この勉強会でした。

国見――私は、今は黒潮町役場総務課で出口地区集会所や消防屯所の建築を担当しています。東日本大震災のときは消防防災係で、その後、国土交通省四国地方整備局に出向しました。2015年度に黒潮町役場まちづくり課の都市計画係に戻り、庁舎関係の工事や高規格道路の都市計画決定などに携わりました。

――東日本大震災の後、2012年3月に政府から南海トラフ地震の新想定（以下、新想定）が出ました。皆さんは二つのイベントをどのように受け止められましたか？

金子――東北の津波の映像を見たときは、私たちの将来の姿とかぶりました。人ごとではない。そこでみんなの防災意識が上がってきたわけですが、新想定で34mと聞いたときは絶望でした。あきらめですよね。

KANEKO Tamotsu

1968年生まれ。中村高等学校卒業後、1993年より幡多美掃に勤務。同時期に出口地区の消防団に入団、2010年に退団。2008年頃より出口地区自主防災組織の防災委員となり今に至る。

その後、当時の町長を筆頭に町が対策を積み重ねていくうちに、私たちもまた真剣に取り組むようになりました。

国見――2011年の発災から1カ月後、防災に携わるのであれば、東北を一度見ておかなければと思い、課長に直訴して東北に行かせてもらいました（**写真1**）。黒潮町からもう一人の職員と2人で車を交代で運転し、北陸経由で秋田から岩手へ入り、そこから沿岸部を南下しました。今まではハザードマップをただ眺めていただけでしたが、まだ復旧していない被災地の光景から、浸水区域がどうなるのかという具体的なイメージがつくようになりました。

西村――自分は、新想定が出てから黒潮町内のハード整備が一気に増えた関係で、技術職の採用が出たところに応募しました。ずっと

写真1　黒潮町職員による東北被災地の視察

NISHIMURA Takayuki

1982年生まれ。高知工業高等専門学校卒業後、黒潮町内の建設会社に入社。南海トラフ地震の新想定が発表された翌年の2013年に黒潮町役場に入庁。現在は、避難施設の建設、地区防災計画の策定などに携わっている。

南海地震対策係で今は8年目ですが、避難タワーや避難路、防災倉庫などのハード整備は2019年度におおむね完了しました。今は整備したものをどう使うか、地域と協力して模索しています。

被災しても再生できるコミュニティーへ
——住宅の高台移転への期待——

——高台移転の話に移りたいと思います。この話は、いつ頃、どのようなきっかけで始まったのでしょうか。

西村——一番のきっかけは、2012年に新想定が出たことですね。職員が各地区に浸水区域などの説明に回っていて、地区の防災を見直そう、という話をする中で話題にあがったと聞いています。何か対応できる事業はないかと調べてみたら、被災後の防災移転促進事業があったので、それを被災前に活用できないかと検討を始めたということです。また、国の事業に対して被災前移転の課題を地域から提言していくという目的もありました。

金子——そうそう、当時防災課長の松本敏郎さん（現・黒潮町長）から、「国で高台移転のしくみ（防災集団移転促進事業）がある」と言われて。現実的でない面があって実現は難しい、けど、これを勉強してみんか？　勉強することで、防災への意識も高まるのでえがやないか、と。それで始まりました。

西村——2012年に地区として勉強会をしたいという総意を得た翌年、2013年度に、計4回の高台勉強会をすることになりました。

——最初に松本課長から事業の話を聞いたとき、どう思いましたか？

金子——当時、私の子どもは保育園・小学校に通っていたのですが、いざという時のことを考えると、やはり、自宅が高台にあれば安心、自分が家を建てるなら高台に、という考えがずっとありました。そんな中で高台移転の話が出たので、ぜひ、勉強したいと思いました。

——金子さんは、勉強会の主要メンバーとして活動されていましたね。地区として高台移転を考えようと思ったのはなぜですか。

金子——東北を見て、今、ここに100軒の家があるとして、100軒すべてがまたここに戻ってくることが、果たして復興と言えるのか、と考えました。文化とか伝統とか、そういうものを一緒に残すことが本物の復興ではないかと。そうして、事前復興計画を勉強し始めました。

すると、被災後に津波災害特別警戒区域に指定されると勝手に家を建てられないといった課題が分かってきた。当時、高台移転の話を始めたときは「自分の住んでいる土地を捨てていくのか」と言われることもあったし、「(津波で家を流されても)自分はここに家を建てる。家が流れても、流れても、元のところに家を建てる」と言われたこともありました。でも、「いや、お前、被災したらそこには家は建てられないことを知らんのか」と。

被災しても自主的に再生するにはどうすればよいか。例えば、出口地区で8割の住民が被災したら再生は難しいけど、8割が被災を免れるのであれば、仮に2割が被災しても再生できるのではないかと思ったり。それから、堤防を作るのは違うなという気持ちもありました。僕らは田舎に過ごしてきて、自然と大事に付き合いたいと今でも思う。なんぼ津波が怖いと言っても、海が見えないのは嫌だし…そこで、高台移転という選択肢が出てきました。

“事前”の移転は命を救う良薬か、コミュニティー崩壊への毒薬か

——勉強会が始まってから、どのような課題が見えましたか?

金子——勉強会に際して地区でアンケートをとったのですが、自分は全員が賛成かなと思ったら、そうでないことが分かって。実際、行ける人にとったらありがたい、けれど、そうできない環境、経済的状況の人もいる。普段近い関係にある分、そういう一人一人の事情を知っているし、全員に移転を強制できないというのも分かる。

——2013年頃、NHKが取材した出口の高台移転に関する番組を見たのですが、たしか金子さんも出演されていましたね。印象的だったのは、金子さんの「(高台移転が)命を救う良薬となるのか、今あるコミュニティーを崩壊させる毒薬となるのか」というコメントです。

金子——そういうことも言ったなあ。この危ない土地にいくら投資しても、何十年後かには津波で無くなってしまうわけだから、高台移転は「未来への投資(=良薬)」とも言える。一方で、集団移転をすると、元の土地は移転促進区域に指定され、残った土地の地価は下がるでしょう。そこに住宅が建つことはなく、どんどん自分の周りが歯抜けになる。これが分かってきてから、勉強会に微妙な空気が流れはじめた。そうすると、「自分は(高台に)行くぞ」と堂々と言える状況ではなくなってくる。やり方によっては、今まで築き上げてきた地域の人間関係が壊れかねない…それを「毒薬」と言いました。その時に考えたのが、公営住宅を高台に一緒に作れないかということです。そうでもしなければ合意は難しかった。

――勉強会の最後の議事録では、「今後も勉強会は継続していくことを望む」と締めくくられています。現状はどうなっているのでしょうか？

西村――現状、防災集団移転促進事業だけでは、町の財政的にも難しいという結論に至っています。他の補助事業を併せて町の財政的にも耐え得る制度があれば検討したいですが、その後、現状は変わらず、まだ有効な補助事業はないので、勉強会自体頓挫している状況です。

実現しなかった高台移転――その一方で得たもの

――国の制度の改善が目的の一つという話でしたね。

国見――当時、防災集団移転促進事業の要綱上は、事業計画を策定し、まず災害危険区域を設定する必要がありました。それを設定すると家が建てられない状態となります。その後に、移転促進区域を設定して、地区の住民全体で高台に移転する、元の土地は町が買い上げるというスキームだったわけです。すると、地区の全員が同意しないと、事業が進まない。被災前の地区だと実現はかなり難しい事業です。

黒潮町の勉強会は、多くの方に注目していただき、国からも何度か出口地区の視察に来ていただいています。それ以降、防災集団移転促進事業は何度か改正され、要件緩和や支援拡充など徐々に使い勝手が良くなっています。現時点では、未だ出口地区の高台移転ができるスキームではないですが、形はどうであれ防災集団移転促進事業の改善に一役買ったのではないかと思っています。

写真2　**花取（太刀踊り）をする出口地区の人々**（2020年10月26日撮影：中野元太氏）

――自分たちが直接的に恩恵を受けられないにもかかわらず、ここまで熱心に取り組まれた、その原動力は何でしょうか？

金子――東北の地震が人ごとではなく、未来の自分たちの姿だったからです。対岸の火事で終わるのではなく、明日にでもこの地域に起こる光景として見たとき、自分たちにできることの一つが勉強会でした。

――勉強会を通じて、地区に変化はありましたか？

金子――地域がまとまった。それから、被災する家を助ける勉強会ですから、助けられる家も努力しないわけにはいかない。そうすると、「うちはもうあきらめる」と言っていた人も、人が助けに来るのだから（地震があっても）玄関までは這い出る努力をしよう、そのためには家の耐震化をしよう、と意識が変わってきました。

——今振り返ってみて、勉強会は地区にとってどのような経験でしたか。

国見——今後、南海トラフ地震は必ず起こると言われていますが、実際に被災して各地区がばらばらに高台に移れば、元からあるコミュニティーがなくなることも危惧されます。広大な土地1カ所に住宅を集めることになることもあるかもしれません。その点、出口地区は勉強会をして移転候補地も選定していますので、すぐにでもその場所を候補として進められるでしょう。既に、ここに移りたいという意思を示しているのですから。事前復興準備をある程度終えていると言えるかもしれません。

KUNIMI Kazushi

1979年生まれ。2004年大方町役場に入庁。健康福祉課、教育委員会、総務課を経て2012年国土交通省四国地方整備局へ出向、その後、黒潮町まちづくり課都市計画係に戻り、2020年度より現職。

将来に何を残したいか ―出口地区の文化と伝統芸能

山沖——そうそう、田野浦（出口の隣の沿岸地区）は田野浦で、出口からたった1㎞も離れていないけど、祭りも違う。花取の形も違う。太刀の長さも違う。そんなことも文化として大切にしたい。被災後、集合住宅を作ってただ集まればいいというわけではない。何百年築いてきたものをどうやって受け継いでいくか、次につなげていくか。そんなことを小学校・中学校の子たちにも伝えたいね。

——花取とは…？

西村——出口の伝統的な踊りです。他の地区にも同じ踊りがありますが、呼び名は様々で、刀を持って踊るので太刀踊り、他に子踊りと呼ぶ地区もあります。出口では花取と呼びます。ほかにも、「お伊勢」という地域独特の小唄や「さはらい」というのがあって…。

山沖——そうそう、「さはらい」はしばらく途絶えていたけど、30代40代の人たちが復活させてくれたね。「お伊勢」は、歌える方が限られてきたので、IWK（黒潮町のケーブルテレビ）にお願いして録音してもらい、それも復活させようではないかと話しているところです。

——サ・ハ・ラ・イ…？

西村——厄災の災を払う。「さはらい」です。まず、お互いの口上があって、そのあと打ち合い、そして組手をするものです。

金子――それこそ「さはらい」の復活はおまえではないか!?

西村――あれは弟です。私は20年前にしました。小学生で花取して、中学生で「さはらい」。若いころにしているので、(踊りは)染み付いています。

金子――あれでまた地域が盛り上がった。祭りに出てくるのが楽しみになって。

山沖――みな楽しみにしているもんね。今年も、コロナだけれどやろうという話にはなっています。みんなに声掛けて。直接防災につながる活動ではないけれど、地域を強めていく大きな力になるし、出口に残って、ここで生活したいという思いが防災にもつながっていくと思っています。

――お祭りの話を聞きながら、皆さんが熱心に高台移転勉強会に取り組まれた背景が少し分かった気がします。残したいものがある、ということですね。

金子――黒潮町内の7割は限界集落ですが、出口地区はまだ子どもがいる世帯もあります。また、その世帯と高齢者とのつながりもあります。この環境に、あぐらをかかずに努力しなければと思っています。ここを未来に残したい、子どもたちに残ってほしい、地区の伝統芸能を残したいという思いもあります。何をもって復興、何をもって強い国土と言えるのか。自然と付き合うのだから、生活や地域が壊れることもあるけれど、そこからどういう過程で復興していくか、そういう能力は地域にあるか。戻っていく力のある地域にしたいですね。

黒潮町役場新庁舎移転

―被災前初の一団地の津波防災拠点市街地形成施設の都市計画決定―

[語り手] 宮川 智明 氏　黒潮町 情報防災課 課長補佐 兼 南海地震対策係長

2020年9月29日　黒潮町役場新庁舎にて

東日本大震災からの教訓
―災害時に行政機能を維持できる庁舎に

――宮川さんは、町庁舎移転にいつから関わられましたか?

宮川――2012年度に総務課庁舎建設係ができて、翌年にまちづくり課に所管替えとなりました。私は2013年から庁舎建設係になり、庁舎竣工の2018年まで担当しました。

――2013年ということは東日本大震災の後ですね。震災のときは

何をされていたのですか？

宮川——情報防災課情報推進係でＩＣＴ関係を担当していました。２０１１年3月11日の午後は、旧庁舎で会議をしていました。発災後、黒潮町にも大津波警報が出ましたので会議は中断し、役場職員は避難場所へそれぞれ行くことになりました。高台には、車両で避難される方も結構いましたね。このような経験は、初めてでした。

——私が黒潮町にかかわり始めた２０１２年頃は、黒潮町役場は駅前にあって、国道はもっと幅員が狭くて…8年くらいで黒潮町役場周辺の景色は様変わりしましたね。庁舎移転の話が挙がったのはいつごろですか？

MIYAGAWA Tomoaki

1989年に大方町役場（現黒潮町役場）に入庁、総務課教育委員会、産業振興課、まちづくり課を経て、2018年度より情報防災課に配属となる。現在は黒潮町が取り組む「犠牲者ゼロ」を目指す防災施策に携わっている。

宮川——庁舎が老朽化していましたので、震災以前の２００９年度から検討していましたが、当時は旧庁舎のすぐ隣に移転する予定でした。そこは、旧想定では数ｍの浸水とありました。でも、高盛土をしてピロティ構造にすれば、なんとかなるだろうと。ただ、震災1年後に新想定が出て、旧庁舎周辺も浸水区域なので、急きょ、場所を変更しなければならない…そんなときに、私が庁舎移転係として担当になりました。

——当初は、高台ではなく浸水区域内の土地に移転する予定だったのですね。

宮川——そうなんです。でも、東北の被災地では庁舎機能が麻痺していて、使い物にならないことが報道で伝わってきました。高盛土をしたピロティ形式にしたとしても、一番機能しないといけない行政機能が果たせなくなります。執行部や議会からも見直しをするべきだという意見が出て、候補地を再検討した結果、高台の今の場所になりました。２０１９年に供用開始した国道56号大方改良のルートは、１９９９年の計画時から変わっていませんが、新想定後に国道の計画高を4～5ｍ上げたと聞いています。この国道が新庁舎に接続する辺りは浸水しない高さになっています。

迅速な用地買収のため、都市計画決定の手続きを採用することに

——新想定後に庁舎移転場所が変更され、２０１３年12月25日に一団地の津波防災拠点市街地形成施設の都市計画決定をされていますね。

写真3　黒潮町役場新庁舎上空から市街地と海を望む（提供：黒潮町）

東日本大震災の被災地以外での適用は初めてだったとか。より手続きが多く煩雑な都市計画決定をあえて選択されたのはなぜですか？

宮川——手間は、庁舎だけ建てるのと比べて、5倍10倍は平気でかかりましたね（笑）

実は、都市計画決定でやる必要性はほぼないのですが。通常、用地買収は、公有地の拡大の推進に関する法律（公拡法）で行います。公共に土地を提供していただくと、公拡法では最大1500万円が税控除されますが、移転予定地を調べたところ、土地だけで1500万円を超えるため税控除が効かないケースがあることが分かりました。もう一つは、新庁舎の横に移転する公営住宅です。公拡法では戸数要件が50戸以上で5000万円控除となりますが、ここは20戸と少なく、5000万円の税控除が適応されません。税控除が受けられないと、地権者は土地を売りにくい。20戸でも土地収用法を効かせられる方法を検討したところ、津波防災地域づくりの新しい法律で、一団地の津波防災拠点市街地形成施設という都市計画事業であれば収用適格事業となると分かりました。そこで、庁舎と公営住宅、防災広場を複合的に一つの団地として整備することになりました。

——税の特別控除の問題は、他の地域でもありますよね。黒潮町特有の課題とは思えませんが…？

宮川——土地の大きさですね。黒潮町の今回の用地買収では、1人の方が大きな土地を持たれているケースが多く、果樹園の土地は、土地代に果樹の補償などを加えると結構な額になり、とてもじゃないけど1500万には収まらない。もっと時間があれば粘り強い交渉ができましたが、用地を買い、造成して庁舎を建設し、役場を引っ越して旧庁舎を解体し、更地にして、道路用地として国に引き渡すまでにはかなり時間がかかってしまう。国道56号大方改良事業の工期との関係もあり、4年間で完了させなければなりませんでした。とにかく、用地買収を急がなければいけない事情も都市計画決定の手続きを採用した理由の一つです。

——造成段階でこだわったことがあるとか？

宮川——造成時に産廃を出していません。雑木は、宿毛市にあるグリーンエネルギー研究所というバイオマスの企業に買い取ってもらっています。ただ、根株は買ってくれません。そこで、大型の破砕機を導入してチップにしました。農業で使うマルチングとか肥料に使えますので、地権者にお渡しして喜んでいただけました。前例はありませんが、地権者に還元できてよかったと思います。手続きは大変でしたが、廃棄するよりも安くできました。

庁舎完成、防災拠点としてのさらなる充実に向けて

——新庁舎はいつ完成しましたか?

宮川——庁舎は2018年11月に完成（**写真3**）しましたが、駐車場の工事はぎりぎりまで終わらなくて…年明けから引っ越し作業をして、2019年1月9日の開庁の時は、住民さんに土を踏ませないようになんとか駐車場は間に合わせました。

——庁舎が移転して、町に変化はありましたか?

宮川——庁舎が移っただけで、商店関係が移転したわけではないので、旧庁舎の周辺が寂れたというのはありません。ただ、不動産鑑定士によると、新庁舎周辺は市街地的な評価になりつつあるようです。浸水区域は、毎年の県の公示価格を見ても下がっています。逆に高台の団地はちょっと上がっています。もともと高台の土地が少なく、宅地の需要はありますので。本年度中には、新庁舎周辺には町営住宅や消防屯所、駐在所も移ってきます。今後は、町の防災だけでなく、生活・暮らしの拠点としても、さらに機能を充実させていきます。

複数市町と取り組む事前復興の地域デザインと教育 ―宇和海沿岸地域からの発信―

Territorio Design and Educations for Pre-Disaster Recovery Planning Together With Multiple Local Governments, Residents and Researchers -Trials in the Uwakai Coastal Area-

山本 浩司
愛媛大学 防災情報研究センター 特定教授

YAMAMOTO Koji
地盤情報、軟弱地盤、災害想定等の実務・研究を経て、2017年から本職。現在は社会基盤メンテナンスエキスパート（ME）の養成、南海トラフ地震事前復興等の防災研究に従事。博士（工学）・技術士。

南海トラフ地震事前復興共同研究

四国・愛媛県の西端に位置する宇和海沿岸地域は、3市2町が南北に並び、リアス式海岸が織りなす美しく豊かな自然環境の中にある。人口約18万人の生活の多くは、この自然がもたらす漁業や柑橘農業などと共に営まれている。一方、この海岸地形は地震津波等のハザードに対しては弱点となる。愛媛県の想定では、南海トラフ地震が最悪の条件下で発生した場合の津波高は10m近くにも達すると予測されている。

宇和海沿岸地域の「南海トラフ地震事前復興共同研究」は、東日本大震災から7年が経過した2018年度より、北から伊方町、八幡浜市、西予市、宇和島市、愛南町の5市町と愛媛県、愛媛大学、東京大学が連携して取り組みを始めた。この活動は行政だけでなく全世代の住民も参加し、大学側も学生から教員までの研究者が連携するもので、大災害からの復興における〝合意形成〟の姿に重なる。

事前復興の二つのベクトル

経験したことがないような最悪の事態が現実となったとき、その直視できないような現実を前に困惑と混乱が渦巻く中で、失われた生活の再建とまちの復興は始まる。住民一人一人の悲しみと苦悩、人口減少等の地域の問題が加速する危機を可能な限り回避し、未来へとつながる復興とするための備えが「事前復興」には求められる。本研究では〝命を守る〟ことと生活の再建と〝復興までに備える〟ことまでを包括するものとして、事前復興の二つのベクトルを定義した(**図1**)。これより大災害の可能性を受け入れ、最悪の事態も想定内として復興の姿を考え、新たなまちづくりへの道のりを地域全体が共有することを目指している。

「事前復興」の取り組み

ベクトル1 復興の事前実施
- 発災前のリスクマネジメントとしての取り組み、国土強靭化につながる
- 災害ダメージを軽減するための事業(防災・減災、産業や人命を守ることを含む)
- 発災後の「復興」も見越したまちづくり事業(災害後に転用できる復興基盤の準備)

ベクトル2 復興の事前準備
- 発災後のクライシスマネジメントに備える取り組み
- 最悪の事態(大災害)においても「復興」を総合的に実施するための備え
- 住民参加による復興(事業と合意形成)を適切かつ迅速・円滑に進めるための備え

図1　事前復興の定義

事前復興の地域デザインと教育

事前復興のベクトルは〝発災の時〟とその後の〝復興のプロセス〟へと向いている(**図2**の上段)。「事前準備」のベクトルからは「事前実施」への逐次移行を意味する上向きの矢印と、発災後の初動・応急から復旧、復興への切り替えと各プロセスに対する備えを意味する矢印が示される。具体的には、①復興の手順・体制の共有と訓練、②事前復興計画(狭義)、③事前復興まちづくり計画、④事業化へと続き、ある日、南海トラフ地震が発生した直後には、②と

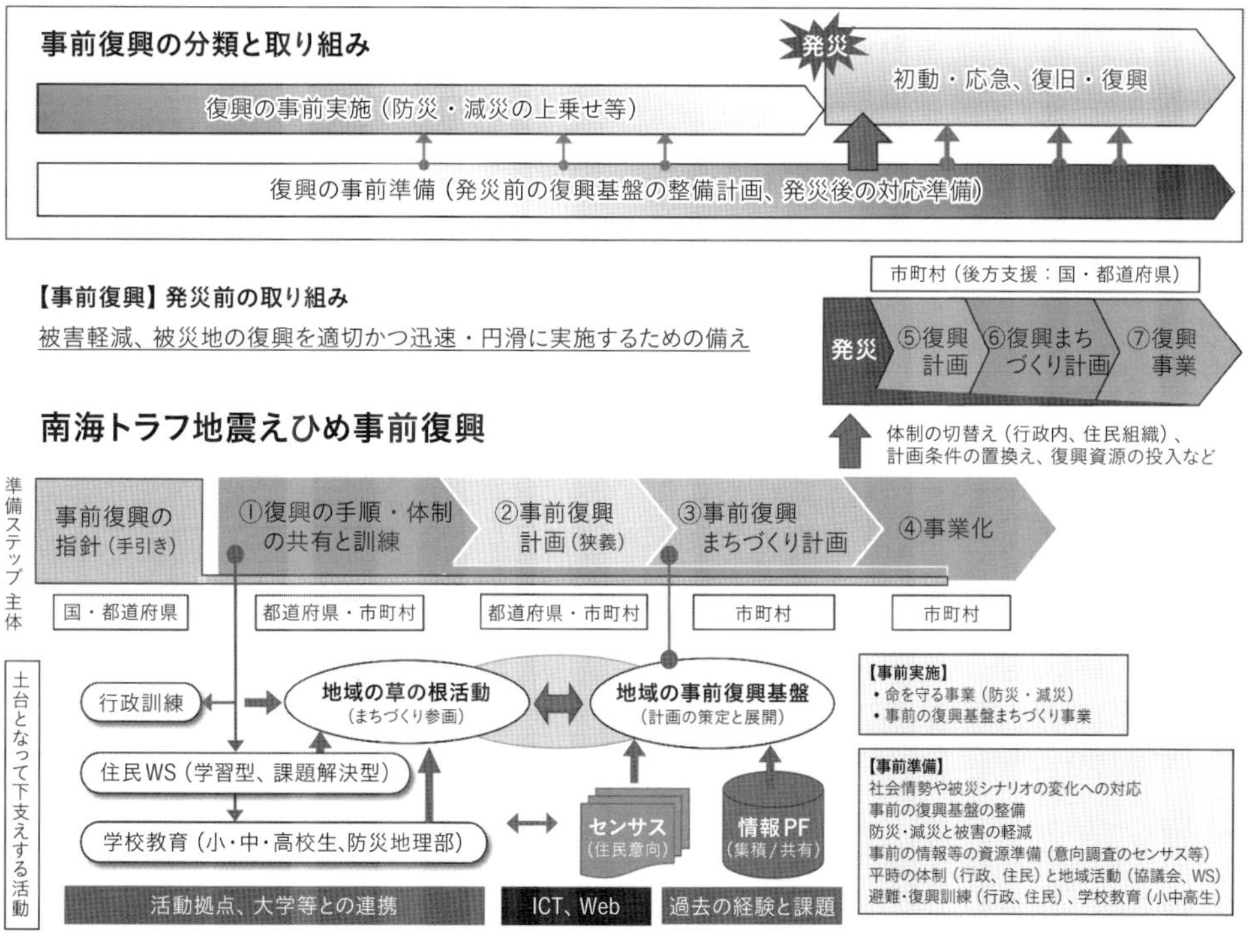

図2　宇和海沿岸地域における南海トラフ地震事前復興の取り組み

③の計画（地域デザイン）は⑤復興計画、⑥復興まちづくり計画、⑦復興事業へと切り替わり、復興の合意形成（期間短縮と質の向上）へとつなげる（図の中段）。このようにして軸となる地域デザインを描き、復興までの道のりに総合性を持たせながら迅速性と即効性を確保する。そして、地域デザイン構築の下には事前復興の土台となる要素を配置する（図の下段）。ここで「教育」は「計画」や「調査・情報」と並ぶ事前復興の柱となる。防災教育はソフト的に命を守ることにつながるが、事前復興教育は避難から復興までのハード・ソフトの両面を支える人的な基盤の構築である。大災害からの復興は第1に被災者となる住民の生活再建のためにあり、住民と行政、社会との協働が求められる。事前復興教育はその土台として防災から復興までに立ち向かう知力と実行力（人材）を育むものであり、全世代にわたる地域学習は事前復興と復興の中で不可欠な要素となる。本研究が取り組む行政職員の訓練、住民WS、小中高校生への学校教育からなる事前復興教育は〝地域の草の根活動〟となり、発災後は復興まちづくりを支える力（組織）へとつながる。

学校教育のプログラム

小中高校生への学校教育のプログラムは、今の子どもたちが南海トラフ地震の当事者になることを想定している。そして人生に必要な資質を養うための通常のカリキュラムの中に事前復興につながるテーマを加えた。小学生には〝思考の芽生え〟として、ハザードとまちの重なりが災害になるという視点に立ち、まちの大切なものを調べ、それが失われる可能性と新たなまちづくりを考える学習とした。それを能動的学習（問う、調べる、まとめる、発表する）の場として学ぶ。中学生は〝思考の形成〟として、地域学習の中で「復興まちづくりのビジョン」（復興で大切にしたいもの、郷土と自分）を考える。高校生は〝概念の再構築〟として、避難から復興までのプロセスを再び学習した上で、社会システム学習の中で「復興の合意形成」をロールプレーイング・ディスカッションにより疑似的に体験する。このように子ども時代に学び考えたことが、いつかその日に、大災害へ立ち向かう力となることを期待している。

また、大災害は復興事業をハード的に最前線で担う土木技術者にとっても大きな負荷となる。心底から勇気と確信をもって事業へ邁進する礎とするためにも、事前復興を上辺だけの備えとしないためにも、土木技術者には今ある技術力と実現可能な未来を学びの場へ提供することが望まれる。

オール浜松の防潮堤整備の協力体制
—ダム技術"CSG工法"を用いた海岸防潮堤—

About the Cooperation System for Seawall Maintenance in All Hamamatsu
–Seawall Using the CSG Construction Method Cultivated by Dam Technology–

内田 光一
静岡県 交通基盤部 理事 兼 浜松土木事務所長

レベル1を上回る防潮堤の整備

東日本大震災を契機に津波防災地域づくり法が施行され、想定外を無くす理念の下、レベル2[注1]の津波に対して、ハード、ソフトの対策を組み合わせた「多重防御」によるまちづくりが法の基本とされた。

静岡県は、南海トラフ巨大地震の震源域に近く津波の到達時間が短いこと、また、多くの人口や資産が低平地に集中しているため、広範囲に甚大な被害が想定されることが浮き彫りとなった。シミュレーション結果によると、遠州灘に面した浜松市では、地震発生から約15分で津波が海岸に到達し、その規模は最大津波高15m、遡上距離は海岸から約4kmのJR浜松駅付近まで及び、沿岸部に広く既成市街地や産業基盤が形成された地域特性からソフト対策だけでは十分な被害軽減が難しいと考えられた。

また、東日本大震災の甚大な被害の状況を見た地元篤志家から、創業の地である浜松市沿岸域を守りたいとの強い思いから寄付の申し出があり、その寄付金を原資として天竜川河口から浜名湖今切口までの約17・5kmにおいてレベル1[注2]津波高を上回る防潮堤整備を進めることとなり、浜松市沿岸域の防潮堤整備は、2012年6月篤志家・静岡県・浜松市による三者基本合意によってスタートした。

防潮堤整備は2013年7月に着工し、まず、延長約700mの防潮堤を試験施工として検証した上で、ここで得られた知見をもとに、2014年6月から本格施工に着手し、2020年3月末日、わずか7年で本防潮堤を竣工させた**（図1）**。

UCHIDA Koichi
2012年浜松土木事務所技監、2015年静岡県技術管理課長、2017年静岡県建設技術監理センター所長、2019年浜松土木事務所長。

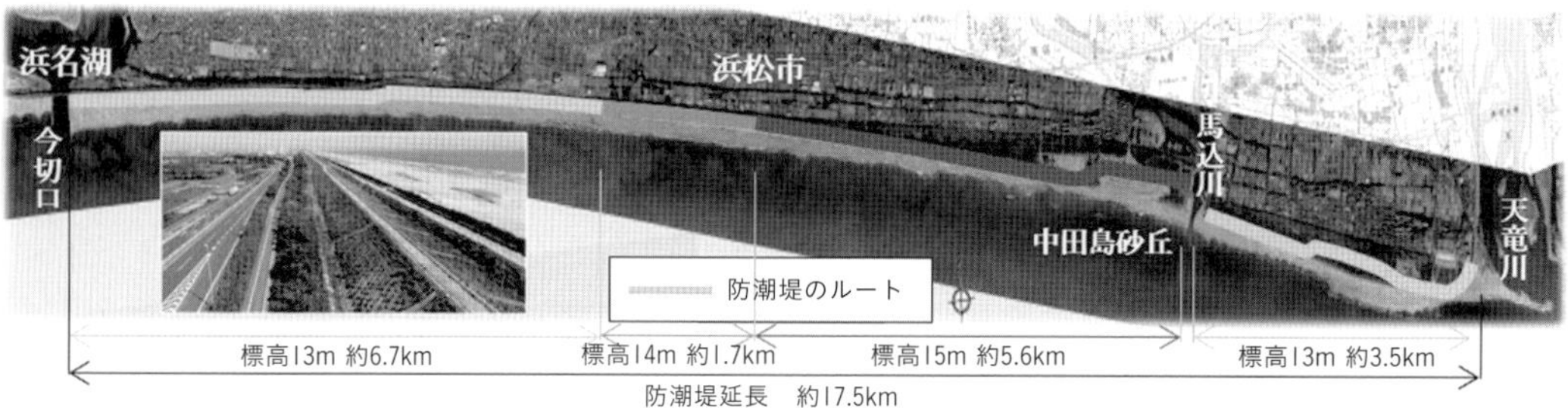

図1　防潮堤ルート図

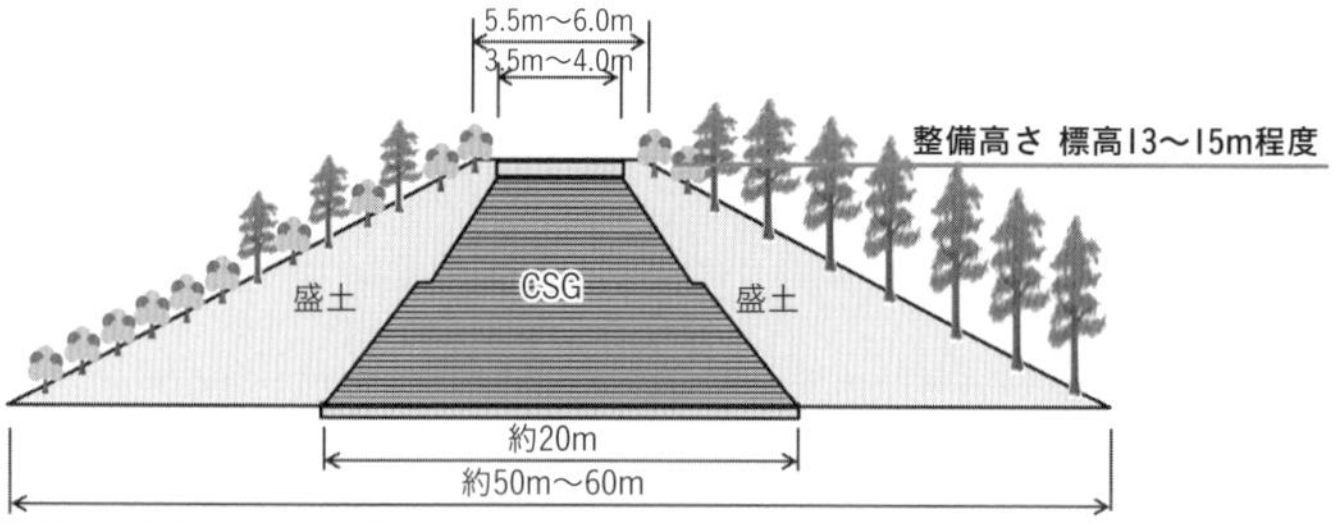

図2　防潮堤の基本構造

図3　「オール浜松」で防潮堤整備を推進 概念図

防潮堤の減災効果と基本構造

浜松市沿岸域は、レベル２津波が襲来した場合、約４１９０haもの広域な浸水が想定されている。このため、防潮堤の整備高さは、レベル２津波高に合わせた標高13～15ｍを基本に設定することとした。一方この高さを確保しても、レベル２津波が防潮堤に到達する段階でせり上がりが発生した場合には乗り越え、背後に浸水域が生じるリスクは有している。しかし、この防潮堤整備の効果は非常に高く、レベル２津波に対して、宅地の浸水面積を約８割低減し、さらに、木造家屋が倒壊する目安とされている浸水深２ｍ以上となる宅地面積を98％低減させる大きな減災効果をもたらすものである。

防潮堤の位置は海岸防災林内に配置し、基本構造は、ダム技術で開発された堤敷幅の広い台形状のＣＳＧ[注3]を本体中央部に配置し、その両側を盛土で被覆する構造を採用して、想定する最大規模の地震や津波の外力に対して安定させるとともに、環境や景観面にも配慮して海岸防災林の再生を可能とした（**図２**）。

「オール浜松」で整備した防潮堤

浜松市沿岸域防潮堤整備は、延長約17・５㎞という長大な構造物であり、施工に伴う社会的な影響が大きいため、浜松市域全体の合意形成を図りながら「オール浜松」

で整備を推進した。2012年9月に防潮堤整備「着手式」の後、同年12月に沿岸地域の自治会連合会が中心となった「防潮堤整備推進協議会」が設立され、防潮堤のルートや構造など設計段階から地元の要望や意見を取り込みながら整備を進めた。2014年4月には、浜松市自治会連合会、商工会議所など全40団体で組織する「みんなでつくろう防潮堤市民の会」が発足し、土砂の供給元やその運搬、現地での施工など沿岸地域だけでなく、全市を挙げて早期完成に向けた防潮堤整備の体制が整い、各団体と連携を取りながら整備を推進した（図3）。

さらに、自然環境、植栽計画、景観デザインに関する委員会を設置して、防潮堤の計画にさまざまな意見を反映させた。このため、事業に反対する声はほとんど聞かれなかった。とにかく命を守ることを最優先に、施工しながら課題を解決していく手法をとった。

地域の魅力と価値を高める防潮堤

毎年ゴールデンウィークに開催されている「浜松まつり」の凧揚げイベントは、防潮堤から凧揚げ会場が一望できるため、「防潮堤から凧が乱舞する合戦の迫力が感じられとても良い」という意見も頂いている。また、防潮堤天端を舗装し転落防止柵を設置した区間は、ビュースポットとして広大な遠州灘を眺めながら散歩をする人たちでにぎわいを見せている。

このように防潮堤は防災機能だけでなく、市民や観光客に親しまれる新たな価値を生み出しており、さらなる利活用における効果も期待される。

また、地元産業界では、今後沿岸域の安全性向上の効果が心理的に作用していけば、立地の優位性から、設備投資や住宅再築が活性化することを期待している。

一方、防潮堤を過信せず、命を守る適切な避難の取組を地域で実践していくことは言うまでもない。

（注1）レベル2：1000年から数千年に1回起きる恐れのある考えられる中で最大級の規模。
（注2）レベル1：100年から150年に1回起きる恐れのある規模。
（注3）CSG（Cemented Sand and Gravel）：近傍で容易に入手できる砂礫等にセメントと水を添加し混合することにより製造される材料であり、土砂等の土質材料に比較して大きな強度を有する材料である。CSGはダムの本体工としての実績があり、近年では海岸防潮堤の構造にも採用されている。

インタビュー

津波痕跡調査の果たした役割

Outline of tsunami trace survey and its role

［語り手］
今村 文彦 氏　東北大学 災害科学国際研究所 所長
高橋 智幸 氏　関西大学 副学長
［聞き手］
倉原 義之介、村上 亮　土木学会誌編集委員

2021年2月4日（木） オンライン会議にて

東北地方太平洋沖地震は、これまでにない甚大な津波被害を東北地方を中心に与え、その影響は北海道から沖縄にまで及ぶ広範囲のものであった。地震直後より、多くの研究者、技術者、行政機関が参加し、東北地方太平洋沖地震津波合同調査グループ（以下、調査グループ）が学会・分野横断的かつ自律的に組織され、全国的に大規模な津波痕跡調査が共同で実施された（写真1）。調査で調整役を務めた高橋氏、ご自身も被災しながら、現地からの情報発信を続け、調査のとりまとめ等に貢献された今村氏に、発災初動期の調査活動を振り返り、津波痕跡調査が果たす役割と今後発生が懸念される南海トラフ地震等への備えについて伺った。

津波痕跡調査の概要と当時の状況

――まず、調査で担当された役割について教えてください

高橋――東北地方の津波研究者は、ご自身も被災され多忙な状況でした。そこで、被害の少なかった関西圏で事務局を担当しました。調査グループはオーソライズされたものではなく、研究者や技術者などが自律的に集まったものであったため、調整役（事務局）が必要でした。被災地では救助・救援、緊急の復旧作業が進められていて、それぞれが各自で調査に行くことは、作業の邪魔になる恐れがありました。現地の状

況が分からない中で、東北大学の今村先生や越村俊一先生などから情報共有いただいて、状況を把握して、調整を行いました。

今村――私は地元が被災しまして、学術調査、緊急・初動対応、復旧・復興事業など多くに関係しました。被災の当日、翌日、翌々日の記憶は鮮明ですが、それ以後は当時のスケジュール帳を見ないと思い出せないほどに忙しい状況でした。調査に関しては直接現地にも行きましたが、調査グループへの情報提供を主に行いました。

――高橋先生も過去に東北大学にいらっしゃったとお聞きしました。お二人は被災地を見てどのような思いを抱かれましたか

高橋――私は今村先生が助手の時の学生でした。そのころから、三陸地方を見て回っていました。東日本大震災以前にも、各地に調査に赴き被災後の大変な状況を目にしてきましたが、被災前の状況が分かっていませんでした。今回の調査では、社会が、町が、人々の生活が津波によって壊れていくのをまざまざと見せられました。一夜にして知っている場所が一変した。その怖さを実感し、南海トラフの巨大地震で津波被災が懸念される地元の関西のことを思い恐怖を感じました。

IMAMURA Fumihiko

東北大学大学院工学研究科附属災害制御研究センター助教授、同教授を経て、2014年より現職。専門は津波工学・自然災害科学で、津波被害の軽減を目指し、津波予警報システムの開発や太平洋での防災対策等の研究を数多く実施。

今村――東日本大震災以前から、1992年のニカラグア地震、インドネシア・フローレス島地震から始まり2004年のスマトラ島沖地震・インド洋大津波など現地調査に参加していましたが、東日本大震災は別格であると感じました。広域的かつ複合的な被害で復興への課題が多くありました。発震の3日後(日曜日)に報道ヘリで上空から現地を確認しましたが、目の当たりにした光景は想像を絶するものでした。震災前から、訓練などの防災を地域の方と一緒に実施していたので、今回の甚大な被害は大変に残念であり、忸怩《じくじ》たる思いがありました。

――甚大かつ広域な津波被害に対して、調査を進める上で注意した点は何でしょうか

高橋――まず、調査地域の割り振りを行いました。津波被害が大きな場所に調査の関心

写真1 津波痕跡調査の状況写真

TAKAHASHI Tomoyuki

東北大学大学院工学研究科附属災害制御研究センターで日本海溝と千島海溝の津波、京都大学防災研究所で南海トラフの津波、秋田大学工学資源学部で日本海東縁部の津波、ハワイ大学とワシントン大学で遠地津波に関する研究を行う。博士（工学）。

が集まりやすいですが、被害の大きい場所、小さい場所どちらのデータも重要です。心苦しいところもありましたが、皆さんご理解いただけて分担して調査を行いました。

今村――学術調査の必要性を地域住民に理解していただけるように関係者を説得いたしました。震災以前から津波防災対策を共に実施してきた中で、今回の悲惨な被害がありましたので、地元の方の行政・学術に対する複雑な思い、さらには不信感もあったと思います。学術的調査の意味と、地域の復旧・復興計画に必要なデータ・情報の入手の重要性を説明し、理解を得ることに努めました。

――調査の反省点はありますか

高橋――個人的には、もっとうまく調整できたのではという思いはあります。調査が被災地への負担とならないことを最優先に考えたため、ブレーキになることがあったかもしれません。災害復旧が進むにつれて、津波の痕跡はどんどん消失してしまいます。もう少し踏み込んだ調査が可能だったのではないかと考えることがあります。しかし、調査団が救助の邪魔になれば大きく信頼を失います。被災調査は大きなアクションです。被災地への負担を最小化するように、計画を立てて、少人数、短期間で調査を行うことが求められます。このため、常に危険側を見て調整を行いました。非常に難しいところです。

――もう一歩踏み込むには

高橋――現地との連携が重要です。今回の調査は津波研究が盛んな東北大学や岩手大学などの協力があったからこそ可能でした。現地の情報がなければもっとブレーキをかけることになってしまいます。日ごろからの備えと発災後迅速に組織できる学術的コミュニティーの形成が重要だと考えます。

津波痕跡調査における土木学会の役割

――多くの機関・研究者が調査に参加しましたが、データ信頼性・均一性の確保はどのように対応されましたか

高橋――過去の津波災害調査の経験を基にした津波痕跡調査のマニュアル(注1)が以前から整備されていました。津波研究者ではよく知られています。このマニュアルに基づいて調査を進め、データには信頼性の評価を付けました。調査に入った時期や、痕跡の状況によって調査結果の信頼性は異なります。信頼性が高いデータから使用することが可能となり、データの利用価値が向上しました。

――調査で土木学会が果たした役割は

高橋――土木学会、特に海岸工学委員会からの参加者は、海岸災害の現地調査経験が豊富で、連携がとれており、率先して調査を引っ張っていただけました。これが、全体で良い結果を出すことにつながりました。

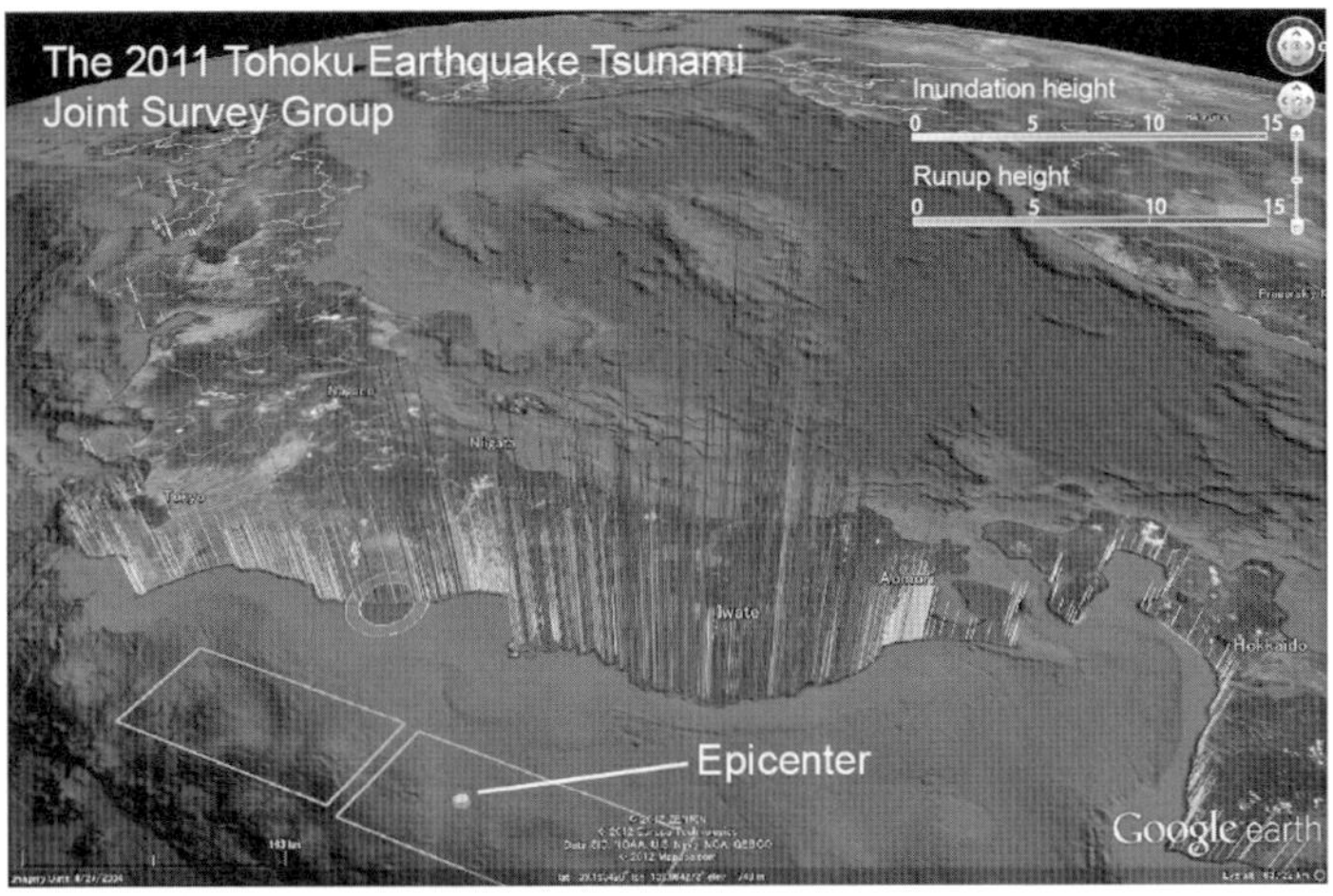

図1　津波痕跡調査　痕跡高さの分布図（出典：東北地方太平洋沖地震津波情報、https://coastal.jp/ttjt/index.php）

今村――調査結果を活用する場面では、信頼性のある情報を提供し、防災における社会インフラも含めた総合対策の必要性を理解いただくことが重要でした。当時は、まず土木学会が中心となって東日本大震災の特別委員会を結成して、調査結果を整理し発信しました。調査等で得られた多くの知見が現在利用されています。土木学会の考えが基軸となり、行政でも利用されています。

津波痕跡調査の果たした役割

――調査結果は震災からの復興でどのように活用されていますか

高橋――調査により、北海道から沖縄までの広域な、津波高さの分布が得られました（**図1**）。これが、地震メカニズムや津波断層モデルの推定に寄与しました。各地域で詳細なデータを取得することができ、浸水域、遡上高、場所によっては流速、被災状況が分かりました。また、調査結果により、どのような外力で防潮堤が被災したかが明らかとなりました。これらが、災害復旧・復興を進める上で、基準の見直し等に生かされました。地域行政では、ハザードマップや、復興計画、避難計画にも活用されました。防潮堤高さの設定などの広域の防災計画から地域レベルの対策にまで広く活用されました。

今村――メディアを通じて被災地の状況が伝わる中で、防潮堤などの施設整備の存在意義が問われました。当初は、役に立たなかった、避難が遅れる一因となった等の意見も多く出ましたが、津波高さの低減や到達時間の遅延など、その役割が調査により明らかになりました。被災状況の悲惨さは現地を見れば明らかですが、さまざまな機能に対して客観的にデータ取得したことが、復興において総合防災を進める根拠となりました。

――今回の震災復興では、シミュレーション技術の活用も進んでいますが、調査結果が生かされたものはありますか

今村――当時、スパコン「京」プロジェクトが動いていました。地震・津波のシミュレーションは震災以前から計画されていましたが、大震災の実態も踏まえて解析対象が浸水範囲だけでなく、地形変化、さらには避難等に広がりました。車載GPSなどのビックデータも使用して、スパコンの桁違いの能力により新たな解析方法が生まれ、現象の可視化なども可能になり、次の災害への備えに有益な情報となると期待されています。東日本大震災は大きな被害をもたらしましたが、復興計画策定や災害対策へのシミュレーション等の活用へ向けた大きな転機ともなりました。

高橋――震災後、統合モデルを開発しました。東日本大震災の広域かつ、定量的なデータが統合モデルの開発に寄与しました。統合モデルは複雑な被災メカニズムを再現できますので、より実際的な防災計画を立てることに活用できます。

また、防災においては、災害外力に対して、人がどう行動するのか事前に予測しておくことも重要です。例えば、今の道路の幅や配置で安全に避難できるか。避難は徒歩が原則ですが、お年寄りやけがをした方などさまざまな状況の中で、車での移動も起こります。そこで歩車混合の避難モデルを開発しました。車での避難が増えることにより、徒歩での避難にどのような影響を与えるのか、どのような場所で問題が生じるかなどの検討が行えます。歩行者への影響を避けるための車での避難方法を探るなど、人・物の動きまで含めたシミュレーションには調査結果が役立ちました。

――特に津波高さのシミュレーションは復興計画で大きな意味を持ったと思います

今村――復旧・復興計画を立てる上で津波高さのシミュレーションを行うことが前提でした。これは過去にない役割でした。調査結果の積み重ねとシミュレーション技術の進歩が、得られた結果の精度向上と信頼性の評価につながり、計画作成の根拠としての利用を可能にしました。

事前復興へのシミュレーション技術の活用

高橋――発生が懸念される南海トラフの巨大地震による津波高さのシミュレーション結果が震災後1年ほどで発表された時には、多くの方の関心を集めました。当時は、それまでの想定を大きく超える予測結果は衝撃的でしたが、現在では冷静に受け止めて、備える雰囲気ができていると思います。

今村――内閣府が出した高知県での30ｍを超える津波高さの想定に対して、地域ではどうしようもないという意見もでました。

高橋――予測結果は、諦めてもらうためのものではなく、助かるためにどのように逃げるかを考えていただき、そして行動するためのものです。地道に理解を呼び掛けて、反応は良くなっています。ただし、冷静になっているのは、防災意識（危機感）が薄れていることが背景にあるのではないかと危惧もしています。

――防災意識の維持に対して、調査結果や津波シミュレーション等の活用はできませんか

高橋――最新のシミュレーション結果をもとにハザードマップが作られています。それを持って、石碑巡りや痕跡巡りをしてみようと呼び掛けています。最新の技術で予測された最大規模の津波予測と過去の痕跡とを比較して、感覚的に知ってもらうことが防災意識の維持や災害のイメージを持つことにつながると考えています。

今村――わが国はSociety5.0の確立を推進しています、バーチャルとフィジカルの空間連携です。津波対策でいえば、バーチャル＝シミュレーション・予測、フィジカル＝地域、防災対応、さらには津波痕跡（環境）・石碑などの防災文化と考えられます。双方の融合が不可欠であり、見えないリスクに対する低減の方策や対応策を検討することができます。最大クラスのみならず高頻度に起こる災害への備えなどに意識を高めることが重要です。

ハードとソフトのバランスが取れた防災へ

高橋――調査を経て改めて思うのは、ハードウエア防災の重要性です。必要不要のゼロかイチかで考えるべきではありません。ハードウエア防災が減災に貢献していたことが今回の調査、その後のシミュレーションで明らかとなりました。南海トラフの巨大津波を想定した西日本の対策では、ソフトウエア防災に偏り過ぎている傾向があるのではと危惧しています。将来、もし防災意識が薄れ、さらに防潮堤、河川堤防、水門などのハードウエアが十分に整備されていなければ、被害は甚大なものになってしまいます。そのような状況を避けるためにも、ソフトウエアとハードウエアのバランスが取れた防災を行わなければなりません。

一方で、反省として、ハードウエア対策の限界を正しく住民に伝えきれていたかということがあります。東日本大震災の津波により多くの場所で防潮堤や堤防は壊れて、街に津波が入ってきました。構造物は設計外力を超えたときに破堤する、それを伝えきれていただろうかということです。堅固なものを作ると、完成を知ってもらいたい、見てもらいたいという思いから、過剰な安心感を与えがちです。効果と限界をきちんと伝え、その上でソフトウエア防災の必要性も合わせて理解してもらう。両輪が重要です。そういうことを説明できるのが土木技術者だと考えています。

今村――また、ソフトウエア対策だけでは、経済被害、インフラ被害は減らせません。復旧復興を見据えてのハードウエア対策も必要です。ハードウエア対策は町を守る、資産・建物を守る役割があります。

当時の阪田憲次会長の下、さまざまな特別委員会が結成され、社会インフラを超えた市民工学の役割を果たしました。土木技術者として専門性を高めることはもちろんですが、総合性も考え、安全・安心のために果たすべき役割を明確にして、市民の皆さんが理解し協働できるように発信し続ける必要があると考えています。今後も大きな被害が予想される中で、何をどこまで守るのか。それを決めていかないと、次の一歩を踏み出すことができません。震災10年の節目に、改めて議論することが必要と考えています。

（注1）東北地方太平洋沖地震津波合同調査グループHP・東北地方太平洋沖地震津波情報、https://coastal.jp/ttjt/index.php

復興事前準備の推進と復旧・復興まちづくりサポーター制度

The Advancement of Pre-Disaster Planning for Post-Disaster Recovery and Reconstruction

池田 亘
国土交通省 都市局 都市安全課 都市防災対策企画室 課長補佐

国における復興事前準備の取組

国土交通省ではこれまで、災害からの復興まちづくりを市街地整備事業等により支援してきたところであるが、東日本大震災での経験等もふまえ、災害からの早期復興のため平時から復興まちづくりに向けた検討を実施しておく「復興事前準備」の推進を図っている。

２０１７（平成29）年４月の防災基本計画の改定において「国は，自治体が被災後に早期かつ的確に市街地復興計画を策定できるよう，復興事前準備の取組を推進する」ことが位置付けられた。２０１８（平成30）年７月に国が公表した「復興まちづくりのための事前準備ガイドライン」では、五つの検討項目（「復興体制」「復興手順」「復興訓練」「基礎データ」「復興まちづくりの目標等」）を挙げ、これらを継続的な取組とするため、地域防災計画や都市計画マスタープラン等に位置付けることを推奨している。国土交通省が全国の自治体を対象に実施した調査では、五つの検討項目のいずれかを「検討済み」または「検討中」と回答した自治体は全国で約55％となっている（２０２０年７月末時点）。「南海トラフ地震津波避難対策特別強化地域」に該当する１３９市町村では、「検討済み」または「検討中」と回答したのは１１５市町村（約83％）、「検討していない」と回答したのは24市町村（約17％）となっている。検討項目別にみると、「復興体制」「復興手順」など、自治体内部で検討可能な項目は全国で約４～５割が検討に着手済みであるのに対し、「復興目標」など市民を巻き込んで検討する項目は〝２割〟に満たない。

IKEDA Wataru
2012年九州大学工学部卒業、2015年同大学院修士課程修了。同年国土交通省入省。住宅局建築指導課、住宅局住宅生産課係長、国土技術政策総合研究所企画部企画課課長補佐などを経て、2019年4月より現職。

復旧・復興まちづくり　サポーター制度の創設

「令和元年東日本台風」では、被災した市街地の復旧対策に追われる中、復興まちづくりの議論を同時並行で行う自治体もあり、復興事前準備の必要性を再認識することとなった。2019（令和元）年1月に開催した「円滑な復興まちづくりへの推進会議」には、南海トラフ地震等で被害が想定されている地域等から約250人の自治体職員が参加するなど、高い関心を集めた。会議では、学識者による講演や先行する自治体の経験談等をもとに意見交換を行い、参加者からは、「先導的な取組を実施している自治体のノウハウをより深く知りたい」という声が寄せられた。

このようなニーズを踏まえて2020（令和2）年6月から運用を開始した自治体支援の仕組みが「復旧・復興まちづくりサポーター制度」である。本制度では、復興まちづくりや復興事前準備の経験・ノウハウを有する自治体の職員・OBを「復旧・復興まちづくりサポーター」に、サポーターからノウハウを受け継ぎ対応力を高めたいと考える自治体を「パートナー都市」に、それぞれ登録している。サポーターには東日本大震災や熊本地震、糸魚川大火などで復興まちづくりを行った自治体や復興事前準備の取組を先進的に行っている計20自治体の31人が、パートナー都市には全国から応募のあった80自治体がそれぞれ登録されている（2020年10月時点）。パートナー都市からの相談に応じて事務局がサポーターを紹介し、サポーターから助言等を行う他、サポーターとパートナー都市による連絡会議を開催し、メンバー間の情報共有や意見交換により相互の取組の推進を図っている（**図1**）。

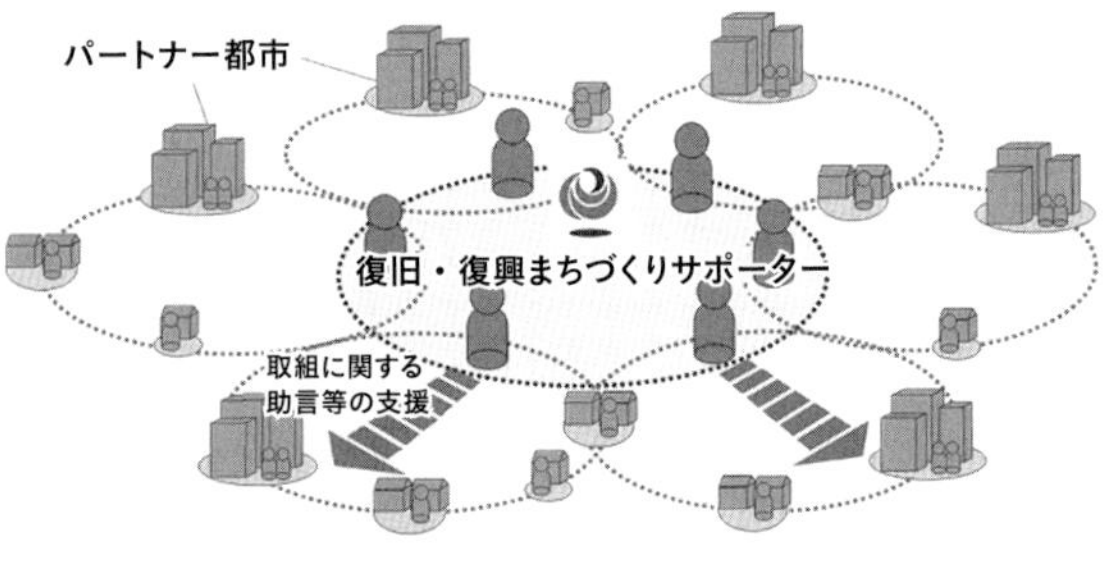

〈サポーター登録のある地方公共団体〉
※R2.7時点

都道府県	内訳
北海道	札幌市、むかわ町
宮城県	東松島市
福島県	福島県、いわき市
埼玉県	埼玉県、さいたま市
東京都	東京都、葛飾区
新潟県	新潟市、糸魚川市
静岡県	富士市
愛知県	名古屋市
兵庫県	西宮市
和歌山県	和歌山県、美浜町
徳島県	徳島県
愛媛県	西予市
香川県	香川県
熊本県	益城町

〈サポートの活用事例〉
- 取組への助言等（川崎市の取組をサポーター（さいたま市）が支援）
- セミナーでの講演（千葉県講演会でサポーター（富士市）が講演、写真）

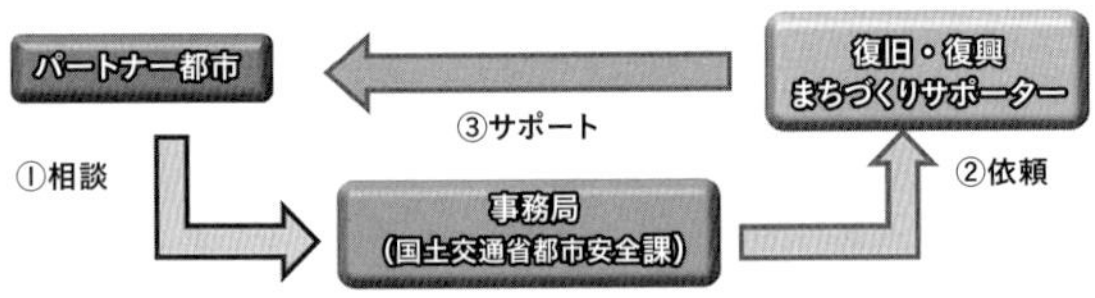

図1　復旧・復興まちづくりサポーター制度

防災移転まちづくり

自然災害による被害の防止・軽減には、「復興事前準備」によるソフト面での対応に加えて、被災前から「復興で目指すまちづくり」に着手していくことが求められる。こうした「事前復興」の一つとして、国土交通省で取り組んでいるのが「災害リスクのより低いエリアへの住居や施設の事前の移転の促進」である。２０２０（令和２）年９月に施行された改正都市再生特別措置法では、市町村のコーディネートのもと防災移転を計画的に実施する仕組みを創設するとともに、税制面でも支援策を講じている。移転先の確保や住民の合意形成など現場ではさまざまな課題が想定されるため、前述の「復旧・復興まちづくりサポーター制度」でも「防災移転まちづくり」に関連した制度・事業の周知や情報交換、課題の共有等を行っている。

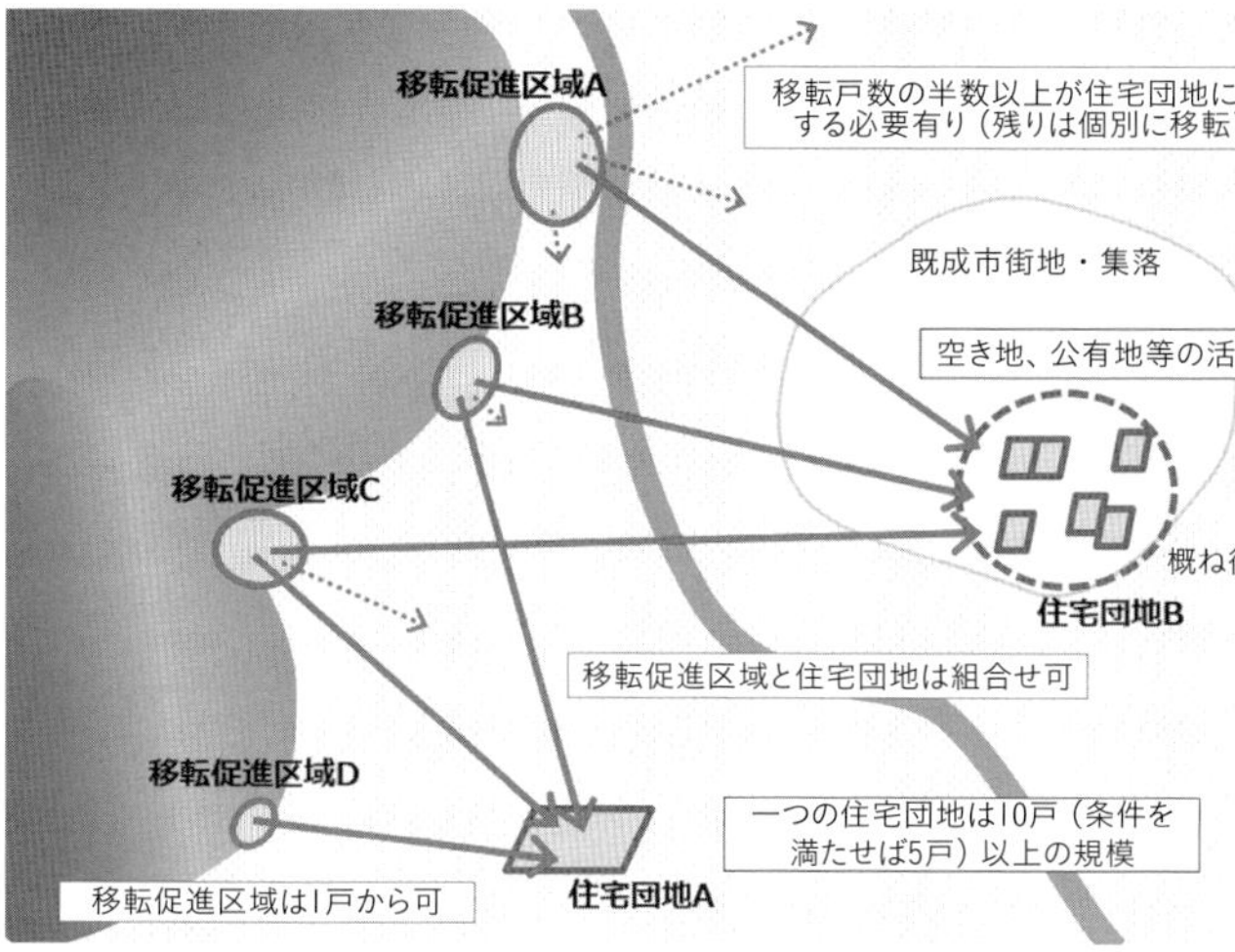
空き地、公有地等の活用も可
概ね徒歩圏

図2　防災集団移転促進事業の活用イメージ（事前の移転）

「防災移転まちづくり」を支援する事業の一つに、防災集団移転促進事業がある。本事業は、住民の生命等を災害から保護するため、居住に適当でないと認められる区域内にある住居の集団的移転を促進することを目的として、市町村が行う住宅団地の整備等に対し事業費の一部を補助するものである。２０２０（令和２）年度より、整備する住宅団地の規模要件の緩和（従来10戸以上であったところ、一定の条件を満たす場合は5戸以上へと引き下げ）を行い、より小規模な移転への支援が可能となった。本事業はこれまで東日本大震災などの被災後の復興まちづくりにおいて活用されてきたが、今後は被災前の移転への活用も促進していく必要がある。複数の移転促進区域（移転元）と住宅団地（移転先）の組み合わせが可能である他、移転先として既存の空き地等を複数取得して住宅団地とすることもできるため（**図2**）、事業の実施経験のあるサポーターの助言等も活用しながら、円滑な事業実施に向けた工夫等がなされることを期待したい。

若者はどう震災と向き合ったのか

Young Engineers and Architects Facing the Big Quake

地域の豊かな日常を創る

白柳 洋俊　愛媛大学 大学院理工学研究科 講師

「地域の豊かな日常を創ること」を心にとどめ、日々活動している。

学生時代、研究および実践活動を通じて石巻が復興してゆく姿を見てきた。震災直後、家屋が、街が消え、啓開された道路だけが残る光景に息を飲んだ。そこにあったであろう地域の日常が跡形もなくなっていることに声が出なかった。ただ、道路の先に見える夕日が煌《きら》めく北上川は美しかった。しばらくすると、消毒用の石灰が散布された真っ白な空き地が広がるなか、矢板が打ち込まれた川沿いを親子連れが仲良く散歩し、その裏の魚屋からは威勢のいい声が聞こえてくるようになった。そしていま、新設された堤防からベンチに腰掛け昼食を囲む地域の方の声が川に、まちに響いている。海と川の恵みと美しい風景、そしてそこに営まれる日常の暮らしが良質なインフラの整備によって取り戻されつつある。

人と人、人と土地のつながりを取り戻す。そんな豊かな日常を創る仕事を私も目指したい。

SHIRAYANAGI Hirotoshi

1987年生まれ。2015年東北大学大学院工学研究科土木工学専攻博士課程後期修了後、愛媛大学大学院理工学研究科助教を経て、2019年より現職。国土交通省肱川緊急治水対策河川事務所肱川激特事業景観協議会副会長。

建築性能の底上げで未来のリスクを低減する

掛本 啓太　BAUES代表、プログラマ

私は震災以前から福島県桑折町でまちづくり活動をしており、震災後は原発の問題で暗くなってしまったまちの活性化に取り組みました。

町とサークルで開店させた店舗でイベントを開催するなど活動したものの、活気を取り戻せない自分に強い無力感を抱いていました。

人の役に立てる人間になりたいと懸命に考えた末、建築構造やプログラミングの知識を生かすことで、災害後だけではなく事前に減災に取り組むことができると考えました。

大学卒業後、建築の構造設計者を経て、現在はBAUESというサービスの開発・運営をしています。BAUESは、建物の解析モデルを半自動で作成し、専門知識がない人でも簡単に、建築性能を把握でき、かつ、学ぶことができるグローバルに使用可能なWebアプリケーションです。世界中の建物の性能を底上げすることで、将来起きるさまざまな問題のリスクを低減できると考えています。

当時の無力感を大切にし、人の役に立てる人間を目指したいと思っています。

KAKEMOTO Keita

1988年生まれ。2010年デンマーク工科大学留学後、2012年東北大学卒業。2014年東北大学大学院修了。2014年アラップ・アンド・パートナーズ・ジャパン・リミテッド、構造エンジニア。2017年BAUESを設立。建築性能の底上げで未来のリスクを低減する。

東日本大震災を経験した多くの若者が土木や建築に関連する分野を進学先として選び、仕事として取り組んでいます。震災から10年、土木・建築分野で活躍する16名の研究者、技術者、学生にその思いを語っていただきました。

まだ見ぬ建築に

伊藤 幹　aat+ ヨコミゾマコト建築設計事務所

被災直後の2011年7月、学部4年の課題で石巻市雄勝町の小さな浜の復興計画を提案した。

実務者を招いた講評会では、提案そのものが美しすぎる、事業スキームが弱い、復興において夢を語るならば厳しい現実にも目を向けよと、批評は手厳しいものだった。

そんな中ある建築家は、厳しい批評を投げかける彼らから、「美しい」という言葉が出てきたことこそ、褒め言葉だと言った。目を背けたくなるような現実から、美しさを見逃さず、むしろ建築はそこに活路を見いだすべきだと。幸運にも事務所での最初の担当で、復興プロジェクト「釜石市民ホール」の設計監理に関わることができた。繊細な納まりや工事中の緊張感、こけら落としの感動、竣工から3年たつ今もなお、新しい使い方を生み出す創造力への驚き、挙げればキリがないが「美しい」建築の姿を何度も垣間見た。

私は今、あの言葉をくれた建築家の元で日夜設計を行っている。

自然の脅威にも負けない、自然と渡り合える美しい建築、死ぬまでに一度は生み出したい。

ITO Motoki

1988年生まれ。2015年東北大学大学院工学研究科都市・建築学専攻修了。2013～2014年ブリュッセル自由大学ラ・カンブル＝オルタ建築学部留学。2015年～ aat＋ヨコミゾマコト建築設計事務所。

いのちを守るための防災対策の模索

濵岡 恭太　（株）建設技術研究所 社会防災センター

「荒浜で200～300人の遺体が見つかる(1)」、発災当日の夜、自宅に戻るのが怖く、家族と車中で過ごしていた際に、ラジオから流れてきた情報でした。誤報だったものの、今でも頭から離れません。なぜこれだけ多くの人が犠牲になってしまったのか、もっと救うことができたいのちがあったのではと、疑問を持たずにはいられませんでした。

東日本大震災の経験から、1人でも多くの「人のいのちを守るため」に、自分が社会に対してどのような貢献ができるのか、強く考えるようになりました。特に、一人一人が自分事として防災について考え、行動することが重要であると感じ、防災教育を自身のテーマとして、取り組みを続けています。

学生から社会人になり、転職も経験し、今後も自分が置かれる立場は変わり続けますが、自身の業務やボランティアを通じた防災活動が、本当に「人のいのちを守るため」の防災対策につながっているのか、自問自答する日々です。

(1)〈アーカイブ大震災〉混乱極み 情報錯綜（河北新報ONLINE NEWS）(https://www.kahoku.co.jp/special/spe1168/20160128_01.html)

HAMAOKA Kyota

1991年生まれ、宮城県仙台市出身。2014年東北大学工学部建築・社会環境工学科卒業。2016年東北大学大学院工学研究科都市・建築学専攻修了。2016～2020年（株）サイエンスクラフト、2020年～現職。

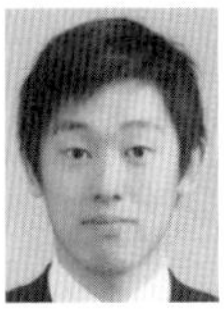

地域防災力の向上に向けて

今野 悟　日本工営（株）コンサルティング事業統括本部 基盤技術事業本部
社会システム事業部 防災マネジメント部

当時は仙台市内で被災し、渋滞の脇を通りながら原付きバイクで帰宅したことを覚えています。自宅のあった富谷町では、ライフラインが長期期間途絶し、約1カ月間の被災生活を送りました。自宅周辺では大きな被害は有りませんでしたが、津波に巻き込まれて亡くなった友人もおり、悲しい思いをしました。現在では、日本工営にて、建設コンサルタントとして、当時の経験を生かしながら、ソフト防災や防災まちづくり計画等の検討に従事しています。今、当時の自分を省みると、もし沿岸部にいたら、確実に津波に巻き込まれていたと思い、防災意識の醸成の重要性を大いに感じているところです。近年では南海トラフ地震の被害が想定される地域において、事前復興まちづくりや道路啓開計画等の検討を支援しています。次なる大規模津波が発生した際には、自分の検討成果が地域防災力の向上に寄与し、「逃げ遅れゼロ」や「いち早い地域の復興」の一助となることを願っています。

KONNO Satoru

1991年宮城県生まれ。2010年4月、東北大学工学部建築社会環境工学科に入学し、土木計画学を専攻。2016年3月に同大学大学院情報科学研究科を修了。2016年4月日本工営(株)に入社。防災マネジメント部に配属され、現在に至る。

研究と復興支援

菊池 義浩　兵庫県立大学 大学院地域資源マネジメント研究科 講師

2009年3月に大学院を修了し、東日本大震災当時は仙台高等専門学校に研究員として勤務していました。学生2人と研究室にいて、強く長い揺れに耐えながら、地震が収まったあとの行動について頭を巡らそうとしていたことを覚えています。私の学位論文のテーマは「生活圏の変遷と再構成」で、地理・地勢を指標とした地域に内在する構造性、また、市民活動の範囲に見られるような地域内部からの主体的な圏域構成に着目した研究に取り組みました。3.11後、被災地の復興支援に携わる機会をいただきましたが、地域の現状を捉え、再建に向けた課題や方向性を検討する上で、それまでの研究活動で培った経験が土台になっていたことを改めて思い返しています。現在は、兵庫県立大学大学院地域資源マネジメント研究科で勤務しており、キャンパスがある豊岡市も地震被害の歴史を有する地域です。災害多発国であるわが国が復興研究をけん引していけるように、3.11の教訓を継続して探究しつつ、社会に還元していくことが求められると考えています。

KIKUCHI Yoshihiro

東北工業大学大学院修了。博士（工学）。仙台高専研究員、岩手大学特任助教等を経て2017年から現職。専門は農村計画、都市計画で、東日本大震災後は復興計画に関する研究に従事。共著書に『震災復興から俯瞰する農村計画学の未来』（農林統計出版，2019）。

3651日

田中 惇敏　認定NPO法人Cloud JAPAN

あの日、あの時、一瞬にして多くの命が失われた。一瞬にして大切な人に先立たれ、失意のどん底に落ちた人たちがいた。その者たちの命を弔い、復興へ導くために、全国から支援に駆けつけた。そして、その中から活動の中過労で亡くなる方も多くいた。震災当時とその後の尊い犠牲、壮絶なる努力の上に今がある。3,650日も3,651日も。

「10年経ったし、もういいよね。」その言葉が怖くて10年を迎えたくない。区切りで思い出してくれることは嬉しいけれど、現場では変わらず犠牲と努力を繰り返していく。3,650日も3,651日も。

私たちがあの日から、そして、その後の犠牲と努力から何を学んだのか。人は失わないと気付けない。命の尊さを学んだのではないのか。営みの豊かさを学んだのではないのか。区切りの意味はむしろ私たちの側にあるのかもしれない。

TANAKA Atsutoshi

2011年4月、九州大学工学部建築学科入学。その後、4年間の休学期間を経て、被災地での活動を続け、その後は同大学大学院人間環境工学府都市共生デザイン専攻修士課程在籍する傍ら空き家活用を行うNPO代表理事他4社の役員を務める。

震災を機に建設会社へ入社

鈴木 悠也　東亜建設工業（株）

震災当時私は東京の大学に在学中でした。仙台空港へ津波が押し寄せる映像がテレビから流れたときには、石巻漁港から近くに位置する実家にも津波が到達しているのは容易に想像がつきました。震災後初めて実家へ帰った際にできたことは流れてきたがれきの撤去。その時の無力感や思い出の場所がめちゃくちゃにされた喪失感。その他の経験が、将来の目標や夢が明確になかった私が被災地の役に立てる職業を選ぶきっかけとなりました。

入社してからは施工管理に従事し、入社4年目に熊本地震の復旧工事に配属されました。土木工事の魅力を体感し、震災の復興工事に従事したい気持ちが薄れていたころでした。地震後数日からの復旧工事はスピードが求められました。施工の安全確保・各所との調整や段取り等滞りなく行えたと思います。今後も自然災害はあるでしょう。日々の業務で技術者としての力を蓄え、いつでも最前線で社会に貢献できるように備えていきたいと思います。

SUZUKI Yuya

1990年宮城県仙台市生まれ。石巻高等学校から東京農業大学地域環境科学部へ進学。大学在学中に大震災を経験し、東亜建設工業（株）へ入社。現在は、九州・東京支店を経て、東北支店所属。ふくしま復興再生道路として位置づけられている小名浜道路の工事を担当。

震災を経験し、現場監督の道へ

河野 成実　大成建設（株）東京支店 下高井戸調節池工事作業所

私は、今、土木工事の現場監督として働いています。現場監督になりたいという夢を持ったきっかけは、震災の経験からです。当時は、ライフラインも止まり、普通に生活することが困難な中、周りの人々と支えあいながら生活していました。この時に、人の温かさにふれて、将来は社会にも人にも貢献できるような仕事をしたいと考え、現場監督という道を選びました。

本年度入社した私は、分からないこと・知らないことばかりで、毎日先輩や上司、現場の作業員さんたちに多くのことを教わっています。まだまだ未熟な私ができる仕事はわずかですが、今の私がしていることが将来的に人と社会への貢献につながっていると考えると、無事に竣工させることはもちろん、無事故無災害で竣工を迎えられるよう努めていきたいと思います。そして、自分が携わった土木構造物が一人でも多くの人に貢献できればいいなと思っています。

KONO Narumi

1997年宮城県仙台市生まれ。震災当時中学生。山口大学工学部社会建設工学科を卒業し、2020年度大成建設（株）へ入社。

東日本大震災から10年

茂木 敬　（株）熊谷組 東北支店建築部 設備グループ

当時、私の家は宮城県名取市でしたが、仙台東部道路の西側であり、直接の津波被害は免れ家族も無事でした。しかし、東部道路東側の惨状は全くの別世界、その光景は今でも目に焼き付いています。

4月から弊社で働くはずでしたが、発災以降は復旧に明け暮れ先が見えない日々でした。入社が近づいた頃、人事の方が東京に帰還する弊社復興支援バスへの同乗を手配してくれ、上京の決断がつきました。入社式出席がかなったと同時に、弊社の復興支援に感謝と誇らしさを感じた出来事でした。

私は設備担当ですが、電気・給排水・空調に加えて意匠・構造の勉強も必要です。約10年の勤続でようやく各専門の方々と仕事の話ができるようになり、やりがいを感じています。

2020年4月東北支店配属となり、震災からだいぶ時を経て地元に戻りました。多くの方々の努力により復興が大きく進んでいますが、今後、私も仕事を通じて東北の復興と繁栄に貢献していきたいと思いを新たにしています。

MOGI Takashi

2011年東北文化学園大学大学院健康社会システム研究科生活環境情報専攻修了、同年（株）熊谷組入社首都圏支店建築部設備グループ配属、2020年（株）熊谷組東北支店建築部設備グループ異動、現在に至る。

災害を乗り越えてその先へ

木村 奈央　（株）NTTファシリティーズ東北設備部門第二設計（電気）担当

あの日、「いつもより大きな地震。でも大丈夫だろう。」そんなことを津波が来るまでは思っていた。

震災を経験し、住宅を設計したいという思いから、復興に携わりたいと思うようになった。より専門知識を付けたいと思い、東北工業大学へ進学し、3年生からは環境系の研究室へ配属を希望し、被災当時の計画上来るはずのない濁流が目の前から押し寄せた経験から、ハザードマップの有効性について研究を始めた。認知度や情報の新旧、表現方法により必ずしも有効的とは言えないことが分かり、避難経路や避難施設にハザードマップと連携したデジタルサイネージを用いることで、リアルタイムの情報が分かるシステムがあれば避難支援につながると考えた。現在は、リアルタイムの情報を提供するためには通信が必要という観点から、通信を守る強みのある会社へ入社し、通信施設の設備設計業務に携わっている。通信が災害に負けず、リアルタイムの情報が届くことで、避難支援となり、逃げ遅れ等の人的被害が減少することにつながればと思う。

KIMURA Nao

1996年宮城県生まれ。中学卒業時に東日本大震災を経験。石巻工業高等学校建築科に入学し、建築の道へ。東北工業大学大学院工学研究科建築学専攻博士前期課程修了。2020年NTTファシリティーズ東北へ入社。

あの日をわすれないように

橋本 慎太郎　プレステック（株）営業課

未曽有の被害をもたらした東日本大震災から10年がたちます。私は、津波で流された街を見て、この震災を風化させてはいけないという思いで建設業界に入りました。しかし、復興と時間が進むにつれて、この災害が風化していってしまうのではないかという不安もあります。また、災害はいつやって来るのか分かりません。2016年には台風10号が岩手県を襲い、大きな被害を受けました。そんな中、災害の最前線に立って作業をしてくれたのは建設作業員でした。私はこの人たちを、もっと多くの人たちに知ってもらいたい。特に震災当時、高校生だった私はそのような建設作業員の人たちを“かっこいい”と思っていたので、同じように若い子供たちに、建設業に少しでも興味を持ってもらいたいと思っています。そして、この震災を忘れてしまわないよう、過ごしていきたいと思います。

HASHIMOTO Shintaro

1994年岩手県久慈市生まれ。震災当時は高校1年生。杏林大学を卒業後、久慈市へ戻り現在はプレステック（株）営業課に所属。

人々の暮らしを手助けしたい

安彦 大樹 寿建設（株）

震災当時はまだ中学３年生でした。地震により、水道・電気・ガス等のライフラインが停止し、周囲では下水管の沈下による道路陥没や、擁壁の崩壊など、見慣れていた光景が全く異なり、衝撃を受けました。

混乱の中、水や食料を買い出しに向かう際、黙々と復旧作業をする建設業の方々の姿に「カッコいい。自分も人々の暮らしを手助けしたい」と思い、この世界に飛び込みました。

体力も頭も使い、他業種に比べ危険もたくさんあり、自分に務まるのかなと思いましたが、担当した工事が無事に完成した時は、達成感・やりがいをとても感じました。

現在、昨年の台風19号により崩壊した国道の法面復旧工事を担当しています。初めての災害復旧現場で測量、施工管理等まだまだ分からないことばかりですが、先輩や職人さんたちは忙しい中詳しく教えてくださいます。新しく学べることや、地域住民の方々の感謝の言葉など、とてもやりがいを感じられる職種だと思っています。

大変なこともたくさんありますが、早く一人前になって会社に貢献できるよう、頑張っていきたいです。

ABIKO Daiki
1996年7月15日生。2015年4月1日寿建設（株）入社。震災当時中学生、被災当時の居住地福島県福島市。現在、地場土木工事（橋梁補修等）を担当。

当たり前であることのありがたさ

安部 遥香 東京電機大学 未来科学部 建築学科 3年

私の地元は福島県郡山市である。震災当時、私は小学５年生だった。

友達と下校中、突然強い揺れが起きて立っていられなくなった。近くの家から瓦が落ちてきた光景が今でも鮮明に思い出せる。

家族は全員無事で実家も大きな被害はなかったが、日常生活は一変した。原発事故の影響で小学校最後の運動会がなくなるなど、外での活動が制限された。父の勤め先の建物が被害を受け、父の単身赴任が続いた。今まで当たり前だったことが一瞬にして変わってしまうことを経験した。

あれから10年がたち、現在私は意匠系の研究室で建築を学んでいる。

建築はいつも誰しもの日常にあると思う。私は将来、意匠設計を通じて、人の日常に寄り添えるようなあたたかい建築を作りたい。人は何か大きな出来事が起きて初めて、「当たり前であること」のありがたさを実感する。「当たり前の日常」を設計するからこそ、私は当たり前の生活のありがたみを忘れない人でありたいと思う。

ABE Haruka
震災当時小学5年生、被災当時の居住地福島県郡山市。

学生の思い・主張

小松 大輝 日本大学 工学部 建築学専攻 修士1年

私は、生まれ育った福島県いわき市で中学年生の時に被災し、避難生活も経験しました。それから10年がたち県内で、大学院まで進学しています。現在に至る進路や専門の選択に際して、例えば、災害や防災など被災経験を特に意識したことはないという認識でいます。あのような大災害を体験したことによって、何をしても自然に逆らうことはできないと、諦めにも似た感情を抱いているのかも知れません。そういうこともあって、私の今の興味は、遠い未来のためというより、今現在の質の高い建築やモノを知りたいというところにあります。そう考えてみると、私にとっては、県内にも多く作られる復興のための建築やモノも、日常目線で見ているのかも知れません。未成熟な時期の被災経験によって、無意識のうちに醸成された価値観は、私にとっては、教訓や学びというより、感覚の根底に刻まれるものであったように思います。

KOMATSU Daiki
福島県いわき市小名浜出身、小名浜東小学校、小名浜第二中学校、磐城高校、日本大学工学部建築学科（卒業）、日本大学工学部建築学専攻修士1年（現在）、23歳。

困っている人たちに笑顔を

高橋 茂幸 寿建設（株）

今からちょうど10年前、当時中学２年生だった私は、東日本大震災という大きな災害を経験しました。その日早めの下校で家にいた私を大きな揺れが突然襲いかかり、慌てた私は家を飛び出し、揺れが収まるのを待ちました。夜になり電気・水道が止まり不安が残る中、朝を迎えました。その日、親と出掛けた私はとても衝撃を受けました。舗装や法面などが崩壊して通行もできなくなっており、テレビで見るような光景が広がっていました。それから私は復旧作業をしている方々、津波の被害を受けた方々の救助などをテレビや間近で目にするようになり、人のために役に立てる仕事をしたいという気持ちが心の中で大きくなりました。

それから私は高校で土木を学びました。今では復旧作業を見ていた立場だった私が建設業で国道の維持補修工事の現場を担当しています。人のために役立てる仕事に就き、困っている人たちに笑顔を届けられるよう、今の仕事に誇りを持って頑張りたいと思います。

TAKAHASHI Shigeyuki
1996年10月12日生まれ。2015年4月1日寿建設（株）入社。震災当時中学2年生、被災当時の居住地福島県川俣町。国道維持補修工事担当。

第4章 未来へ

日本の都市は、災害による破壊とその後の復興の繰り返しにより形成されてきたといっても過言ではない。災害以前の状態に戻す「修復」や「復旧」を超え、災害以前とは異なる未来志向のまちづくりである「復興」という概念は、いつ、どのように生まれたのだろうか。関東大震災と帝都復興計画、東日本大震災からの復興、そして未来の災害における復興を歴史の繰り返しの中に位置づけながら、変化する社会における復興のあり方を模索する。

災害復興の系譜と未来

Reconstruction in pre-modern, modern, and post-modern urban society

［座談会メンバー］
北原 糸子 氏　立命館大学歴史都市防災研究所 客員研究員
目黒 公郎 氏　東京大学教授、大学院情報学環総合防災情報研究センター長、日本自然災害学会会長
羽藤 英二 氏　東京大学大学院工学系研究科教授、計画・交通研究会会長
［司会］
中居 楓子　名古屋工業大学大学院工学研究科 社会工学専攻

2022年12月14日（水） 建設技術研究所にて

日本の都市は、災害による破壊と復興の繰り返しの中で形成されてきた。このなかで、東日本大震災の復興はどのように解釈できるか。また、今後の災害の復興はどのようにあるべきか。本座談会では、災害史を専門に、災害からの復旧・復興の研究をされてきた北原糸子先生、都市計画・交通計画を専門に、東日本大震災でも陸前高田をはじめとする復興支援に携わられてこられた羽藤英二先生、そして都市震災軽減工学・国際防災戦略研究の領域で、ハード・ソフト、公私などさまざまな軸から地域問題を解決する対策の研究に取り組まれている目黒公郎先生にお集まりいただき、日本において近代的な復興が行われるようになった関東大震災（p.219 コラムおよび図1～3で解説）と、その前後の災害と復興の歴史を振り返りながら、変化する社会における今後の復興のあり方を議論した。

日本における「復興」の起源と変遷

――まずは、日本の「復興」の歴史について、近世に遡ってお話を伺いたいと思います。過去の災害では、都市はどのように復旧、復興されたのでしょうか。

北原――江戸時代の土木計画は、幕府が采配を振るって、各藩からお手伝い普請というかたちで労力を調達するシステムでした。お手伝い普請を行ったことは担当した藩の記録に残されています。しかし、その際

の幕府による普請計画は資料として残されておらず、実際の都市の痕跡から調べるしか手立てがない、ということです。そのうえで災害を振り返ってみると、江戸時代中期にあたる元禄から宝永年間に自然災害が多発します。元禄関東地震（1703）で房総半島南が被害を受け、その4年後には南海トラフ地震の先行形態とも分析される宝永地震（1707）が起き、さらに49日後には富士山宝永大噴火が起きます。元禄関東地震では死者数の記録はありますが、幕府が被災者を救済した記録は残っていません。このように近世初期は、基本的に国は人の救済に関心がなかったようですね。強いて言えば、震災を原因とする飢饉で暴動が起これば対応する、という記録が見られる程度でしょうか。

幕末になると安政の大地震（1850年代）が起こりますが、この頃の幕府は権力が弱くなりますので、各藩に手伝い普請を命ずることもなくなりました。ハードの復旧は各藩が自力で行うか、あるいは民間力で補います。例えば安政東海・南海地震（1854）の「稲むらの火」で知られる紀伊国広村では、実業家の濱口梧陵が自らの財力で堤を建造します。

近代に入ると明治13（1880）年に備荒儲蓄法が制定され、磐梯山噴火（1888）や濃尾地震（1891）では農地の復旧を基本に、この法に基づき農地を回復しますが、都市災害に対する復旧・復興に関する基本計画ができたのは関東大震災（1923）からです。第一次世界大戦後の工業化の時代においては、日本でも都市に人口が集中する都市化現象が急速に進んだからです。

その10年後、関東大震災の復興イメージがいまだ強烈に残っている時期に昭和三陸津波（1933）が起き、日本はこの10年のうちに都市の大火災と津波被害、二つの復興に向き合うことになります。しかし昭和三陸津波は金融恐慌や農村凶作の影響もあり、非常に限定的な復旧予算という形になりました。東北の被災地の首長たちは、不十分な災害復旧予算に加え、農村恐慌に向けた救済基金などを活用して復興を図ります。昭和三陸津波では、その37年前の明治三陸津波の経験を踏まえ、内務省が中心となって浸水域を危険区域として、高台移転を原則としました。この場合には、関東大震災の復興イメージが被災地の農民にも共有され、復興への勇気づけになったのではないかと思います。

目黒――歴史を振り返れば、示唆に富む復興活動も見られます。慶長三陸地震（1611）の後、伊達政宗は、藩内の田畑が広域で津波による塩害を受けたので、石高を確保するために新田開発をするとともに、大きな塩害をうけた水田は塩田（塩釜などの地名の由来）に変えます。ビルドバックベター（より良い復興）の好例です。また塩釜湾から阿武隈川河口に松林を海岸防災林として整備するとともに運河（貞山堀）をつくりました。これらは、海が荒れても運用可能な水路による物流の活性化と、飛砂や潮害、風害などの対策をはかったものです。時間・空間的

Itoko Kitahara

専門は災害社会史研究。神奈川大学大学院歴史民俗資料学研究科特任教授、立命館大学歴史都市防災研究センター特別招聘教授、国立歴史民俗博物館客員教授等を歴任。災害社会史の開拓者としての功績により2020年、第30回南方熊楠賞を受賞。「震災復興はどう引き継がれたか　関東大震災・昭和三陸津波・東日本大震災」（2023年発刊）はじめ著書多数。

に限定的な災害時にのみ活用するインフラ整備への投資は困難なので、平時の生活の質の向上を実現しつつ、災害時にも有効活用されるフェイズフリー防災を、すでに４００年前に実施していたことがわかります。この施設が４００年後の東日本大震災の際にも被害の軽減に貢献したわけです。

羽藤――日本は近世に低平地に築城して城下町をつくり、相当な長期にわたり都市計画に基づく土木的な投資を行い、ブローデルが言うところの「地中海」におぼしき持続的な環境を獲得しました。人口も増え生産力が上がった時代ですが、一方で災害常襲地域である氾濫原に新田開発を行い災害とも対峙し、徳川土木によるインフラ技術が蓄積され、持続可能領域が発展した過程でもありました。そしてその近世的な社会空間が近代に転換される際、例えばモビリティの変化に伴い堀を埋め立て路面電車を敷設する地域もあれば、松江のように堀が火災を防いだ歴史的事実に基づいて近世的空間を残す判断をした土地もあるように、近代的社会空間の変容はさまざまです。そのような都市形成の時間軸を見据えた際の時代の転換点となる決定的な大災害が関東大震災で、１００年経過して尚これこそが復興のかたちだと、メルクマール的にわれわれの復興イメージを支配するようにして東日本大震災復興にまで引き継がれてきた感を受けます。一方で三陸地方を歩いていると、昭和三陸津波で高台移転がなされた場所は「復興地」と示され、当時の土木技術を駆使した道路建設によって造成された斜面地と低平地が一体的な市街地を形成していることがわかるのですが、地域において目に見えるかたちで復興の成功体験が残っていたことも、関東大震災や昭和三陸津波からの復興を踏襲する形で東日本大震災の復興が進んだ一因なのかもしれません。

東日本大震災からの復興、メルクマールとしての関東大震災からの復興

――関東大震災の復興イメージが現代まで引き継がれたとのことですが、東日本大震災は、１００年前とは異なる時代背景の中で生じています。また、首都を中心とした災害（図１）と地方の広域的災害という違いもあります。もちろん、本質的に共通していることもあると思いますが、新たに実施されたことや課題もあったと思います。関東大震災の復興を

ひとつのメルクマールとして据えたとき、東日本大震災はどのように解釈できるでしょうか。

羽藤――高台移転は東日本大震災を考える一つのキーポイントです。陸前高田では1930年代に三陸鉄道が開通しました。その際、近世由来の集落が密集していた今泉と高田の中間にあたる低平地に路線が引かれてリスクが高い場所に市街地が発展したという経緯があります。東日本大震災の土木的復興の論点としては、防潮堤の高さ、高台移転の実現と市街地の造成、BRTなど新たなモビリティへの移行などが挙げられますが、これに加えて、昭和三陸津波の時のように、山側に地域のインフラの導入を梃子とする重心移動がなされたことは、一つの成功例と評価できるのではないでしょうか。

一方、共通しているのは「移動」ですね。関東大震災の発災時には鉄道ネットワークがある程度形成されていたので、栃木や群馬などへの遠距離避難が行われた初の災害復興であったと認識しています（**図2**）。東日本大震災でも多くの人が遠距離避難で難を逃れ、みなし仮設が有効に機能しました。移動を前提にどのように復興を考えていくか、またこうした遠距離避難をどう受け入れるかといった共通点は、一つの特徴と言えるでしょう。

異なるのは避難の長期化でしょうか。福島の原子力発電所事故の長期避難の問題はいまだに解決されておらず、2022年12月の段階で福島県から県外の避難者の総数は全国で2万人強にのぼります。福島にはいまだ人が戻っておらず、そもそも10年経った今、人口を戻すことを前提に復興を考えるのか、移住を前提に今までにない新しい地域づくりを考えていくのか、という課題に地域は直面しています。ウクライナ危機もありエネルギー問題が大きな転換を迎えるなか、東北全体で地域をもとの状態に戻すのではなく、エネルギー問題を含めたかたちで新しい地域のあり方を描いていくことが求められていることが、これまでの震災とは異なる課題ではないでしょうか。

北原――日本の従来の復興スタイルは、その場で家や村落をもう一度再生させる、あるいはコミュニティそのものを持続させるという発想が強いことが特徴として挙げられます。今も福島では行政側は戻ることを前提に村落の立て直しの構図で動いていますが、住民はもはや避難先での生活が続く中で元に戻ることが事実上困難との判断に基づいて新たな生活設計をされている場合が多いと聞きます。こうした行政と住民の乖離状況では、従来通りのコミュニティー第一主義は有効裡に働くことはないでしょうから、村がなくなる、町がなくなるという現実も視野にいれ、柔軟な対応策を工夫せざるを得ないし、それが原発地域だけでなく、廃村も免れない地域との連携に繋がる具体策を生み出すかもしれません。確かに人々の帰属意識は消し去ることができないものがありますから、それらへの配慮の工夫は必要でしょう。関東大震災では、政府が罹災救助基金の提供のために人口調査を行い、「来るべき人（戻ってくる人）」「去るべき人（被災地に帰ってこない人）」という調査項目がありました。この場合の調査は帝都復興策を講じても働く人が戻らなければ実質的な復興とはなりませんから、東京に戻るかどうかが調査のポイントであったと思います。村への帰属意識という問題とは異なる前提だったと思います。

しかしながら、日本は伝統的に行政が人々の行動の自由を縛る、縛って当然というような発想があったのだろうと思います。こうした行政の固定した発想は、現実にはすでに崩されている現状ですから、形は変わっていくものと思います。

羽藤――関東大震災で初めて遠距離避難がなされ、その後の戦災においても疎開という概念が生まれたように、近代は未曾有の災害に対し遠距離避難で対応してきましたが、決して計画論的に咀嚼されているわけではありません。東京の一極集中や均衡ある国土の発展を考えた時、空間復興とモビリティ支援を適切にバランスさせるためにもう一歩踏み込んで、避難と復興のあり方を考える必要があるでしょう。人間がある都市で暮らしていくことを保障するという問題は、古くから住んできた人、新しく移ってきた人、すべての人に対して公正に権利を与えるという、人間としての姿勢から生まれてくるものだと思います。北原先生から政府が行った人口調査のお話がありましたが、安全保障としての遠隔移動を災害下でどこまで認めるかは大きな課題の一つです。福島で辛苦を経験されている方々、やむをえず故郷から長い間離れている方のことを考えた時、どのような支援がデフォルトになるものか、個人の自己責任を強調したり、様々な事情から被災地に留まらざるを得ない trapped population の問題を無視したまま復興論が進んでしまうことに対して、新たな社会的な価値観を共有・合意していかないと危ういと思っています。

――関東大震災時の東京の人口は250万人でしたが、東京を故郷としていた人は多くはありませんでした。この時の被災者にとっての都心からの移動、あるいは遠距離避難が意味するところと、東日本大震災における遠距離避難・長期避難のそれには、違いがあるのではないでしょうか。

北原――それは異なりますよね。東京も、もともと山手線の内側ほどの東京15区という小さなエリアだったところ、大東京という形になり、荻窪や田園調布のような郊外にも家を建てるようになりました。大正デモクラシーの一環で郊外地に家を建てることは夢のようなものでしたので、被災地から逃れるというマイナスイメージはないですよね。

目黒――関東大震災は明治維新から約半世紀後にあたり、爆発的に人口が増えたなかで起こった震災でした。江戸時代は参勤交代によって、地方の優秀な人材が定期的に中央に集まり、最先端の学びを得た後に地方に帰るという人材育成のシステムが機能していましたが、明治政府は優秀な人材を一気に東京に集め、地方に再分配する仕組みをつくれなかった。一方で、東京の都市の発展を支える単純労働を担う人材も必要だったので、東京の人口は一気に増えることになります。しかしスペイン風邪の流行などもあり、人口の集積を防ぐために欧米にならってサテライトシティ構想を立ち上げ、北原先生がおっしゃったように郊外地にも住むようになったという背景があります。そのような時代における移動と東日本大震災での移動はまったく意味が違うと思います。

羽藤――現代において地方から都市に人が流入するのは、近代的な交通インフラを使った帰省による行き来が前提となっています。さらにリモートワークや高速鉄道を前提にしたワーケーションなどで今までとは異なる国土の移動が想定されていますので、ご指摘のように故郷をもつ人が追い立てられるように出て行かざるを得ない状況とは異なりますよね。地域を維持するためのコストを誰が支払うのか、ふるさと納税のようなナイーブな制度はありますが、平時と非常時の地方を支える基本単位となるコミュニティの崩壊は非常に深刻な問題です。ただ福島でさまざまな方のヒアリングをしていると、冠婚葬祭の厳しいしきたりから離れられたり、故郷を離れたけれど新しい地域のコミュニティに参加して刺激を受けた、と、ポジティブなことを語ってくださったのが印象的でした。今回の復興の過程では新たなコミュニティの形も顕れているのではないでしょうか。

Kimiro Meguro
専門は都市震災軽減工学。日本地震工学会会長、地域安全学会会長、日本自然災害学会会長、内閣府本府参与などを歴任。

未来に向けて――復興像を絶え間なく修正すること

――東日本大震災の復興は人口減少や原発など多様な問題を含みながら進行し、未だ終わっていません。その中で、南海トラフ地震や首都直下地震などの災害も想定されています。これからの復興に必要なことはなんでしょうか。これまでの歴史を踏まえながら、お考えをお聞きしたいです。

目黒――地域ごとに将来にわたる課題の抽出をきちんと行い、それを定期的に見直していくことが大切です。関東大震災は、折しも後藤新平が直前まで課題抽出と解決法を見直しているタイミングで起こった震災でした。最近では事前復旧・復興計画に取り組んでいるケースも見

Eiji Hato

専門は交通工学、都市計画、土木計画学。マサチューセッツ工科大学客員研究員、リーズ大学客員研究員、カリフォルニア大学サンタバーバラ校客員教授、計画・交通研究会会長を歴任。ネパール工科大客員教授を兼任。

られますが、まずは課題の抽出が必要です。この地域では、どのように人口が減って産業構造がどう変わるのか、このような将来予測に基づいた定期的な課題のチェックを行い、いつ災害が起こっても、抽出された課題を改善できる一定のレベルの対応が可能となる準備をしておくこと。そして、それを実施するための法制度の整備も進める必要があります。

また復旧・復興工事に携わる技術者が質・量ともに不足することも大きな課題です。東日本大震災後の復旧・復興工事の推移を分析したところ、技術者に加えて、仕事をつくる行政職員も圧倒的に足りないことがわかりました。東日本大震災の直前、甚大な被害を受けた岩手、宮城、福島の3県の土木工事額は全国の6%でした。復旧工事のピーク時にこれが16%になり、放射能汚染地域を除いて、約10年間で一定レベルの復旧がなされたわけです。つまり、激甚被災3県を除く、全国の94%の土木市場からの支援があっても10年の時間を要したということです。これが南海トラフの巨大地震では、上記の3県以上の被害を受けるエリアの土木工事の割合は全国の43%です。膨大な復旧・復興工事が発生し、被災地以外からの大きな支援が不可欠な中で、被災地を除く57%のエリアからの支援で、これが達成できるのか。私は大いに疑問を持っています。

首都直下地震についても、首都圏に偏在させ過ぎた人材・機能・富を事前に地方に再分配するとともに、事後においても再分配を促進する重要な機会として復興プランを考えるべきだと思っています。天然資源が少ない日本では、人材が最大の資源です。多くの人々は首都圏への集中は効率がいいからだと思っていますが、これは間違いです。わが国の発展において、最大の資源である人材の有効活用が重要なことに反対する人はいないと思いますが、首都圏への人材の集中は、特別に優秀な人々の次に優秀な人々に本来の能力を発揮しなくてもいい状況をつくっています。すなわち人材の無駄遣いをしているということ。こうした人材を地方に再分配して活躍してもらうことで、わが国全体としての国力のアップや地方活性化を考えないと、日本の将来は明るくないということです。この背景には、明治政府の地方人材の登用の光と影があり、今となっては、その影のほうが大きくなっている。その影を取り除く機会と考えて課題抽出にのぞむべきでしょう。また、従来型のインフラの整備と更新は限界を迎えていますが、ＩｏＴやＩＣＴ、ＤＸなどを活用して良い解決法を見つけ、地方で働きたくなる、子育てがしたくなる環境が整えられたら、と期待したいですね。地方に人材を再分配するためには、優秀な人たちが全国の各地でやりがいやプライドをもって働ける環境整備が不可欠です。その一つとして、従来の道州制の議論に地方への人材の再分配の視点を加え、国土経営の政策軸の変換も考えなければならないでしょう。東京の一極集中は世界的に見ても特殊で、これほど多様な自然災害が多発する地域に、これだけ多くの人口や富、そして政治的・経済的機能を集積した都市は世界の歴史上存在しないのです。東京の被災は、米国で例えるなら、ワシントンD.C.とNYが一度に被災するようなものです。世界史における「第二のバベルの塔」と揶揄されないためにも、転換が必要です。

羽藤――私は事前復興をあらためて重要視したいと思っています。目黒先生がおっしゃったように、あらかじめつくった計画をしゃにむに踏襲するのではなく、社会課題への対応や長期的なリスクを内包し、絶え間ない修正を加えていくことを、すべての地域が考えるべきでしょう。

また近代では地域社会の流動が、地方から東京という一方向でしか起こりませんでしたが、今後は動きたいという欲求とそこに住み続けたいという欲求、この二つの流動のダイナミズムを同時に実現する地域社会のあり方や支援の方策が必要です。首都直下のような事態に先行して都心から郊外へ居住だけではなく職業でもその活動場所を郊外に移す人も増えてきています。しかし完全に郊外だったり地方だったりに活動の軸足を移すわけではありません。自動走行に対応した新たな高速道路と超高速鉄道の結合がこうした多様な事前復興型の国土の使い方を支えるインフラになるのではないでしょうか。動的な国土像として新たな社会像そのものを描いていくこと、そしてそれを支えるインフラ像や災害からの復興像をあらかじめ考えていくことが重要ではないか、と強く思っております。

昭和三陸津波の復興地だけでなく、チリ地震（1960）の津波のあと、国道45号を高台に移して事前復興・事後復興に取り組んだことで被害を軽減した大船渡の取り組みは特筆すべき事前復興です。陸前高田の鳴石団地のような高台の区画整理事業も発災後の復興を支える拠点として機能したことから今次津波復興において機能した事前復興といえるでしょう。地域ごとの事前復興の工夫が過去には見られます。過去に被害に遭ったまちづくりに今一度教わるなど、謙虚に歴史に学ぶことが、新しい国土像を描くうえで重要ではないか、と考えています。

北原――江戸時代の都市計画のように、近世はまずオリジンが基本としてあり、災害があってもアップデートしていくイメージをもちませんでした。江戸時代には時代が生み出す矛盾に対応するために、18世紀の初頭に享保の改革、18世紀の後半に寛政の改革という改革政治の時期がありましたが、この場合にも当時「改革」とはいいませんでした。元の正しい姿に戻すという意味で、「復古」と表現されています。実際には変化する社会への、新しい対応策が練られているのですが、それを未来へ向けた理念を示す言葉で表現しません。近世は未来志向が否定されている社会だったのですね。ですから、災害に対する措置は復旧・復興とは言わず、修復というレベルでしか表現してきませんでした。

明治になって、はじめて経験した大震災の濃尾地震でも復興という言葉は見られません。関東大震災に先立つ3年前に都市計画法が施行されますが、この法律のなかに復興と云うような言葉はなく、市区改正を受けた「改正」か、あるいは都市「改造」です。復興は震災が発生して初めて「震災復興」として現実的にも概念的にも社会に容認される言葉として定着したのだと思います。災害に対する復興の概念が定着したのは、関東大震災が初めてだったと思います。

羽藤――極めて本質的なお話をうかがったように思います。計画文化や計画風土はわが国では難しく、復興計画はそっぽを向かれがちですよね。実際に改革をしているにもかかわらず、変えると言わないというのは、変えることが批判の対象になる土壌があるのでしょう。そこには、いかなる失敗も許されないという前提があるように思います。失敗することもあるかもしれないけれども、やるんだ、ということが許容されないと、復興文化や復興計画は根付きません。日本の復興計画が力をもつには、国民あるいは地域の合意を何らかのプロセスできちんと得る必要があるでしょう。もちろん修正することにも合意を得る。面倒に思えるかもしれませんが、皆でしっかり認識して取り組まなければ、力をもって進められないのではないでしょうか。民主主義の原点のような話を謳っているようで恐縮ですが、関東大震災から100年が過ぎようとしている今、国が言っているからやります、では、これからの社会に即した復興は成し得ないと思っています。

新しい復興像をどう描くか

――既往にとらわれない復興像を描いていくうえで、われわれ専門家に問われるものはどのようなことでしょうか。

目黒――まず、「自分たちの将来の問題だからと言って、精神的にも体力的にも最も余裕のない、しかも専門性や経験もない被災者や被災自治体に、被災地の復旧・復興を考えろ、しかも限られた短い時間の中で」という現在の体制を改めるべきです。新潟県中越地震（2004）で最も甚大な被害を受けた山古志村では、村長の強いリーダーシップの下、村民全員が元の土地に住めることを目標に掲げ、多額の予算を使って大規模な工事を行い、その目標を達成できる環境を実現しました。しかし、当時約2200人であった村民は10年後に半数になり、現在では780人で少子高齢化の問題に直面しています。大規模災害は地域の潜在的な課題を解決する重要な機会だと申し上げましたが、専門家の関わり方にも反省すべき点はあります。地元の方の声をそのまま聞いて、それを実現する支援だけをするのではなく、未来への責任を果たす復興を提案することが大切です。

羽藤――主体的な復興とも言いますが、被災地の傷ついている方たちが望むことは何でもしてあげたい、という気持ちは理解できるんです。ただし今後の社会を見据えた時、はたしてその願いには合理性があるものか、地域に伴走しプランの確認や修正をもたない復興計画は結果として機能しません。

目黒――われわれ専門家も、被災地や被災した方々に寄り添いたいですし、最終的にそこに住む方々の声を尊重したい。しかし、人間は自分の想像力を超えることを質問されても答えられない。例えば、明治から昭和の初期の時代に、家事をラクにするために何が欲しいかと問われて、「電子レンジが欲しい」と答えられる主婦はいないのです。しかし使ってみればこんなに便利なものはなく、今に至っては電子レンジのない家はないほど普及している。この電子レンジを提案するのが専門家の役割だと思っています。

羽藤――先ほど合意形成について申し上げましたが、手続きを経たからといって安心してはいけないのですよね。本当に実現するものか、地域の未来を描けるのか、自らに問いかけ、地域に問いかけるということを繰り返していくしかない。

北原――住んでいる方々のまなざしは、自分たちの生活の周辺にしか向かないですよね。人口減少もあるし予算も少ないなかで、先細りであることは皆が承知している。けれどもそれが実際、自分に降りかかってくるという発想は、なかなかもてないものでしょう。東日本大震災が私た

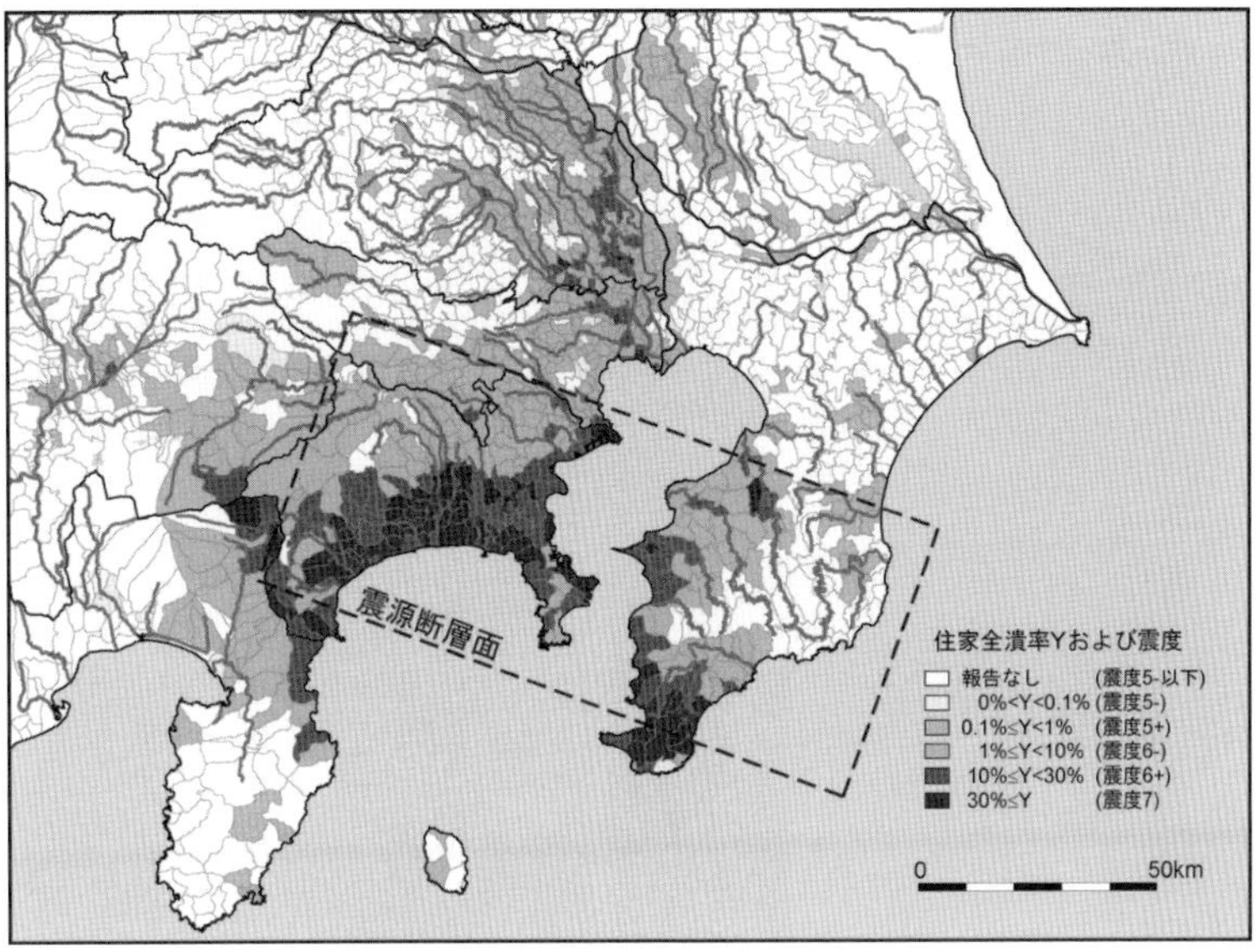

図1　1923年9月1日（関東大震災）の震度分布（出典）諸井・武村（2002）[1]より、「図3 住家棟数全壊率と評価された震度の分布」を転載

断層に近い神奈川県沿岸や房総半島南部、沖積低地の広がる埼玉県東部から東京都東部では震度6を超える大きな揺れがあった。

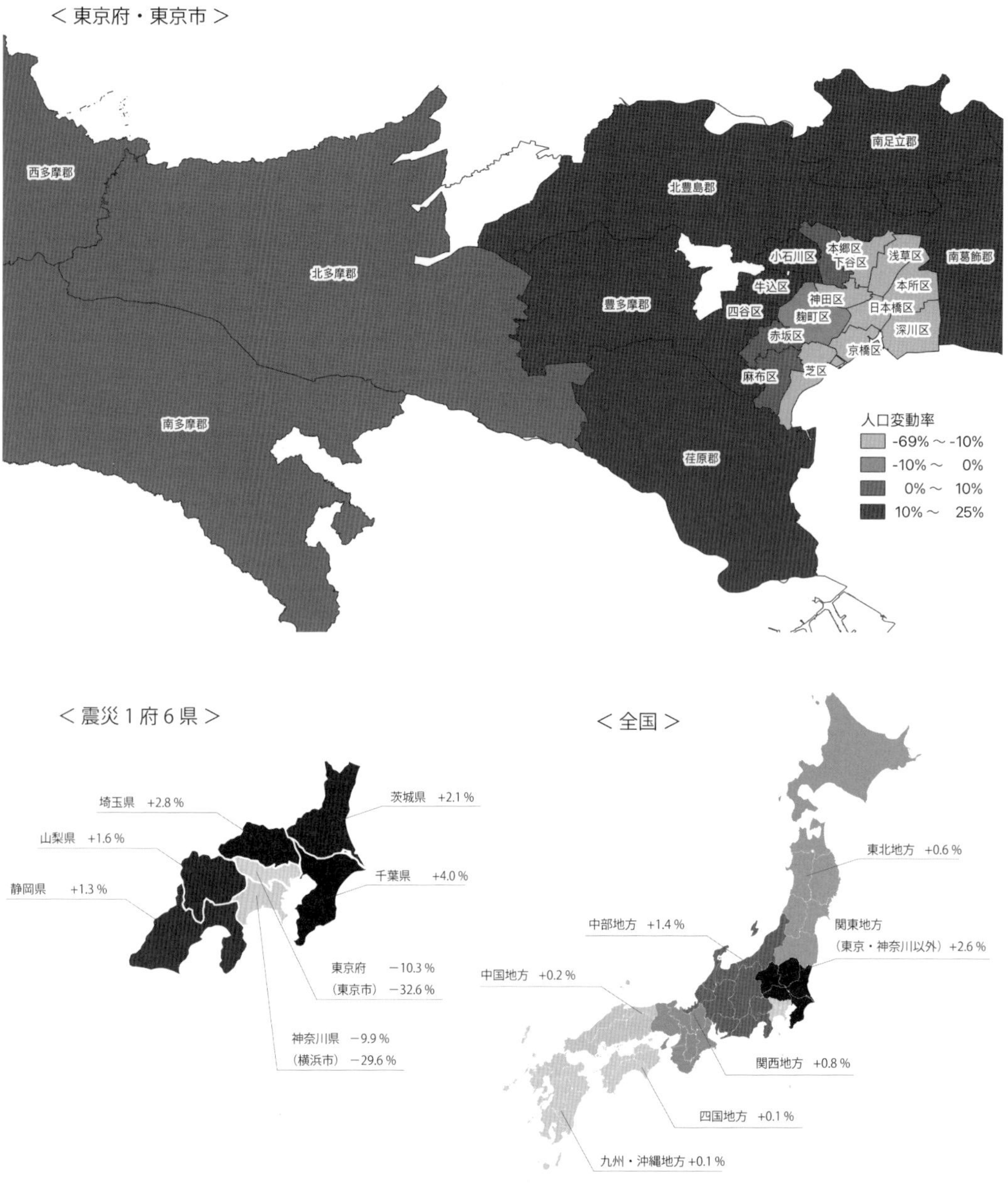

人口変動率 ={（9月１日人口と 11 月 15 日人口との差）／（9月１日現在推計人口）}×100

図2　関東大震災後の人口変動：1923年11月15日（震災から2ヶ月半経過時点）の震災罹災者人口調査より（出典）内務省社会局「震災調査報告」より「第六章　震災に因る人口の變動」に記載の表（pp.146 ～ 151）をもとに作成

東京府・東京市の人口変動：火災による被害が大きかった都心部の区では最大60%超の人口減、山の手の麻布、赤坂、四谷、牛込、小石川、本郷等の区ではわずかに人口の増加が見られたほか、周辺の郡では20%程度の増加が見られた。**震災1府6県：**東京府、神奈川県では10%程度の人口減、周辺の県では1 ～ 4%程度の人口増となっている。**全国（地方別）：**被災地である東京府と神奈川県に隣接する関東地方、次いで中部地方に顕著な増加が見られ、相当数の人が県外に一時的に身を寄せていたことがわかる。

ちに与えているメッセージは、われわれ自身が、将来のイメージをつくりながら、全体性をもたせるというところにあるのかもしれませんね。

目黒――私たちは物事を考え実行する際には、常に心に時間と空間を測る長さの違う2本の物差しを持つべきです。大きな空間と長い時間を測る長い物差しと、小さな空間と短い時間を測る短い物差しです。長い物差しでの方向付けはブレてはいけません。しかしこれだけでは、具体的に何をすればいいのか判断できない人も多いので、短い物差しを使って具体的なアクションとその効果を示してあげる必要があります。しかし局所最適解的な短い物差しだけでのアクションを続けていくと、全体最適解からは乖離していくことが多いので、長い物差しでの評価が重要になるのです。この2本の物差しをバランスよく使って、適切なタイミングに適切な対策を実施していくことが大切です。現在は、国の将来を司る立場の人々を含め、多くの人々が短い物差しでの議論が多すぎると感じます。インフラ整備も同様かもしれません。例えば、日本の海岸線は約3・5万㎞ありますが、このなかで、1・3万㎞くらいは護岸の整備が必要だと言われています。しかし現在までに整備されているのは1万㎞弱です。役所は未整備部分の整備を進めたいと考えていますが、これは難しい。主としてコンクリートでつくられている防波堤などの寿命はメンテナンスをしていても100年程度です。1万㎞の施設の維持更新には毎年100㎞をスクラップ&ビルドしなくてはいけないという意味ですが、これを実施できる財政的な余裕がわが国にはあるでしょうか。さらに言えば、高度経済成長期にまとめて建設した施設はまとめて老朽化するので、より条件は厳しいわけです。だとしたら発想の転換が必要で、従来型のインフラに依存した生活は難しいから、「維持管理・更新にかかる費用／便益を受ける人口」を算出し、それが一定の額以上になれば、「申し訳ないけれども現在の施設が老朽化した場合には更新が無理なので、こちらに移動していただければ、従来と同程度のサービスが提供できます、あるいは、独立分散型の小規模なインフラで生活が成り立つスタイルに変えていきましょう」と導くべきです。

南海トラフ巨大地震の後は、財政的に東日本大震災と同じ復旧・復興はできません。しかし南海トラフ地震で被災する方々は、東日本大震災と同じくらいの復興はやってくれると考えてしまう。それはできない、ということをきちんと伝えていかないと、復興のあり方がアップデートされません。

羽藤――東日本大震災の復興は10年余りかかっていると言われていますが、目黒先生は南海トラフ地震の復興は20年かけても終わらないという試算を出されていますね。しかし、誰しもそのような事態を考えていない。まずはその事実を伝え、あらかじめ何ができるのかをみんなで考えていくべきでしょう。過去の歴史や研究成果を紐解き、正確な情報とすり合わせつつ、過去のイメージをなぞらない方法を導きだすことが重要だと思います。その意味で、今の被災地にあらためて注目し、自ら主体として関わっていく意義は大きいと思っています。私たちは被災から10年を超えた浜通りで地域デザインセンターを新たに立ち上げました。学生さんも一緒に、自分の足で浜通りを２００㎞くらい歩いて現地に滞在して地元の方の話を聞いたり、三味線の集まりに参加したりしています。居住と勤務の間にあった地元の「集まり」は大きな災害によって消滅していましたが、長期にわたる復興の過程の中では「集まり」の再生が必要ではないでしょうか。そのためには「集まり」を支えるモビリティや使いやすい場のデザインが求められていると感じています。人がとにかく少ないから自分が動くしかないし、ドライバーが足りないからＧＰＴのようなＡＩにもとづく新たなモビリティサービスも必要不可欠です。私たちは今次の津波における事後復興の取り組みを災間の新たな事前復興と見立てた主体的な事前復興まちづくりが重要だと思っています。

北原――東日本大震災ではジェンダーやフェミニズム、差別の問題なども浮き彫りになりましたね。長年にわたり災害史に取り組んできましたが、それらを根底から問い直す必要があると痛感しています。新しい言葉で今、社会が直面している問題に照らし合わせて語り直さなければなりません。

これから起こる災害に対しても、東日本大震災の被災地で今起きている問題をどのようにリファレンスするか、問われているように思います。高台移転で移ったエリアも不便な場所に同じ年齢層の人が移る傾向があるので、子どもたちが戻ってこずに空き地が増えるというのも、教訓的ですよね。そもそも今は結婚しない方たちも増えて新しい社会のかたちを迎えつつあるのかもしれませんが、やはり若い方にとって子どもを産み育てやすい条件が整わないと、社会そのものが維持できないことを案じています。

目黒――人口動態の推定値は、さまざまな推定の中でも精度の高い指標です。その結果として、地域別の人口変動がわかり、直面する問題も予想される中で、それを自然に任せているのはあまりに無策です。わが国の人口は２００８年に1億２８０８万人でピークを迎えましたが、２０４８年には1億人を割り、２０６０年には８６７４万人、２１００年には５０００万人を割ると予想されています。このような状況では、災害リスクの高いエリアに住む人々に、引っ越しや住宅の再建などのタイミングで、人口減少によってスペースが空く災害リスクが低いエリアに移動してもらう人口誘導策が効果的です。その際には、被災後の効率的な復旧・復興工事を含め、土地の売買や収容に関しては、地籍の整備率の低さがネックになるので、これについてもフレキシブルな対応が必要です。土地の所有者が判明しなかったり、所有者自身もその土地の所有を認識されていない場合も多いので、このような場合は、別途、第三者組織をつくり、そこに土地価格に相当するお金を預け、クレームがあった場合には、その第三者組織と直接やり取りをしてもらうことで、計画や工事の迅速化をはかるのも一案だと思います。

また人口減少と財政的な制約があるなかで、首都直下地震や南海トラフ巨大地震などの国難的な災害は、事後対応だけでの復旧・復興は困難です。ゆえに、発災までの時間を有効活用した構造物の性能アップと土地利用制限策によって、発災時の被害規模をその時の財力や対応力で復旧・復興できる規模までダウンサイジングすることがポイントなのです。

――「主体的な復興」の「主体」とは、はたして誰なのか。課題抽出と絶え間ない修正をどのような主体で行うべきなのか。国と地域、個人をいかにつなげるかという議論なくしては、前に進めないように思いました。

目黒――おっしゃる通りで、先ほど申し上げた長い物差しと短い物差しの２本の組み合わせが大切なのです。もう一点は、これも繰り返しになりますが、そこに住んでいる人たちの想像力を超えることは、声として上がってこないことを忘れてはいけません。

過去の津波災害の後に、被災地の人々がなぜ高台移転をしたのか、その理由を考えたことがありますか。言うまでもなく、二度と津波災害で被災したくないからです。しかし、高台移転は目的ではなく、手段であったことに気づいていない人が多いのです。技術がない時代は、津波の高

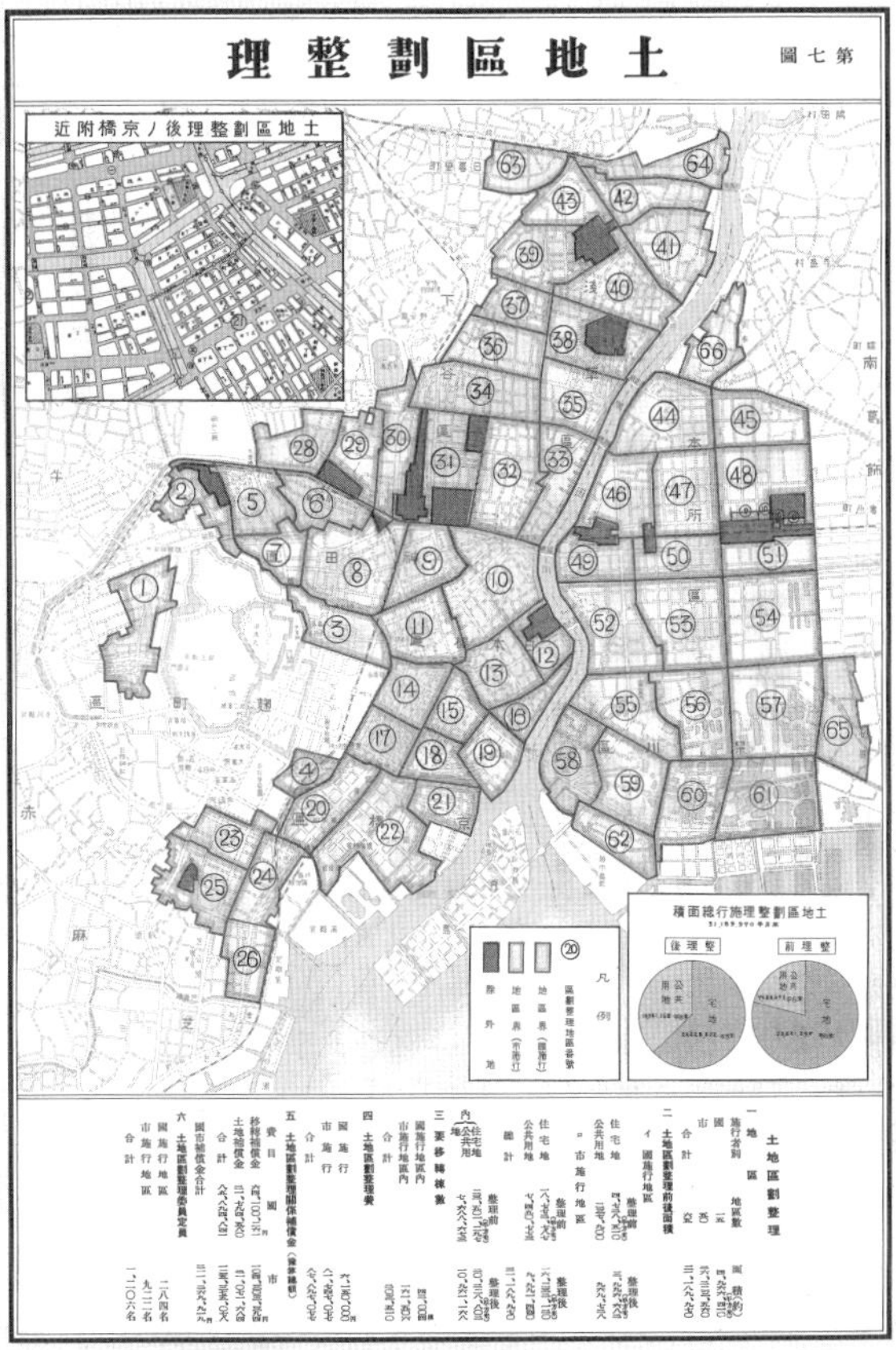

図3　土地区画整理事業の範囲（出典）東京市「帝都復興事業図表」（公益財団法人 後藤・安田記念東京都市研究所 市政専門図書館所蔵資料）より「第7図 土地区画整理」を転載）

東京市内では66地区3137ha（内務大臣施行15地区2491ha、東京市長施行50地区626ha）で区画整理事業がおこなわれた[2]。被災地の街区、街路形態を再構成し、道路、公園、橋梁、運河、公共施設などとともに、現在の東京の都市空間の骨格をつくる一大事業であった。

さを越える標高に住空間を確保するには高台移転しかありませんでした。しかし現在は、もっと効率的にそれが実現する手段としての技術を私たちは有しています。高層アパートを建て、ある一定の高さ以上の階に住むようにすれば、大規模な造成は不要ですし、環境的にもエネルギー的にも圧倒的に負荷を少なくできます。集約して住んでもらうことで、高齢者をはじめとする地域医療の問題なども大幅に改善できるでしょう。防波堤や防潮堤で海が見えないという漁師の皆様からの苦情もなくなります。それは各家庭にオーシャンビューを提供できるからです。低層階（避難手段を確保して）や将来的に不要となる高齢者の住んでいたスペースは、都会から来た人に美味しい海の幸を食べてもらう施設にすれば、新しいビジネスモデルを描くチャンスにもなり得ます。さまざまな復旧・復興の形の一つとして、このような施設を実現しておけば、今後の大規模災害後の復旧・復興に新しい選択肢を示すことになったと思いますが、採用されませんでした。理由は、地元の人たちは望まないから、それは経験がなく、そのような生活をイメージできないからです。結局、被災地の多くで実施された復興工事は、最新の技術を使っていながら発想は技術のない時代と同じ高台移転だったわけです。

低地に10ｍもの盛り土をして、産業地域を造成する工事に関しても、魚市場などをはじめ低地にあった方が便利な施設も多くあるし、層厚の大きな盛土は将来的には不同（不等）沈下が懸念され、自然流下式の埋設管の排水問題や地震動の増幅も考えられます。低地の施設としては、どんな津波が来てもそこで働く人々の生命を守る自己浮上式の津波避難施設や重量建物の一部に高気密空間をつくり避難空間とするようなフェーズフリーな津波避難施設を用意することで、コストを大幅に軽減できる復興も可能だったと思いますが、これらも採用されませんでした。理由はすでに述べた通りです。

今後は、社会環境の変化や直面する課題を共有した上で、事前から根気強く対策を説明するとともに、リアリティをもって判断できる、イメージできる材料を提示して理解を求めていくことが、専門家の役割として重要になってくると思います。

——今回の座談会では、既存の都市を規範とする近世の復興から、近代の進歩思考や未来志向の復興、そして民主主義的な合意に基づく今後の復興という歴史の流れの中で、新たな復興像をどう描くか、示唆に富む議論が展開されました。災間の今、知識と洞察を具現化し、行動を起こすことが問われているように思います。

参考文献：
（1）諸井孝文・武村雅之：関東地震（1923年9月1日）による木造住家被害データの整理と震度分布の推定、日本地震工学会論文集、Vol・2、No・3、pp・35～71、2002年
（2）東京都都市整備局：都施行による土地区画整理事業、https://www.toshiseibi.metro.tokyo.lg.jp/bosai/tk_seiri_02.htm、2023年5月1日現在

1923（大正12）年9月1日 関東大震災 ―近代国家による復興の嚆矢―

■ 震災直前の首都・東京

1907（明治40）年頃におよそ200万人であった東京市の人口は、1922（大正11）年には250万人となり、人口が急増していた。東京市15区の市街地はこの頃既に飽和状態にあり、都心と郊外に広がる住宅地を結ぶ郊外鉄道の開業が進むなか、市街地の無秩序な外延化が課題となっていた。この時期、1919（大正8）年に都市計画法、市街地建築物法、道路法、1922（大正11）年に借地借家調停法、1923（大正12）年に中央卸売市場法など、都市や住宅関連の法令が相次いで制定、施行されている。大都市東京を近代国家の中枢とするための基本的な制度的枠組みが、まさに動き出していた。

■ 発災と被害

1923（大正12）年9月1日午前11時58分、相模湾北西部を震源とするマグニチュード7.9の地震が発生した。神奈川県や千葉県、東京府では震度6を超える大きな揺れがあり **（図1）**、全潰109,000余、半潰102,000余（棟数）の住家被害、さらに、その後に生じた火災によって市域の43.6%を焼失するなどして、死者・行方不明者105,000人余という甚大な被害が生じた[(1)]。1891（明治24）年の濃尾地震（死者7,273人）、1896（明治29）年の明治三陸地震（死者21,959人）、1995（平成7）年の兵庫県南部地震（死者5,502人）と比較しても際立つ、明治以降最も被害の大きい災害である。

■ 都市から郊外、地方への避難 （図2）

焦土と化し、都市機能が停止した東京からは多くの人々が避難した。東京市内でも、下町区域を離れた山の手の麻布、赤坂、四谷、牛込、小石川、本郷等の区ではわずかに人口の増加が見られたほか、周辺の郡では20%程度の増加が見られた。また、被災地である東京と神奈川に隣接する関東地方、次いで中部地方に顕著な増加があり、相当数の人が県外に避難したとみられる。都心部の各種鉄道、国有鉄道による地方への長距離輸送においては、避難民を対象とした無賃輸送などの対応が取られ、避難民の足として活躍した。

■ 後藤新平の帝都復興計画

関東大震災からの復興計画は、震災直後の9月2日に山本権兵衛内閣の内務大臣として着任した後藤新平の構想のもとに行われた。震災前、東京市長であった後藤は、1921（大正10）年には「東京市政刷新要綱」（いわゆる「八億円計画」）を発表しており、都市計画に基づく街路の新設拡張、下水の改良、港湾の修築、公園の新設など16項目から成る東京改造計画の構想を描いていた。国の予算が15億円程度であった当時はほとんど実行されないままであったが、震災復興にあたり、後藤はこの災厄を「完全なる新式都市を造る絶好の機会」とみた。そして、2日の着任後、直ちに「帝都復興根本策」を起草し、「1）遷都すべからず、2）復興費に30億円を要すべし、3）欧米最新の都市計画を採用して、わが国に相応しき新都を造影せざるべからず、4）新都市計画のためには、地主に対し断乎たる態度を取らざるべからず。」という4か条を掲げた。さらに、4日には「帝都復興ノ議」を提唱し、公債の発行により焦土をすべて買い上げ、土地を整理した上でそれらを払い下げるという多大な予算を伴う計画を示した。結局、こうした巨額の費用を要する計画は、閣議の過程や過大な復興計画を反対する有力者の存在により縮小され、後藤による当初の復興計画は、完全な形では実現しなかった。最終的に、焼失した区域を中心とした事業となったため、避難者の移動により生じた郊外の急速な市街化には対応できず、密集木造市街地や不良住宅地区の拡大再生産を招いたという問題もある。しかし、東京市では約20万戸の移転を含む約3,000haに及ぶ区画整理事業 **（図3）** をはじめとして[(2)]、3大公園と52の小公園の整備、52本の幹線道路、863kmの街路、576本の橋梁の建設、修繕補強がおこなわれるなど、帝都復興計画は近代日本の都市空間形成の基礎を形づくる上できわめて大きな意味を持つものとなった。

編集後記

村上亮　（株）建設技術研究所
中居楓子　名古屋工業大学
中島崇　東京電力ホールディングス（株）
羽藤英二　東京大学

■編集を終えて

中島

伝える側の難しさが身に沁みました。データを用いた図表等の作成、インタビューの記事化など、数字や言葉を丁寧に選んで使う、この大変さを痛感しました。特に、所属する会社が起こした原子力災害ということもあったので、担当した福島関連では細かいところまでデータを確認し、被災された方や復興に携わる方に失礼のないように進めたつもりです。記事で執筆、登壇いただいた方はもちろん、編集委員の皆さんの仕事のスタイルや想いに触れて、本当に良い経験をさせていただいたと思います。

村上

復興を多面的・多角的に捉えること、復興に関わる事実と経験の共有を大事にしました。それは、災害が激甚化・頻発化し、誰もが復興のステークホルダーになり得る中で、まだまだ市民権を得ていない復興の概念や目的そのものを問い直す契機や議論の土台が必要と考えたからです。復興には、現に今を生きる者への救済や復旧の概念にとどまらず、地域の歴史や文化、次世代への思いやりを形にし、つないでいく長期的視座が求められます。次代を担う若者や多岐にわたる社会資本整備の担い手が、自分事として復興の取り組みにコミットするためのプラットフォームとして本書籍が活用されるのであればうれしいです。

中居

震災や復興の経験というのは地域によって、人によって、あるいは立場によってさまざまです。表現によっては誰かを傷つけたり、失礼にあたるようなこともありますし、さらに、土木に携わるわれわれが編集している中でどうしても生じる無意識のバイアスもあると思います。このあたりの難しさがあるなか、細部の表現まで妥協なく調整されていた中島さん、村上さん、そして付録チームの皆さまには心から敬意を評したいと思います。

羽藤　編集の皆さんおつかれさまでした。土木学会誌の編集委員会からだから、足かけ3年くらいですよね。おまけに今回は建築学会との共同作業もあったりで、栗原さんにも協力いただきようやく校了を迎えることができました。学会誌から本にすることは大変でしたが出版文化が土木はやや根付いていないところがあるのでそれを含めてよかったです。これから土木を学びたい高校生や地元の方々にも比較的わかりやすい内容になったのではないかと思います。

■編集での苦労

中居　震災や復興という現象を俯瞰的に見ることでしょうか。学生のときの研究の経験から、南海トラフエリアの事前復興についてはアンテナを張っていたのですが、非常に狭い世界しか見ていませんでした。東日本大震災の現場、制度、近世からの災害と復旧、復興の歴史など、編集を機に慌てて勉強したことも多々あり…。正直、今も十分とは言い難いですが、企画の最中はまだまだ近視眼的で、専門家の方々のお話についていくのに精一杯でした。一通りの編集作業を経験し終えた今、「あのとき、こんな話を引き出せたらもっと良かったのではないか」と思うこともいくつかあります。

村上　編集では、関係者意見を調整・統合していくプロセスを丁寧に進める必要がありました。例えば、限られた紙幅で、復興を象徴する時系列の事象を立体視するための年表情報の精査では、建築・土木のメンバーで意見をぶつけ合いながら一つの形に昇華していきました。土木学会誌編集委員をはじめ、日本建築学会建築雑誌、東京大学復興デザイン研究体の共同編集メンバーと交わした議論は代え難い財産です。また、学会誌の書籍化にあたっては、復興の防災教育本としての機能も求められました。萩原先生らにご尽力いただいた「復興デザイン23選」はそれを実現し、「復興の轍」と併せ、幅広い世代や活用場面を想定したコンテンツに仕上げることができたと思います。

中島

この書籍は2号にわたる学会誌の特集の記事を組み換え、新たな記事を加えてできたものですが、「記事の順序決め」については大変悩んだと思います。書籍になった時に読者にスムーズに内容が伝わるように、記事をすべて見返し、他にどんな記事が必要か、どの順序がよいか、編集委員で議論を重ねました。正直なところ私は「まとまるのか？？」と思っていましたが、羽藤先生は学会誌の編集当時から仕上がりがお見通しだったような気がします。

羽藤

中居さんがやっぱり現地に入って事前復興で書きたいとか、村上さんたちの建築学会の皆さんとの年表のコラボレーションとか、担当してくださった方の思い入れが強くそれぞれの原稿にとても力が入っていました。みんなで東北スタディツアーに行ったからね（笑）。阪神淡路大震災や東日本大震災の現地調査に取り組んできた中村英夫先生や家田仁先生が福島のことを取り組まなければいけないと鼓舞してくださったことも印象に残っています。太田さんや浦田さんたちにもインタビューではお世話になりました。佐藤愼司さんの津波論や内藤廣さんや伊藤毅さんの建築や都市史からの視点、佐藤秀三さんのような浪江の地元の人たちのふるさとに戻りたいんだという言葉が印象残りました。

■これからの復興への思い

村上

あらためて、犠牲となられた方々とご遺族の皆さまに深く哀悼の意を表すとともに、被災した皆さま、いまだ行方不明の方々とご家族の皆さまに心からお見舞い申し上げます。

被災地の復興は続いています。そして、南海トラフ地震などの被災想定地域もまた復興の課題に直面しています。同じ災害は二つとありません。変化に対応可能な柔軟性と地域の特性を踏まえた復興像を描き、都市・地域・地区レベルの各レイヤー間の復興の思想や計画、取り組みをうまく整合・連携させながら、平時のまちづくり・地域づくりの実践の中で課題への対応を更新し続けることが重要と感じています。

中居

第4章の座談会を担当するなかで、都市のビジョンを常にアップデートして持っておくことが重要だという話がありました。この機会に関東大震災の資料をいくつか読み込みました。その中で、関東大震災がまさに近代都市を作り上げようという最中に起こったこと、後藤新平をはじめとする中心的な人々が震災以前から都市のビジョンを練っていて、それが完全な形でなくとも原案になったことが印象的でした。一方で、震災に乗じて以前からの問題を無理に片付けることへの批判もあったとのこと…。価値観が多様化した現代は明確な合意のあるビジョンを描くのは、さらに難しいと思うのですが、事前にできる限りの葛藤を経験するという点に、事前復興の役割があるのかもしれないと思っています。

中島

各自が「大小のものさし」を使って、それぞれの役割を改めて認識し、果たしていくことが重要だと感じました。自身もエネルギー関連の技術者として、もっと深く自分の役割を考え、物事に取り組もうと思います。復興に携わる方、地域や国を創っていく人の想いや活動はさまざまですが、良い方向に向かうことを期待したいです。

羽藤

ミネルバの梟は夕暮れに旅立つというヘーゲルの言葉があります。梟の活動時間は夕暮れであることに例えた哲学の顕れに向けた言葉です。彼の言葉を借りるなら現実の復興と繰り返される災害過程を経て初めてその後に復興哲学が時間の中に現れると言えるでしょう。でも梟って弱い光に敏感なんですよね。そう考えると年長者が経験に基づいてそれを復興哲学とするだけでなく、若い人たちが本書のさまざまな復興の営為と失敗から自分たちの復興を考えていくことも大切ではないでしょうか。そうした学びからこれからの復興を描くことが立ち上がっていくことに期待しています。

あとがき

高口　洋人
早稲田大学 理工学術院／建築学科・建築学専攻 教授

２０１１年４月30日、数人の仲間と支援物資を車に積みこんで、栗駒から石巻、女川を経て気仙沼に向かった。気仙沼には旧知の寺の関係者がおり、その寺も避難所になっていた。その寺に支援金を届けるのを目的に、仲間が目的地とする別の所に寄りながら三陸の海沿いを北上した。

１９９５年の阪神淡路大震災では何もできなかった。あの時何もしなかった後ろめたさを、帳消しにできるのではないかという思いもあったように思う。阪神淡路大震災が起きたとき、僕たち建築学科の４年生はちょうど卒業設計の真っ最中で、付けっぱなしのテレビから第一報が流れるのを聞いた。すぐに大阪の実家に電話し、無事を確かめると、徐々に明らかになる惨状を前に呆然とテレビを見て数日過ごし、そして卒業設計の作業に戻ってしまった。友人の何人かは被災地に向かいボランティアとして活動したと後から聞いた。

ミッションは成功したが、その後仕事としてもまたプライベートとしても、復旧や復興に関わる事はなかった。最初、建設型仮設住宅の計画支援を提案していた仲間の後ろについていったりもしたのだが、ことの深刻さと負担の大きさに、自分に何ができるのかと自問し怖じ気づいてしまったというのが正直なところだ。ただ、阪神淡路の時と違うのは、東京にある大学や、輪番停電の対象にもなった自宅を含め、多少なりとも被災者であり当事者であり、そして研究者にもなっていたことで、これを契機に大学のエネルギー自立や仮設住宅問題に取り組むようになった。

２０１９年に日本建築学会の学会誌「建築雑誌」の任期２年間の編集長を拝命した。その間には東日本大震災の十周年が巡ってくる。記念号をだすというのも編集委員会の中では暗黙の了解となっていた。僕の編集方針は「建築の拡張」で、建築の枠をはみ出した、あるいは意識的に飛び出たテーマを選んだが、そこに土木学会との合同編集の話が持ち上がった。同じ建造物や空間を対象としながらも、どこか社風が違った存在。この本の中でも内藤廣先生（建築学科を卒業し設計事務所を経営しながら、土木工学科の教員も経験された）は、エビデンスベースの土木、人の暮らしによる建築と表現されているが、それぞれが矩を超えて拡張し、干渉し合える機会になると考えた。

それぞれの学会誌が刊行された後になってしまったが、皆でもう一度現地を見ようとなって、この本にも度々登場する、土木学会誌編集委員の村上さん、中居先生、松永さん、建築学会誌編集委員の宮原先生に佃先生を加えて、大船渡、陸前高田、気仙沼、南三陸、女川、石巻を巡った。本来であれば、編集を始める前にやっておくべきだったのだが、コロナの流行もあってこの時期になってしまった。発刊も終わって報告を兼ねた気楽な視察、しかも僕以外は実際に復興に関わった土木と建築の専門家で、取材や編集で見聞きした内容を、実際の現場で解説してもらえるとても貴重で幸福な時間だったが、この本でも繰り返し指摘された土木と建築の文化の違いを再確認しながらの旅でもあった。

発災後十年を経て、完成したインフラを眺めながら、ミッションコンプリートと達成感を誇る土木に対して、十年を経て道半ばの現場、あるいはより深刻化した問題に苦悩する建築という姿だ。希望はその姿を互いに新鮮な思いで眺め語り合えたことだろう。

土木と建築の協働の成功例、課題、提案がさまざまこの本の中でもなされたが、このような議論はもっと日常的に、災害による復旧や復興の現場に限らず行われるべきだ。僕自身、大したことをしているわけではないが、それぞれの仕事やスケールの中で、矩を超える挑戦をし続ける事が大事だと思う。この本がそのような契機の一助になることを願う。

本書籍は、土木学会による月刊誌、土木学会誌にて掲載された下記の記事を再編集したものである。これらの執筆者の所属は、原則、土木学会誌に掲載された当時のものとしている。

・2021年3月号特集「復興の10年 —土木学会・日本建築学会 共同編集—」「被災地から未災地、次世代へとつなぐ —復興の10年—」
・2022年1月号特集「福島復興へのあゆみ」
・2021年4月号〜2022年3月号連載「東日本大震災 —次世代に伝える技術と教訓—」

書籍化にあたり、第1章に平野勝也氏による新たな記事「復興の現場から—質の高い復興のために—」、第4章に北原糸子氏、目黒公郎氏、羽藤英二氏による座談会「災害復興の系譜と未来」、フルカラー特別付録「復興デザイン23選」を追加した。また、2021年3月号の土木学会・日本建築学会共同編集企画において、建築雑誌編集委員長を務められた高口洋人氏に「あとがき」を添えていただいた。

定価2,145円(本体1,950円+税10%)

復興を描く Redesign, A Decade From The Great East Japan Earthquake and Beyond

令和5年9月26日　第1版・第1刷発行

編集者……公益社団法人　土木学会　土木学会誌編集委員会
委員長　岩城　一郎
発行者……公益社団法人　土木学会　専務理事　三輪　準二

発行所……公益社団法人　土木学会
〒160-0004　東京都新宿区四谷1丁目(外濠公園内)
TEL　03-3355-3444　FAX　03-5379-2769
http://www.jsce.or.jp/
発売所……丸善出版株式会社
〒101-0051　東京都千代田区神田神保町2-17　神田神保町ビル
TEL　03-3512-3256　FAX　03-3512-3270

ISBN978-4-8106-1056-7
印刷・製本・用紙:大日本印刷(株)
制作:(株)DNPメディア・アート／(株)アド・クリエーターズ・ホット

・本書の内容に関するご質問は、E-mail(pub@jsce.or.jp)にてご連絡ください。

著者一覧

ここに本書にご協力いただいた著者・ご登壇者等を記し、深く謝意を表します。

家田仁
小林友子
岸部大蔵
佃悠

目黒公郎
吉田学
松山昌史
村上道夫

内藤廣
牧紀男
宮原真美子
饗庭伸

北原糸子
佐藤愼司
今野悟
中島みき

今村文彦
竹脇出
長澤夏子
宮川智明

松永昭吾
三宅諭
田中惇敏
国見和志

平野勝也
浦田淳司
田中俊一
西村享之

加藤秀樹
菅原慎悦
高橋智幸
岸井隆幸

渡邉政嘉
片山知史
倉原義之介
柄谷友香

鈴木悠也
菊池義浩
秋元圭吾
喜久川裕起
濵岡恭太
村井洋幸
小松大輝
内田光一
吉田淳
鈴木一弘
西風雅史
白柳洋俊
金子保
山沖幸喜
橋本慎太郎

安彦大樹
高橋茂幸
一柳絵美
小沢喜仁
掛本啓太
安部遥香
門間敏幸
高口洋人
中井検裕
伊藤幹
石川幹子
茂木敬
木村奈央
河野成実
大西隆

森脇恵司
北河大次郎
貝島桃代
奥村誠
佐藤友希
山本浩司
池田亘
堀内友雅
新井田浩
渡部義則
佐藤秀三
太田慈乃
福士謙介
斎藤保
佐藤良一

伊藤毅
浅野太我
宮田比奈
萩原拓也
小林里瑳
小関玲奈
小野悠
中島崇
中居楓子
村上亮
羽藤英二

（順不同）

M E M O

復興の轍

本特別付録は、土木学会誌2021年3月号特集「復興の10年 ―土木学会・日本建築学会 共同編集―」において、年表ワーキンググループが作成した「年表　東日本大震災　被災三県　復興の十年」と2022年1月号特集「福島復興へのあゆみ」において、土木学会誌編集委員会がとりまとめた、原子力災害からの復興変遷に係るデータ集を統合し、再編集したものである。作成にあたっては、土木学会誌編集時点での最新の情報を反映しているが、その後更新されている可能性もあることをご注意いただきたい。

	震災以前		被害と復興の特徴
社会　交通	1896年　明治三陸地震津波 1933年　昭和三陸地震津波 1960年　チリ地震津波 1993年　北海道南西沖地震 1995年　阪神・淡路大震災 2004年　中越地震	1982年　仙台松島道（三陸道の一部）開通 1984年　三陸鉄道開業 1987年　東北自動車道全線開通	東日本大震災 地震発生時刻｜2011年3月11日14:46 発生場所｜北緯38度06.2分 東経142度51.6分／深さ24km マグニチュード・最大震度｜M9.0・震度7 死者・行方不明｜22,288人 全・半壊住宅｜404,937棟
宮古市	江戸時代　盛岡藩外港として発展 1958年　田老防潮堤1期完成 1960年　チリ地震人的被害なし 1975年　市内路線バス運行開始 1978年　宮古盛岡都市間バス運行開始 1979年　田老防潮堤完成 2005年　田老町・新里村合併		死者・行方不明｜569人 全・半壊住宅｜4,005棟 復興の特徴｜工業都市として都市が形成された。今回、田老防潮堤が被災。既存の組織体制および枠組みで、港湾部と住宅被害の大きかった田老地区などの宅地整備を中心に復興事業を実施。壊滅を免れた第二線堤は原形復旧、第一線堤は新規に嵩上げ復旧。
釜石市	江戸時代　漁業を中心に発展 1857年　日本初の洋式高炉による製鉄開始 1945年　二度にわたる艦砲射撃 1955年　鵜住居村、甲子村、栗橋村、唐丹村合併 1959年　富士製鐵ラグビー部創設 1963年　市の人口が92,123人でピークを迎える 2009年　釜石湾口防波堤完成		死者・行方不明｜1,146人 全・半壊住宅｜3,656棟 復興の特徴｜鉄鋼業を中心とした工業都市として栄えた。今回、湾口防波堤が被災。市の中心部・東部地区では、津波拠点事業を活用。全面嵩上げをせず、段階的な災害危険区域設定をすることで、従前の都市構造を活かしたコンパクトシティを実現。
陸前高田市	江戸時代初期　マツの植林による高田松原の形成 1933年　JR大船渡線上鹿折駅—陸前矢作駅間延伸開業、陸前高田駅開業 1955年　高田町、気仙町、広田町、小友村、米崎村、矢作村、竹駒村、横田村が合併し、陸前高田市発足 1955年　市の人口が32,833人でピークを迎える		死者・行方不明｜1,808人 全・半壊住宅｜4,047棟 復興の特徴｜扇状地の広大な平地に形成された市街地が被害を受け、全面的な宅地の嵩上げと高台移転を組み合わせた事業が実施された。嵩上げされた高田地区の一部、高田松原があったエリアには、復興祈念公園が建設された。
気仙沼市	江戸時代以前から漁業を中心に発展 1951年　気仙沼港第三種漁港指定 1953年　気仙沼市発足 2006年　唐桑町合併 2007年・2008年　水揚げ高東北地方第1位 2009年　本吉町合併		死者・行方不明｜1,432人 全・半壊住宅｜11,054棟 復興の特徴｜漁業基地かつ三陸海岸南部の交通・商業の拠点として栄えた。地震・津波だけでなく、その後の火災により市域が大きな被害を受けた。各地区でまちづくり協議会を主体に復興に取り組む。市街地部では、商業再生を核とした復興を推進。

	震災以前	被害と復興の特徴
石巻市	1600年前半　北上川改修・新田開発 江戸時代　石巻港が江戸への米輸送（千石船）で発展 1933年　市制施行により石巻市発足 1964年　新産業都市に指定　石巻工業港開港 2005年　河北町、雄勝町、河南町、桃生町、北上町、牡鹿町合併	死者・行方不明｜3,972人 全・半壊住宅｜33,093棟 復興の特徴｜地震・津波によって最大規模の人的・物理的被害を受けた被災都市。中心市街地だけでなくリアス式海岸に位置する半島部も大きな被害を受け、約4,500戸の災害公営住宅建設など大規模な復興事業を実施。
七ヶ浜町	1888年　菖蒲田海水浴場設置 1889年　七ヶ浜村発足 1959年　七ヶ浜町発足 1959年　仙台火力発電所1号機運転開始 1980年　七ヶ浜ニュータウン汐見台地区分譲開始	死者・行方不明｜108人 全・半壊住宅｜1,324棟 復興の特徴｜被災地最小の自治体。古くから形成されてきた集落ごとの特性を重視して地域コミュニティを基盤とした復興を展開。中学校、災害公営住宅、地区避難所などの復興の核になる施設はプロポーザルにより設計者を選定。
仙台市	1889年　市制施行により仙台市発足 1945年　仙台空襲で市中心部全焼 1982年　東北新幹線（盛岡—大宮）開業 1989年　政令指定都市に指定 2001年　仙台東部・南部道路全線開通	死者・行方不明｜950人 全・半壊住宅｜139,643棟 復興の特徴｜東北地方の中心都市。沿岸地域の広域津波浸水、浄化センターの被災、丘陵地域の地滑りによる宅地被害等が発生。蒲生や荒浜の沿岸地区からの移転事業や仙台平野の農地・住宅地の復旧等に取り組む。嵩上げ道路等で多重防御施設を形成。
岩沼市	江戸～明治時代　貞山堀（貞山運河）開削 1889年　町村制施行により岩沼町発足 1955年　玉浦村・千貫村合併 1957年　仙台飛行場開港 1971年　市制施行により岩沼市発足	死者・行方不明｜187人 全・半壊住宅｜2,342棟 復興の特徴｜仙台平野に位置する。仙台空港、沿岸部の農地が津波浸水した。沿岸6集落を一か所の内陸移転地に集約移転することで、いち早く復興を達成。集落跡地には、震災遺構を保存した千年希望の丘公園を建設。4つの多重防御策を導入。
福島県	1876年　現在の福島県成立 1971年　福島第一原子力発電所1号機運転開始 1974～1979年　同2～6号機運転開始	死者・行方不明｜4,128人 全・半壊住宅｜98,218棟 復興の特徴｜地震・津波だけでなく、原子力災害により複合的被害に見舞われた。事故収束や除染への対応と並行して、市町村を跨いだ広域避難と長期に渡る避難を余儀なくされた。従前居住地への帰還に向けた復興事業を進める。

震災から1年目［2011年度］	震災から2年目［2012年度］

社会

- 4月 中央防災会議専門調査会設置
- 7月 平成24年7月九州北部豪雨
- 4月 借上仮設を認める旨決定
- 9−10月 海岸堤防高さ設定（岩手・宮城・福島）
- 8月・3月 南海トラフ巨大地震被害想定公表
- 6月 東日本大震災復興基本法施行
- 12月 東日本大震災復興特別区域法、津波防災東地域づくりに関する法律施行
- 12月 民主党から自民党へ政権交代
- 6月 津波被災市街地復興手法検討調査開始
- 2月 復興庁発足
- 6月 災害対策基本法改正
- 7月 東日本大震災からの復興の基本方針

交通

- 2011年3月 三陸道開通区間復旧
- 8月 気仙沼線BRT運行開始
- 11月 復興道路（三陸沿岸道路）、復興支援道路（東北中央道他）事業化
- 4月 東北新幹線全線復旧
- 3月 大船渡線BRT運行開始

宮古市

- 6月 震災復興基本方針
- 7月 宮古市役所本庁舎1階フロア復旧
- 3月 浦の沢・追切［漁集2戸］
- 10月 震災復興基本計画
- 3月 震災復興推進計画
- 11月 災害危険区域指定（市最初の指定）
- 4月 URと協力協定締結
- 9月−3月 第1回、第2回地区復興まちづくりの会
- 2月 災害危険区域指定（田老地区）2013.9、2015.7変更
- 10月−2月 地区復興まちづくり検討会（第1回〜4回）
- 1月 地区復興まちづくり計画（素案）の内覧会
- 3月 宮古市東日本大震災地区復興まちづくり計画
- 3月 田老浄化センター、宮古中継ポンプ場（汚水）復旧完了
- 4月 宮古市水産加工流通業復興計画
- 10月 災害の記憶伝承プロジェクト（震災復興基本計画）
- 3月 田老海岸第二線堤（本海岸堤防）原形復旧（パラペットによる高さ確保）着手

釜石市

- 5月 復興まちづくり懇談会開始
- 8月 住宅再建意向調査（第一回）
- 10月 かまいし未来のまちプロジェクト（未来）始動
- 8月−現在 地権者連絡会・復興まちづくり協議会開催（被災21地区）
- 11月 住宅再建に関する調査
- 3月 災害危険区域指定（東部地区）〜2017年度までに全19地区順次指定
- 12月 復興まちづくり基本計画
- 3月 URと協力協定締結
- 10月 浜の公営住宅プロポ（未来）
- 7月 国際フィーダーコンテナ定期航路開設
- 3月 上中島1期［S54戸］
- 2月 釜石港湾口防波堤復旧工事着工
- 3月 嬉石・汐立ポンプ場（汚水）、鈴子ポンプ場（雨水）復旧完了
- 3月 小白浜海岸・釜石港海岸防潮堤等災害復旧工事着工

陸前高田市

- 12月 震災復興計画
- 7月 長部地区防集事業計画（市初）
- 8月被災者対象の居住意向調査
- 3月 URと協力協定締結
- 9月 高田・今泉区画整理事業計画認可（先行地区）
- 6月 高台移転現地調査
- 3月 災害危険区域条例制定
- 12月 住宅再建意向調査・相談会
- 2月 高田・今泉区画整理都決変更（対象を全体地区に拡大）
- 11月 36地区で集団移転協議会設立
- 12月 高田東中学校プロポ
- 2月 高田・今泉区画整理都決（先行地区）
- 8月 気仙沼線BRT 暫定運行開始
- 4月 上水道 竹駒第1水源復旧開始
- 3月 大船渡線BRT 運行開始
- 6月末 市内全域水道復旧
- 12月 気仙沼線BRT 運行開始
- 7月 気仙大橋仮設橋開通
- 3月 気仙川水門着工
- 9月 防潮堤整備事業計画堤防高公表
- 3月 高田地区海岸災害復旧工事着手

気仙沼市

- 10月 震災復興計画
- 10月 鹿折まちづくり協議会設立
- 2月 復興整備協議会設立
- 6月 URと協力協定締結
- 4月 小泉地区明日を考える会結成
- 5月 復興整備計画公表（第1回、防集小泉他5地区）
- 6月 内湾地区復興まちづくり協議会発足
- 7月 災害危険区域指定（2014年8月区域追加）
- 6月 気仙沼漁港水揚げ再開
- 4月 気仙沼市魚町・南町内湾地区復興まちづくりコンペ
- 10月 下水応急仮設処理施設稼働
- 5月 BRTによる仮復旧合意
- 12月 BRT運行開始（大船渡線）
- 8月 BRT暫定運行開始（気仙沼線）
- 12月 鹿折川河川堤防着工
- 1月 内湾地区防潮堤計画説明

	震災から1年目［2011年度］	震災から2年目［2012年度］
石巻市	●4月 工業港応急復旧・一般貨物入港 ●4月 東部浄化センター一次廃水開始 ●7月 石巻漁港水揚げ再開 ●7月 水道管路応急復旧完了 ●8月 災害公営住宅への入居に関する意向調査 ●10月 石巻市災害復興住宅供給計画 ●12月 震災復興基本計画 1月– 旧北上川河川堤防計画説明● ●2–3月 住宅再建意向事前調査 ●3月 URと災害公営基本協定締結	7月 マンガアイランド再開● ●8月 住宅再建意向調査 9月 東部浄化センター高級処理開始● 11月 中央三丁目1番地区市街地再開発事業都決● 11月 新蛇田起工式（石巻市最大の防集移転住宅地）● 11月 旧北上川河川堤防高の決定● ●11–12月 住宅再建意向調査 ●12月 災害危険区域指定 1月 防災緑地1号都決● ●3月 新蛇田区画整理都決・石巻市半島部防集計画 ●4月 東部浄化センター簡易処理開始 ●11月 萬画館再開 3月 石巻新市街地防集計画● 3月 いしのまき水辺の緑のプロムナード計画見直し● 3月 防災緑地2号都決●
七ヶ浜町	●4月 震災復興基本方針 ●7月 震災復興に関する調査及び第1回居住意向調査 ●7月24日時点で水道全域（6500戸）復旧 ●8月 震災復興まちづくりWS開催 ●11月 震災復興計画前期計画 1月 復興まちづくり住民との意見交換会● ●2月 第2回居住意向調査 ●2月 七ヶ浜町復興整備協議会設立 ●3月 高台土地の買い上げ制度説明会	●4月 被災地の土地利用ルールに関する方針 ●4月 菖蒲田浜地区都市公園計画 ●5–6月 仮申し込み ●5–6月 住宅復興個別相談会 ●6–8月 災害公営プロポ 8月 花渕浜笹山地区防集計画● ●9月 災害危険区域に関する条例の施行 11月 菖蒲田浜中田、松ヶ浜西原防集計画● ●11月 復興整備計画（七ヶ浜町・宮城県の共同作成） 1月 吉田浜台、代ヶ崎浜立花防集計画● 3月 遠山保育所●
仙台市	●4月 震災復興基本方針 ●5月 震災復興ビジョン ●6月 宅地保全審議会等で検討開始 ●9月 南蒲生浄化センター復旧方針答申 ●11月 震災復興計画 ●12月 災害危険区域指定（東部津波被災地域） ●12月 防集説明会開始 ●12月 農地内がれき等撤去完了	2月 東部地域集団移転先（蒲生雑子袋地区）造成着手● ●5月 復旧工事と除塩作業が終了した農地の営農再開 ●9月 災害危険区域指定（内陸丘陵部：緑ケ丘４丁目） ●9月 南蒲生浄化センター新水処理施設着工 ●11月 荒井公共［防集48戸］ ●1月 仙台港背後地［防集25戸］ 3月 災害危険区域指定（内陸丘陵部：松森字陣ヶ原）● 3月 蒲生北部区画整理都決●
岩沼市	●3月–4月 仙台空港応急復旧・緊急排水（排水ポンプ車）終了、国内線一部再開 ●4月–2014年7月 復興に向けた懇談会 ●5月–8月 震災復興会議 ●7月 仙台空港国内定期便再開、アクセス鉄道再開 ●8月 震災復興計画グランドデザイン（県内初） ●8月 災害復旧工事着手（水道） ●8月 海岸堤防応急復旧工事完了 ●9月 震災復興計画マスタープラン ●9月 仮復旧完了（下水道） ●11月–2012年6月 復興まちづくりWS ●11月 玉浦西地区集団移転先選定 ●1月 仙台湾南部海岸堤防復旧工事着工	●6月–2013年12月 まちづくり検討委員会 ●7月 仙台空港国際定期便震災前全路線復活 ●8月 玉浦西地区造成工事着工 ●9月 宮城県と設計に関する協定締結 ●12月 災害危険区域の指定 1–2月 災害公営プロポ● 3月– 被災地域農業復興総合支援事業●（ライスセンター、農業用機械の整備） 3月 県南浄化センター・公共下水道管路復旧完了● 3月 仙台湾南部海岸（空港区間）堤防完成●
福島県	●4月 避難区域等の設定（国） ●6月 10市町村が他自治体に役場機能の移転完了 ●9月 緊急時避難準備区域の解除（国） ●12月 福島県復興計画（第1次）、福島第一原子力発電所の廃止措置等に向けた中長期ロードマップ ●1月 放射性物質汚染対処特措法に基づく除染開始 ●3月 警戒区域、避難指示区域等の見直し（国） ●3月 福島復興再生特別措置法施行 ●3月 広野町による避難指示解除	●4月–2013年8月 避難指示解除準備区域、居住制限区域、帰還困難区域に順次見直し（国） ●8月 馬場野山田［相馬市｜木12戸］（共助型） ●12月 福島県復興計画（第2次） 1月 公共土木施設等災害復旧完了45.9%［903箇所］● 3月「浪江宣言13・03」●（町外コミュニティの提示）

［凡例］●全般／●まちづくり基盤事業・住民合意／●災害公営住宅／●宅地／●教育・子育て施設／●産業・商業／●災害伝承
●文化施設・その他／●上下水道・排水／●交通・地域交通／●防波堤・防潮堤・嵩上げ道路等

震災から3年目［2013年度］　震災から4年目［2014年度］

社会 交通

6月 災害対策基本法改正、大規模災害からの復興に関する法律施行
9月 御嶽山噴火
10月 国営追悼・祈念施設の設置について閣議決定（陸前高田市、石巻市、浪江町）
12月 南海トラフ地震対策特別措置法施行
9月 東京オリンピック開催決定
8月 平成26年8月豪雨
4月 三陸鉄道全線開通

宮古市

12月 崎山［防集6戸］
3月 災害廃棄物処理完了
3月 中心市街地拠点施設整備事業基本計画
3月 近内1期［RC40戸］（買取）
2月 佐原［県｜RC50戸］
5月 リアスハーバー宮古復旧・供用再開
3月 崎山［RC24戸］（防集内）
7月 宮古市広域総合交流促進施設「シートピアなあど」復旧・供用再開
3月 近内2期［RC40戸］（買取）
5月 三陸復興国立公園創設
3月 重茂［漁集17戸］
12月 宮古市民文化会館復旧
11月 たろう観光ホテル等の震災遺構保存への支援発表（復興庁震災遺構第一号）
3月 藤原ふ頭岸壁復旧、工業用地海側の防潮堤整備が進捗
4月 三陸鉄道北リアス線全線運転再開
2月 JR山田線宮古−釜石間の復旧及び三陸鉄道移管の基本合意

釜石市

8月 住宅再建意向調査（第二回）
3月 東部地区津波復興拠点整備事業基本計画
11月 鵜住居区画整理・津波拠点整備着工
3月 唐丹片岸［木4戸］・尾崎白浜［木5戸］（未来）
12月 両石、箱崎防集着工
12月 タウンポート大町オープン
12月 花露辺［RC13戸］（UR）
4−6月 鵜住居・唐丹地区小中学校プロポ（未来）
9−10月 唐丹地区小中学校ECIプロポ
2月 平田［県｜RC126戸］
12月 大石［木3戸］（未来）
3月 箱崎白浜［木9戸］（未来）
12月 花露辺［防集4戸］
3月 イオンタウン釜石オープン
2月 釜石市民ホールプロポ（未来）
11−12月 鵜住居地区小中学校ECIプロポ
5月 三陸沿岸道路／釜石山田大槌町区間着工
3月 大平下水処理場、鵜住居雨水ポンプ場復旧完了
7月 鵜住居川水門仮締切工事着手
4月 三陸鉄道南リアス線運行開始、JR釜石線でSL運行開始
8月 片岸海岸防潮堤等災害復旧工事着工
5月 甲子川水門整備着工

陸前高田市

10月 高田区画整理事業計画変更（高台部）
3月 震災復興実施計画
7月 高田・今泉換地意向調査
11月 高田・今泉区画整理都決変更（嵩上げ部の造成高の見直し等）
8月 長部地区双六第2［防集3戸］
9月下和野［RC120戸］
9月 米崎地区堂の前［防集5戸］
12月 水上［RC30戸］
6月 奇跡の一本松保存工事完了
4月 小友地区両替［防集14戸］
12月 西下［県｜RC40戸］
12月 広田地区中沢［防集9戸］
8月 下矢作［防集6戸］
2月 高田松原津波復興祈念公園計画決定
11月 小友地区三日市［防集5戸］
3月 柳沢前［県｜RC28戸］
5月 陸前高田市公共下水道都決
3月 広田地区田谷［防集34戸］
3月 三陸沿岸道路高田道路全線開通
8月 復興まちづくり情報館オープン
4月 陸前高田浄化センター供用開始
3月 高田高校

気仙沼市

4月 魚町・南町区画整理都決
3月 都市計画マスタープラン
6月 小泉防集着工
1月 南郷1期［RC75戸］（UR）
7月 鹿折・南気仙沼区画整理着工
3月 登米沢［防集6戸］
3月南郷2期［RC90戸］（UR）
3月長磯浜南［木20戸］（協議会）
3月 舞根2［防集25戸］
10月 大沢B［防集17戸］
7月 内湾地区景観配慮防潮堤計画案
7月 海の市・シャークミュージアムグランドオープン
2月 復興市民広場都決
2月 内湾地区防潮堤計画合意（その後地盤隆起に対応した高さ見直し）
3月 下水終末処理場復旧
6月 気仙沼湾横断橋着工
3月 防潮堤（朝日地区）着工
3月 防潮堤（中島地区）着工

震災から3年目［2013年度］　震災から4年目［2014年度］

石巻市

●9月 防集・災害公営事前登録　●2月 変更登録　●7月 第二回登録
●7月 旧北上川かわまちづくり検討会（第1回）　●6月 旧北上川かわまちづくり市民報告会
●9月 二子団地まちづくり協議会（第1回）　●7月 河北地区二子団地防集着工
2月 新渡波東［木17戸］（協議会）●
●11−2月 渡波中学校設計業務委託プロポ　3月 新立野第一・二［S182戸］（買取）●
●11−2月 雄勝小学校（旧雄勝小・旧船越小）・雄勝中学校設計業務委託プロポ
●3月 萬画館リニューアルオープン　1月 上釜南部・下釜南部 区画整理都決（産業用地）●
●1月 高盛土道路（門脇流留線）都決
11月 サン・ファン館再開●　3月 石巻港主な岸壁復旧完了●
●6月 旧北上川河川堤防用地取得開始　●12月 東部浄化センター全面復旧　3月 復興まちづくり情報交流館［中央館］オープン●
●12月 石巻港防潮堤（西浜）着工　●7月 雨水排水基本計画

七ヶ浜町

●2月 復興まちづくり土地利用ガイドライン　3月 区画整理工事着手（花渕浜）●
●6月 区画整理都決（菖蒲田浜、代ヶ崎浜A、代ヶ崎浜B、花渕浜）　3月 松ヶ浜［木32戸］・吉田浜［木6戸］●
9月 区画整理工事着手●（菖蒲田浜、代ヶ崎浜A、代ヶ崎浜B）
●9月 吉田浜台［防集9戸］
●9月 代ヶ崎浜立花［防集14戸］
●3月 松ヶ浜西原［防集13戸］　●11月 七ヶ浜中学校
2月 学校給食センター●　●6月 菖蒲田浜中田［防集30戸］
9月 遠山地区避難所（その他年度内3地区）●
●10月 県漁協七ヶ浜水産振興センター完成
3月 七ヶ浜町・宮城県水産技術総合センター種苗生産施設工事委託発注●
●7月 下水道復旧整備工事発注

仙台市

●12月 がれき等の処理完了　3月 第三回国連防災世界会議・仙台防災枠組採択●
3月 被災者生活再建推進プログラム●　3月 被災者生活再建加速プログラム●
3月 東部地域集団移転先市造成7地区完了●
●5月 上岡田［防集65戸］
●4月 蒲生雑子袋［防集5戸］　●9月 荒井東［防集52戸］　●8月 鶴ケ谷第二［RC28戸］（既存団地内）
●5月 田子西［防集58戸］　●12月 石場［防集12戸］　3月あすと長町［RC163戸］●
●9月 国営仙台東土地改良事業着工　●6月 荒井西［防集183戸］
●10月 県営名取地区（四郎丸地区）土地改良事業着工　●6月 田子西隣接［防集160戸］
3月 荒浜小学校校舎及び住宅基礎（一部）の遺構保存決定●
●10月 深沼漁港海岸防潮堤本復旧工事着手　3月 県営名取地区（四郎丸地区）土地改良事業工事完了●
3月 東部復興道路（嵩上げ道路）着工●

岩沼市

●1月 玉浦西まちづくり住民協議会発足
●9月 震災復興計画マスタープラン改定
●12月 宮城県と工事に関する協定締結
●12月 玉浦西防集宅地引き渡し（第1期）
3月 玉浦西地区［木210戸］●
●12月 農山漁村地域復興基盤総合整備事業（県内初）
●4月 玉浦西防集宅地引き渡し（第3期）完了
●6月−2017年5月 千年希望の丘植樹祭　●5月 東日本大震災慰霊碑建立
●5月 千年希望の丘公園オープン（相野釜地区）
●1月 多重防御嵩上げ道路起工
●7月 農地の復旧（がれきや土砂の撤去、除塩94%）
●5月 貞山運河再生・復興ビジョン（宮城県）　12月 五間堀川圏域河川整備計画●

福島県

●12月 県並びに4町への中間保蔵施設の受入要請（国）　●9月 福島県中間保蔵施設建設受入容認
12月 大熊町中間保蔵施設建設受入判断●
11月 福島第一原子力発電所4号機使用済燃料取り出し開始●　1月 双葉町中間保蔵施設建設受入判断●
●4月 田村市避難指示解除準備区域を解除
●5月「浪江宣言14・05」
10月 川内町避難指示解除準備区域を解除、居住制限区域を避難指示解除準備区域に再編●
3月 関船［いわき市｜RC32戸］（浜通南部地域第1号）●
10月 広野原［広野町｜RC38戸・木10戸］（双葉郡内初）●
10月 日和田［県｜RC20戸］（県復興公営1号）●
3月 常磐自動車道全線開通●

［凡例］●全般／●まちづくり基盤事業・住民合意／●災害公営住宅／●宅地／●教育・子育て施設／●産業・商業／●災害伝承
●文化施設・その他／●上下水道・排水／●交通・地域交通／●防波堤・防潮堤・嵩上げ道路等

震災から5年目［2015年度］　震災から6年目［2016年度］

社会 交通

● 11月 米共和党に政権交代
● 12月 糸魚川市大規模火災
● 9月 平成27年9月関東・東北豪雨
● 4月 熊本地震
● 3月 集中復興期間終了
● 3月「復興・創生期間」における東日本大震災からの復興の基本方針
● 11月［復］三陸－吉浜開通
2月 宮城県応急仮設住宅8割退去 ●
● 10月［復］三滝堂-志津川開通
3月［復］志津川-南三陸海岸開通 ●
● 4月［復］登米東和-三滝堂開通

宮古市

● 4月 日の出町［木26戸］
● 8月 黒田町［RC24戸］
● 3月 上村［県｜RC24戸］
2月 津軽石津波拠点完了 ●
● 4月 西ケ丘［RC24戸］
● 10月 田老［木36戸］（防集内）
● 1月 山口［RC23戸］
● 6月 重茂［木4戸］（漁集内）
● 3月 田老［木35戸］（防集内）
● 11月 田老［RC40戸］（区画内）
● 12月 港町［RC40戸］（区画内）
● 9月 田老［防集159戸］
● 3月 田老［区画180戸］
● 3月 水産加工施設再開率約80%
● 4月 宮古港開港400周年記念
● 4月 津波遺構「たろう観光ホテル」保存工事完了、一般公開開始
4月 津軽石津波拠点公共施設（保育所、公民館兼出張所、消防屯所）の合同開所式
● 9月 宮古港海岸（高浜）防潮堤・陸閘整備完了

釜石市

● 7月 橋野鉄鉱山世界遺産登録（明治日本の産業革命遺産）
3月 箱崎防集完了 ●
● 9月 小白浜1号［S27戸］（未来）
● 4月 大町1号［S44戸］（未来）
3月 桑ノ浜［木8戸］（防集・漁集内）●
● 6月 佐須［漁集5戸］
● 5月 天神［S52戸］（未来）
● 4月 釜石こども園開園
● 3月 箱崎［防集18戸］
● 7月 小白浜［防集18戸］
● 4月 道の駅 釜石仙人峠 開業
● 8月 桑ノ浜［防集7戸、漁集3戸］
● 12月 釜石情報交流センターオープン
● 7月 釜石市震災メモリアルパーク整備基本計画
1月 釜石漁火酒場かまりばオープン ●

陸前高田市

● 6月 高田区画整理事業計画第4回変更（住・商・工等の区域縮小等）
1月 今泉地区景観・まちなみ意見交換会開催 ●
6月 高田区画整理事業計画第5回変更（高台、嵩上げ部宅地縮小等）～第10回まで変更 ●
● 7月 長部防集完了
3月 高田地区字界・通り名等意見交換会開催 ●
● 3月 高田北［西区］津波拠点完了
● 12月 今泉区画整理事業計画第2回変更（住・商・工等の区域縮小等）～第8回まで変更
● 9月 中田［県｜RC197戸］
● 3月 大野［RC31戸］
3月 長部［RC13戸］●
● 6月 長部地区双六第3［防集6戸］
● 3月 田端［RC14戸］
3月 今泉［RC61戸］●
● 7月 長部地区月山［防集50戸］
● 10月 米崎地区脇の沢［防集69戸］
● 6月 栃ケ沢［県｜RC301戸］
● 11月 高田東中学校
● 9月 高田・今泉巨大ベルトコンベヤによる土砂運搬終了（1.6年稼働で約6年工期短縮）
● 12月 高田地区海岸災害復旧工事完了

気仙沼市

● 12月 鹿折南［RC284戸］（UR）
● 7月 八日町［RC11戸］（買取）
● 7月 赤岩五駄鱈［S21戸］（買取）
● 2月 大島［木38戸］（協議会）
2月 魚町入沢1期［S38戸］（買取）●
● 8月 内の脇［RC144戸］（UR）
● 8月 唐桑大沢［木28戸］（協議会）
● 3月 幸町［RC176戸］（UR）
● 8月 魚町二丁目［RC15戸］（買取）
● 8月 小泉［木37戸］（協議会）
● 9月 牧沢［木244戸］（協議会）
● 4月 九条［防集14戸］（市誘導型防集1号）
● 10月 南町1丁目［RC36戸］（買取）
● 5月 小泉町［防集65戸］
● 10月 気仙沼駅前1期［RC64戸］（UR）
● 6月 階上長磯浜［防集64戸］（最大の市街地協議会型防集）
● 3月 BRTによる本格復旧合意
● 9月 防潮堤（魚町・南町）着工
● 3月 防潮堤（浜町）着工

	震災から5年目［2015年度］	震災から6年目［2016年度］
石巻市	●8月 水産物地方卸売市場石巻売場完成 ●8月 石巻南浜津波復興祈念公園基本計画 ●11月 6地区合同まちびらき［防集546戸］	●6月 被災者自立支援促進プログラム ●6月 中央第一［UR｜RC35戸］ ●8月 中央第三［RC54戸］（再開発） ●9月 市立病院オープン 3月 渡波中学校災害復旧事業完成● ●4月 農業園芸センターリニューアルオープン ●11月 石巻南浜津波復興祈念公園都決 ●3月 復興まちづくり情報交流館［北上館・牡鹿館］オープン ●6月 復興まちづくり情報交流館［雄勝館］オープン
七ヶ浜町	●9月 菖蒲田浜［RC100戸］ ●11月 花渕浜［RC50戸］ ●5月 笹山［防集128戸］ ●11月 代ヶ崎［RC24戸］ ●5月 代ヶ崎浜地区避難所 ●11月 七ヶ浜町・宮城県水産技術総合センター種苗生産施設完成 ●11月 防災拠点施設（生涯学習センター） ●11月 笹山地区避難所 ●7月 菖蒲田浜地区避難所 ●11月 花渕浜地区避難所 ●7月 下水道復旧整備工事完了 ●6月 町道笹山線（笹山アクセス線）供用開始	●2月 海の駅七のやオープン（商工会） ●3月 花渕浜地区商業産業拠点形成促進計画 ●9月 水産業共同利用施設（焼海苔加工施設）完成 ●6月 吉田浜地区広場工事完了 ●3月 町道鶴ヶ湊3号線（避難路整備）工事完了
仙台市	●8月 海岸公園避難の丘着工 ●12月 政策重点化方針 2020 ●10月 移転先宅地（空き区画）の募集要件緩和（移転対象者以外の被災者） ●8月 蒲生北部区画整理 造成着手・仮換地指定 ●8月 仙台東部地区に新排水機場（4カ所）が完成 ●12月 深沼漁港海岸防潮堤本復旧完了	●3月 震災復興計画期間終了 ●9月 海岸公園避難の丘全4か所完成 3月 津波避難施設全13か所完成● 3月 防集跡地利活用方針公表● 3月 防集事業完了● ●2月 卸町［RC98戸］（買取・複合） 3月 内陸丘陵部宅地復旧完了（公共事業全169 地区）● 2月 せんだい3.11メモリアル交流館公開● ●6月 復興公営住宅全3,206戸完成 ●4月 農業園芸センターリニューアルオープン ●4月 南蒲生浄化センター新水処理施設全系列運転開始
岩沼市	●5月 玉浦西地区単位の移転完了 ●7月 玉浦西まち開き ●6月 西原区画整理事業認可（移転元地を活用した産業用地整備） ●7月 玉浦食彩館オープン	●4月 千年希望の丘交流センターオープン ●3月 仙台湾南部海岸堤防完成 12月 嵩上げ道路県道塩釜亘理線（蒲崎地区）開通●
福島県	●9月 楢葉町避難指示解除準備区域を解除 ●12月 福島県復興計画（第3次） ●12月 横堀平［大玉村｜木59戸］（富岡町避難者向けに県代行で建設：買取方式1号）	●6月 川内町避難指示解除準備区域を解除 12月 原子力災害からの福島復興の加速のための基本指針● ●6月 葛尾村・7月南相馬市避難指示解除準備区域及び居住制限区域を解除 3月 浪江町・飯館村・川俣町避難指示解除準備区域及び居住制限区域を解除● ●5月 大谷地［飯館村｜木8戸］（帰還者向け1号） ●8月 城北［県｜木30戸］（板倉仮設再利用） 3月 富岡町さくらモールとみおかオープン● ●1月 公共土木施設等災害復旧完了78.7%［1,679箇所］ ●1月 海岸施設（堤防等）復旧完了16.3%［14地区］

［凡例］●全般／●まちづくり基盤事業・住民合意／●災害公営住宅／●宅地／●教育・子育て施設／●産業・商業／●災害伝承
●文化施設・その他／●上下水道・排水／●交通・地域交通／●防波堤・防潮堤・嵩上げ道路等

震災から7年目［2017年度］　震災から8年目［2018年度］

社会

6月 大阪府北部地震

3月「復興・創生期間」における東日本大震災からの復興の基本方針の見直し

9月 北海道胆振東部地震

7月 平成29年7月九州北部豪雨

7月 平成30年7月豪雨

12月 福島県応急仮設住宅8割退去

3月 岩手県応急仮設住宅8割退去

交通

2月［復］本吉津谷－大谷海岸開通

7月［復］陸前高田長部－陸前高田開通

8月［復］吉浜－釜石南開通

3月［復］大谷海岸－気仙沼中央開通

11月［復］山田－宮古南開通

3月［復］釜石南－釜石両石／唐桑小原木－陸前高田長部開通

12月［復］南三陸海岸－歌津開通

3月［復支］東北横断自動車道釜石秋田線全線開通

宮古市

3月 市庁舎跡地整備事業基本計画

10月 中心市街地津波拠点完了

3月 鍬ヶ崎・光岸［区画230戸］

10月 イーストピアみやこ（市民交流セン
市役所本庁舎、宮古保健センター）
供用開始

4月 道の駅たろうグランドオープン

6月 川崎近海汽船フェリー新航路「宮古－室蘭」の営業開始

6月 水産加工施設再開率100%

5月 新川町・藤原地区ポンプ場整備着手

11月 三陸沿岸道路「山田IC－宮古南IC間」が供用開始（震災後事業着手した復興道路・復興支援道路初の開通区間）

10月 宮古駅「クロスデッキ」供用開始

3月 被災18 漁港の防波堤等の復旧完了

9月 田老海岸第二線堤整備完了

3月 宮古港海岸（藤原）防潮堤・陸閘整備完了

釜石市

6月 区画整理土地活用支援制度創設

3月 鵜住居区画整理完了

10月 平田［区画158戸］

3月 両石防集完了

10月 両石［木25戸］（防集・漁集内）

3月 両石［防集23戸、漁集42戸］

3月 片岸［区画190戸］

12月 嬉石・松原［区画179戸］

3月 鵜住居［区画529戸］

4月 唐丹小学校・中学校開校（2015年3月着工）

12月 浜町［RC31戸］

4月 鵜住居小学校・釜石東中学校開校（2015年8月着工）

3月 鵜の郷交流館オープン

8−10月 釜石市新庁舎建設基本計画・設計業務委託簡易型プロポ

3月 いのちをつなぐ未来館オープン

11月 釜石港外貿コンテナ定期航路開設

3月 釜石祈りのパークオープン

5月 新釜石市魚市場供用開始

12月 釜石市民ホールTETTO開館

8月 釜石鵜住居スタジアム

3月 三陸鉄道リアス線開通

3月 釜石港湾口防波堤復旧工事完了

3月 小白浜海岸・釜石港海岸防潮堤等災害復旧工事完了

12月 片岸海岸防潮堤等災害復旧工事完了

陸前高田市

3月 高田北［東区］津波拠点完了

1月 土地利活用促
バンク創設

3月 今泉高台［防集54戸］

3月 長部地区今泉高台［防集11戸］

12月 気仙小学校

5月 脇の沢［県｜RC60戸］

4月 アバッセ高田オープン

4月 まちなか広場オープン

7月 陸前高田市立図書館オープン

7月 高田高台［防集66戸］

9月 まちびらき

12月 気仙大橋本復旧工事完了

3月 三陸沿岸道路唐桑高田道路全線開通

3月 大陽、両替漁港海岸防潮堤整備完了

気仙沼市

6月 総合交通計画

9月 まちなか再生計画

2月 第2次気仙沼市総合計画

3月 新魚市場落成式

4月 南町二丁目［S24戸］（買取・商店街併設）

11月 南町紫神社前商店街・魚町内湾商店会グランドオープン

3月 気仙沼市東日本大震災遺構・伝承館オープン

5月 魚町入沢2期［S21戸］（買取・斜面地）

8月 気仙沼向洋高校新校舎入校式

5月 気仙沼駅前2期［RC130戸］（UR）

1月 防潮堤（大谷地区）着工

4月 市民福祉センター「やすらぎ」オープン

11月 鹿折津波記憶石建立

10月 宮城県気仙沼合同庁舎開庁

3月 防潮堤（朝日地区）完成

6月 只越バイパス開通

10月 気仙沼市立病院落成式

3月 気仙沼図書館・気仙沼児童センターオープン

3月 気仙沼大橋開通

	震災から7年目［2017年度］	震災から8年目［2018年度］
石巻市	●6月 にっこり南［木23戸］ ●6−9月 北上小学校（旧相川小・旧吉浜小・旧橋浦小）災害復旧事業設計業務プロポ ●7月 雄勝小・中学校 ●11月 かわまち立体駐車場オープン ●6月 いしのまき元気いちばオープン ●11−1月旧門脇小学校・大川小学校震災遺構プロポ	●1月 新西前沼第三1・2号［S30戸］（買取・共助型） 3月 新西前沼第三3号［S32戸］（買取・共助型）● ●9月 かわまち交流センターオープン ●10月 かわまち交通広場供用開始 ●12月 不動町産業用地完成 ●5月 須江産業用地完成 2月 北上観光物産交流センターオープン ●
七ヶ浜町	7月 菖蒲田浜海水浴場再開海開き 7月 みんなの家「きずなハウス」オープン ●6月 松ヶ浜地区海岸復旧工事完了	●7月 区画整理工事完了（菖蒲田浜） 1月 区画整理換地処分（菖蒲田浜、代ヶ崎浜A）● ●3月 区画整理工事完了（代ヶ崎浜A） ●11月 七ヶ浜町観光交流センターオープン ●3月 塩釜七ヶ浜多賀城線道路改良工事完成 1月 菖蒲田漁港緑地完成 ● ●3月 菖蒲田地区海岸復旧工事完了 3月 表浜緑地完成 ● ●3月 菖蒲田浜海浜公園（津波防災緑地）完成
仙台市	●9月 防集跡地利活用事業者募集開始 ●4月 震災遺構仙台市立荒浜小学校公開	●7月 海岸公園全面利用再開
岩沼市	●8月 矢野目西区画整理事業認可（産業用地整備） ●11月 西原区画整理換地処分 5月 玉浦コミュニティセンター開所 ●7月 矢野目排水ポンプ場・二野倉排水ポンプ場完成 2月 デマンド型乗合タクシー運行開始 ●	●6月 震災復興計画マスタープラン（改定版）フォローアップ計画 3月「希望の灯火」開始 ● ●12月 貞山運河整備（75%進捗） ●2月 災害復旧工事完了（水道） ●3月 嵩上げ道路玉浦希望ライン全線開通
福島県	●9月−2018年5月 双葉町・大熊町・浪江町・富岡町・飯舘村・葛尾村の特定復興再生拠点区域認定 ●4月 富岡町避難指示解除準備区域及び居住制限区域を解除 ●5月 福島復興再生特別措置法改正（特定復興再生拠点区域制度等） ●10月 中間貯蔵施設貯蔵開始 6月 楢葉町笑ふるタウンならはオープン ● ●7月 福島イノベーション・コースト構想推進機構設立	●3月 面的除染完了（帰還困難区域除く8県100市町村） ●2月 磐崎［県｜CLT57戸］（CLT工法を採用） ●2月 勿来酒井［県｜木72戸］（主に双葉町避難者向け） ●3月 勿来酒井2-6号［県｜PC77戸・木10戸］（UR）（主に双葉町避難者向け） 1月 海岸施設（堤防等）復旧完了79.1%［68地区］● 2月 公共土木施設等災害復旧完了94.6%［2,043箇所］●

［凡例］●全般／●まちづくり基盤事業・住民合意／●災害公営住宅／●宅地／●教育・子育て施設／●産業・商業／●災害伝承
●文化施設・その他／●上下水道・排水／●交通・地域交通／●防波堤・防潮堤・嵩上げ道路等

	震災から9年目［2019年度］	震災から10年目［2020年度］
社会 交通	●9月 令和元年房総半島台風 ●10月 令和元年東日本台風(宮古市、釜石市、石巻市、福島県などが再び被災) ●5月 令和に改元 ●12月「復興・創生期間」後における東日本大震災からの復興の基本方針 ●6月［復］三陸沿岸道路 岩手県宮古市－宮城県気仙沼市間全線開通	●3月 東京オリンピック延期決定 ●7月 令和2年7月豪雨 3月 復興・創生期間終了● ●6月 復興庁設置法等の一部を改正する法律成立 ●4月 新型コロナウィルス感染症緊急事態宣言 2021年 復興道路・復興支援道路全線開通予定● ●7月［復］宮古中央JCT－田老真崎海岸開通 11月［復］小泉海岸－本吉津谷開通●
宮古市	●6月 三陸沿岸道路(宮古市－宮城県気仙沼市間)全線開通 ●11月 市道北部環状線が全線開通	3月 新川町・藤原地区ポンプ場整備完了● 3月 田老海岸第一線堤整備完了予定● 3月 三陸沿岸道路、宮古盛岡横断道路、主要地方道重茂半島線が全線開通予定●
釜石市	●9月 ラグビーワールドカップ 2019 日本大会(釜石鵜住居復興スタジアム フィジー対ウルグアイ戦) ●8月 鵜住居津波拠点完了 ●12月 コンテナ取扱量県内過去最多9,292TEUを記録 ●4月 魚河岸テラスオープン ●12月 釜石市民体育館オープン ●6月 三陸沿岸道路市内区間全線開通 ●8月 鵜住居川水門及び甲子川水門整備完了 ●4月 汐立雨水ポンプ場供用開始	2022年度 釜石市 新庁舎完成予定● ●3月 東部津波拠点完了 ●9月 両石漁港海岸防潮堤災害復旧工事完了 3月 箱崎漁港海岸防潮堤災害復旧工事完了●
陸前高田市	9月 高田・今泉区画整理都決変更(施行区域を一部変更)● ●7月 チャレンジショップたかたオープン ●1月 アムウェイハウス「まちの縁側」オープン ●9月 道の駅高田オープン ●9月 高田松原復興祈念公園、国営追悼・祈念施設、東日本大震災津波伝承館オープン 3月 気仙川水門整備完了● 3月 要谷漁港海岸防潮堤整備完了●	3月 高田・今泉区画整理工事完了予定● 12月 高田区画整理事業計画第10回変更(鉄道用地廃止、市庁舎建設地の用地の変更等)認可予定● 12月 発酵パークCAMOCYオープン● 4月 奇跡の一本松ホールオープン ●6月 高田松原運動公園 供用開始 3月 震災遺構(タピック45、気仙中学校)保存工事完了● 3月 陸前高田市 新庁舎完成予定、市立博物館竣工予定● 12月 姉歯橋暫定利用開始● 10月 根岬、12月 只出、3月 脇之沢漁港海岸防潮堤整備完了●
気仙沼市	●9月 鹿折区画整理工事完了 ●6月 気仙沼油槽所完成 ●7月 みしおね横丁グランドオープン ●7月 気仙沼大島ウエルカムエリア観光施設オープン ●7月 小泉海水浴場再開海開き ●9月 みらい造船新工場完成 ●4月 気仙沼大島大橋開通 ●4月 防集堤(中島地区小泉海岸)完成	●9月 南気仙沼区画整理工事完了 2020年度 魚町・南町区画整理工事完了予定● ●6月 大島ウェルカム・ターミナル本オープン ●7月 商業施設ないわんグランドオープン ●8月 日門漁港防潮堤建設計画地域合意(宮城県内最後) 2月 気仙沼市復興祈念公園完成予定● ●3月 JR気仙沼線松岩駅－不動の沢駅区間BRT開通 雨水函渠・汚水幹線復旧継続中● ●4月 JR気仙沼線・大船渡線(BRT区間)廃止 2020年度 気仙沼湾横断橋開通予定●

	震災から9年目［2019年度］	震災から10年目［2020年度］
石巻市	● 6月 二子まちびらき［防集135戸］（石巻市最後の防集移転住宅地） ● 10月 観光物産交流施設cottuオープン 4月 牡鹿総合支所大原出張所開所 ● 2月 にぎわい交流広場オープン	● 3月 北上小学校災害復旧事業完成 4月 北上総合支所開所 ● 5月 雄勝硯伝統産業会館・雄勝観光物産交流館オープン 5月 ささえあいセンターオープン ● 7月 おしかホエールランドオープン 3月 石巻南浜津波復興祈念公園整備完了予定 ● 3月 石巻港防潮堤嵩上げ及び新設完了予定 ● 2021年度 旧北上川河川堤防整備完了予定 ●
七ヶ浜町	● 5月 区画整理工事完了（花渕浜） ● 5月 花渕浜地区海岸復旧工事完了	3月 復旧・復興ハード事業全完了（予定）● ● 5月 区画整理工事完了（代ヶ崎浜B） ● 6月 区画整理換地処分（花渕浜） 4月 代ヶ崎浜地区広場工事完了 ● 10月 区画整理換地処分（代ヶ崎浜B） 3月 長須賀多目的広場工事完了 ● 3月 その他港湾施設（陸こう含む）復旧工事完了 ●
仙台市	● 8月 震災遺構仙台市荒浜地区住宅基礎公開 ● 11月 東部復興道路（嵩上げ道路）開通	● 5月 荒浜地区避難の丘完成 ● 10月 蒲生北部基盤整備工事完了 3月 国営仙台東土地改良事業完了予定 ●
岩沼市	● 4月 岩沼市東保育所開所	● 4月 矢野目西区画整理換地処分 ● 3月 二野倉第二排水ポンプ場完成
福島県	● 4月 大熊町避難指示解除準備区域及び居住制限区域を解除 ● 7月 福島第二原発全基の廃止決定 4月 Jヴィレッジ全面再開 ● 7月 浪江町イオン浪江店オープン	● 10月 双葉町産業交流センターオープン ● 3月 双葉町避難指示解除準備区域解除／双葉町・大熊町・富岡町特定復興再生拠点内区域解除 ● 3月 帰還困難区域除く全地域で避難指示解除 ● 9月 東日本大震災・原子力災害伝承館オープン ● 3月 JR常磐線全線運転再開、常磐自動車道常磐双葉IC開通 ● 9月 公共土木施設等災害復旧完了 96.8%［2,092箇所］ 3月 海岸施設（堤防等）復旧完了100%［86地区］●

［凡例］● 全般／● まちづくり基盤事業・住民合意／● 災害公営住宅／● 宅地／● 教育・子育て施設／● 産業・商業／● 災害伝承 ● 文化施設・その他／● 上下水道・排水／● 交通・地域交通／● 防波堤・防潮堤・嵩上げ道路等

住まいの復興に関わる事業推移

復興まちづくりの断面イメージ

［凡例］整備戸数 ■災害公営／■宅地／------人口
事業費累積 —— 災害公営住宅整備
—— 防災集団移転促進
—— 都市再生区画整理
—— 漁業集落防災機能強化

災害公営・宅地（戸数）
人口（2010年度を1とした時の割合）
復興交付金事業費累積（億円）

宮古市

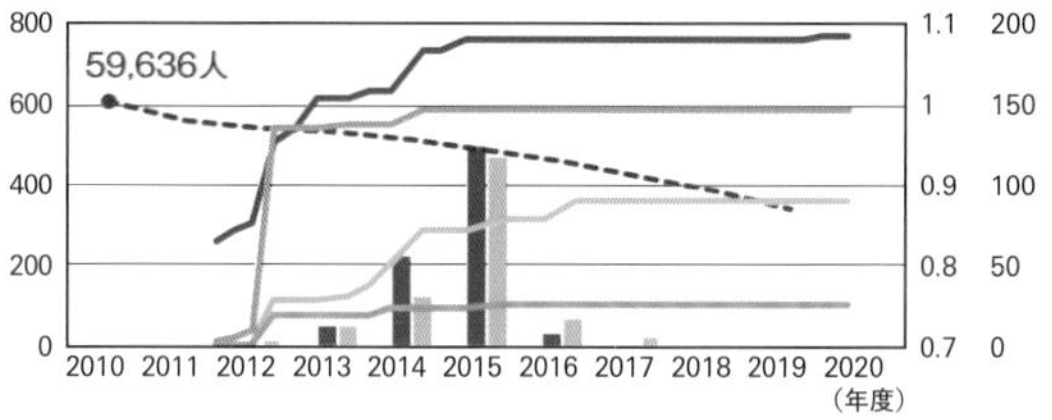

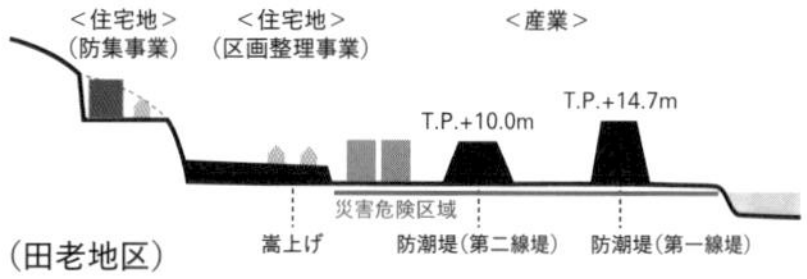

（田老地区）
被害を受けた第一防御としての防潮堤を嵩上げ復旧した。区画整理事業で一部を嵩上げした低平地と、防集事業で造成した高台を、住宅地として利用。

釜石市

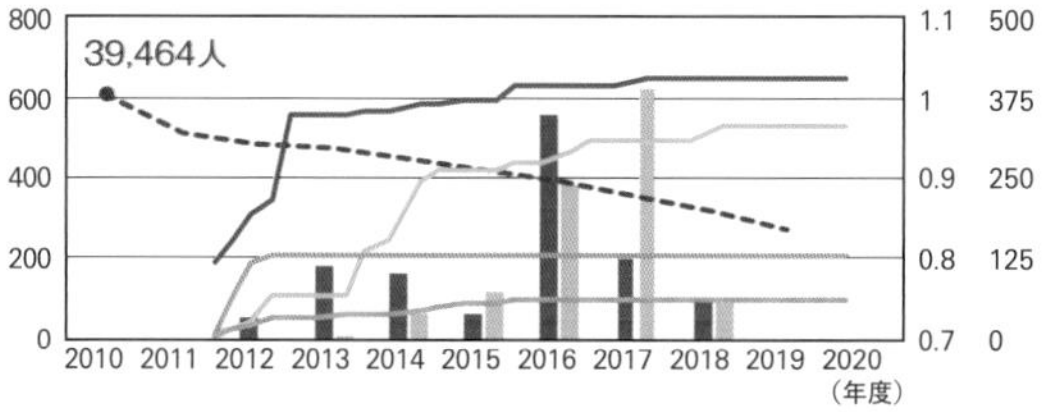

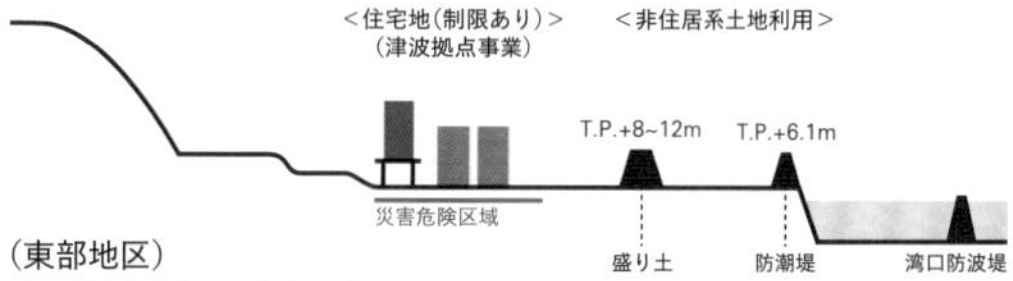

（東部地区）
湾口防波堤を復旧、加えて防潮堤と盛り土を建設することにより現地再建を可能にした。災害危険区域は段階的に設定。

陸前高田市

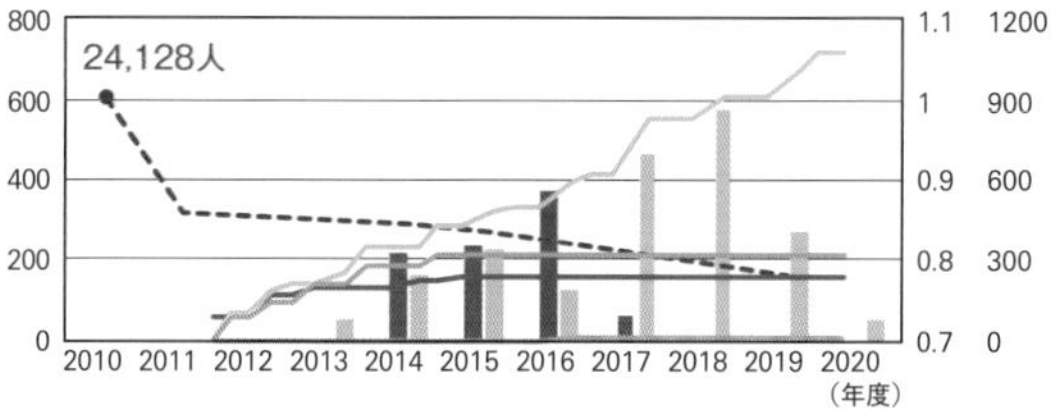

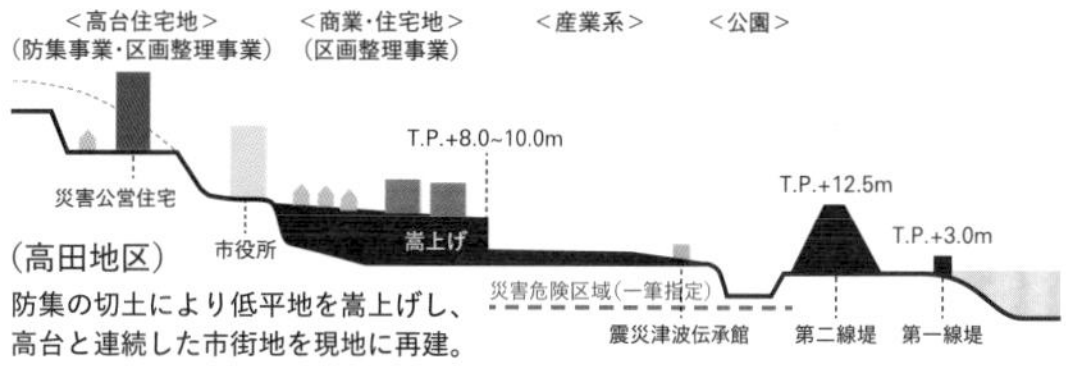

（高田地区）
防集の切土により低平地を嵩上げし、高台と連続した市街地を現地に再建。

気仙沼市

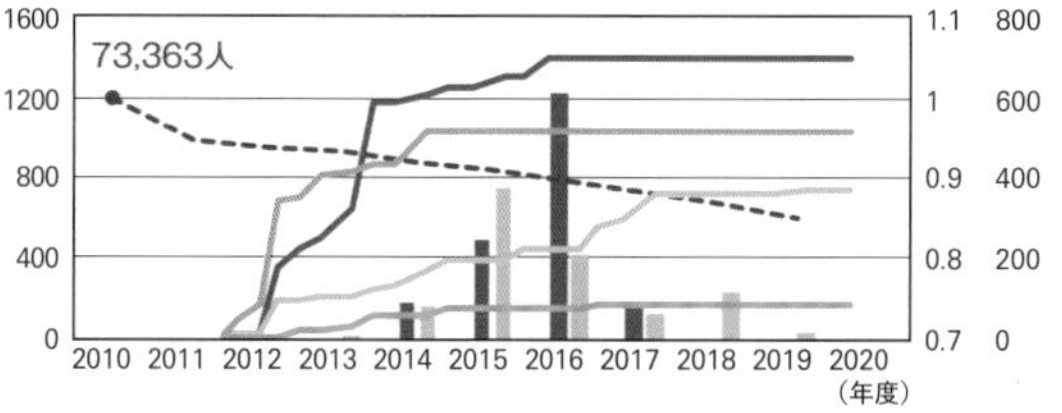

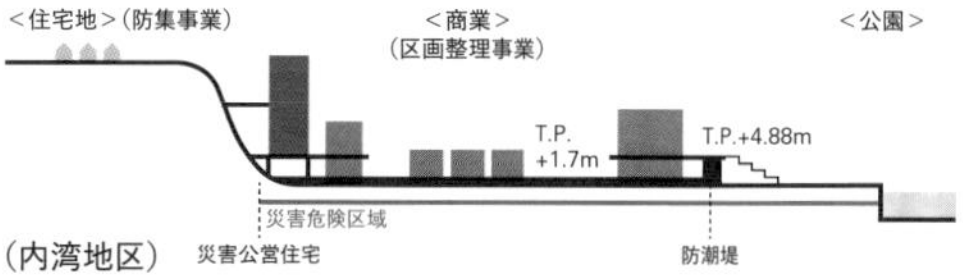

（内湾地区）
堤防と一体的に公共施設を設置。起立式ゲートの採用により防潮堤の高さを下げ見え高を確保。後背地は商業・災害公営住宅を中心に再生。

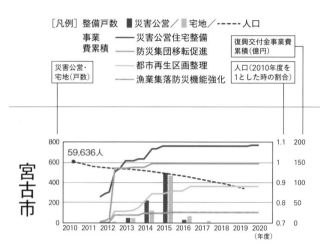

住まいの復興に関わる事業推移

復興まちづくりの断面イメージ

石巻市

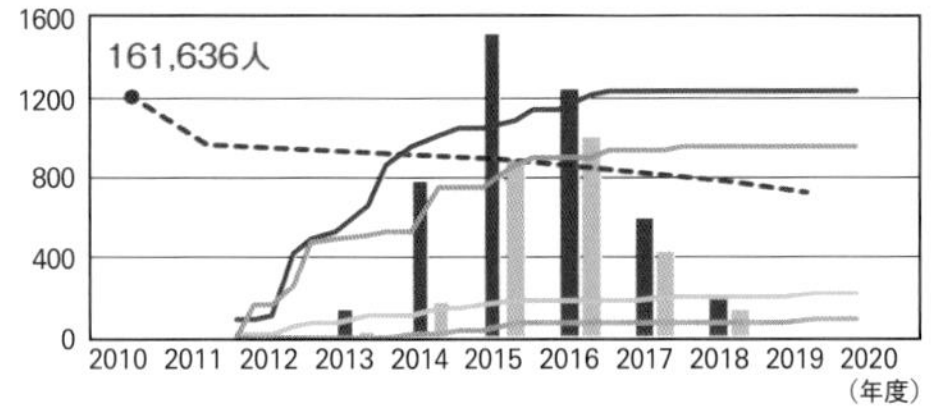

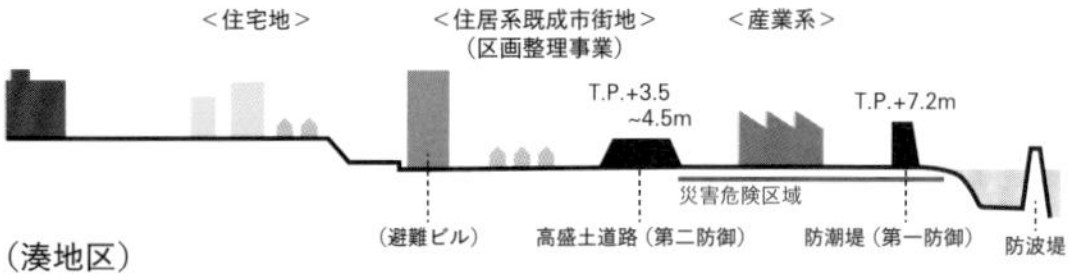

（湊地区）

防潮堤で産業用地を、高盛土道路で区画整理事業により整備した住宅を含む市街地を守る。

七ヶ浜町

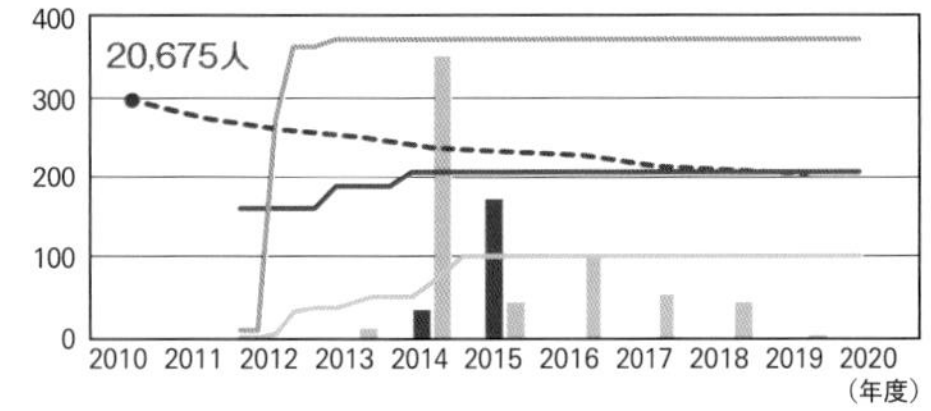

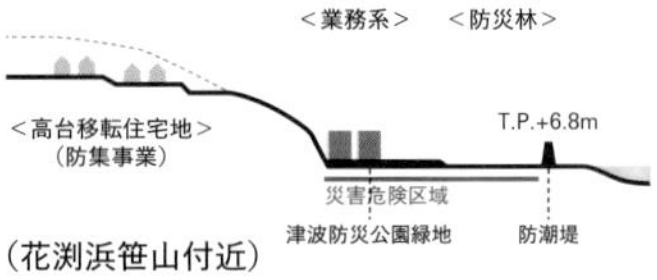

（花渕浜笹山付近）

被災の大きかった菖蒲田浜地区に隣接して高台を切土し、防集移転住宅地を造成。低平地は業務系用地として再生。

仙台市

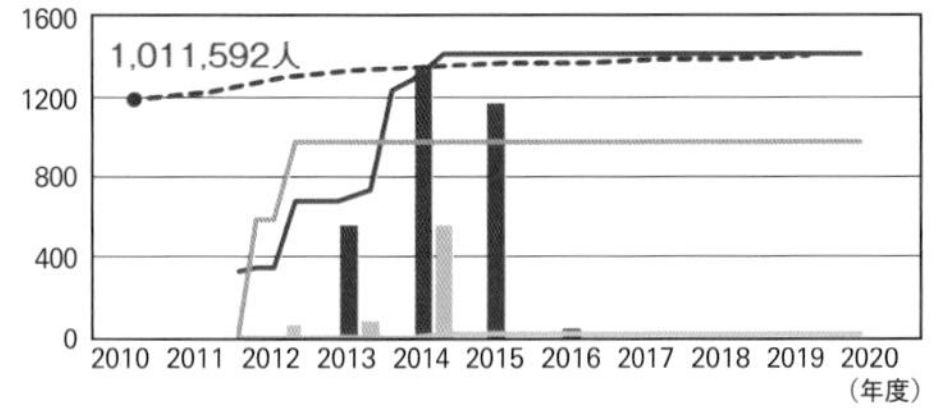

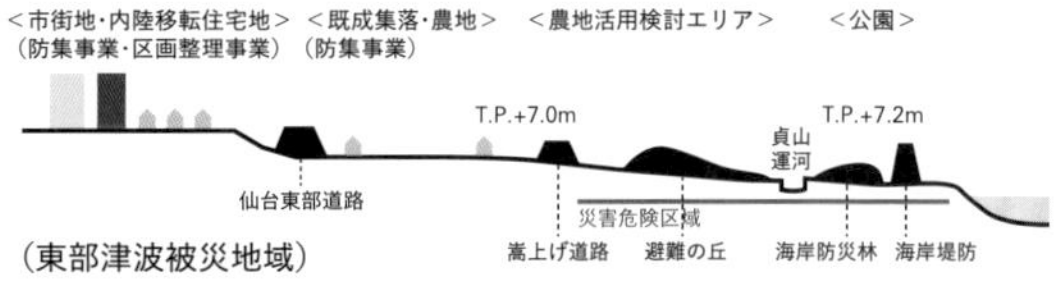

（東部津波被災地域）

仙台平野に位置する集落と農地を堤防・嵩上げ道路により多重防御。嵩上げ道路と海岸堤防の間に、避難のための丘を造成。

岩沼市

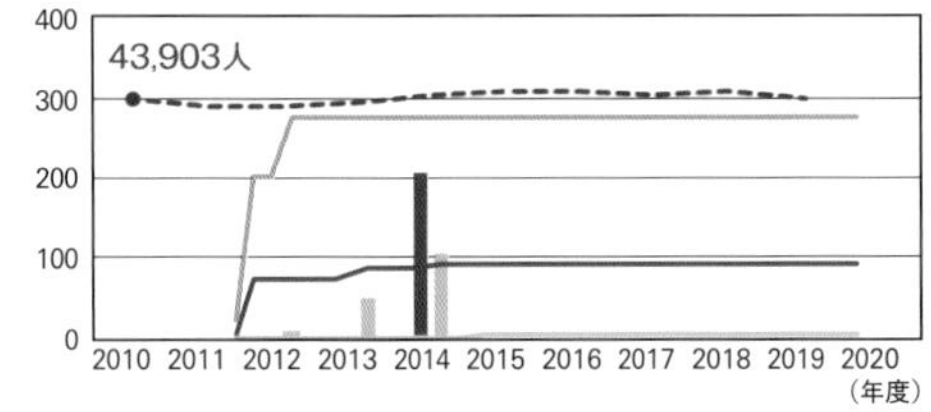

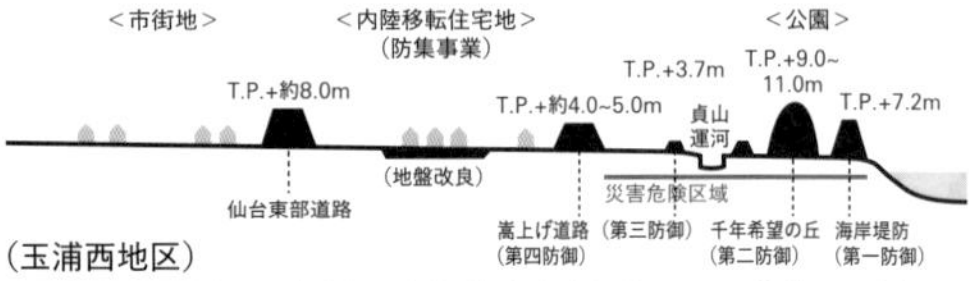

（玉浦西地区）

既成市街地に隣接する内陸側に防集移転住宅地を建設。元の集落には避難用の丘を造成した公園を設置。

[主な参考資料] 各自治体復興関連資料／津波対策施設等復旧進捗関連資料（国土交通省東北地方整備局・岩手県・宮城県）／住まいの復興工程表（復興庁）／社会資本の復旧・復興ロードマップ（岩手県）／災害公営住宅が完成しました（宮城県）／ふくしま復興のあゆみ（福島県）／廃炉・汚染水対策関係閣僚等会議資料（政府）／東日本大震災における実効的復興支援の構築に関する特別調査委員会最終報告書（日本建築学会）／平成23年（2011年）東北地方太平洋沖地震（気象庁）／平成23年（2011年）東北地方太平洋沖地震（東日本大震災）について（第160報）（消防庁）等

[注記] 中心市街地の事業を主に取り上げ、各自治体の特徴を表す事業についてはそれ以外の地区も対象とした。/交通の［復］［復支］は、2011年11月事業化以降の復興道路（三陸沿岸道路）、復興支援道路（東北中央道他）の区間開通を示す。／災害公営住宅について、岩手県・福島県で建設された県営住宅を「県」と示した。福島県では県が復興公営住宅として広域避難者向け住宅を建設している。さらに、構造（RC、S、木）、戸数、開発方法など各住宅の特徴を挙げた。／宅地整備は、防災集団移転促進事業［防集］、漁業集落機能強化事業［漁集］、土地区画整理事業［区画］により整備されたもの。／特に記載がない場合には、建築の竣工時点でプロットした。宅地については全区画の完了時点とした。／津波復興拠点整備事業は、［津波拠点］と表記する。／グラフは、東日本大震災復興交付金（東日本大震災により著しい被害を受けた地域における復興地域づくりに必要な事業を一括化し、一つの事業計画（震災復興計画）の提出により、被災地方公共団体へ交付金を交付するもの）のうち、住宅・宅地整備に関りの深い、4つの事業について第1回（H24.3.2）～第27回（R2.6.26）までの交付可能額の累積金額の推移を示す。七ヶ浜町、仙台市、岩沼市では漁業集落防災機能強化事業に該当する予算はない。各市町人口は、e-Stat［住民基本台帳に基づく人口、人口動態及び世帯数調査］に基づく。

L1、L2の海岸保全施設設計方針

海岸保全施設に依存した防災対策の限界を踏まえ、二つのレベル（L1、L2）の津波を想定した防災の方針が打ち出された。L1は海岸保全施設の整備において設定する津波（数十年～百数十年の頻度）、L2は海岸保全施設の整備だけでなく、まちづくりと避難による総合的な防災対策において設定する津波（低頻度で最大級の津波）である。この考え方は、東北被災地のみならず全国の津波対策で採用されるようになった。

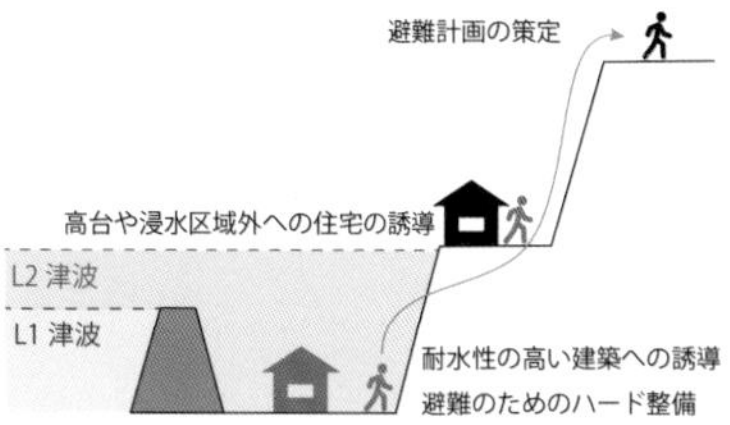

地域の足となる柔軟な輸送システム

津波被害を受けた三陸沿岸のJR気仙沼線、大船渡線の一部区間では、バス高速輸送システム（Bus Rapid Transit）による復旧が行われた。鉄道敷を専用道として活用し速達性・定時性を確保しつつ、一般道の併用により早期の運行開始を実現。運行頻度の向上や復興まちづくりの段階に応じたルート設定、駅の増設等の柔軟な対応を行い、利便性を高め、被災地の足を支える新たな交通手段となっている。

写真＝大船渡線との併走区間　写真提供：JR東日本

建築の構造体の工夫で切土量を削減

釜石市鵜住居地区に位置する鵜住居小学校・釜石東中学校校舎は、市街地近くの高台を敷地とした。切土により必要敷地面積を確保しようとすると、土木工事だけで5年を要する計算であったが、土木的な提案も要求されたプロポーザルコンペで、中学棟をブリッジ状にして、谷戸に掛け渡す構造により切土量を1/3とする提案を行った設計者を選定し、期間を短縮しての完成を可能とした。

写真＝鵜住居地区（釜石市）　写真提供：釜石市

防潮堤と建物をシームレスに繋ぐ

気仙沼市では各地区に設置されたまちづくり協議会が、行政と協議しながら復興を進めていった。商業地である気仙沼市内湾地区は、全体を嵩上げするとともに、防潮堤の高さに合わせて隣接する建築の計画を調整し、連続的なシークエンスを確保している。それにより、災害時への必要な対策を取りながら、平時には海への眺望と親水性を確保したパブリックスペースが創出された。

写真＝内湾地区（気仙沼市）　写真提供：佃悠

自然の地形を生かした高台造成

七ヶ浜町では、特別名勝松島の指定範囲である斜面林の隣接敷地に、町で最大の笹山地区防災集団移転住宅団地を造成するにあたり、元の地形や自然環境を生かしたランドスケープデザインに取り組んだ。自生していたヤマザクラを残した公園には、地区避難所も設置し、地域の核とした。さらに、海側の土地では海への眺望、農地や谷地に隣接する部分では周辺との調和を図るべく緩衝緑地帯を設けている。

写真＝笹山地区（七ヶ浜町）　写真提供：七ヶ浜町

多重防御を担う「嵩上げ道路」

周辺より7～8m高い盛土構造の仙台東部道路は、内陸部の津波浸水被害を低減させた。この教訓から海岸線と並走する道路を津波防護施設として嵩上げするなど、防潮堤と併せて津波減衰効果を発揮する多重防御施設の整備が進んだ。仙台市沿岸10.2kmを結ぶ東部復興道路は、県道塩釜亘理線等を約6m嵩上げすることで、海岸防災林とともに海岸堤防を越えた津波の威力を軽減、避難時間を稼ぐ役割を担う。

写真＝嵩上げ道路（仙台市荒浜大堀地区）
写真提供：仙台市

従前の集落構成を生かした街区計画

岩沼市では、沿岸6集落が玉浦西地区に内陸移転した。仮設住宅入居時から従前地区が重視されており、移転地計画にも各地区代表（地区長、若手代表、女性代表）が参加し、意見が反映された。貞山堀を模した貞山緑道で各集落をつなぎ集落の記憶を継承するだけでなく、集落を跨がるような災害公営住宅の配置や、まちづくり住民協議会への管理委託で公園緑化を実現するなど管理面についても考慮された。

写真＝玉浦西地区（岩沼市）　写真提供：佃悠

福島の復興・再生に向けて

未曽有の複合災害をもたらした東京電力福島第一原子力発電所事故。2020年3月時点で帰還困難区域を除く全11市町村で避難指示が解除された。一方、本格的な復興・再生には、事故収束（廃炉・汚染水対策）、環境再生への取組（除去土壌等の中間貯蔵、最終処分等）、帰還・移住等の促進・生活再建、風評払拭・リスクコミュニケーションの推進等、今後も国が前面に立った中長期的な対応が求められる。

写真＝福島第一原子力発電所4号機（撮影日：2011年3月15日）
出典：東京電力ホールディングス

東日本大震災　被災三県　復興の十年

Chronology: 10 years Reconstruction after the Great East Japan Earthquake

年表作成ワーキンググループ｜Chronology Working Group

東日本大震災の復興は我が国が人口減少および少子高齢化する低成長期における取り組みとなったが、復興に資する多くの制度が経済成長期に成立したものであったため、実際の現場で実施する上での困難も少なくなかった。しかし、被災地の中には自らの地域特性を読み込み、復興の先にある将来像を描きながら、復興事業を進めていった地域も存在する。本企画は、そのような地域のうち地形的特徴や都市・地域構造さらに被災特性に配慮しながら9つの自治体を選び、そこで模索された復興像を理解するために重要な事象を抽出し、「復興の10年」の実情を照射しようという試みである。

本年表の対象として、宮古市、釜石市、陸前高田市、気仙沼市、石巻市、七ヶ浜町、仙台市、岩沼市の8つの基礎自治体を選出した。さらに、未曾有の原子力災害に見舞われた福島県を加えた。

自治体ごとの各事業を抽出するにあたっては下記のような方針で進めた。

土木の視点からは、津波の外力からまちを守る「防波堤・防潮堤・嵩上げ道路等」、宅地・市街地整備等の合意プロセスとしての「まちづくり基盤事業・住民合意」、住民生活を支える「地域交通」、「上下水道および排水」を中心に取り上げる。さらに、鉄道・幹線道路の広域インフラに関しては、自治区域を横断し震災以前から長期的事業として行われていることから、「交通」として別に欄を設けた。

建築の視点からは、住まいに関わるものとして「災害公営住宅」と「宅地整備」、学校など「教育・子育て施設」、地域の生業を支える「産業・商業施設」、災害を次世代に伝える「災害伝承施設」、市民ホールや行政庁などを含めた「文化施設・その他」を中心に取り上げる。

東日本大震災では甚大な住宅被害が発生したため、住宅の復興に主眼が置かれた。しかし、生業を得ることが困難な場所には定住することが難しく、子育て世代は学校の位置で居住地を移動する。さらに、災害伝承も当初から想定していないと伝承に有効な遺構を残すことが難しい。長期に渡る復興期間での位置づけから特徴的な事業を選択し、並べることで、単独の土木・建築の復興では見落とされがちな「まちの再構築」の実際を示すことに努めた。

また、年表における時系列の事象を補完する「量」の視点として、震災復興全体における公共インフラの本格復旧・復興ならびに復興地域づくりに係る事業推移と、各自治体の人口変動を重ね合わせた住まいの復興に関わる事業推移を示した。土木・建築に関わる復興事業の規模や復興の立ち上り時期の差異、人口変動との関係性などを俯瞰する資料として、復興の10年を読み解く糸口にしていただきたい。

土木も建築もその根本の使命は自然の脅威から人の命を守り、安心して社会生活を営める環境を整えることに置かれる。しかし、同じ「命を守る」という意識であっても、土木では、災害で直接失われる命を守るために次の災害への対策を含めた復興が模索されたのに対して、建築では、復興後に続く日常生活の中での災害関連死や孤立死をいかに防ぐかに焦点が置かれたことに大きな違いがある。その評価とこれからの災害への備えと構えを議論していかなければならない。

それぞれの視点が異なるからこそ、両者を合わせた視座を構築し、低成長社会での新たな災害復興のあり方を考えることができるのではないか。多くの人々が家族を亡くし、それでもその土地で生きたいと願う人のため、形を与えたのが土木であり、建築の仕事である。一方、その土地で生きたいと願う気持ちは、揺らぎのあるものでもある。本合同企画が、「命を守る」という使命をどのような形で次の世代に引き継げるか、それぞれが考えるよすがとなれば幸いである。(佃悠・村上亮)

年表作成ワーキンググループのメンバーは佃悠、村上亮、中居楓子、倉原義之介、宮原真美子、松永昭吾。本資料の作成にあたっては、下記の方・団体にご協力いただいた。ここに記して御礼申し上げる。復興庁、東北地方整備局、宮古市、釜石市、陸前高田市、石巻市、七ヶ浜町、仙台市、岩沼市、福島県、小野田泰明(東北大学)、姥浦道生(東北大学)、前田昌弘(京都府立大学)、井本佐保里(日本大学)(敬称略)

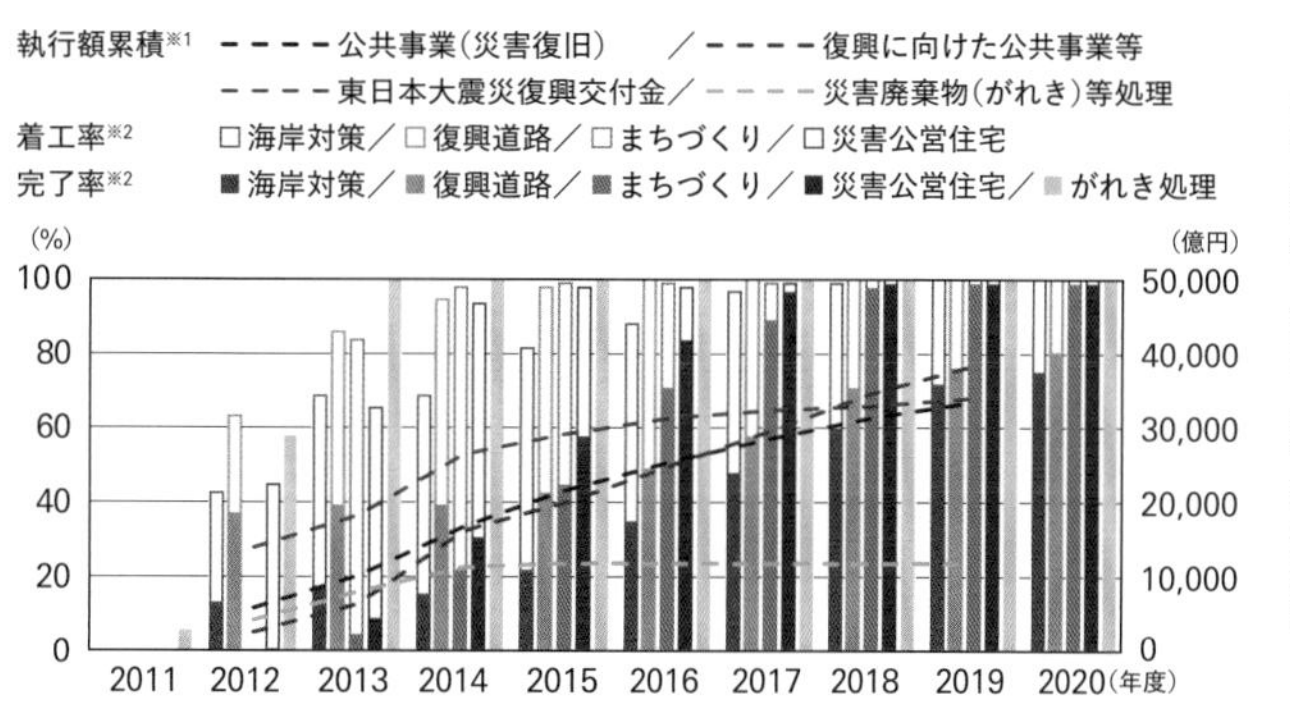

東日本大震災復興関連主要事業の執行累積額と着工・完了率の推移

※1：復興庁が公表する東日本大震災復興関連予算のうち、「公共事業(災害復旧)：被災した海岸堤防、農地・農業用施設、上水道、学校等の復旧等」、「復興に向けた公共事業等：復興道路・復興支援道路の整備、農地・漁港整備等」、「東日本大震災復興交付金：災害公営住宅整備、都市再生区画整理等の東日本大震災により著しい被害を受けた地域における復興地域づくりに必要な事業のために被災地方公共団体に交付される交付金」、「災害廃棄物(がれき)等処理」の予算執行済累積金額(平成23年度〜令和元年度)を示す。

(参考：https://www.reconstruction.go.jp/topics/post_154.html)

※2：「着工率」「完了率」等の定義は「東日本大震災からの復興に向けた道のりと見通し(2020.11)」に基づく。

海岸対策：本復旧・復興工事の計画箇所671のうち、着工、完了した箇所数の割合、2014年3月末までは、本復旧工事の計画箇所471のうち、着工、完了した箇所数の割合、2019年6月末からは、避難指示区域等として設定した福島県内の12市町村を除く。

復興道路・復興支援道路：計画済延長(事業中区間と供用済区間の合計)570kmのうち、着工済延長(工事着手したIC間延長)と、供用済延長の割合

まちづくり(防災集団移転、区画整理等)：防災集団移転促進事業での計画決定(大臣同意)地区の割合、民間住宅等用宅地の供給計画地区数(402地区)、戸数(18,234戸)のうち着工(工事契約)した地区数の割合、及び完成戸数の割合

災害公営住宅：災害公営住宅の供給計画戸数(30,232戸)のうち着工(用地取得)した割合、及び完成戸数の割合

※調整中及び帰還者向けの災害公営住宅は進捗率には含まない

災害廃棄物(がれき)の撤去、及び処分：がれき処理・処分量 ※福島県は避難指示区域を除く

福島の復興

原子力災害の発生により、広域的・分散的な避難が行われ、避難先の移転が繰り返された。また、被害からの回復が長期間にわたっている。引き続き残る帰還困難区域は県土の約2.4%を占め、国は6町村に特定復興再生拠点区域を設け、住民の帰還促進を図っている。令和3年8月末には、拠点区域外の帰還困難区域への帰還・居住に向けた方針が示された。

本年表では帰還困難区域が残る7自治体を対象として、被害や復興の特徴、被災後の歩みについて整理を行った。

避難者数の推移

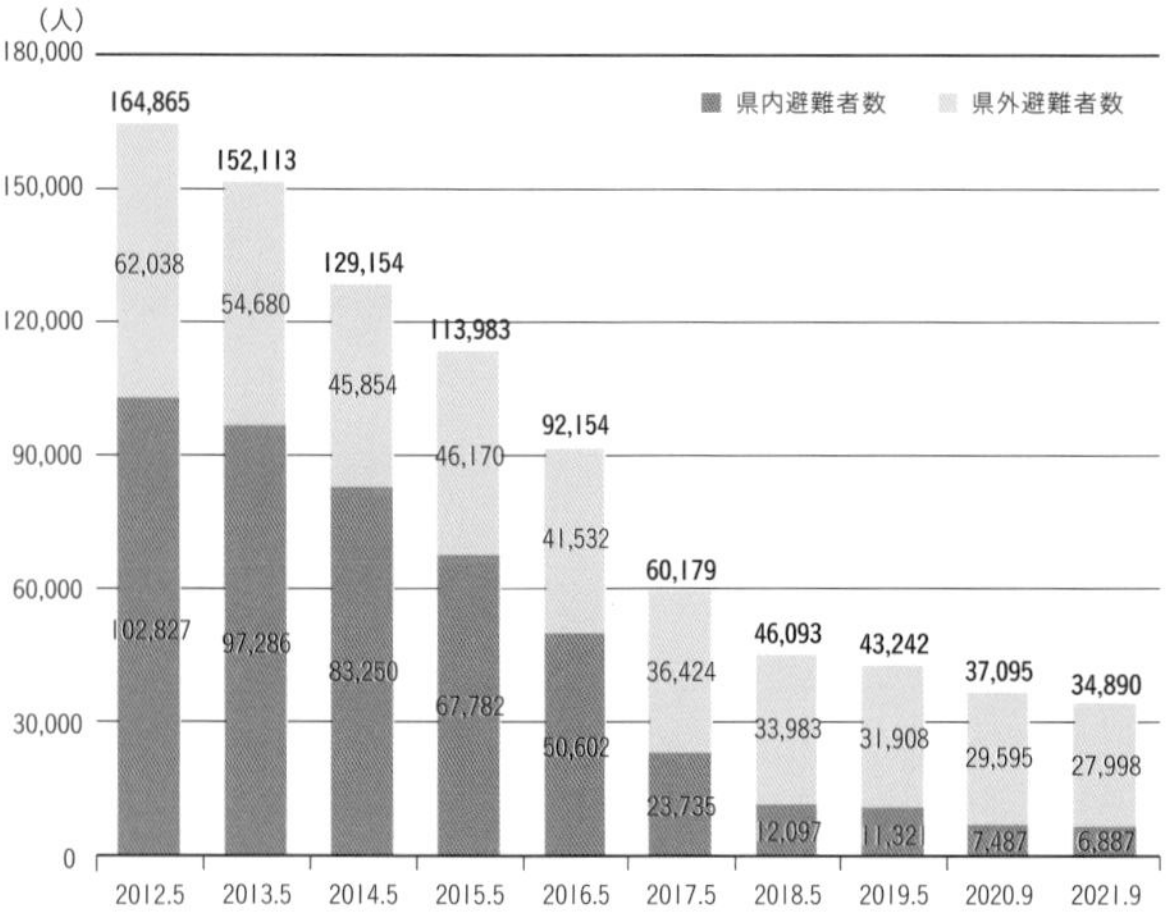

※全体の避難者数には避難先不明者数を含むため、県内・県外の合計と合わない。

避難区域の変遷

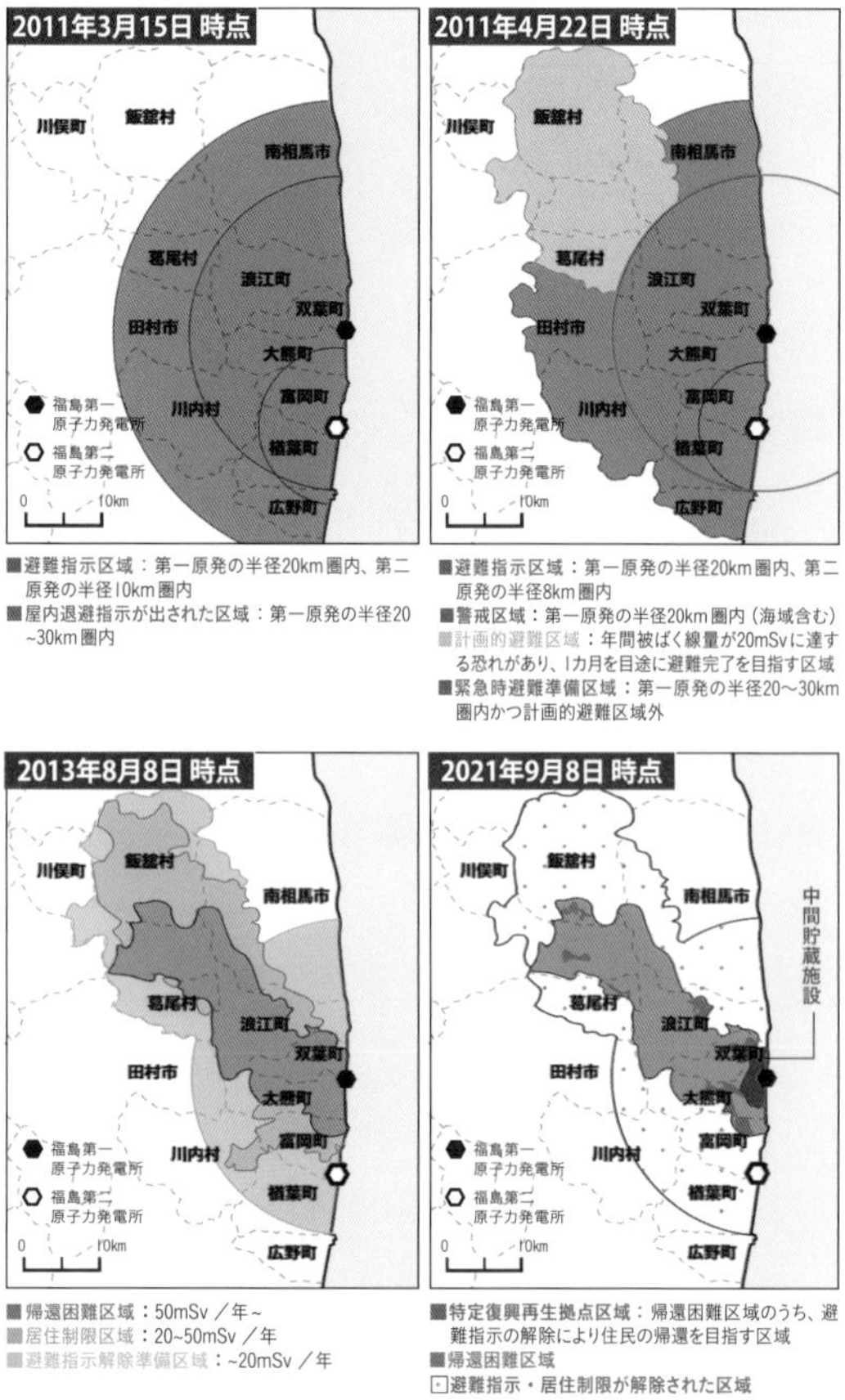

■避難指示区域：第一原発の半径20km圏内、第二原発の半径10km圏内
■屋内退避指示が出された区域：第一原発の半径20~30km圏内

■避難指示区域：第一原発の半径20km圏内、第二原発の半径8km圏内
■警戒区域：第一原発の半径20km圏内（海域含む）
■計画的避難区域：年間被ばく線量が20mSvに達する恐れがあり、1カ月を目途に避難完了を目指す区域
■緊急時避難準備区域：第一原発の半径20～30km圏内かつ計画的避難区域外

■帰還困難区域：50mSv／年~
■居住制限区域：20~50mSv／年
■避難指示解除準備区域：~20mSv／年

■特定復興再生拠点区域：帰還困難区域のうち、避難指示の解除により住民の帰還を目指す区域
■帰還困難区域
⊡避難指示・居住制限が解除された区域

役場機能の変遷

◯：役場位置（移転なし）

(＊)：移転はせずに，原位置の程近くに新設された新役場位置

(0)：被災前の役場位置（原位置）

(1)：1回目の役場移転位置

(0/3)：3回目の役場移転位置（原位置に戻る）

(1)(1)：赤市町村の1回目の役場移転位置

青市町村の1回目の役場移転位置

--◯：他市町村に設置された出張所位置

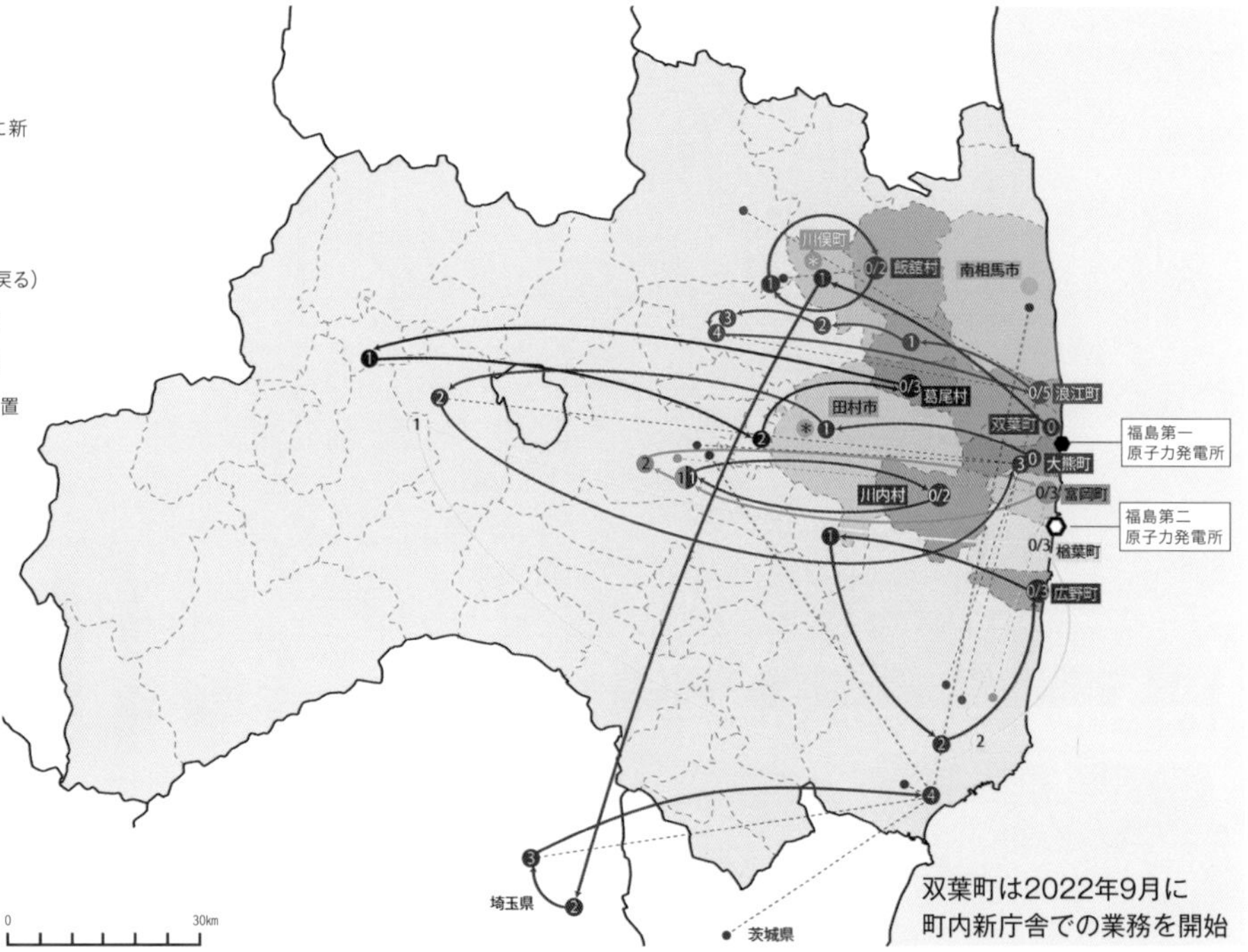

※発災後の住民の避難先は、何度も移転を重ねながら広域に分散した。役場やその出張所・連絡所・支所などの公的機能は、仮設住宅や借上げ住宅（みなし仮設）が集中する県内外の避難先に設置されていった。

[主な参考資料] 各自治体復興関連資料／ふくしま復興のあゆみ（福島県）／平成23年東北地方太平洋沖地震による被害状況速報（福島県）／復興庁関連資料／これまでの避難指示に関するお知らせ（経済産業省）

12自治体の概要と特徴（被災前）

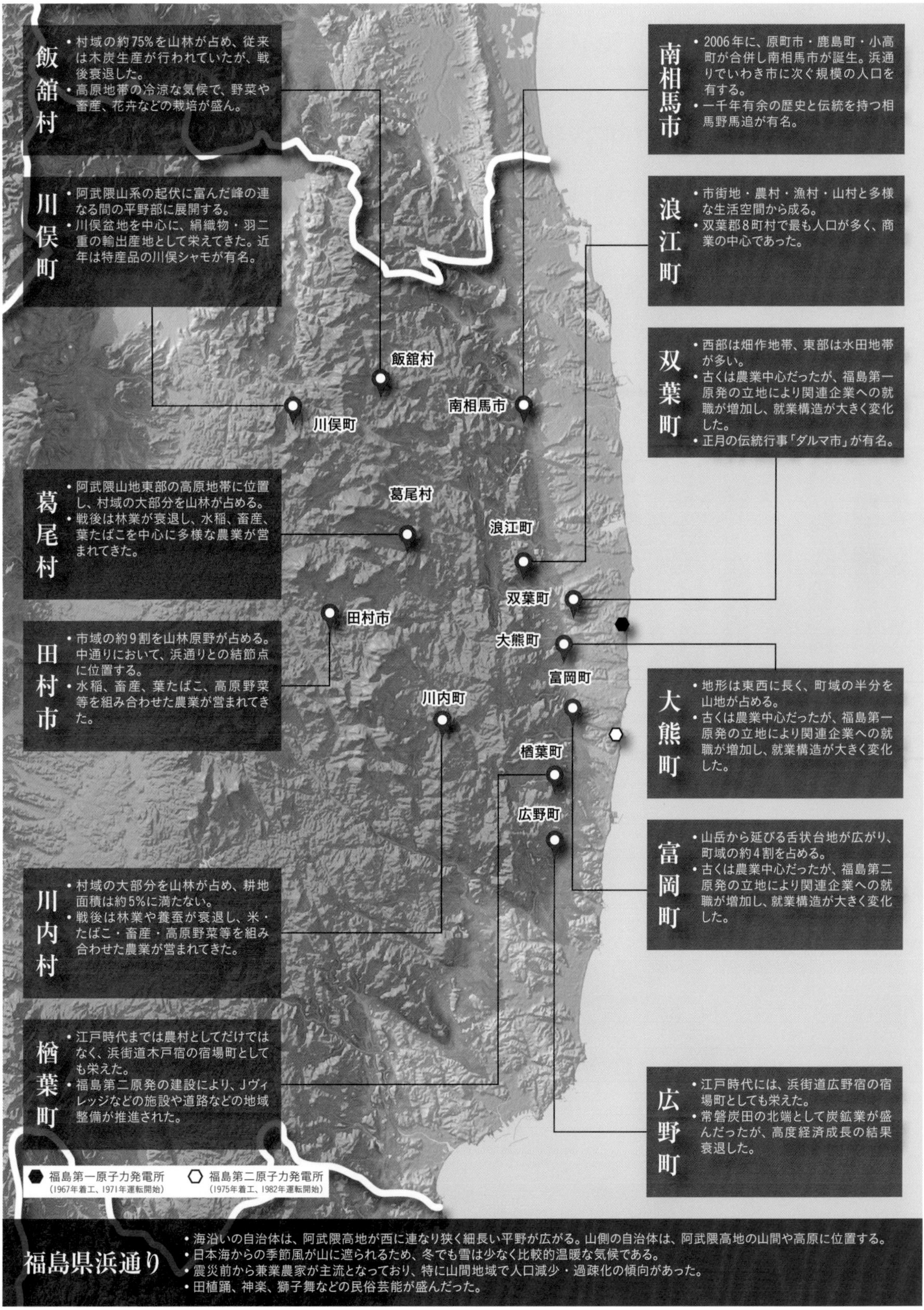

飯舘村
- 村域の約75%を山林が占め、従来は木炭生産が行われていたが、戦後衰退した。
- 高原地帯の冷涼な気候で、野菜や畜産、花卉などの栽培が盛ん。

川俣町
- 阿武隈山系の起伏に富んだ峰の連なる間の平野部に展開する。
- 川俣盆地を中心に、絹織物・羽二重の輸出産地として栄えてきた。近年は特産品の川俣シャモが有名。

葛尾村
- 阿武隈山地東部の高原地帯に位置し、村域の大部分を山林が占める。
- 戦後は林業が衰退し、水稲、畜産、葉たばこを中心に多様な農業が営まれてきた。

田村市
- 市域の約9割を山林原野が占める。中通りにおいて、浜通りとの結節点に位置する。
- 水稲、畜産、葉たばこ、高原野菜等を組み合わせた農業が営まれてきた。

川内村
- 村域の大部分を山林が占め、耕地面積は約5%に満たない。
- 戦後は林業や養蚕が衰退し、米・たばこ・畜産・高原野菜等を組み合わせた農業が営まれてきた。

楢葉町
- 江戸時代までは農村としてだけではなく、浜街道木戸宿の宿場町としても栄えた。
- 福島第二原発の建設により、Jヴィレッジなどの施設や道路などの地域整備が推進された。

南相馬市
- 2006年に、原町市・鹿島町・小高町が合併し南相馬市が誕生。浜通りでいわき市に次ぐ規模の人口を有する。
- 一千年有余の歴史と伝統を持つ相馬野馬追が有名。

浪江町
- 市街地・農村・漁村・山村と多様な生活空間から成る。
- 双葉郡8町村で最も人口が多く、商業の中心であった。

双葉町
- 西部は畑作地帯、東部は水田地帯が多い。
- 古くは農業中心だったが、福島第一原発の立地により関連企業への就職が増加し、就業構造が大きく変化した。
- 正月の伝統行事「ダルマ市」が有名。

大熊町
- 地形は東西に長く、町域の半分を山地が占める。
- 古くは農業中心だったが、福島第一原発の立地により関連企業への就職が増加し、就業構造が大きく変化した。

富岡町
- 山岳から延びる舌状台地が広がり、町域の約4割を占める。
- 古くは農業中心だったが、福島第二原発の立地により関連企業への就職が増加し、就業構造が大きく変化した。

広野町
- 江戸時代には、浜街道広野宿の宿場町としても栄えた。
- 常磐炭田の北端として炭鉱業が盛んだったが、高度経済成長の結果衰退した。

福島県浜通り
- 海沿いの自治体は、阿武隈高地が西に連なり狭く細長い平野が広がる。山側の自治体は、阿武隈高地の山間や高原に位置する。
- 日本海からの季節風が山に遮られるため、冬でも雪は少なく比較的温暖な気候である。
- 震災前から兼業農家が主流となっており、特に山間地域で人口減少・過疎化の傾向があった。
- 田植踊、神楽、獅子舞などの民俗芸能が盛んだった。

被害と復興の特徴

被害と復興の特徴　特定復興再生拠点区域　復興の推移

双葉町

死者・行方不明者：179人（うち震災関連死158人）
避難者：5,709人
居住者：0人
被害と復興の特徴：
- 全町域が避難区域に指定され、町域の9割以上が帰還困難区域となった。
- 自治体として唯一県外（埼玉県）へ役場機能ごと避難した。
- 2022年春頃の帰還に向け、2020年3月に一部区域が先行解除された。
- 町内に中間貯蔵施設が整備中。

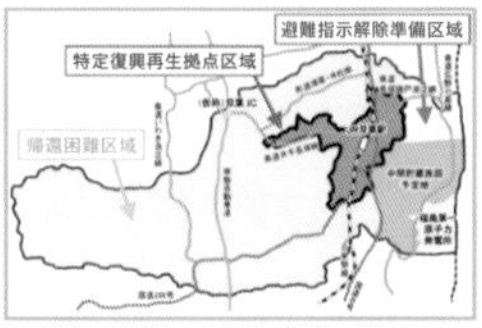

区域面積：約555ha／居住人口目標：約2,000人
避難指示解除の目標：2022年春頃まで

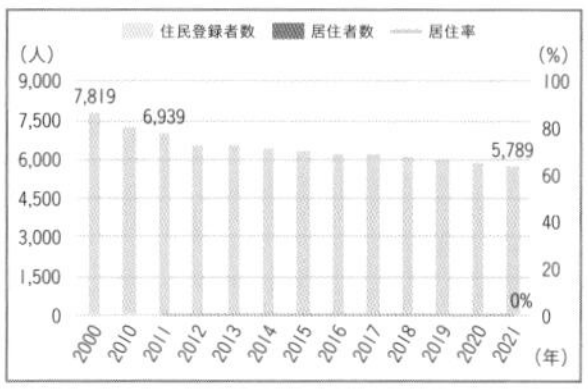

大熊町

死者・行方不明者：142人（うち震災関連死130人）
避難者：9,843人
居住者：348人
被害と復興の特徴：
- 全町域が避難区域に指定され、町域の8割以上が帰還困難区域となった。
- 2019年4月に避難指示解除準備区域・居住制限区域が、2020年3月に帰還困難区域の一部（JR大野駅周辺）が解除された。大川原地区を中心に復興を推進。
- 町内に中間貯蔵施設が整備中。

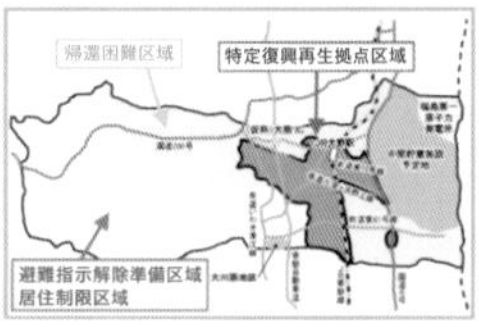

区域面積：約860ha／居住人口目標：約2,600人
避難指示解除の目標：2022年春頃まで

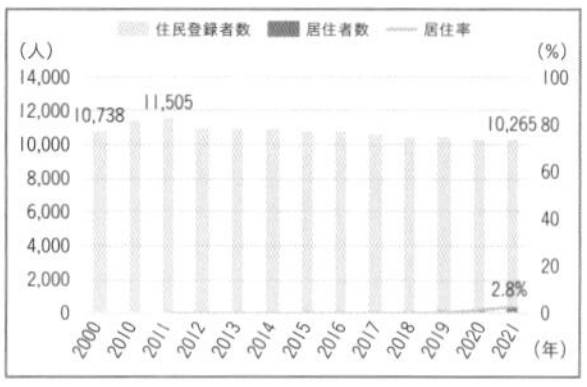

浪江町

死者・行方不明者：623人（うち震災関連死441人）
避難者：19,942人
居住者：1,208人
被害と復興の特徴：
- 請戸漁港などが立地する沿岸部は大きな津波被害を受けた。
- 全町域が避難区域に指定され、町域の8割以上が帰還困難区域となった。
- 2017年3月に避難指示解除準備区域・居住制限区域が解除され、浪江駅周辺を中心に復興を推進。沿岸部にはイノベーション・コースト構想の拠点施設を整備中。

区域面積：約661ha／居住人口目標：約1,500人
避難指示解除の目標：2023年3月

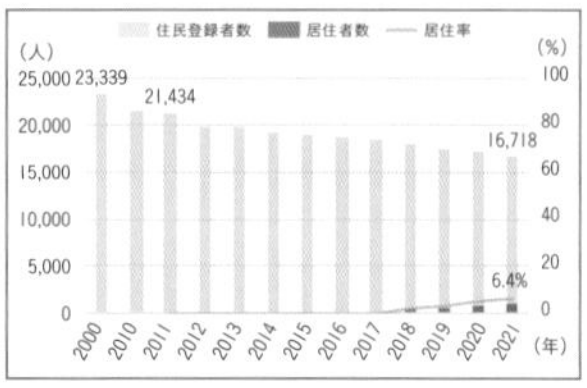

富岡町

死者・行方不明者：477人（うち震災関連死453人）
避難者：10,386人
居住者：1,744人
被害と復興の特徴：
- 全町域が避難区域に指定され、町域の約12%が帰還困難区域となった。
- 2017年4月に避難指示解除準備区域・居住制限区域が、2020年3月に特定復興再生拠点区域の一部（JR夜ノ森駅周辺）が解除され、復興再生拠点の整備が進められている。

区域面積：約390ha／居住人口目標：約1,600人
避難指示解除の目標：2023年春頃まで

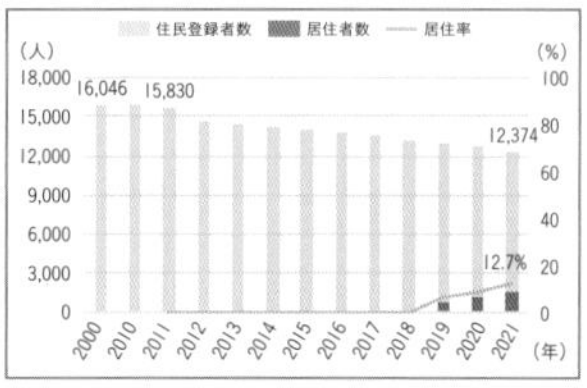

南相馬市

死者・行方不明者：1,156人（うち震災関連死520人）
避難者：4,029人（うち旧避難指示区域内2,261人）
※市内への避難者は含まない
居住者：54,573人（うち旧避難指示区域内4,338人）
被害と復興の特徴：
- 沿岸部は大きな津波被害を受けた。
- 市内の20km圏外地域（鹿島区・原町区の一部）に仮設住宅や公共施設等が移転・整備された。
- 2016年7月に避難指示解除準備区域・居住制限区域が解除され、沿岸部はイノベーション・コースト構想の拠点として整備が進められている。

指定なし

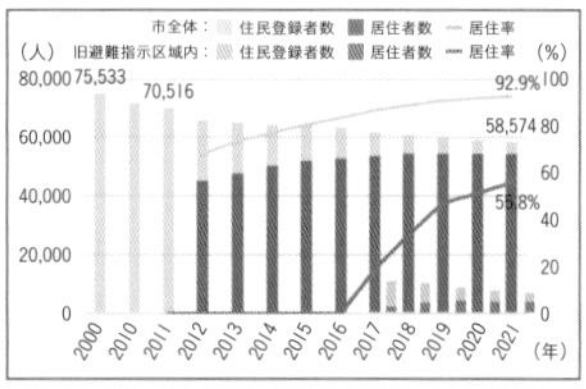

飯舘村

死者・行方不明者：43人（うち震災関連死42人）
避難者：3,603人
居住者：1,477人
被害と復興の特徴：
- 全村域が避難区域に指定され、村域の8割以上が居住制限区域となった。
- 村民を分散させずに避難させる方針をとり、村民の9割を車で1時間以内の距離になる福島市などに避難させた。
- 2017年3月に避難指示解除準備区域・居住制限区域が解除された。

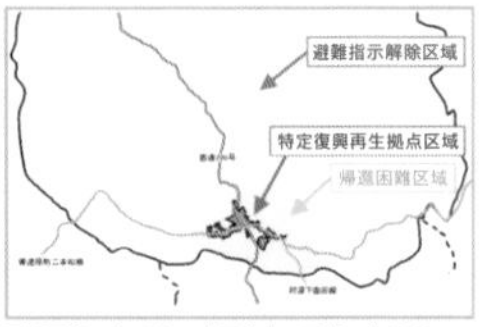

区域面積：約186ha／居住人口目標：約180人
避難指示解除の目標：2023年春頃

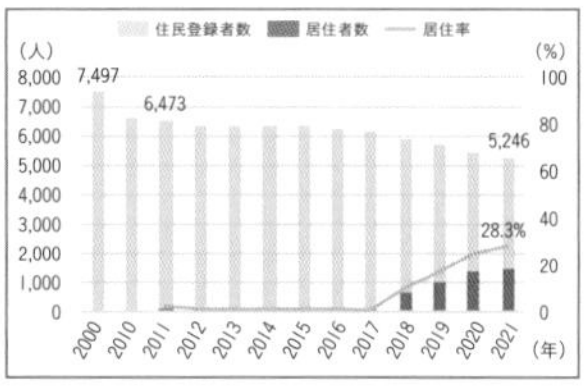

葛尾村

死者・行方不明者：43人（うち震災関連死42人）
避難者：885人
居住者：439人
被害と復興の特徴：
- 全村域が避難区域に指定され、村域の約2割が居住制限区域となった。
- 2016年6月に避難指示解除準備区域・居住制限区域が解除された。2018年には村の中心部に復興交流館「あぜりあ」が開館し、村民の交流の場となっている。

区域面積：約95ha／居住人口目標：約80人
避難指示解除の目標：2022年春頃

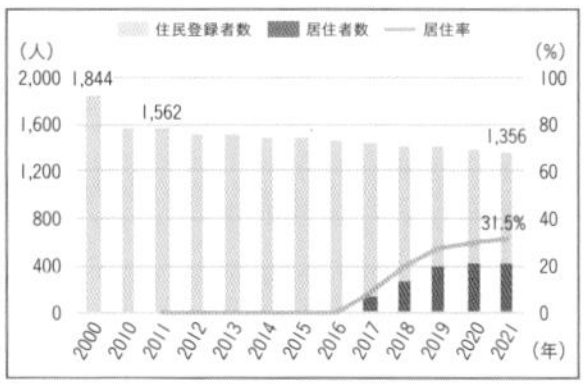

- **死者、行方不明者：**2021年8月5日時点
- **避難者数、居住者数：**2021年7月31日／8月1日時点

[注記] 各自治体住民登録者数及び居住者数は、e-Stat[住民基本台帳に基づく人口、人口動態及び世帯数調査]、各自治体資料に基づく。／避難者数は各自治体によって統計の方法が異なる。

復興年表

	2010～2011年度	2012年度	2013年度	2014年度	2015年度
全般	●4月 避難区域等の指定 ●5-6月 一時立ち入り実施 ●9月 緊急時避難準備区域の解除 ●12月 福島県復興計画（第1次） ●12月 福島第一原子力発電所の廃止措置等に向けた中長期ロードマップ ●1月 放射性物質汚染対処特措法に基づく除染開始 ●3月 警戒区域、避難指示区域等の見直し方針 ●3月 福島復興再生特別措置法施行	●4月-2013年8月 区域順次見直し ●4月 常磐自動車道南相馬IC—相馬ICの開通 ●7月 福島復興再生基本方針を閣議決定 ●12月 福島県復興計画（第2次） ●3月 多核種除去設備（ALPS）試験運転開始	●10月 福島再生可能エネルギー研究所設立 ●11月 福島第一原発4号機使用済燃料取り出し開始 ●12月 国から県並びに3町（双葉町・大熊町・楢葉町）への中間貯蔵施設の受入要請 ●2月 常磐自動車道広野IC—常磐富岡ICの再開通	●9月 福島県が中間貯蔵施設の受入表明 ●9月 国道6号規制解除、全面通行可能に ●12月 福島第一原発4号機使用済燃料取り出し完了 ●12月 常磐自動車道浪江IC—南相馬IC、相馬IC—山元ICの開通 ●3月 中間貯蔵施設への搬入開始 ●3月 常磐自動車道全線開通（常磐富岡IC—浪江IC間開通）	●12月 福島県復興計画（第3次）
双葉町	●3月 川俣町の避難所へ避難 ●3月 さいたま市さいたまスーパーアリーナへ移動→旧騎西高校へ移動 ●4月 埼玉県加須市に埼玉支所開設 ●4月 県内避難者を中心に猪苗代町などへ二次避難 ●7月 仮設住宅入居開始（福島市内） ●10月 郡山市に福島支所を開設 ●12月 つくば市に連絡所を開設	●4月 いわき市に連絡所を開設	●5月 避難指示区域再編 ●6月 双葉町復興まちづくり計画（第一次）策定 ●6月 いわき事務所開設、役場本機能を移転 ●10月 埼玉支所を旧騎西高校から加須市騎西総合支所内へ移転 ●12月 国より中間貯蔵施設設置の要請を受ける ●3月 双葉町復興まちづくり計画（第一次）に基づく事業計画策定	●4月 町立幼稚園・小学校・中学校の開校（いわき市） ●6月 南相馬連絡所開設 ●1月 町として中間貯蔵施設建設の受入を正式決定 ●2月 本格除染開始 ●3月 復興まちづくり長期ビジョン、津波被災地域復旧・復興事業計画を策定	●3月 本格除染完了 ●3月 双葉町まち・ひと・しごと総合戦略、双葉町内復興拠点構想、双葉町再生可能エネル活用・推進計画を策定
大熊町	●3月 一次避難開始（田村市など） ●4月 二次避難開始（会津若松市） ●4月 会津若松出張所開設 ●4月 幼稚園・小中学校再開（会津若松市） ●4月 県営住宅・借上げ住宅入居申し込み開始（会津若松市・喜多方市） ●6月 仮設住宅入居開始（会津若松市） ●10月 いわき連絡事務所開設 ●10月 大熊町復興構想（案）策定	●9月 大熊町第一次復興計画策定 ●10月 町役場中通り連絡事務所開設（二本松市） ●12月 避難指示区域再編	●4月 現地連絡事務所開所（大熊町） ●4月 町立中学校のプレハブ校舎新設（会津短大の敷地内） ●5月 中間貯蔵施設候補地に係るボーリング調査開始 ●6月 本格除染開始 ●3月 大熊町復興まちづくりビジョン公表 ●3月 本格除染完了	●8月 大熊町農業復興組合設立 ●12月 町として中間貯蔵施設建設受入を正式決定 ●3月 大熊町第二次復興計画策定	●3月 大熊町まち・ひと・しごと人口ビジョンおよび総合戦略定
浪江町	●3月 二本松市の全域に避難 ●4月 旅館等への二次避難 ●5月 二本松市の男女共生センターに役場機能を移転 ●5月 応急仮設住宅への入居開始 ●8月 浪江小中学校開校（二本松市） ●8月 浪江町商工会と二本松市本町商店会合同で夏祭り ●8月 一次避難所閉鎖	●4月 浪江町復興ビジョン策定 ●10月 役場機能を仮設庁舎に移転 ●10月 浪江町復興計画（第一次）策定	●4月 避難指示区域再編 ●4月 一部の役場機能を本庁舎へ ●7月 町内で初の事業所営業再開 ●7月 いわき市になみえ交流館開所 ●11月 本格除染開始 ●3月 浪江町復興まちづくり計画策定	●5月 水稲実証栽培の実施 ●8月 町内で震災後初の小売店の営業再開	●9月 町民対象の復興公営住宅坂団地の竣工式（福島市） ●10月 魚種・漁場を限定した試業開始 ●11月 浪江産米を震災後初の販 ●3月 沿岸部の津波がれき撤去完 ●3月 浪江町地域スポーツセン完成
富岡町	●3月 ビッグパレットふくしま他へ避難 ●4月 ビッグパレットふくしま内に富岡町役場郡山出張所開設 ●6月 応急仮設住宅入居開始 ●7月 仮設住宅地内集会所にて保育・学童保育開始 ●8月 ビッグパレットふくしま避難所閉鎖 ●9月 富岡町立小中学校三春校開校 ●1月 富岡町災害復興ビジョン策定	●4月 大玉村に仮設店舗「富岡えびすこ市・場」が開店 ●9月 富岡町災害復興計画（第一次）策定 ●3月 避難指示区域再編	●11月 町内で初の事業所再開 ●1月 本格除染開始 ●3月 富岡町復興まちづくり計画策定	●5月 水稲実証栽培の実施 ●12月 町内の津波がれき撤去開始 ●1月 県外被災者の支援拠点事務所開設（さいたま市） ●1月 町民対象の復興公営住宅2棟が完成（いわき市）	●6月 富岡町災害復興計画（第二を策定 ●7月 シャープ富岡太陽光発電所工 ●9月 富岡町再生・発展の先駆クションプラン（復興拠点整画）策定 ●10月 役場機能を町内で一部再 ●10月 富岡町交流サロン開所 ●3月 富岡町帰町計画を策定 ●3月 初めての特例宿泊実施
南相馬市	●3月 市内避難所から市外にバス避難 ●4月 福島市出張所を開設（福島市） ●4月 鹿島区で小中学校再開 ●5月 応急仮設住宅入居開始（鹿島区） ●8月 南相馬市復興ビジョン策定 ●8月 被災事業所が仮設事業所に入所開始 ●10月 原町区の小中学校の一部再開 ●12月 南相馬市復興計画策定 ●1月 放射線対策総合センター開所	●4月 避難指示区域再編 ●6月 試験水田で田植え（小高区） ●7月 市内全域の除染開始（市） ●10月 ジャンボタクシー（一時帰宅交通支援事業）の運行開始	●4月 小高区役所の再開 ●8月 特例宿泊実施（小高区） ●8月 本格除染開始 ●9月 防災集団移転事業造成完了 ●12月 初めての特例宿泊（小高区） ●3月 帰還困難区域を除く市内で稲の作付けが可能となる ●3月 わんぱくキッズ広場開設 ●3月 災害公営住宅完成（鹿島区）	●5月 大町地域交流センター開所（原町区） ●7月 20km圏内の特例宿泊開始 ●9月 かしま交流センター開所 ●3月 小高区市街地整備（復興拠点施設）基本計画策定 ●3月 南相馬市復興総合計画策定 ●3月 災害公営住宅完成（原町区）	●4月 SA利活用拠点施設セデッしまオープン ●6月 みなみそうま復興大学開所 ●9月 東町エンガワ商店開店（区） ●2月 港行政区閉区（鹿島区） ●3月 真野川漁港施設開所
飯舘村	●4月 避難所開設（川俣町） ●4月 までいな希望プラン公開 ●5月 農地土壌除染技術開発の実証実験を開始 ●6月 飯野町に村役場飯野出張所を設置 ●6月 水稲試験作付 ●7月 仮設住宅入居開始（福島市） ●11月 飯舘までいな復興計画第1版	●4月 飯舘村幼稚園・小学校の仮設校舎完成（福島市） ●7月 避難指示区域再編 ●9月 本格除染開始 ●3月 飯舘村までいな除染会議、提言書提出	●6月 農地除染対策実証事業による試験栽培の田植え ●8月 いっとき帰宅バス運行開始	●4月 飯舘村役場本庁舎一部開所 ●7月 業務用いちご震災後初出荷 ●9月 復興公営住宅（飯野町団地）入居開始（福島市） ●12月 いいたて子育て支援センターすくすく開所（福島市）	●7月 農林組合再開
葛尾村	●3月 福島市、その後会津坂下町・柳津町等へ避難 ●4月 会津坂下町に村役場会津坂下出張所開設 ●6月 村役場三春出張所開設 ●6月 仮設住宅へ入居開始（三春町） ●9月 葛尾幼稚園三春分園を開設 ●11月 村内全戸の放射線量調査実施 ●2月 葛尾村復興ビジョン策定	●4月 農地のモニタリング調査を実施 ●5月 葛尾畜産振興組合発足 ●12月 葛尾村復興計画（第1次）策定 ●2月 放射能検査室を開設 ●3月 避難指示区域再編	●4月 葛尾小中学校三春校開校 ●4月 葛尾村役場三春出張所の新仮設庁舎の開所 ●4月 本格除染開始 ●7月 かつらお復興事業協同組合設立 ●8月 葛尾幼稚園三春分園が仮設園舎に移転 ●10月 かつらお一時帰宅バスの試験運行開始	●4月 一時帰宅バスの本格運行開始 ●6月 かつらお再生戦略プラン策定 ●9月 葛尾村農地復興組合設立	●4月 村役場本庁での業務一部再 ●5月 水稲実証栽培開始 ●7月 林業活動の再開に向けた実事業開始 ●12月 本格除染完了

作成協力：小関玲奈、増田慧樹、福谷きり

2016年度	2017年度	2018年度	2019年度	2020年度	2021年度
JR常磐線小高駅―原ノ町駅間運行再開 月 中間貯蔵施設の本体施設の事開始 月 原子力災害からの福島復興の速のための基本指針	●4月 JR常磐線浪江駅―小高駅間の運行再開 ●5月 福島復興再生特別措置法改正 ●7月 国と福島県が復興祈念公園の基本構想を策定 ●7月 福島イノベーション・コースト構想推進機構設立 ●9月-2018年5月 特定復興再生拠点区域認定 ●10月 中間貯蔵施設貯蔵開始 ●3月 面的除染完了（帰還困難区域を除く8県100市町村）	●3月 常磐自動車道大熊IC供用開始	●4月 福島第一原発3号機使用済燃料取り出し開始 ●7月 福島第二原発全基の廃止決定 ●3月 特定復興再生拠点区域の避難指示解除（双葉町・大熊町・富岡町） ●3月 帰還困難区域除く全地域で避難指示解除 ●3月 JR常磐線全線運転再開 ●3月 常磐自動車道常磐双葉IC開通 ●3月 中間貯蔵施設における除去土壌と廃棄物の処理・貯蔵の全工程で運転を開始	●9月 東日本大震災・原子力災害伝承館オープン（双葉町） ●3月 第2期福島県復興計画策定	●4月 福島第一原発3号機使用済燃料取り出し完了
防潮堤復旧工事開始 帰還困難区域内で初のガソリンタンド営業再開 月 双葉町復興まちづくり計画(第次)と事業計画を策定	●4月 地域密着型介護福祉施設、グループホームふたば開所 ●9月 特定復興再生拠点区域復興再生計画の国認定 ●2月 町民対象の復興公営住宅の一部完成、入居開始（いわき市）	●5月 双葉町農地保全管理組合設立 ●12月「避難指示解除に関する考え方」策定 ●3月 中野地区復興産業拠点における民間事業所の着工	●10月 復興再生拠点市街地形成施設事業起工式 ●3月 避難指示解除準備区域、双葉駅周辺の避難指示解除 ●3月 特定復興再生拠点の立入規制緩和 ●3月 町内に「コミュニティセンター連絡所」を開設	●8月 震災後町内初の小売店開業 ●8月 旧避難指示解除準備区域で野菜の試験栽培開始 ●10月 双葉町産業交流センター開所 ●10月 シャトルバス運行開始	●5月 町内で11年ぶりの田植えとなる試験栽培
中通り連絡事務所を郡山市に転 大川原連絡事務所開所（大熊） 初めての特例宿泊実施	●9月 復興再生拠点市街地形成施設事業起工 ●10月 大熊エネルギー・メガソーラー発電所竣工 ●11月 特定復興再生拠点区域復興再生計画の国認定	●4月 準備宿泊開始 ●3月 大熊町第二次復興計画改訂	●4月 避難指示解除準備区域・居住制限区域解除 ●4月 いちご栽培施設稼働 ●6月 災害公営住宅（大川原）入居開始 ●6月 生活循環バス運行開始 ●7月 仮設店舗が開店 ●3月 大野駅周辺避難指示解除	●4月 福祉関連施設が開所 ●5月 第2期災害公営住宅（大川原）入居開始 ●5月 帰還困難区域で営農再開に向けた米の試験栽培開始 ●12月 共助型移動支援サービス「タクまち」実証開始 ●2月 大熊町診療所開所	●4月 商業施設オープン
月 初めての特例宿泊実施 月 仮設商業共同店舗施設「まち・み・まるしぇ」オープン 月 浪江町復興計画（第二次）策 月 町内に浪江診療所開所、二本市に仮設津島診療所開所 月 避難指示解除準備区域・居住限区域解除 月 本格除染完了	●**4月** 大部分の役場機能が本庁舎に戻る ●4月 デマンドタクシー運行開始 ●7月 幾世橋住宅団地入居開始 ●11月 町内で十日市祭を開催 ●12月 特定復興拠点区域復興再生計画の国認定 ●1月 請戸漁港、試験操業開始	●**4月** 浪江町立なみえ創成小学校・中学校が開校 ●4月 浪江町認定こども園「浪江にじいろこども園」開園 ●4月 無料循環バス運行開始 ●4月 棚塩産業団地の整備開始 ●7月 町内で8年ぶりに標葉郷野馬追祭開催	●7月 イオン浪江店がオープン ●10月 浪江町水産業共同利用施設が完成（請戸漁港） ●3月 福島水素エネルギー研究フィールドが開所	●4月 請戸荷捌き施設で9年ぶりに競りが再開 ●9月 災害公営住宅（請戸住宅団地）26戸が完成 ●3月「道の駅なみえ」グランドオープン	●**5月** 福島出張所移転 ●**8月** 二本松出張所が移転先で業務開始
月 準備宿泊開始 月 町立とみおか診療所開所 月 本格除染完了 月 町役場本庁舎順次再開 月 災害公営住宅（曲田地区）竣工式 月「さくらモールとみおか」グランドオープン	●4月 避難指示解除準備区域・居住制限区域解除 ●4月 路線バス、デマンドバスが運行開始 ●4月 JAEA廃炉環境国際共同研究センター開所 ●8月 7年ぶりに富岡夏祭り復活 ●11月 特定廃棄物埋立処分施設への特定廃棄物等の搬入開始 ●3月 特定復興拠点区域復興再生計画の国認定	●4月 県立ふたば医療センター附属病院が開院 ●**4月** 町内で小中学校が再開 ●4月 8年ぶりの富岡町桜まつり ●5月 水稲の通常作付け ●3月 富岡産業団地を起工	●4月 認定こども園「にこにここども園」が開園 ●7月 富岡漁港再開 ●3月 夜ノ森駅周辺避難指示解除	●3月 地域交流館「富岡わんぱくパーク」オープン ●**3月** 郡山支所移転	●6月 福島第二原子力発電所の廃炉作業開始を了解 ●7月 とみおかアーカイブ・ミュージアム開館
月 真野交流センター開所 月 かしまわんぱく広場開所 月 南相馬みんなの遊び場開所 月 避難指示解除準備区域・居住限区域解除 月 南右田行政区閉区（鹿島区） 月 本格除染完了	●4月 鹿島区南海老で大型園芸施設開所 ●**4月** 小高産業技術高校開校 ●**4月** 小高区の教育施設再開 ●5月 小高病院で遠隔診療開始 ●9月 下渋佐行政区閉区（原町区） ●3月 地域別定額タクシーサービス「みなタク」のサービスを開始	●12月 小高ストア開店 ●1月 小高交流センター開所 ●3月 南相馬市復興総合計画後期基本計画策定	●7月 北泉海水浴場9年ぶり海開き	●4月 市健康福祉センター「ゆらっと」開所 ●4月 おだか認定こども園開園 ●9月 市産業創造センター開所 ●9月 福島ロボットテストフィールド開所 ●10月 新米出発式・新米発表会 ●**3月** 小高区4小学校合同閉校	●4月 南相馬市メモリアルパーク開所 ●**4月** 小高小学校開校式 ●4月 小高区子どもの遊び場「NIKOパーク」開所
月 大火山太陽光発電所竣工 月 水稲実証栽培の田植え 月 村災害公営住宅（大谷地団地）竣工式 月 飯舘村交流センター開館 月 いいたてクリニック再開 2月 本格除染完了 月 避難指示解除準備区域・居住制限区域解除	●8月 道の駅までい館開業 ●10月 福島交通（福島・原町線）が村内16カ所の停留所に停車	●4月 認定こども園、小・中学校が村内で再開 ●4月 特定復興拠点区域復興再生計画の国認定 ●9月 コミュニティバス再開	●**3月** 村内の3小学校と1中学校で閉校式 ●3月 災害公営住宅（大師堂住宅団地）完成	●**4月** いいたて希望の里学園開校 ●8月 多目的交流広場「ふかや風の子広場」	●4月 飯舘村ライスセンター完成 ●7月 飯舘村地域防災センター施設完成
4月 村役場本庁での業務再開 月 復興公営住宅入居開始（三春町） 月 避難指示解除準備区域・居住制限区域解除 月 交通支援無料サービス予約受付開始	●4月 村内の商店再開 ●4月 路線バスの営業再開 ●4月 水稲栽培の通常栽培 ●6月 ツール・ド・かつらお開催 ●11月 かつらお感謝祭が7年ぶりに村内で開催 ●11月 葛尾村診療所が再開 ●1月 胡蝶蘭栽培開始 ●**3月** 葛尾幼稚園・小中学校三春校閉校	●**4月** 葛尾村で幼稚園、小中学校が再開 ●5月 特定復興拠点区域復興再生計画の国認定 ●6月 復興交流館「あぜりあ」オープン ●9月 酪農、養鶏の再開 ●11月 野行地区（特定再生拠点区域）除染の開始 ●**3月** 村役場三春出張所が閉所	●3月 葛尾村総合戦略を策定	●4月 村外預託牛の帰村完了 ●9月 村地域防災計画見直し ●12月 葛尾村スマートコミュニティ事業の運用開始	●5月 野行地区（特定復興再生拠点区域）で米の栽培再開 ●8月 野行地区（特定復興再生拠点区域内）で野菜の試験栽培開始

［凡例］●全般 ／ ●復興計画 ／ ●住宅関連 ／ ●基盤整備・地域交通 ／ ●役場機能・教育施設 ／ ●住民利用施設 ／ ●農業・産業 ／ ●その他

日本のエネルギーと原子力

原子力エネルギーに関する年表

1945年	広島、長崎に原爆投下
1953年	アイゼンハワー米大統領が国連で原子力の平和利用を訴える演説
1954年	世界最初の原子力発電所（オブニンスク原子力発電所、ソビエト連邦）が運転開始
1955年	原子力基本法が成立
1956年	原子力委員会が設置
1957年	IAEA（国際原子力機関）が発足
1957年	原子炉等規制法※1が成立
1960年	日本原子力産業会議に福島県が加盟
1961年	大熊町、双葉町の町議会が原子力発電所誘致を決議
1966年	東海発電所、営業運転開始（日本初の商用原発）
1971年	福島第一原子力発電所、運転開始
1973年	伊方原発訴訟（日本初の原発訴訟）、係争開始
1973年	第一次オイルショック
1974年	サンシャイン計画
1974年	電源三法※2が成立
1978年	耐震設計審査指針※3を制定
1979年	スリーマイルアイランド原子力発電所事故（アメリカ）
1986年	チェルノブイリ原子力発電所事故（ソビエト連邦）
1993年	ニューサンシャイン計画
1999年	東海村JCO核燃料加工施設臨界事故
1999年	原子力災害対策特措法
2002年	エネルギー政策基本法を制定
2002年	土木学会「原子力発電所の津波評価技術」を公開
2002年	政府 地震調査委員会「三陸沖から房総沖にかけての地震活動の長期評価」を公表
2002年	米国原子力規制委員会、原発へのテロ対策を義務化
2002年	東京電力原発トラブル隠し事件
2004年	スマトラ島沖地震が発生。世界初の津波による原発被災※4
2006年	耐震設計審査指針の抜本改定
2007年	新潟県中越沖地震、発生。東京電力柏崎刈羽原発、緊急停止
2010年	第3次エネルギー基本計画
2011年	東日本大震災。東京電力福島第一原子力発電所事故
2012年	国内の原子力発電所が全て停止
2012年	原子炉等規制法※1改正
2012年	大飯原発再稼働
2012年	原子力規制委員会・原子力規制庁を設置
2013年	実用発電用原子力発電炉に係る新規制基準を制定
2014年	第4次エネルギー基本計画
2015年	川内原子力発電所、新規制基準に基づく審査後、初の再稼働
2016年	土木学会「原子力発電所の津波評価技術2016」を公開
2018年	もんじゅ廃止措置計画認可
2018年	第5次エネルギー基本計画

● エネルギー関連　● 原子力発電所関連
● 事故・トラブル関連　● 安全対策・運用関連

※1 核原料物質、核燃料物質および原子炉の規制に関する法律
※2 電源開発促進税法、電源開発促進対策特別会計法、発電用施設周辺地域整備法の総称
※3 発電用原子炉施設に関する耐震設計審査指針。制定当初は津波に関する指針はなく、2006年に津波に関する項目を追加
※4 インド・マドラス原発のポンプ室が津波で浸水。原子炉は安全に停止

1966年に東海発電所が運転を開始して以降、福井県、福島県、新潟県などの臨海部に原発立地は増えていき、1998年度にピークを迎えた原子力による発電。当時は日本の発電量の3割を賄っていたが、東京電力福島第一原発事故を受けた新規制基準による審査開始に伴い、2014年度についに年間発電量は0となった。2015年の川内原発の運転再開以降、原子力発電は徐々に増えているものの、8割超を火力（石炭、石油、LNG）が賄う状況は続いている。原子力発電が減少した現在でも、大都市圏の大規模な電力需要に対して、近隣エリアから送電網を通して、電力エネルギーを送る国土構造は大きくは変わらない。

発電電力量の推移

（エネルギー白書2021から一部改）

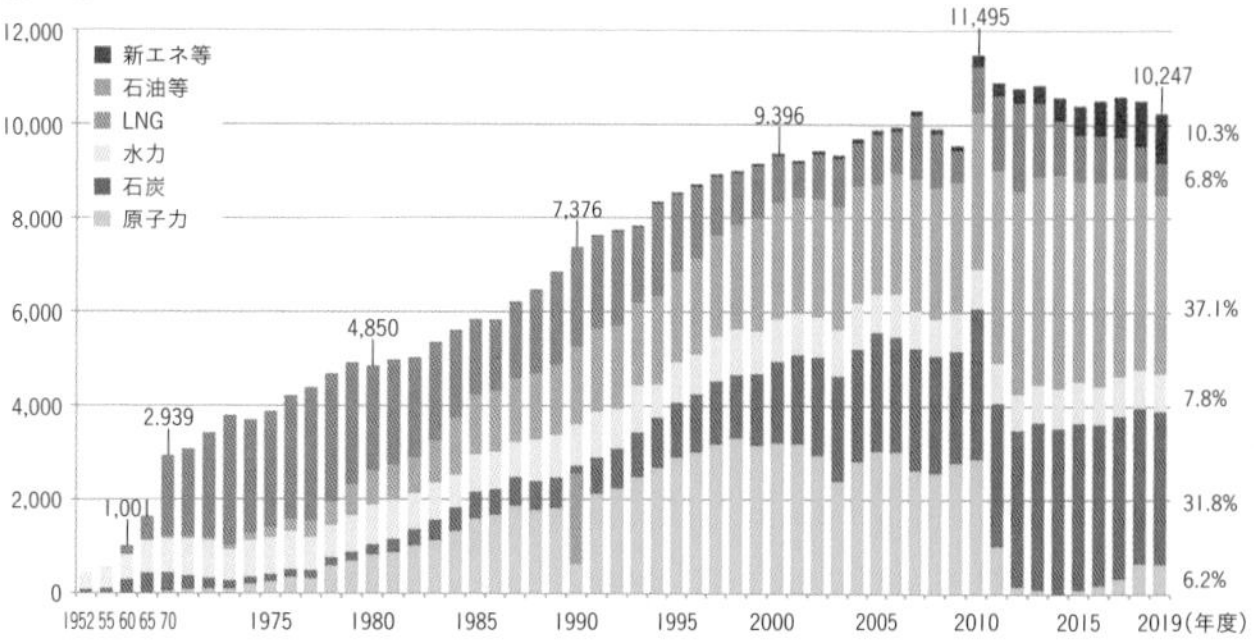

※1971年度までは沖縄電力を除く。2010年度以降の値は「総合エネルギー統計」、以前の値は「電源開発の概要」「電力供給計画の概要」から作成されている（いずれも資源エネルギー庁）。

都道府県別発電電力（2019）と原発立地

（電気事業便覧より作成）

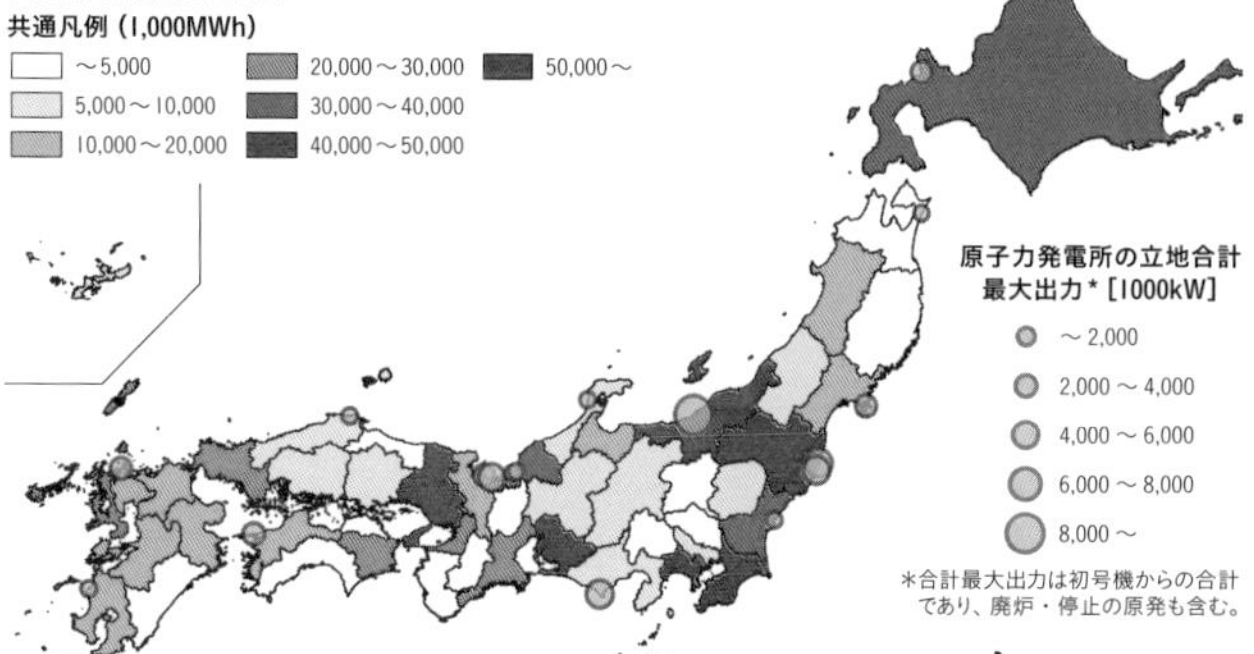

＊合計最大出力は初号機からの合計であり、廃炉・停止の原発も含む。

都道府県別電力需要（2019）

（電気事業便覧より作成）

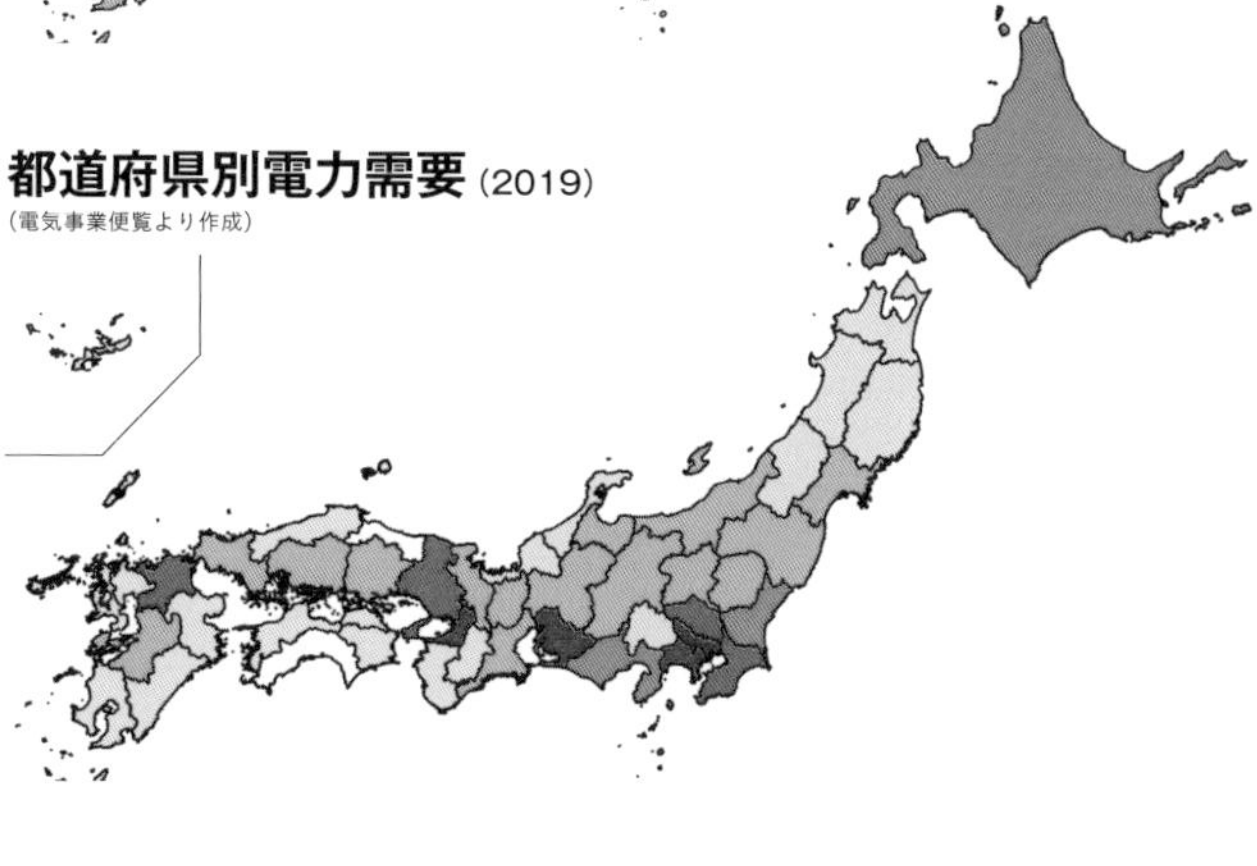

復興デザイン23選

復興デザイン23選

復興現場の厳しい環境下における計画者・設計者の創意工夫や、地域の人々との丁寧な協働作業が結実した結果として、災害復興は実現する。その中には、今後も参照されるべき復興デザインの実践がある。優れた復興デザインの取り組みを顕彰する「復興政策賞・復興計画賞・復興設計賞（復興デザイン会議）」の受賞作品を復興デザイン 23 選として紹介する。

また、高校や大学等の教育機関の教育プログラムや企業研修等を想定し、復興デザイン 23 選の事例を中心に、さまざまな復興デザインの取り組みを学ぶ「復興スタディツアー・モデルルート」を提案する。

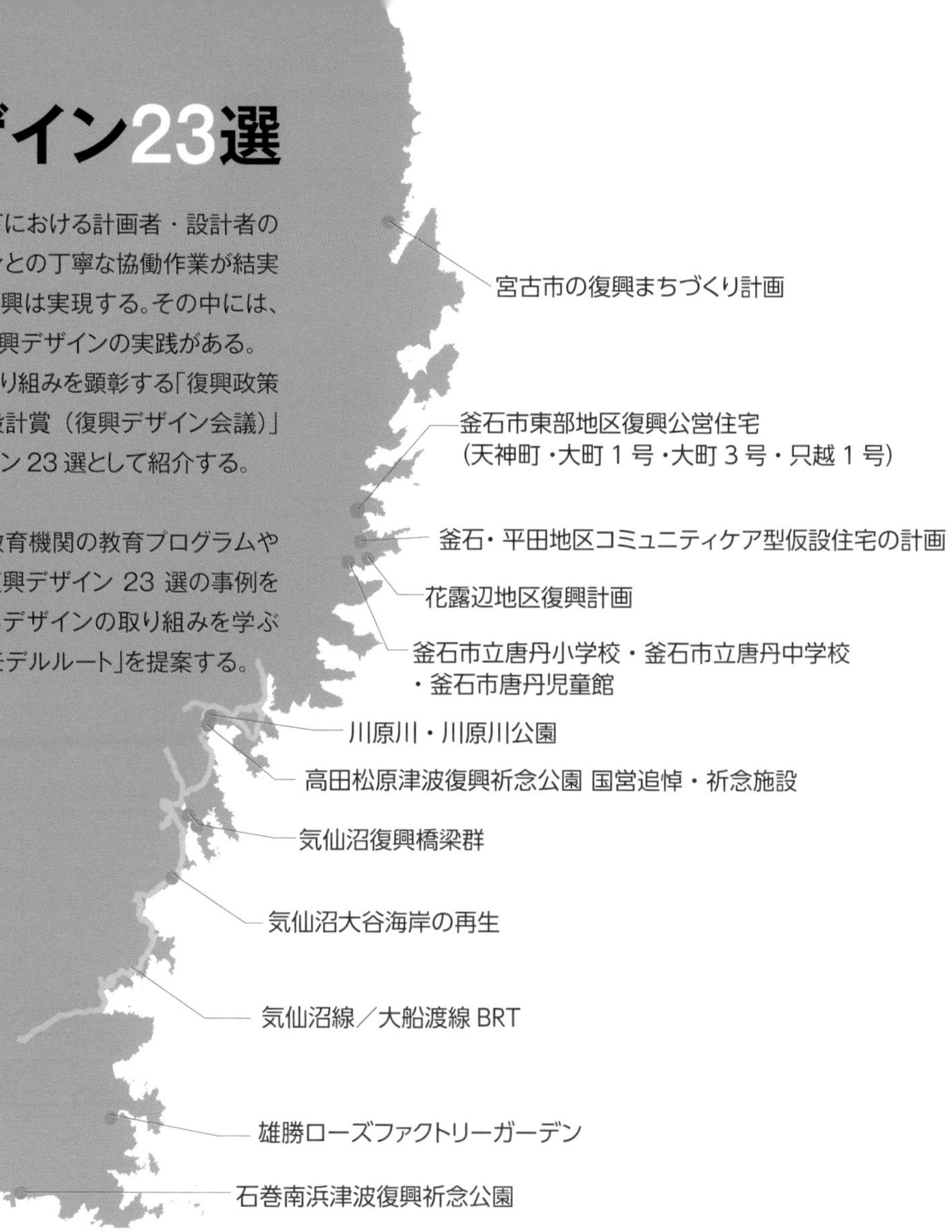

熊本スタディツアー・モデルルート

熊本地震や豪雨災害からの復興デザインをめぐるルート（指定がない限り自動車での移動を前提としています。）

DAY1

10:00　熊本空港 または
10:30　熊本駅
10:30-12:00　南阿蘇村
Point
・東海大学阿蘇キャンパス
・新旧阿蘇大橋及び展望所*
※移動途中で昼食
13:30-15:30　益城町
Point
・県道熊本高森線拡幅事業
・木山地区区画整理事業
・熊本大学ましきラボ
16:00-　熊本市 ※市内泊
Point
・神水公衆浴場
・熊本城の再建

DAY2

8:30　熊本市内発
9:15-10:30　甲佐町
Point
●甲佐町営白旗団地・乙女団地災害公営住宅→p64
※移動途中で昼食
12:30-14:30　人吉市
Point
●HASSENBA 再建プロジェクト→p63
・人吉市中心市街地（浸水エリア）
15:30-16:00　宇土市
Point
・不知火美術館こども絵本のいえ*
17:00　熊本空港 または 熊本駅

●は復興デザイン 23 選
*：くまもとアートポリス「みんなの家」の活用

※ページ番号は特別付録の番号

三陸スタディツアー・モデルルート

東日本大震災後に展開された復興デザイン事例を対象に、三陸自動車道を北上しながら、2日間で三陸沿岸をめぐるルート（指定がない限り自動車での移動を前提としています。）

DAY1

9:00　仙台駅（新幹線）

10:00-12:00　石巻市

Point
- ●石巻南浜復興祈念公園→p55
- ・旧北上川のかわまちづくり

12:45-14:30　南三陸町

Point
- ●気仙沼線 BRT → p53
- ・南三陸さんさん商店街（昼食）
- ・南三陸町震災復興祈念公園

15:00-15:30　気仙沼市大谷海岸

Point
- ●気仙沼大谷海岸の再生 → p52

15:45-17:00　気仙沼市

Point
- ●気仙沼復興橋梁群→p51
- ・内湾地区の復興計画

17:30　陸前高田市着・宿泊

●は復興デザイン 23 選

DAY2

9:00-11:00　陸前高田市

Point
- ●高田松原津波復興祈念公園→p30
- ●川原川・川原川公園→p32
- ・中心市街地の復興区画整理

11:30-13:30　釜石市

Point
- ●唐丹小学校・中学校・児童館→p45
- ●花露辺地区復興計画→p46

※釜石市内で昼食

14:00-14:30　大槌町

Point
- ・吉里吉里地区のまちづくり

15:15-16:30　宮古市田老地区

Point
- ●宮古市の復興まちづくり
- ●3.11 伝承ロード（震災遺構 たろう観光ホテル）

18:00　盛岡駅（新幹線）

※ページ番号は特別付録の番号

復興デザイン会議は、復興の研究と実践に携わる活動を組織だて、その情報の交換、相互研鑽の場を提供することにより、復興研究の推進と復興政策・復興計画・復興設計技術の確立と普及、技術者・政策立案者・計画者・設計者の教育を推進することを目的に、2019 年 12 月に設立された任意団体である（2023 年 3 月末時点）。本稿では、復興デザイン会議が主催した第 1 回～第 3 回「復興政策賞・復興計画賞・復興設計賞」の受賞作品を掲載する。なお、各賞の授賞対象は下記の通り。

復興政策賞：復旧・復興を実現・支援するための政策や制度や復興を推進するための体制等

復興計画賞：復興に係る都市や地区等の計画等

復興設計賞：復興に係る建築物・インフラ・公共空間等の作品等

復興を学ぶ

復興スタディツアーのすゝめ

地域の復興に備える上で、さまざまな地域の現場復興の事例から学ぶことの意味は大きい。災害は日本各地で起きているし、想定外のハザードへの対処がもとめられることもあるからだ。災害に直面し、悪戦苦闘する中で、少しずつ実現していった復興の道筋は、地元の人々とさまざまなエンジニアの長年にわたる協働作業の結果である。これを学ぶために、私たちは東日本大震災における各地の復興とその取り組みの変遷に着目して、これを年表化した上で、卓越したさまざまな復興デザインの事例を23個紹介することとした。こうした各地の復興事例とその概要について、復興スタディツアーに行く前に目を通しておくことで、自分たちの関心に合わせた適切なスタディツアーの経路と効果的な学びの糸口がみつかることを期待している。では具体的にどのように復興スタディツアーを計画すればいいだろうか。

復興スタディツアーには、さまざまな形が考えられる。たとえば私たちが取り組んでいる大きな地震が予想されるタブリーズの復興スタディツアーを例にとってみよう。タブリーズはペルシャ地方を代表する歴史都市であり世界遺産となっているバザール（世界最古の商業空間）を有している。私たちは現地で模擬的な避難訓練を訪問者自身が行うことでバザールにおける広場の重要性や危険性を学ぶとともに、バザールの中で暮らすさまざま人々のストーリーを聞き取ることで、事前復興に向けた糸口を結びつけるスタディツアーを計画している。自分が住んでいる地域から異なる地域への旅は、普段ふれることのない地理的文脈の中に自らの身を投じるからこそ、新たな着想や、自らの成長を促すだろう。災害復興は、地域の歴史や文化を背景にして行われるべきものであるから、スタディツアーで訪れた地域における人々の復興の営為や暮らしの姿の違いから、自分の地域の個性を改めて識るきっかけを与える。このような新たな知識強化が、スタディツアーに参加する人々の間の知的関係強化を下敷きにしながら、自分たち自身の地域復興に向けた創観機能を刺激することで、新たな復興像を獲得することが可能になる。

復興スタディツアーをつくるにあたって、ストーリーを自ら考えることが大切である。本書には復興デザイン会議においてわが国を代表するエンジニアと研究者が選定した優れた復興事例が掲載されている。1泊2日であれば、どのようなツアーを考えればいいだろうか。仙台から八戸まで復興道路359kmを車で走ることでしか東日本大震災の甚大な被害とその復興の規模感を感じることはできない。とすれば、仙台から現地入りして、八戸から新幹線か飛行機で帰郷する旅程を組み、次に宿泊地を決めることになる。距離的に考えれば宿泊地は気仙沼か陸前高田、釜石の中から参加者の希望にも配慮して決めればいい。初日の学びの体験として気仙沼の復興橋梁群と港湾地区を見学し、陸前高田の道の駅でまとまった資料を見ることができれば深掘りした復興の道筋を実感できるはずだ。道の駅から実際に川原川に沿って山裾まで歩き避難の追体験を行うことで、現実の被害の甚大さを改めて実感し、復興によって生まれた被災地の空間がどのような役割を果たすかが見えてくる。さらに北上し釜石の

復興住宅と嵩上げ地区の総合的な復興都市計画を学び、宮古の田老地区では語り部の方から、災害前・発災直後の語りをお聞きすることができる。語り部の方の話からは発災時に起きた克明な避難の実態がわが身に迫ってくることだろう。語りをお聞きした後、高台の復興地まで自らの足で歩いて登ってみることで、地域におきる災害と復興の新たな形に思いを寄せることができる。仙台から八戸まで車で走ることは一見すると無駄なように思えるかもしれない。しかし平成期最大の東日本大震災からの災害復興を代表するのが三陸縦貫道路である。復興道路が着実に地域の活動重心を高台側にシフトさせ、新たな立地に基づく地域活動を活性化していることを目の当たりにすることでしか、南海トラフ地震のような大規模な災害からの復興像を実感できないのもまた事実ではないだろうか。1泊2日のスタディツアーでは、自らの足で歩いたり、現地の人の話に耳をすますこと、ツアーに参加した人同士で、何度も話し合うことが大切である。車中や帰路での議論こそが何よりも豊かな時間となることは間違いない。

復興スタディツアーには、行く前、ツアーをしている時、ツアーを終えた後で、三段階の学びの場がある。行く前には訪問地のことを調べ、旅程そのものを自ら考える喜びがある。学びの期待が高まる時間であり、災害や復興の事前知識を習得することができれば、現地での学びの姿勢にも大きな変化があり、効果的な学習が期待できよう。一方ツアー中はツアーをこなすことに意識がとられがちだが、ツアーに参加している人同士の「おしゃべり」の時間を大切にしてほしい。おしゃべりの中からさまざまな気づきが生まれるはずだ。災害復興は複合的だから、地域の暮らしや人々の生業が壊れることを想定しなければならない。起こりうる危機的状況と再生に向けてさまざまなストーリーを読み解いていく必要があるだろう。参加者それぞれの個性の違いは、こうした将来のさまざまなシナリオに対して異なる気づきを生み出し、おしゃべりを通じた互いの気づきの連鎖が新たな地域の理解へと結びつくことが期待できる。ツアーが終わった後、写真や動画を共有し、改めて気になることを調べてみるといい。本書の中ではさまざまな地域における都市像の変化がまとめてある。発災前の地域の成り立ちと無関係な復興はできない。そのことを考えると地域の歴史を深掘りして調べ、復興の実態と照らし合わせることは、さらなる気づきを生み出すことに結びつくはずだ。

復興の学び方は人それぞれだ。しかしそれでもなお、現場に立つことなしに、学びが成立することは難しい。まず現場に立つこと、そこから復興を考えることが求められるのではないだろうか。地域のさまざまな物語に耳を傾け、今住んでいる土地から被災した土地までのトリップによって意識を高める、おしゃべりを通じて自分の中にはない物語から学び呼応することこそが、実際の復興デザインでは必要不可欠だ。海と山との距離感、地域を拘束する拠点施設と交通ネットワークの様相、復興デザインによって顕れた新たな営みや生活像を歩いて身体化してみたい。そしてその身体化した知識を、自らが暮らす地域において再び解凍することで感じられる違和感や事前復興に向けた問題解決の新たなアイディアこそが、復興スタディツアーの効果といってもいいだろう。人間は土地を離れて生きることはできない。とすれば自らが生きる土地を知ること、そのために被災地の復興に向き合い続ける人々の営為に触れることは、私たちの土地の生き方そのものを学ぶことに他ならない。本書を復興スタディツアーの企図に役立ててもらえれば幸いである。

（羽藤英二）

高田松原津波復興祈念公園 国営追悼・祈念施設

株式会社プレック研究所・株式会社内藤廣建築設計事務所設計共同体

高田松原津波復興祈念公園 国営追悼・祈念施設全景（写真：吉田誠）

■ 事業概要

犠牲者への追悼と鎮魂、震災の記憶と教訓の後世への伝承を目的に、国・岩手県・陸前高田市が連携して整備した津波復興祈念公園である。震災遺構を含む一帯が復興祈念公園となっており、道の駅「高田松原」と東日本大震災津波伝承館「いわてTUNAMIメモリアル」を包含した建築物、式典広場、献花台を設置した海を望む場が、軸線上に配置されている。

東日本大震災ののち、国営復興祈念公園が岩手県、宮城県、福島県の三県に設置されることとなり、岩手県では、甚大な被害を受けた陸前高田市の沿岸部、約7万本を誇った高田松原跡を含む敷地に計画された。

復興祈念公園の敷地は、海の見えない防潮堤の背後の低地にあり、「海に対して思いを馳せる」ための施設を計画した。「大きな包摂線」が「街と防潮堤が和解する」ための緩衝材となり、「小さな包摂線」は「過去への祈りと未来への願いが和解する」ような場を醸し出している。

さらに「祈りの軸」によって「人と自然が和解する気持ち」に寄り添い、「復興の軸」は「亡くなられた方たち（過去）とこれからを生きる人たち（今・未来）とが和解する気持ち」に寄り添うことができるように計画を行なった。

公園内には、旧気仙中学校、タピック45（旧道の駅）など震災遺構が保存されており、津波の威力を今に伝えている。

また、国道45号沿いに災害の記憶、教訓を学ぶための津波伝承館と道の駅が計画されている。建築上の工夫として、追悼の思いを白い清澄な1本の帯で表現した。具体的には、正面の外壁を長さ160mのPCホワイトコンクリートパネルとし、レーザー計測をして±1mmの精度管理で施工が行われている。その正面のファサードに穿たれた18,434の孔は2018年時点での犠牲者の数を表現しており、夜間は街の灯火ともなる。

分類：復興祈念公園・追悼施設の計画・設計
公園面積：約130 ha　管理棟（道の駅及び伝承館）：敷地面積29,769.05㎡、建築面積 3,992.43㎡、延床面積4,340.12㎡、RC造、一部プレストレストRC造、一部S造2階建
供用開始：2019年9月22日（一部）、2021年12月26日（全面）

管理棟から祈りの軸を望む（写真：吉田誠）

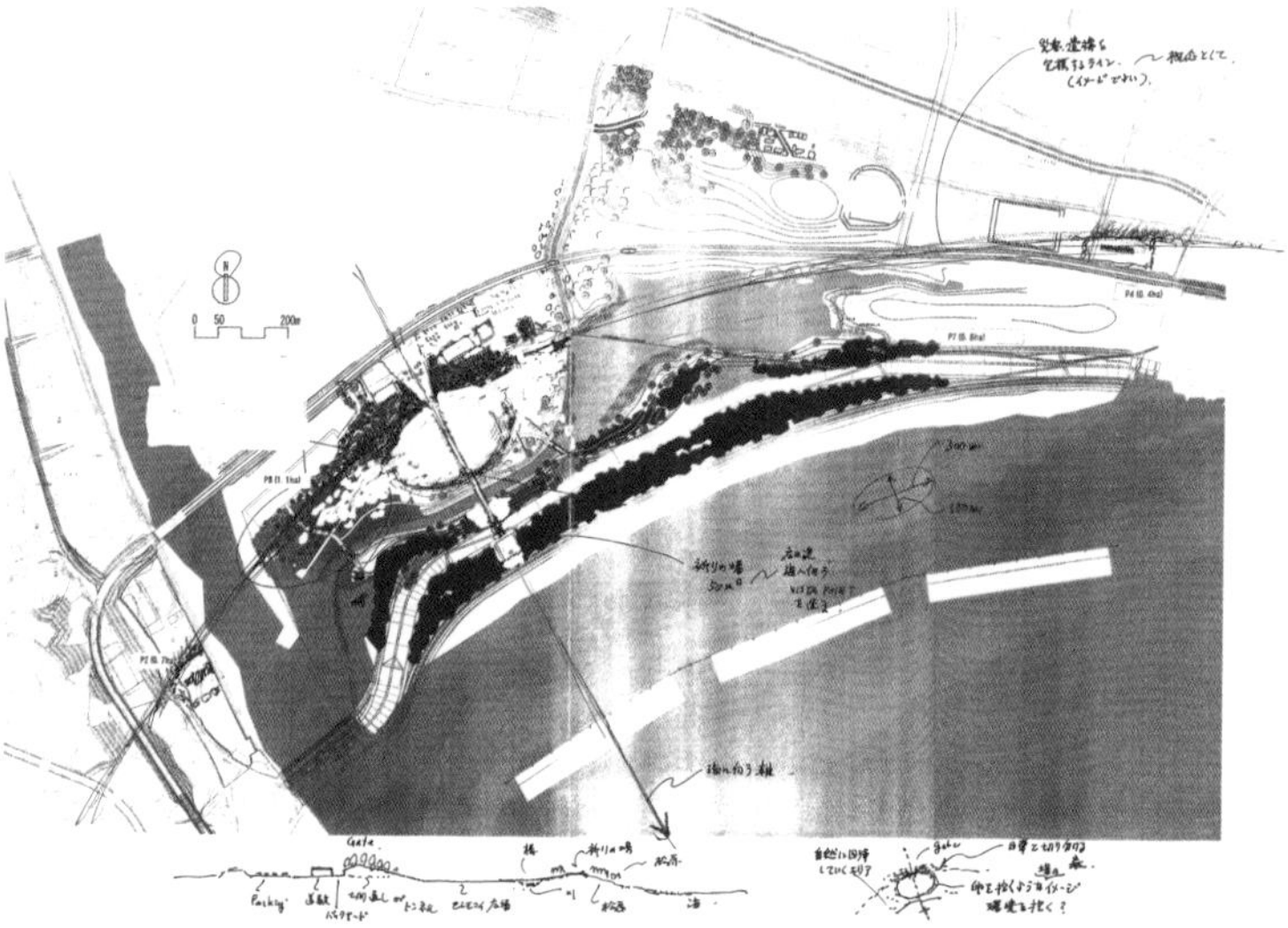

内藤廣氏による初期スケッチ：軸と包摂線を構想した

■講評

かつては戦災復興における丹下健三による広島の平和記念公園があった。未曾有の災害の中で、悼むという行為をどう地域の中で継承していくのかは、設計者にとっても、地域にとっても重要な仕事になる。津波の記憶をいかに継承していくのか、被災した地に、悼む空間がそこにあり続けるということ。復興デザインという意味では、1丁目1番地に当たるプロジェクトではないだろうか。

陸前高田は非常に大きな被害を受けた。非常に特殊な環境の中で、内藤廣氏を中心とするメンバーが長い時間をかけて議論し、検討した一つの形が、海に向けた軸というものに込められている。丹下健三も「軸」で、悼むという行為を表現しているが、本プロジェクトでは、悼むという行為を海に向けて結実している。

今も多くの方々が、この祈念施設に訪れ、当時の記憶・記録を見て、学ばれていることも含めて、素晴らしい設計であると思う。

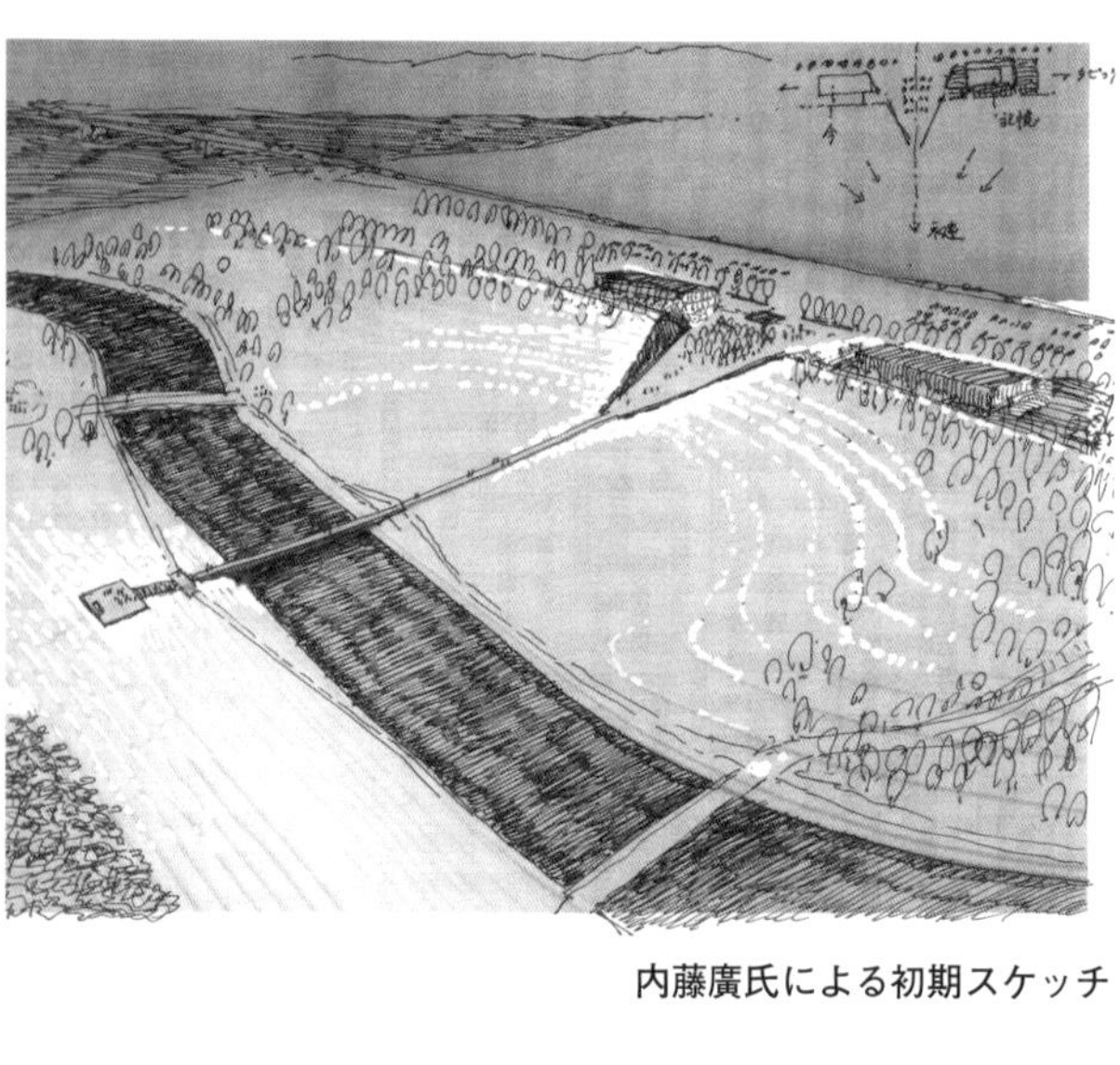

内藤廣氏による初期スケッチ

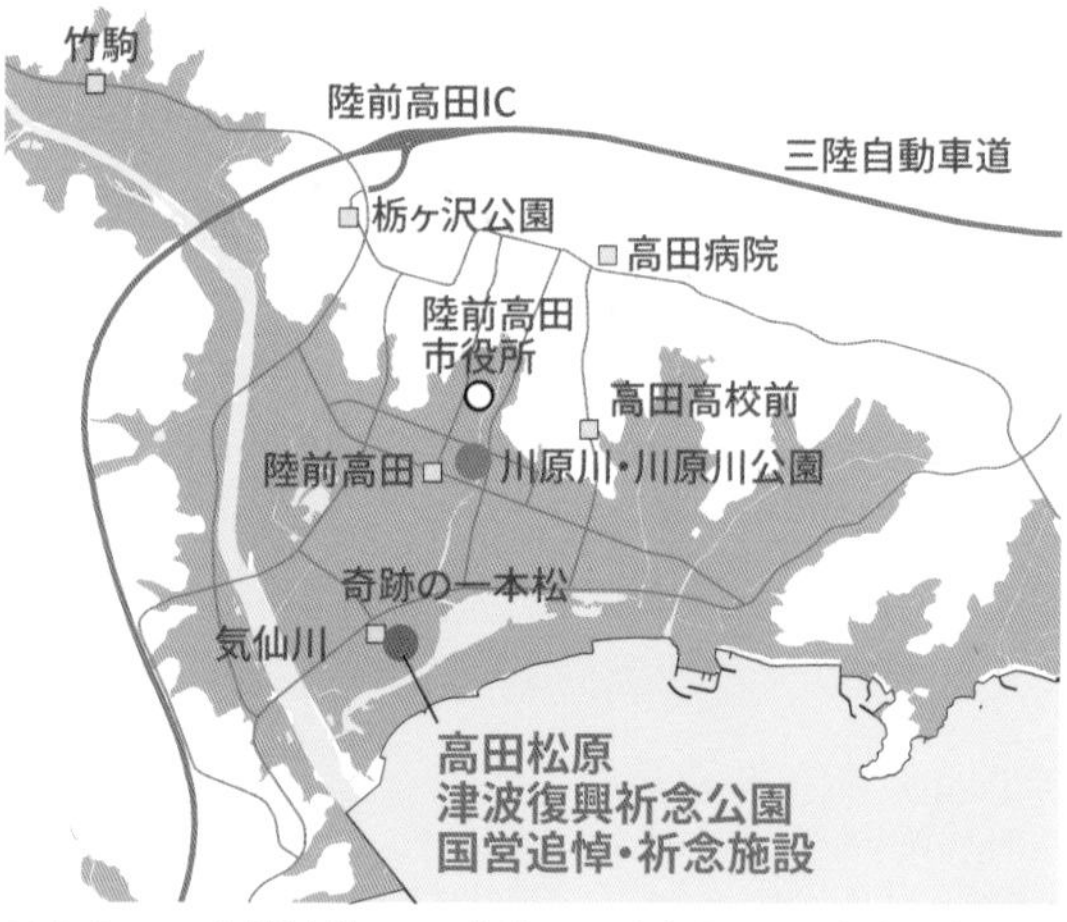

アクセス：大船渡線BRT 奇跡の一本松駅からすぐ、陸前高田ICから車で6分

川原川・川原川公園

（発注者）岩手県、陸前高田市、UR都市機構（監修）吉村伸一（県設計）アジア航測株式会社
（市設計）株式会社オリエンタルコンサルタンツ、清水・西松・青木あすなろ・オリエンタルコンサルタンツ・国際航業陸前高田市震災復興事業共同企業体、緑景・共立設計設計共同体

川原川・川原川公園は市民の憩いの場となっている

■ 事業概要

東日本大震災で甚大な被害を被った陸前高田市の中心（高田地区）を流れる川原川は、気仙川水系の支流であり、古来から信仰の対象である氷上山と広田湾をつなぐ、まちの骨格とも言える軸である。また、大規模に宅地地盤全体を嵩上げする土地利用計画の中にあって、陸前高田の自然・文化・記憶を継承するためにも、自然的基盤である川原川公園のデザインは、同市の復興において重要な位置づけとされていた。

川原川はまちなかを流れ川幅が小さく、震災前は生活と密着した川であった。そこで、川原川の再生にあたり、密に架橋される小規模な橋梁群や、周囲の街並み、シンボルロード等と一体となった、ヒューマンスケールな風景を形成するデザインが試みられた。

本事業は、川原川と川沿いに配置された公園を一体的な公園としてデザインし、嵩上げされた街とつなげるプロジェクトである。高田地区の復興計画は、概ね震災前と同じ位置からやや山側に盛土し、市街地を区画整理事業によって整備するというものである。2012年10月時点の土地利用計画で、川原川沿いに公園を区画整理事業の一部として位置づけられたことが、その後の豊かな空間づくりにつながっていった。

河川改修は岩手県、公園は陸前高田市の事業であるが、それぞれの事業を担当する実務者で構成する合同

分類：河川・公共空間のデザイン
川原川：河川整備（川原川総合流域防災事業）
整備延長：約1.2km、河岸整備：約2.4km（両岸）
通路舗装工：約2.4km（両岸）、床止工（早瀬工）：1箇所
ベンチ：震災保管石利用、潜り橋（木製）：5橋、河川管理橋：1橋

川原川公園：被災市街地復興土地区画整理事業
整備面積：約3.9ha
サービス施設：縁台、ベンチ、水飲み場、トイレ
人道橋（並杉橋）：1橋

下流部から上流部を望む（左）、川原橋北付近。潜り橋やベンチが配置されている（右上）、上流部（右下）

会議で調整が図られた。例えば、単に河川と公園を組み合わせただけでは、両者が統合された空間は生み出されない。そこで、「川でもあり公園でもある街の空間」を創造するべく、川と公園の境界は決めず、統合設計の結果として川と公園の境界を決定していった。また、区画整理事業で嵩上げをした宅地は最も高いところで標高9～12m程度ある。川原川はもともと、宅地と川が近かったのが、嵩上げによって宅地が高くなり、河川自体は縦断勾配を変えずに整備を行うため、宅地と川には、大きな高低差ができる事になってしまう。管理用通路までが河川区域であり、その外側の公園区域であるが、公園を市が区画整理事業として整備することで、宅地から河川までゆるやかに降り、近づいていくことができるように階段などを整備している。さらに、河川管理用通路とともに、潜り橋を適宜設けてぐるっと回れるように整備されている。

東日本大震災以前は、水質の悪化等の問題があったものの、子供の遊び場や市民の日常生活での交流の場としての役割を担っていた。川原川公園のデザインでは、山と海とが一体となった豊かな生態系を持った水辺の風景として、生活と水辺の関係を再構築することで、新たな風景のデザインが試みられている。

具体的な設計提案では、「いざないの水辺」「にぎわいの水辺」「記憶の水辺」「暮らしの水辺」の４つのゾーンに分けられ、それぞれのゾーンの周辺特性に応じた、動線計画と機能、空間配置が行われている。水辺を含めた回遊性を重要視している。

多自然型の川づくりを目指し、基本的にはコンクリート等で護岸を固めずに、水際は根固めの捨石を配置し、残りは土による仕上げとなっている。また、バーブ工を採用し、低低水路を設けることで、川が自然に流下する力によって、自然に水路に馴染んでいくようにしている。震災で残った河畔林などを極力保全するようにも努めている。例えば、一番南側に残った欅を残すために、元々の計画から流路を変形するといった柔軟な対応を行っている。支川と本川でしっかり分けることで、不必要な拡幅をしないという計画の見直しなども行った。また、一部では記憶の継承ということで、石積護岸なども採用している。

整備後は、自然環境としても川で魚が取れたり、鮭も遡上するなど、元に戻ってきている様子が観察された。また、子供連れなども含めて、市民が橋や川の近くで楽しんでいる。例えば、上段の平場ではイベントが実施される、川沿いでは、地元の太鼓の練習が行われるなど、多様な活動を許容する空間となっている。地域の人たちが草刈り活動などにも積極的に関わる様子も見られるし、近隣の保育所では、生活発表会で川原川が取り上げられたり、川原川の歌が作られるなど、多くの市民に親しまれつつある。

以上の通り、まちの中心を流れる文化的な資源として川原川・川原川公園のリ・デザインは、今後の津波被災地における重要な示唆を与えるものである。

潜り橋で遊ぶ子どもたち

■ 講評

川原川は陸前高田の市街地を流れる河川であり、震災前の骨格が残る数少ない場所のひとつである。大規模な嵩上げによる大きな高低差を解消するための緩傾斜河岸は河川空間と周囲の街並みを滑らかにつなげながら、街中からごく自然に水面に近づける環境を形成し、また、高田松原津波復興祈念公園等にもつながっている。

公園を横断する小規模な橋梁群は、見上げの視点からも丁寧にデザインされ、くぐり抜ける楽しさを生み出しながら、震災前の橋の位置に設置された潜り橋と共に公園の遊歩道のシーケンスを豊かなものにしている。河岸は捨石処理やバーブ工などによる多自然型の処理によりサケの遡上や大量の魚の群も観察される状況が生まるなど、山と海が一体となった豊かな生態系をもった水辺の空間を生み出している。こうした魅力にあふれた親水空間は県による河川整備と市による公園整備が組み合わせられたものだが、河川アドバイザーの存在や緻密な調整により、制度的境界線は全く感じられないものとなっている。また、検討時の市民ワークショップによる丁寧な聞き取りにより生活と水辺の関係が再構築され、新たな風景のデザインが成功している。

復興設計賞審査員のコメント

千葉 学氏（建築家／東京大学教授）

川のデザインは、リニアな空間を丁寧にデザインしていくということになるが、建築が点を設計していることとは違い、地域に対する影響力の大きいリニアな空間で、町と数多くの接触面を持ちながらデザインされているインフラ・土木の力強さと、それを見事に生かしたデザインであることを実感した。当然、上流から下流に行く中でも地域との関わり合い方や、場所ごとの風景、地域性も刻々と変化していくが、そういう場所との関係を丁寧に紡いでいくような行為によって、川だけではなく、周辺エリアの魅力があぶりだされているという点でも、大変素晴らしい。

東北の震災でも、最近の様々な水害でも、水との関わり合いが課題で、自然を相手にすることはやはり難しい。東北では川を遡上する津波もあり、多くの地域が影響を受けた。そういう中で単に水との関係をシャットダウンしてしまうことは簡単なことなのかもしれない。でもここでは、水ともう一度きちっと向かい合うことに取り組んでおり、プロセスが素晴らしい。かつては川が生活の中に、様々な形で組み込まれていた。食料を得る、洗濯をする、飲料水を得るというように生活

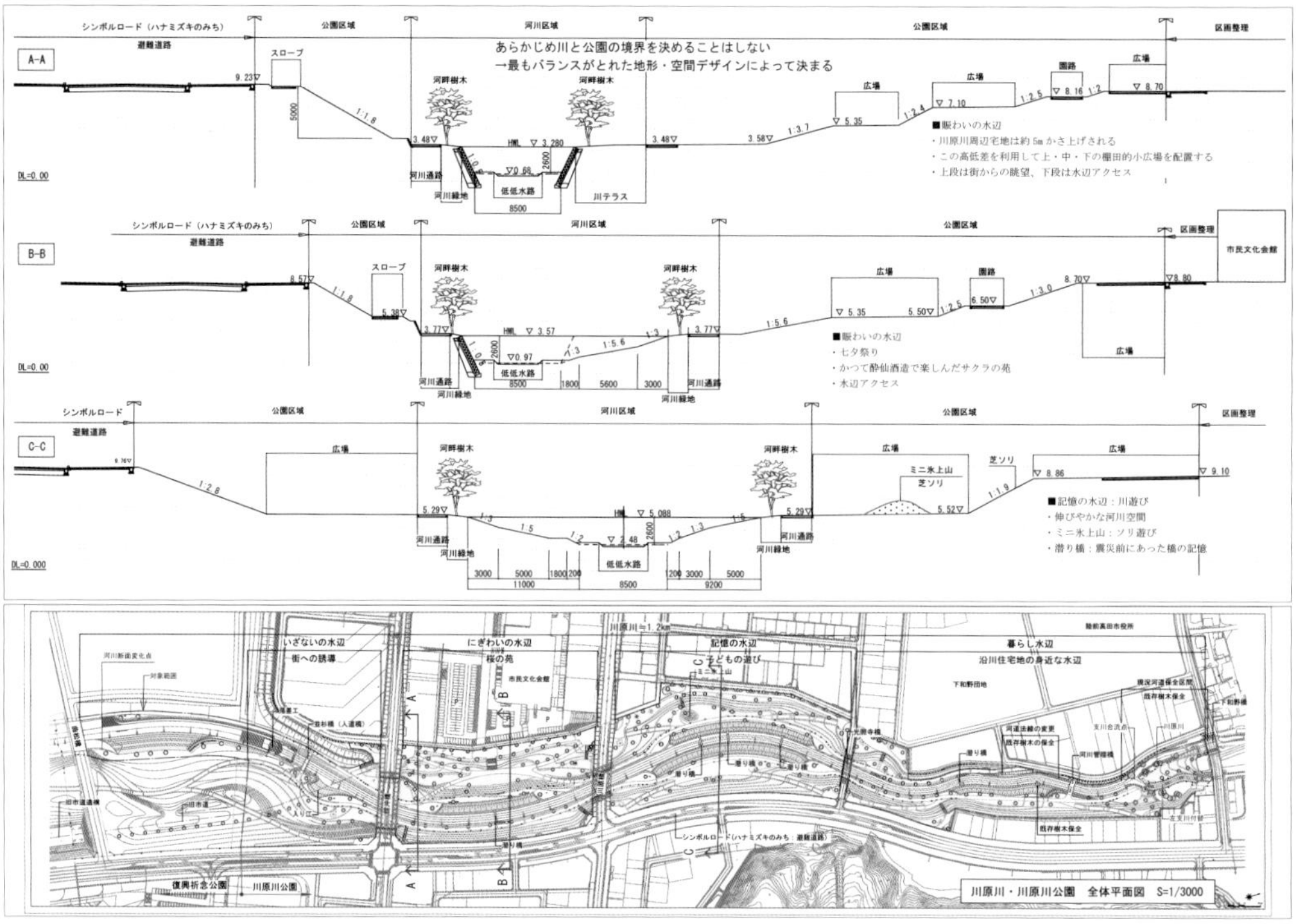

全体平面および断面図

に密接に関わっていたからこそ、水辺空間や水は大きな意味を持っていた。しかし近代化の過程で、どんどん遠ざかっていった。そういう中でも、ワークショップの過程では、地域の方々の記憶や、実際にそこで行われていた活動を思い起こしながら、それらを手がかりにもう一度、水との関わり合いを丁寧にデザインしている。単にフィジカルなデザインというだけではなく、今の時代にいかに、もう一度水を生活の中に、一つの営みとして関わり続けていくことができるのか、場として川を位置づけることにも深くコミットしていたんだと思う。土木、建築に関わらず、人の手入れ、営みが関わりながら生み出される風景は美しい。単なるフィジカルなデザインではなく、人のなりわいや日常の営みの中で立ち現れる風景の美しさをきちっと作っているという力強さも感じた。

乾 久美子氏（建築家／横浜国立大学教授）

人がほっとできるような場所が生まれており、素晴らしい。陸前高田は大規模な嵩上げをして、まちの記憶が全くなくなってしまうことに対して、住民の方はいろんなことを思っておられると思うが、この川が整備されたことで、その失意が少し和らぐのではないかと感じさせる。嵩上げした土地の上に高品質な建物が建ち、人が集まるところができてきて、街らしい雰囲気が生まれて、少しずつ復興しているが、川が作り出す風景は建物でできる風景よりも、人が生きていく糧として信じさせるようなものがある。改めてインフラのデザインの力強さを感じさせた。河川のデザインとして、復興という前提を抜いたとしても素晴らしいが、これが復興の嵩上げによって、大変に風景が変わった中でできたのは本当に意義深いものだと思う。

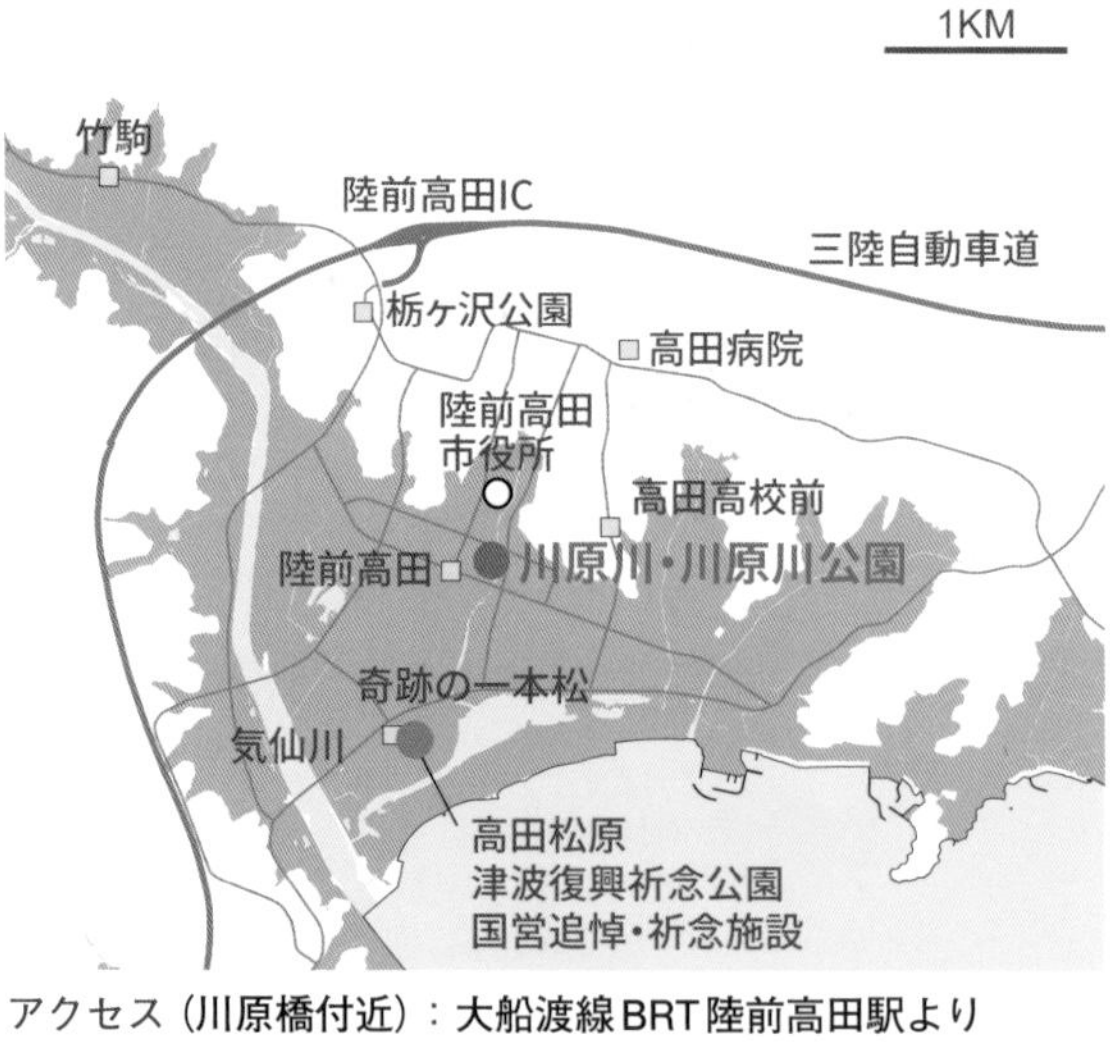

アクセス（川原橋付近）：大船渡線BRT陸前高田駅より徒歩5分、陸前高田ICより車で5分

注）両審査委員のコメントは、「2021年度 復興設計賞座談会」http://dss.bin.t.u-tokyo.ac.jp/alliance/redesign_award/pastawards/2021_winner/discussion-2021-2/ の内容を編集して再掲。

陸前高田　低平地に整備された交通インフラが危険地帯へ市街地拡大を誘引

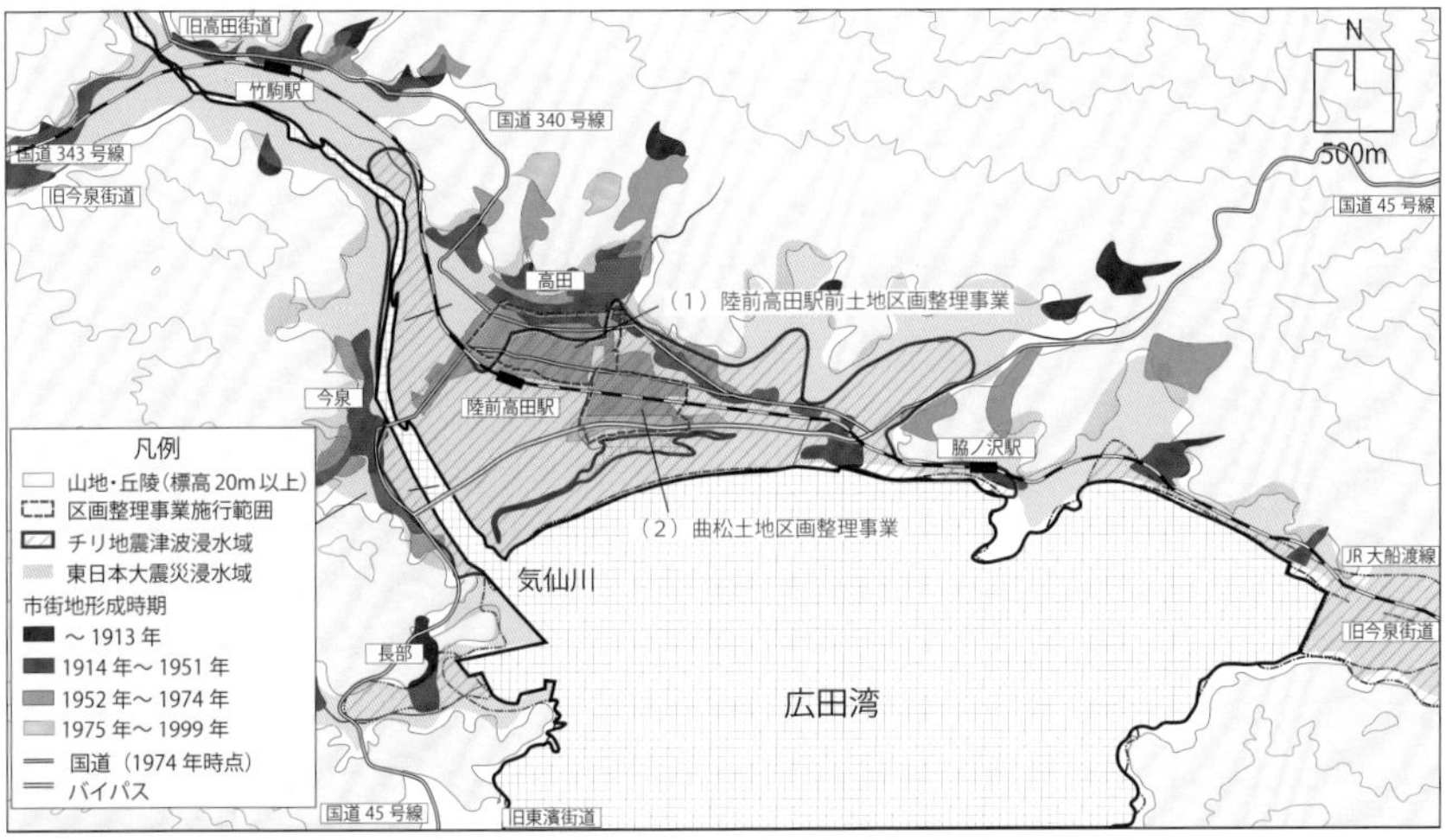

1933年の昭和三陸津波では、長部集落に被害が集中し、集落内 53戸のうち 48戸が流失・倒壊した一方で、旧市街地の核であった今泉・高田には津波は到達しなかった。同年12月15日に開業した陸前高田駅は、元々は高田の市街地の南端（内陸側）に設置される予定であったが、気仙町に駅を入れて欲しいという気仙町からの要望や将来の発展の余地を残そうとする意図から、最終的には当初より南に離れた気仙町内に設置された。

地形図において、陸前高田駅開業後約20年の1951年時点でも未だに建物の駅方向への拡大は見られず、建物密集地の拡大は旧街道沿いにとどまっている。チリ地震津波においては、高田町は全世帯の21.3%にあたる167世帯、気仙町では34.4%に当たる146世帯が被災し、明治三陸津波後に構築された防潮堤は約140mにわたって決壊した。これらの被害を受け、他の都市と同様に防潮堤による津波対策を行ったが、海水浴場で観光地であった高田松原に配慮し、T.P.+3.0mに高さを抑えた第一線堤とT.P.+5.5mの第二線堤の二段構えの設計とされた。チリ地震津波後に事業認可された土地区画整理事業により、それまでは市街地化が進んでいなかった浸水域内にある駅前の市街地化が進んだ。1983年には市街地の南端低地部に国道45号バイパスが外挿され、市街地の南側への拡大を誘引している。

年表

1896.6.15 明治三陸津波
流出戸数 36

1933　大船渡線陸前高田駅

1933.3.3 昭和三陸津波
流出戸数 4
津波高 T.P.+3.8m

1954　高田町を中心に高田町・気仙町・米崎村・竹駒村が都市計画区域指定

1955　高田町が他７町村と合併し陸前高田市へ。以降人口減少が続く

1958　新市庁舎。新市建設計画

断面の変遷

大正初期の集落配置＋1950年代の変化

・低地に駅が立地

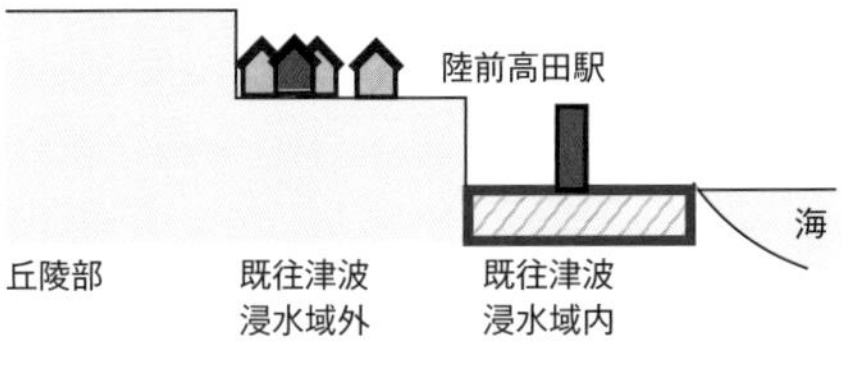

1970年代

・チリ地震津波後，二線堤
・駅周辺の土地区画整理事業により市街地化

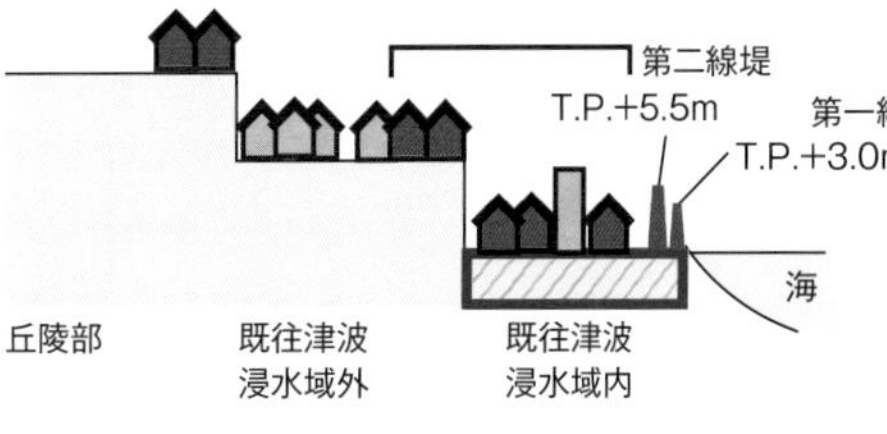

チリ地震津波以降、急速に拡大した駅周辺の建物密集地は、1970 年代には市街地の中心であったが、2010年の東日本大震災直前には人口が流出しており、人口の重心が高台へと移りつつあったことがわかる。東日本大震災後は駅周辺の人口減少と高台の人口増加が顕著であり、人口分布が大きく変化している。

1955年の合併以降は人口減少が続き、市は産業構造の高度化による人口増加を図る意志を表明した。広田湾開発計画を含む新総合開発計画も策定されたが、漁業従事者による埋め立て反対もあって広田湾の工業開発は実現せず、結局生業の大規模な転換は行われることなく、2010 年まで人口減少が継続した。

人口分布変化（1970年から2010年の増減）

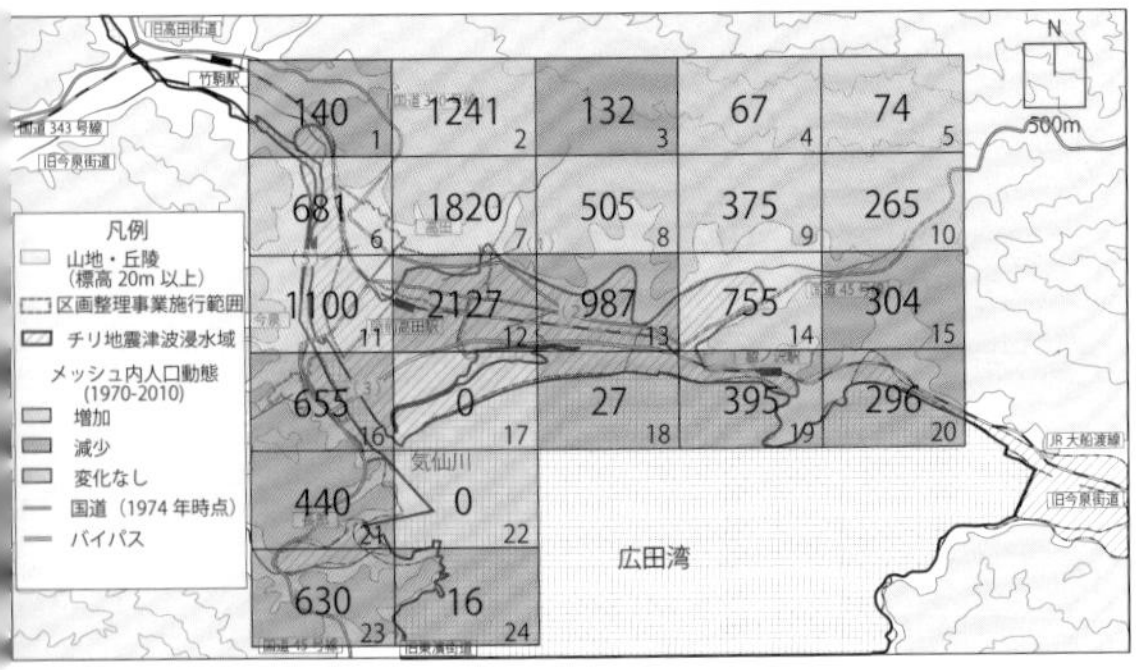

人口分布変化（2010年から2020年の増減）

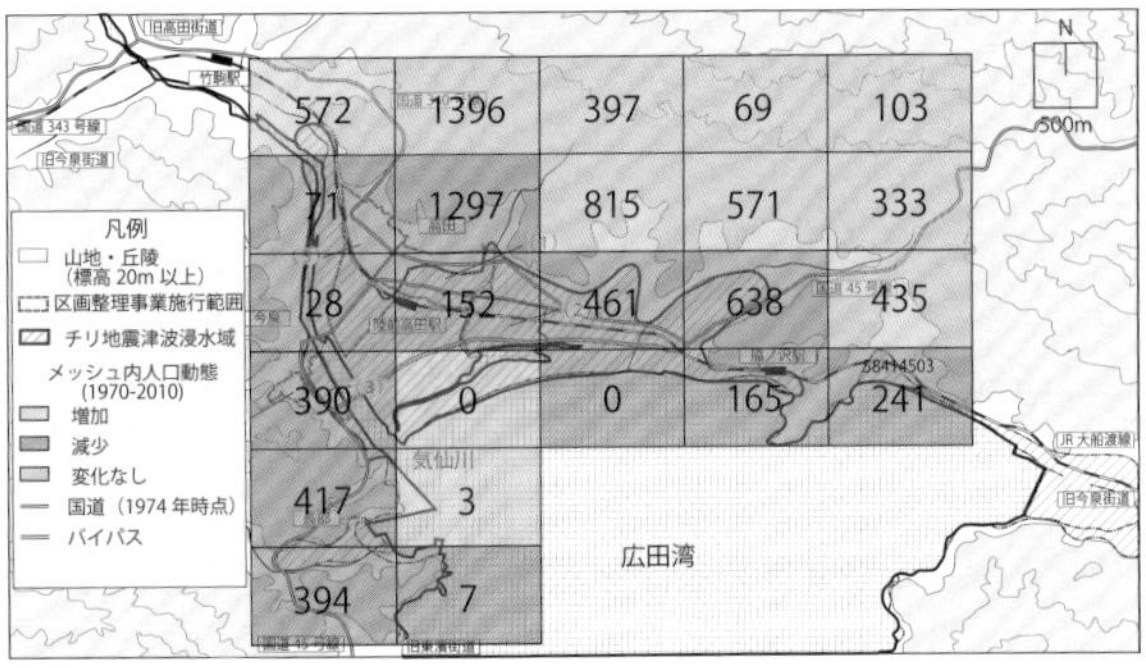

1960.5.23
チリ地震津波
流出戸数 90
津波高 T.P.+4.5m

1961 陸前高田駅前土地区画整理事業認可

1963 第一線堤完成

1966 第二線堤完成
陸前高田市総合開発計画

1969 曲松土地区画整理事業認可

1970 新総合開発基本計画 →広田湾工業開発は頓挫

1983 国道45号バイパス開通

1984 用途地域指定

60年代～80年代 陸前高田／曲松土地区画整理事業認可・換地処分

2011.3.11
東日本大震災
用途地域浸水面積率 86%

2000年代
・低地にバイパスが開通

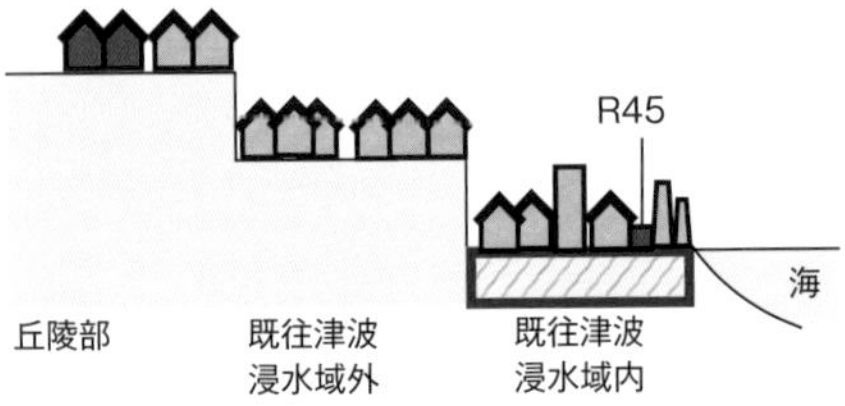

2020年
・浸水域の中心市街地を嵩上げ
・高台に住宅地を移転

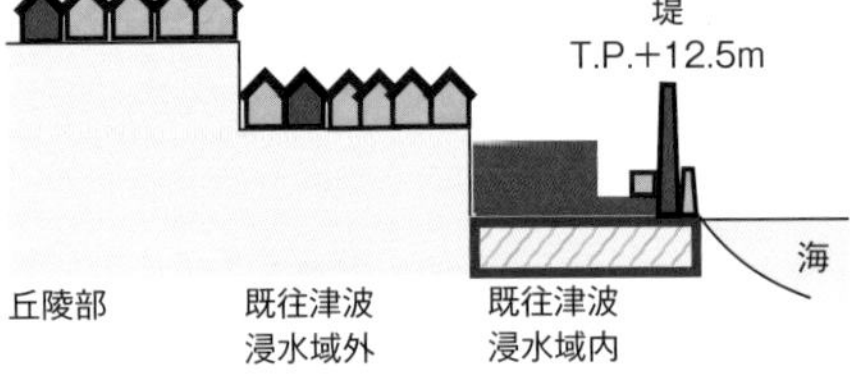

くしの歯作戦

国土交通省東北地方整備局

分類：応急対応、道路啓開
啓開された道路：国道45号、395号、281号、455号、106号、283号、107号、343号、340号、県道19号（岩手）、国道284号、398号、108号、6号、115号、459号、114号、288号、49号、289号

■ 事業概要

東日本大震災に伴う津波によって発生した大量の瓦礫は、道路を塞ぎ、橋の流出によって交通網は寸断された。孤立化した太平洋沿岸に対して救命・救援ルートを確保するため、国土交通省東北地方整備局を中心に県や自衛隊、警察、地元建設会社等の関係者が連携し、内陸部を南北に貫く「縦軸」から、「くしの歯」のように沿岸部に伸びる15ルートもの国道を啓開した。第一ステップとして、内陸を縦走する東北自動車道・国道4号の縦軸ラインを確保し、第二ステップとして、縦軸から沿岸地域に伸びる横軸ライン15ルートを3月15日までに確保した。第三ステップで、沿岸地域を結ぶ国道45号・6号の啓開にあたり、3月18日までに約97%が通行可能となった。

■ 講評

くしの歯作戦は、東日本大震災の大津波発生直後、内陸部の東北自動車道と国道4号から浜通りに向かって伸びる何本もある「くしの歯」のような国道を、被災し傷ついた地域の救命・救援ルートとして切り拓いた啓開プロジェクトである。国土交通省東北地方整備局をはじめとするさまざまな諸機関が連携し、互いの垣根を超えて連絡を取り合い、膨大な瓦礫や橋の流出で孤立した集落に向けたルートを迅速に確保した取り組みは、未曾有の災害復興の初動を決定づけた卓越した優れた取り組みである。

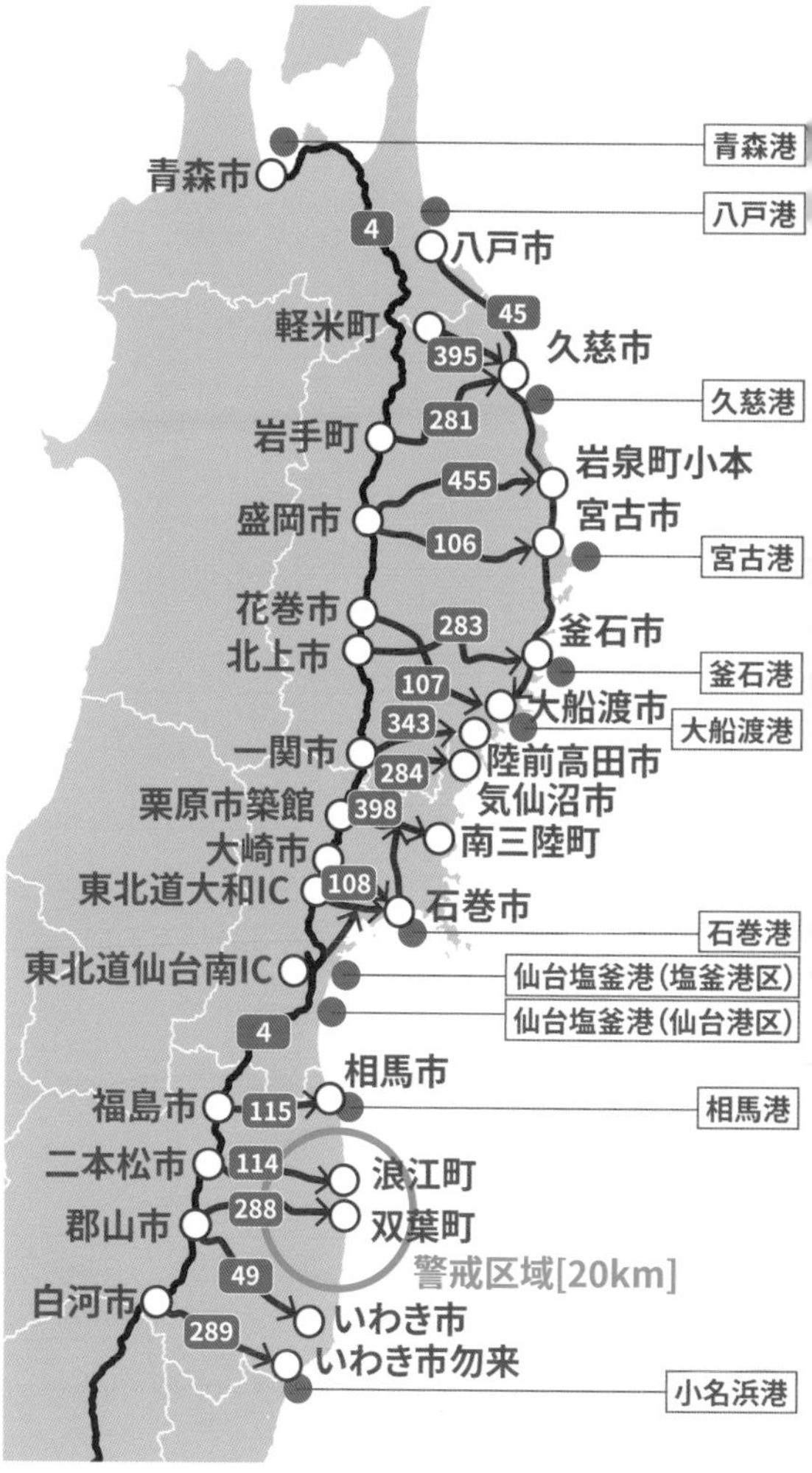

くしの歯作戦図（国土交通省東北地方整備局 資料参照し作成）

津波により被災した国道45号（岩手県陸前高田市内）

啓開作業の様子

津波被災市街地復興手法検討調査

国土交通省都市局

分類：被害調査、復興計画・事業の支援
地区数：6県62市町村

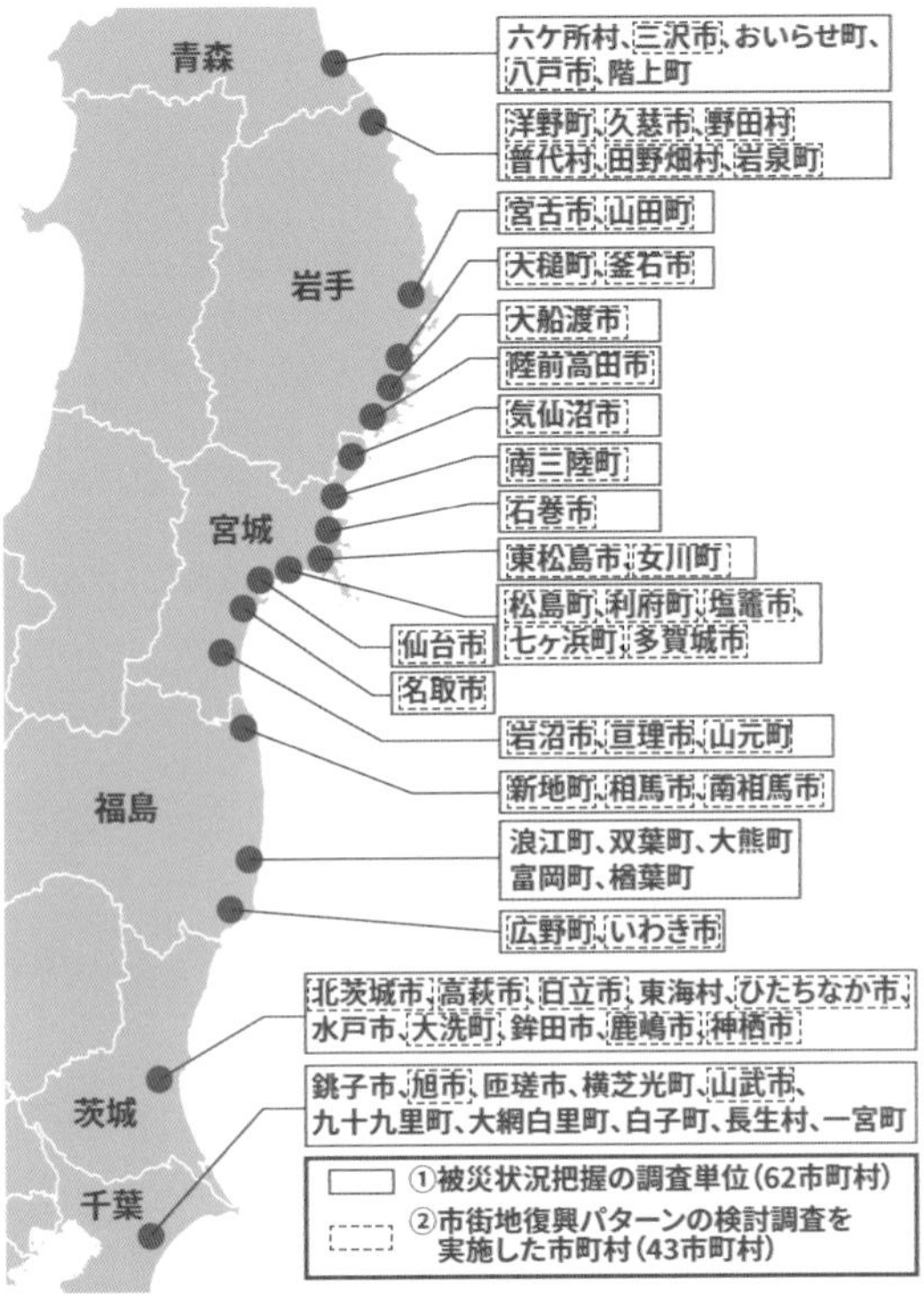

検討調査実施が実施された自治体

■ 事業概要

東日本大震災の津波被災自治体では、被災直後の行政能力の大半を復旧対策にあてることが必要となり、また、一部の自治体では庁舎が破壊されるなど、行政機能自体が大きく低下したため、復興に向けた調査を早期に行うことが非常に困難となった。

そこで、国土交通省が復興に向けた自治体の取り組みを支援するため、被災状況等の調査・分析を行った。被災概況の調査・分析は青森、岩手、宮城、福島、茨城、千葉の6県62市町村を、19の調査単位に分け、単位ごとにコンサルタント等に発注し実施した。

被災状況や都市の特性、地元の意向等に応じた復興のパターンを分析し、これに対応する復興手法等について調査・検討を行った。福島第一原子力発電所の事故に伴う警戒区域内の市町村を除き、市町村の要望に応じて6県43市町村を対象とした。市街地復興パターンの検討・分析は復興計画作成を支援するために、概略検討調査を30の調査単位に分けて実施した。さらに、事業の具体化に向けた支援を行うための詳細検討調査を要望のあった26市町村180地区で実施した。

調査を円滑に進めるために、被災市町村毎に国土交通省本省職員からなる地区担当チームが編成された。また復興パターンの検討・分析を行う市町村毎に学識経験者、地区担当チーム、地元自治体、地元関係者等から構成される調査事務局を設置し、専門的な観点からの指導を受けて、調査の円滑な遂行が図られた。

山元町での検討

復興計画の住民説明（山元町）

■ 講評

東日本大震災直後、誰がどのように深刻な被災状況を把握し復興計画を立案するのかは揺れていた。津波被害が深刻な被災地の復興を支援するためにいち早く地域に入り、浸水域・浸水深・建物被災状況および津波からの避難等、被災現況等を調査し、調査結果に基づいて被災市街地における復興パターンの分析を行った本調査は復興計画のまさに青写真をつくる作業だったといえる。専門家による現地調査と地元自治体との協議は本調査によってスタートし、広域的な視点から復興の見通しをもたらすことにも貢献しており、高く評価できる。

復興CM方式

独立行政法人都市再生機構

分類：復興計画・事業の支援
導入地区：岩手県宮古市田老、山田町大沢、織笠、山田、大槌町町方、釜石市片岸、鵜住居、大船渡市駅周辺、陸前高田市今泉、高田、宮城県気仙沼市鹿折、南気仙沼、南三陸町志津川、女川町中心部、離半島部、石巻市新門脇、東松島市野蒜北部丘陵、福島県いわき薄磯、豊間
事業地区合計面積：1,262ha

導入の経緯　–ＵＲ版『復興ＣＭ方式』の実施体制–

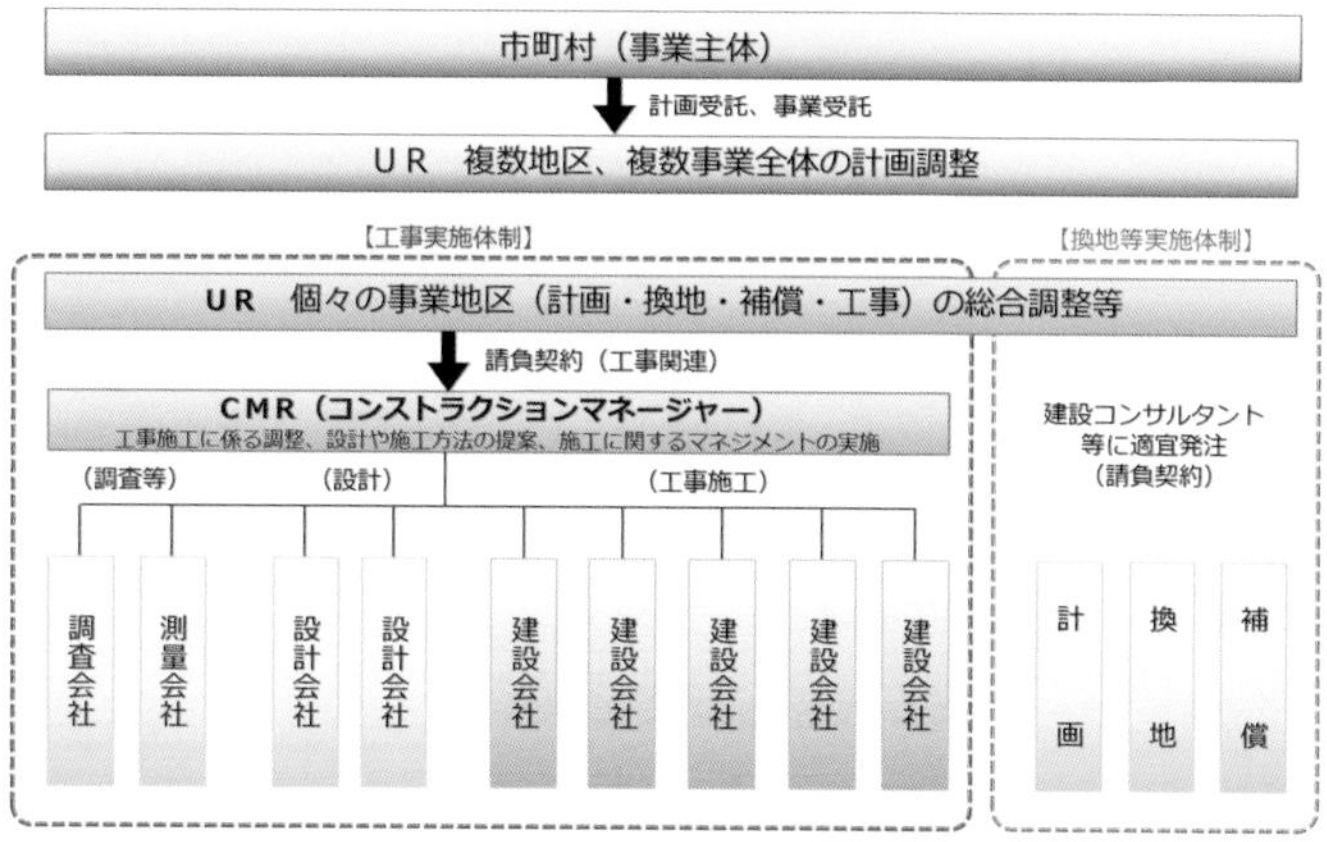

復興CM方式の実施体制図

導入の効果等　–宮城県女川町の例–

導入の効果等　–宮城県女川町の例–

CM方式が導入された女川町の復興

■ 事業概要

復興CM方式は、東日本大震災で被災した12市町19 地区の「復興市街地整備事業」に導入された事業執行システムである。自治体（事業主体）、都市再生機構（UR、発注者）、コンストラクションマネージャー（CMR＝受注者）の三者による事業実施体制の下、自治体から事業委託を受けたURと、CMRの間で契約されたコストプラスフィー契約やオープンブック方式など6つの活用ツールを導入した。

東日本大震災の被災地域は、大規模な公共工事の発注経験の少ない小規模な自治体も多くあった。そうした自治体が、復興市街地整備事業を早期に着手し、短時間で実施するために必要な事業実施体制の構築が大きな課題であった。復興CM方式の導入によって、発注者側のマンパワー・ノウハウの不足や人材・資機材の調達の困難さ等の課題、国費による大規模公共事業の使途に対する透明性や公平性の確保、国民に対する説明責任に対応することで、URやCMRのノウハウが発揮され迅速な復興事業に貢献した。

■ 講評

復興CM方式は、URが、被災市町から委託を受けた上で、CMRと基本協定に基づく請負契約等を締結するもので、国内の公共事業では活用されていない「マネジメントの活用」、「コストプラスフィー契約・オープンブック方式」、「リスク管理費」等の新たな仕組みを導入したものである。 この方式により、被災市町の圧倒的な職員不足、極めて大規模な土木工事、整備計画変更の可能性等の課題に対して、URのノウハウやCMRが保有する民間技術力を最大限活用し、発注者のマンパワーの補完、透明性・公平性の確保等を図りつつ、早期復興の実現に大きく貢献したことが、高く評価される。

今後の大災害への対応のみならず、通常の公共工事における新たな入札契約方式としても将来的な可能性がある。この際、スケジュールやコストの制約などの中で、地域特性や実際に居住する地域住民等の意向に、より対応できる仕組みとなっていくことを期待したい。

3.11伝承ロード

震災伝承ネットワーク協議会
一般財団法人3.11伝承ロード推進機構

分類：災害と復興の伝承・復興ツーリズム
登録件数：317件（2023年1月31日現在）
設立：2019年（3.11伝承ロード推進機構）

■ 事業概要

東日本大震災の被災地に設置されている震災遺構や伝承施設を「3.11 伝承ロード」として結ぶ取り組みである。

東日本大震災の被災地には、被災の実情や教訓を学ぶための遺構や展示施設が数多くある。それらの施設を「震災伝承施設」として登録、ネットワーク化し、施設やネットワークを基盤として、防災や減災、津波などに関する「学び」や「備え」に関する様々な取り組みに活用することで、防災に対する知識や意識の工場、国内外の多くの人々の交流促進、地域社会の活性化を図っている。

震災伝承施設は、震災後に整備された展示施設や復興祈念公園のほか、災害遺構や石碑などから様々なものを含み、2023年1月31日時点で、合計317件の施設が登録されており（青森県11件、岩手県126件、宮城県137件、福島県43件）、登録された震災伝承施設には、共通のピクトグラムが設置されている。

3.11伝承ロードをめぐりながら、学び・備えることを目的とした「3.11伝承ロード研修会」や映像アーカイブ等の事業も行われている。

■ 講評

広域に及んだ東日本大震災から何をどのように学ぶべきか。地域の復興の過程で、被災の実情や貴重な教訓の風化を押しとどめ、しっかり伝えていくための施設が多く整備されるなか、複数の県にまたがる広大なエリアに点在する様々な災害遺構と情報をツーリズムとして結びつけ、地域交流の効果も狙った本取り組みは、従前の災害遺構の保全を超える新たな取り組みといっていいだろう。伝承施設情報を分類整理するとともに、案内マップや標識を設置しネットワーク型の地域資源として保全を図る取り組みは卓越している。

研修会の様子

研修会でのディスカッション

左：震災伝承施設のたろう観光ホテル（岩手県宮古市）
右：伝承施設の登録証（いのちをつなぐ未来館：岩手県釜石市）

宮古市の復興まちづくり計画

岩手県宮古市

分類：復興まちづくり計画
地区数：33地区（検討会立ち上げ型10地区、全体協議型23地区）
計画策定：2012年3月（宮古市東日本大震災地区復興まちづくり計画）

■ 事業概要

岩手県宮古市では、復興まちづくりの推進のためには、住民の合意形成が重要であり、計画の策定に住民自ら参画することが最も効果的であると考えた。

そこで、2011年10月頃からの各地区における復興まちづくり計画の策定にあたり、主に被災戸数100戸未満で想定される復興パターンが一つである23地区では、地区住民との意見交換会や個別意向確認を行う「全体協議型」によって検討を進めた。一方で、被災戸数が100戸以上、想定される復興パターンが複数ある10地区（田老地区や鍬ヶ崎地区等）では、地区住民が計画を取りまとめ、市長に対して提言する「検討会立ち上げ型」で検討を行った。

検討会立ち上げ型では、検討会開催のたびに「復興まちづくり便り」を発行して全市配布し、意見募集をすることで、次回の検討会に反映するというプロセスが取られた。

また時間の経過とともに変化する被災者の意向に対応するため、復興基本計画の検討、地区別の計画の検討、事業化等の各段階でアンケートや面談によって意向確認を行い、防災集団移転促進事業の空き区画の発生を最小限に抑制した。

■ 講評

宮古の復興まちづくり計画は、被災した各地区の住民を構成メンバーとする検討会やまちづくりの会からスタートしており、丁寧な対話を繰り返しながら復興計画がつくられている。なかでも田老地区では、被災前のコミュニティに配慮しながら、乙部移転団地などへの住居の高台等への移転を進め、倒壊した防潮堤の復旧と道路インフラなどを組み合わせることで避難場所への安全な避難路を確保しながらも、漁業の再生と併せて重層的で安全な市街地の再生を果たした計画プロセスと都市像の実現が優れている。

復興まちづくり計画の検討地区

宮古市での検討会の様子

釜石市東部地区復興公営住宅（天神町・大町1号・大町3号・只越1号）

株式会社千葉学建築計画事務所、大和ハウス工業株式会社 岩手支店
岩手県釜石市、東北大学大学院工学研究科小野田泰明研究室

分類：都市型災害公営住宅　竣工：2016年～2017年
敷地面積：8552.18㎡（天神町）、2,053.48㎡（大町1）、702.74㎡（大町3）、1251.24㎡（只越1）
延床面積：3589.07㎡（天神町）、4,292.03㎡（大町1）、2917.26㎡（大町3）、2,994.01㎡（只越1）
構造規模・住戸数：鉄骨造地上5階・52戸（天神町）、鉄骨造地上6階・44戸（大町1）、RC造地上7階・34戸（大町3）、RC造地上6階・33戸（只越1）
アクセス：天神団地…釜石駅から徒歩20分、バスの場合天神町バス停又は釜石市役所バス停下車
大町・只越…釜石駅か徒歩15分、バスの場合釜石中央バス停下車

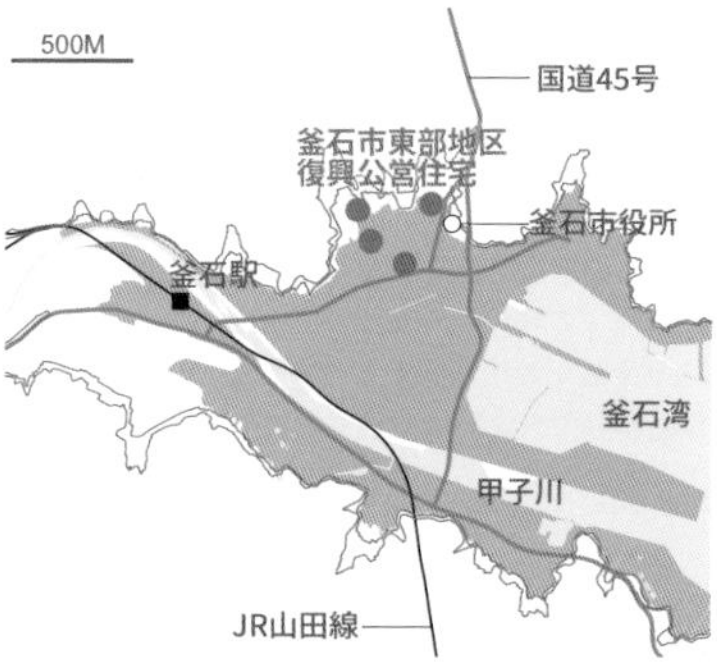

天神町復興住宅：全景（左）、上下階での視線の交差を誘発する（右上）、リビングアクセスの平面計画（右下 写真：繁田諭）

■ 事業概要

釜石市中心部市街地に埋め込まれるように配置・計画された災害公営住宅。被災地における多様なコミュニティに応えるため、共用廊下・ベランダの位置を上下階で反転させることにより、上下階での視線のやり取りに配慮するとともに、見守りを促すリビングアクセス型の間取りの導入している。また、街からの山への避難動線が確保されるように住戸を配置している他、市の花「はまゆり」の色から作成された外壁のカラーチャートなどの試みも行われている。

建設価格の高騰等の困難な状況に対し、「建物提案型復興公営住宅買取事業」が採用された事業であり、構造形式や素材等に制約がある中で、ハウスメーカーと建築家が協働したプロジェクトという点でも特色がある。

■ 講評

復興の現場においては、施工等も含めて、できるだけ早く、そしてコスト内に収めるといった制約を満たさないと復興の支援にはならない。その中で、設計者と施工チームが一丸となり、設計と施工ができる民間の共同企業体を作って応募・提案したものである。こうしたプロジェクトのプロセス・造り方そのものが、素晴らしかった。

また、地域と災害公営住宅が分断されることなく、公営住宅に連続的な抜けを設け、町から見え隠れするように繋がっている。さらに、多様な空間が公営住宅の中に計画されている。居住者には高齢者の方々も多いが、ちょっとした農地、視線の交差といった工夫も含め、コミュニティとの多様な繋がりを生み出しうる模範となるような住宅デザインだった。

釜石・平田地区コミュニティケア型仮設住宅の計画

岩手県、岩手県釜石市、岩手県立大学社会福祉学部狩野研究室、東京大学高齢社会総合研究機構、東京大学大学院建築学専攻建築計画研究室、東京大学大学院都市工学専攻都市計画研究室

分類：建設型応急仮設住宅団地の計画　敷地面積：約40,000㎡
住戸数：240戸（一般ゾーン170戸／ケアゾーン70戸）
共用施設：サポートセンター、仮設店舗2棟、談話室、バスロータリー
供用開始：2011年8月（2020年3月閉鎖）
アクセス：平田駅から徒歩25分、釜石駅から車で12分

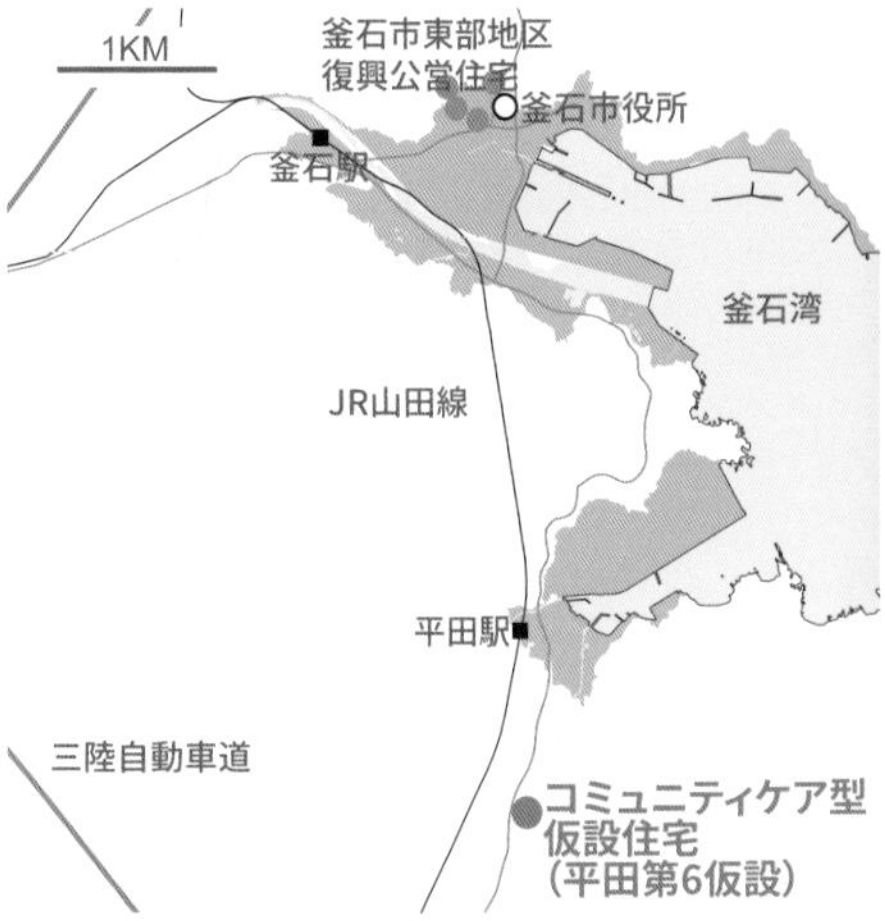

■ 事業概要

コミュニティケア型仮設住宅は、自治体と東京大学・岩手県立大学が連携し、岩手県釜石市平田地区において整備された「仮設住宅地内に住機能以外の医・食／職の機能を取り込んだ建設型仮設住宅団地」である。

釜石市を含む三陸地方は震災以前より高齢化率も高く、過去の災害で問題となった「孤独死」が強く懸念された。また、当仮設住宅は市中心部から車で15分程度離れた総合公園のサッカーグラウンドに計画されたため、生活の不便が予想された。そこで、災害後の仮暮らしの期間、高齢者をはじめとして、子育て層なども含めた居住者が孤立することなく、ともに助け合いながら生活し、最低限の医療・介護サービスが提供されることを目指して、コミュニティケア型仮設住宅が計画された。

仮設住宅団地内には、一般ゾーンとケアゾーンに分けられ、ケアゾーン内には、高齢者ケアの場となるサポートセンターや診療所（＝「医」の領域）、被災した地元の商店やスーパー、事業所（＝「食／職」の領域）が建設された。また、高齢者同士が見守る・見守られる関係を構築できるように、向かい合った住棟配置とし、バリアフリーにも配慮し、各施設や住宅をデッキと屋根からなる縁側のような空間で繋いだ。

商業者、医療・福祉事業者、住民自治会、行政からなるまちづくり協議会が立ち上げられ、生活困窮者のサポートや居住者の共助活動を継続的に展開されている。

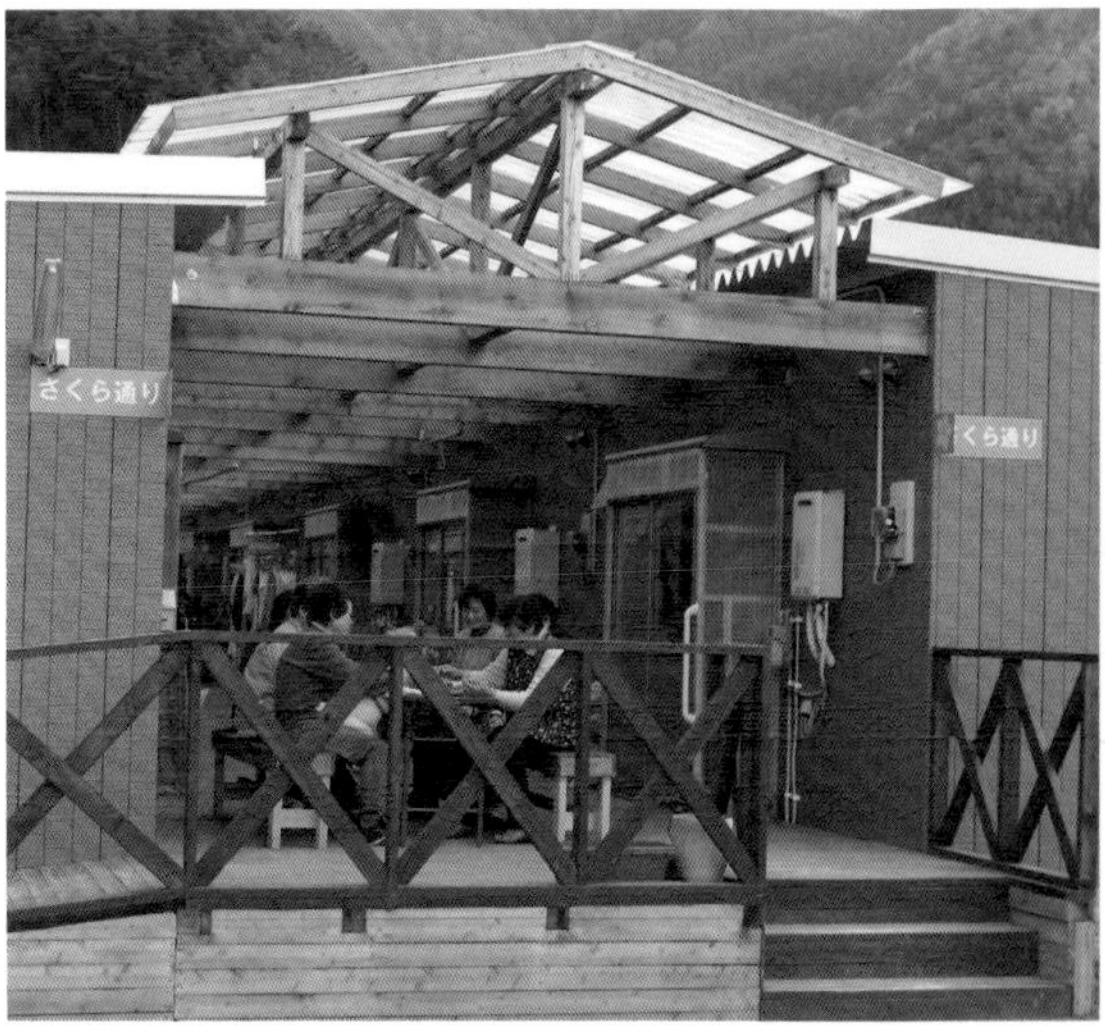

ケアゾーンのデッキ空間

■ 講評

仮設住宅は復旧・復興期の仮住まいを支える重要な役割を果たすが、高齢者を始めとする居住者の生活利便や孤立の問題が指摘されてきた。コミュニティケア型仮設住宅は、高齢者や子育て層の震災後ケアに着目して、被災者が安心して生活できる医療・福祉的な社会空間の形成を目指し、空間の計画・デザインが行われた。

例えば、ケアゾーンでは自然と見守る・見守られる関係構築を促すように、ウッドデッキを設え、クリニック付のサポートセンターを配置している。また、商店街やバス乗り場をバリアフリーに配慮しつつ、ネットワーク化させ、向かい合わせの住棟配置とすることで、近所付き合いの促進とその持続を図っている。

このように、本取り組みはこれまでの仮設住宅の概念を深度化し、デザイン的にも優れており、今後にも大いに参照されるべき事例である。

釜石市立唐丹小学校・釜石市立唐丹中学校・釜石市唐丹児童館

有限会社乾久美子建築設計事務所、株式会社東京建設コンサルタント

分類：教育施設の再建
規模：敷地面積20,309.92㎡／建築面積4,362.30㎡／延床面積6180.00㎡
構造：棟1 地上2階 木造＋RD ／棟2 地下1階 地上2階 木造＋RC造／棟3・4 地上2階 木造／棟5 地上2階 木造＋RC造／体育館棟 地下1階 地上1階 鉄骨造＋RC造、一部木造／プール棟 地上1階 RC造
竣工：2018年2月
アクセス：唐丹駅から徒歩15分、釜石駅から車で15分

■ 事業概要

本計画は、津波被害を免れた旧唐丹中学校の敷地内に被災した唐丹小学校と、中学校、児童館を集約し、連携しやすい教育環境を整備、また防災拠点として強化を図ることで、学校を主軸とした地域再生のシンボルとすることを目指したものである。

仮設校舎を避けるように裏山を造成し、スケールの異なる土木設計と建築設計を繊細にコーディネートし、急斜面であることを生かしながら、新しい学校の魅力を紡ぎだすことを意図して設計された。

土木と建築のすり合わせでは、高さの設定が最も重要視された。擁壁の高さを建築の階高に一致させ、高さの異なる地盤面に立つ校舎の1階と2階がブリッジ状の廊下でネットワークさせた。屋内は、素朴で安心感のある木造架構とし、複式学級として使いやすいように、廊下の一部を木柱で分節し、縁側のような雰囲気にして教室を拡張できるようにした。

計画地である釜石市唐丹町小白浜は、唐丹湾の美しさと生業が一体となった漁業集落である。集落のスケールに溶け込むように、擁壁の存在感をできるだけ小さくすること、集落の家々のカラースキーム調査の結果を校舎の屋根や壁に取り組むなどの工夫をした。

急斜面を生かし、土木と建築を融合した設計

■ 講評

本計画では、急斜面において土木の擁壁を建築側の階高とシンクロさせることで、両者を結びつけている。復興期の被災地でありながら、丁寧な作り込み、議論、作業がなされた結果として、地域の風景に溶け込むような建築となった。

被災直後に唐丹地区へ行き、瓦礫になった建築の跡を見たが、そのときの街の色が今も印象に残っている。その色や街の雰囲気が斜面地に、どこか勇気づけられるような形で再び出来上がった。土木と建築を組み合わせた取り組みということも含めて高く評価される。

校舎内の木造架構（写真：阿野太一）

土木の擁壁と建築の階高をシンクロさせた計画（写真：阿野太一）

校舎間をネットワークするブリッジ

花露辺地区復興計画

花露辺自治会、岩手県釜石市、独立行政法人都市再生機構

花露辺地区全景

■ 事業概要

花露辺地区は、岩手県釜石市唐丹町の半島部に位置する人口200名あまりの小規模な漁業集落で、集落の西側斜面には昭和三陸津波後に計画された復興地がある。岩手県内では珍しく、東日本大震災前は、防潮堤が設置されていなかった。

大震災によって低地部の家屋が被災したが、リアス海岸の限られた地形の中、地区が要望した「防潮堤のない集落再生」を、浸水区域内に防潮機能のある道路を整備することで実現した事例である。

花露辺地区は、自治会が独自に避難所運営をするなど元来より住民同士のつながり強い集落であった。地区住民は被災直後から避難所に集まり、集落の復興に向けた話し合いを行っていた。

漁業者の多い花露辺地区では、自宅から海の様子を確認することが望まれ、また、海岸付近に防潮堤を整備する場合、漁業の作業用地の確保が困難となった。花露辺地区の住民たちにとって、一日でも早い漁業の再開は、生活上優先すべき事項であり、主要産物であるワカメ加工の作業場を如何に確保するか、模索する事となった。

地区住民同士で、防潮堤を造らない方針を決め、行政と協議を行い、海岸付近から急激な高低差があるリアスの地形を生かし、浸水区域内に防潮機能を有する道路を整備するまちづくり計画を合意した。

漁業集落防災機能強化事業を活用し、嵩上げ道路・広場整備を行うとともに、移転跡地に水産関係用地を整備した。また水産関係用地には、漁業用共同漁具倉庫が整備された。

また、被災された方々の住まいの復興がスムーズに進むように、地区内の限られた高台の土地を災害公営住宅、防災集団移転促進事業用地とすることとし、用地確保のために、仮設住宅を地区内に整備しなかった。これにより災害公営住宅は海を望む高台に整備され、

分類：漁業集落の復興計画
基盤整備：漁業集落防災機能強化事業（道路・公園整備、漁具倉庫用地）（竣工：2016年度）
住宅整備：防災集団移転促進事業4戸、災害公営住宅13戸（竣工：2013年12月）
産業施設整備：共同漁具倉庫17区画

2013年12月という早期引き渡しが実現された。災害公営住宅には、かけ下げや外部物入れの設置、水場などが設置されており、漁業集落での暮らしに配慮した設計となっている。

これらの総合的な集落の復興計画は市と都市再生機構が2012年3月に協力協定を結び、推進したものである。

共同漁具倉庫（手前）と嵩上げ道路

嵩上げ道路上の広場

■ 講評

岩手県釜石市唐丹町の花露辺地区は東日本大震災によって約14.5mの津波に襲われ、元々あった約70世帯のうち25世帯の家屋が流失することとなった。こうした厳しい状況の中でも、漁業集落らしい地域コミュニティの結束を下敷きに、早期に復興計画を作成して、住民合意にいたり、漁業と住居の再建を実現している。

花露辺地区の計画の特徴は「防潮堤のない集落再生」と「漁業の早期再建」である。これを実現するために、集落奥の高台に低地部で被災された方向けの災害公営住宅を整備するとともに、防潮堤建造を選択することなく標高16m地点に道路を作り、その裏側（集落側）を盛土することで、斜面地形に馴染む漁業集落復興となった。

防潮機能の実現に大規模な防潮堤が選択される集落が多いなか、道路機能を生かした地域の新たな構成は、従前の復興計画とは一線を画する漁業集落復興と言え、示唆に富んだ計画である。

災害公営住宅と内部に整備された集会場（下段）

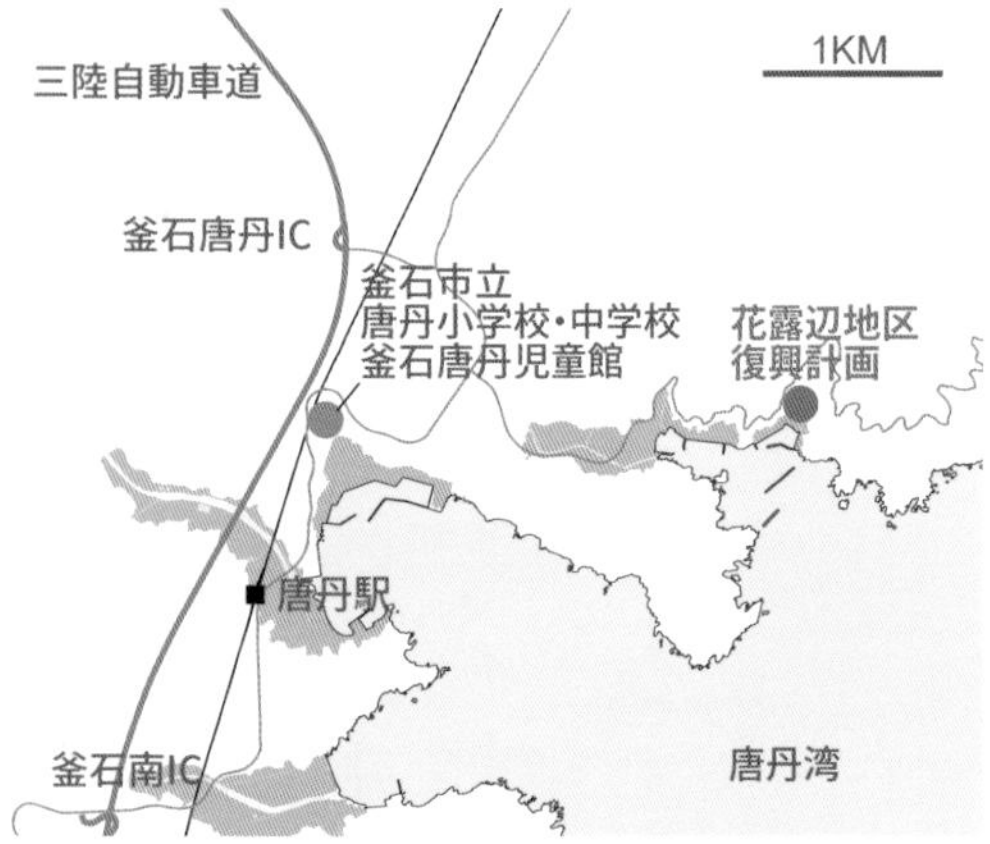

アクセス：釜石駅から車で20分、釜石唐丹ICから5分、釜石南ICから10分

災害公営住宅：外流し（左）、海を望むことができる（右）

大船渡　チリ地震津波後の都市計画変更

大船渡湾は湾口が狭い上に湾口から湾奥までの距離は約7kmに達す天然の良港である。戦前より工業都市としての基盤を整備し、戦後には盛川右岸には工場受け入れ地が整備されたことで、意図せずして結果的に、低地部を工業利用する減災的土地利用にいたっていた。

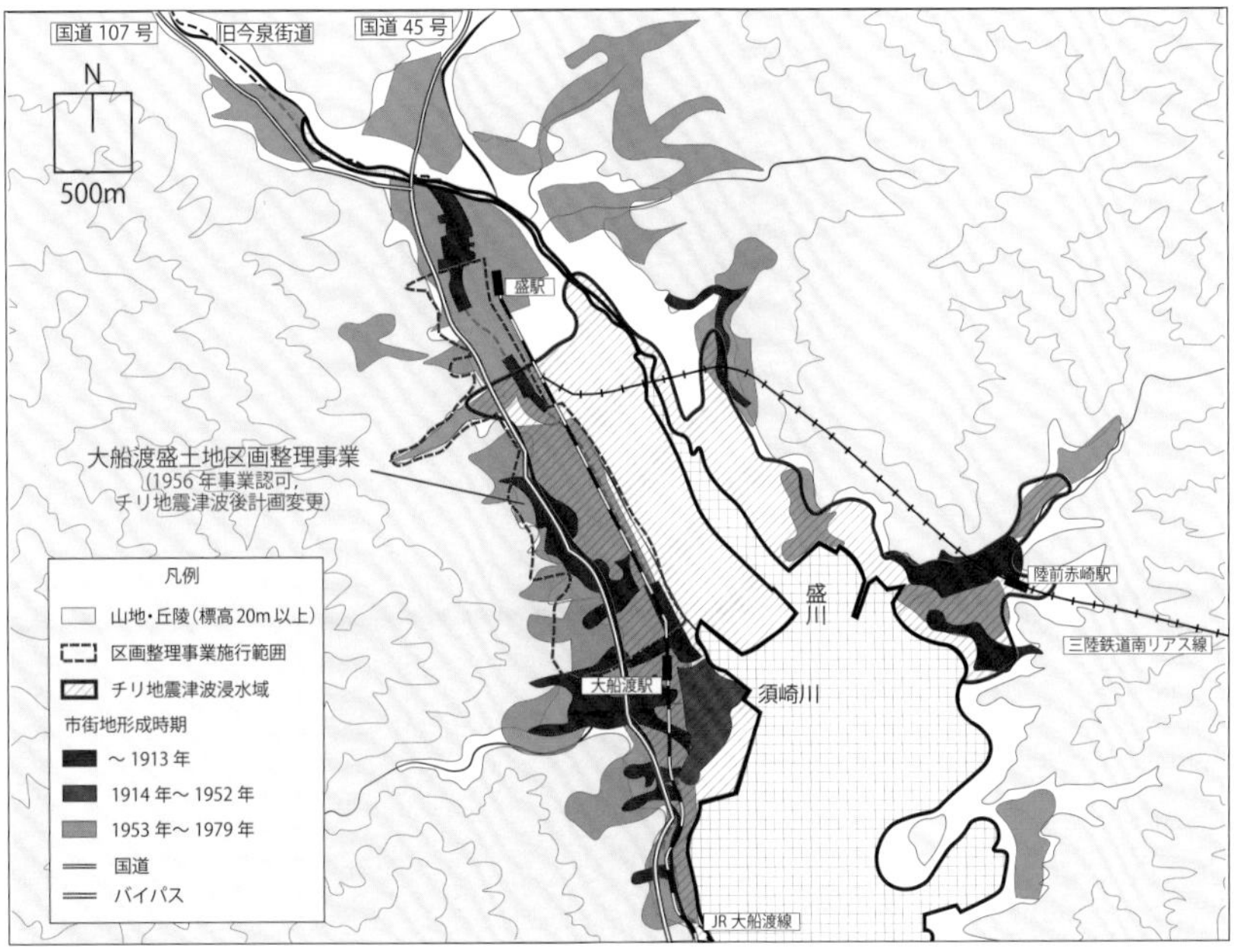

1960年のチリ地震津波では、深入した大船渡湾で三陸沿岸で最も甚大な被害を受けた。この被害を受け、大船渡市は湾口防波堤建設と防災都市建設計画の策定を行った（次頁）。チリ地震津波前には災害リスクが認知されておらず、浸水域で事業認可されていた大船渡盛土地区画整理事業では、チリ地震津波の被害を受けて丘陵部道路の重要性が認識され、国道45号が内陸の低地を通らない線形に変更された。この付け替えは、その後の人口を高台へと誘導することに貢献した（次頁人口分布変化の図）。人口増加時代において市街地に激甚な被害を受けた大船渡市は、チリ地震津波を契機に既存の都市計画を変更し、減災的土地利用へと誘導したのである。

年表

1896.6.15 明治三陸津波　流出戸数 77

- **1922**　大船渡湾が内務省指定港湾に

1933.3.3 昭和三陸津波　流出戸数 53　津波高 T.P.+3.3m※

- **1935**　大船渡線開通　大船渡駅（1934）・盛駅開業
- **1936**　-7.3m岸壁完成
- **1937**　東北セメント工場操業
- **1943**　大船渡町大火で129戸全焼
- **1944**　土地区画整理事業　事業認可（旧都市計画法13条、火災復興）
- **1951**　国土総合開発法による特定地域の指定を受ける
- **1954**　盛川右岸の水田地帯を用地買収し、工場受け入れ地約68万平方メートル造成
- **1959**　大船渡港、重要港湾指定

▶ 工業都市基盤の整備

※大船渡市茶屋前

断面の変遷

大正初期の集落配置

盛町（今泉街道沿い）：商業・行政の中心

大船渡村　漁村

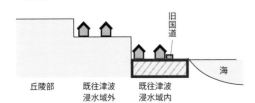

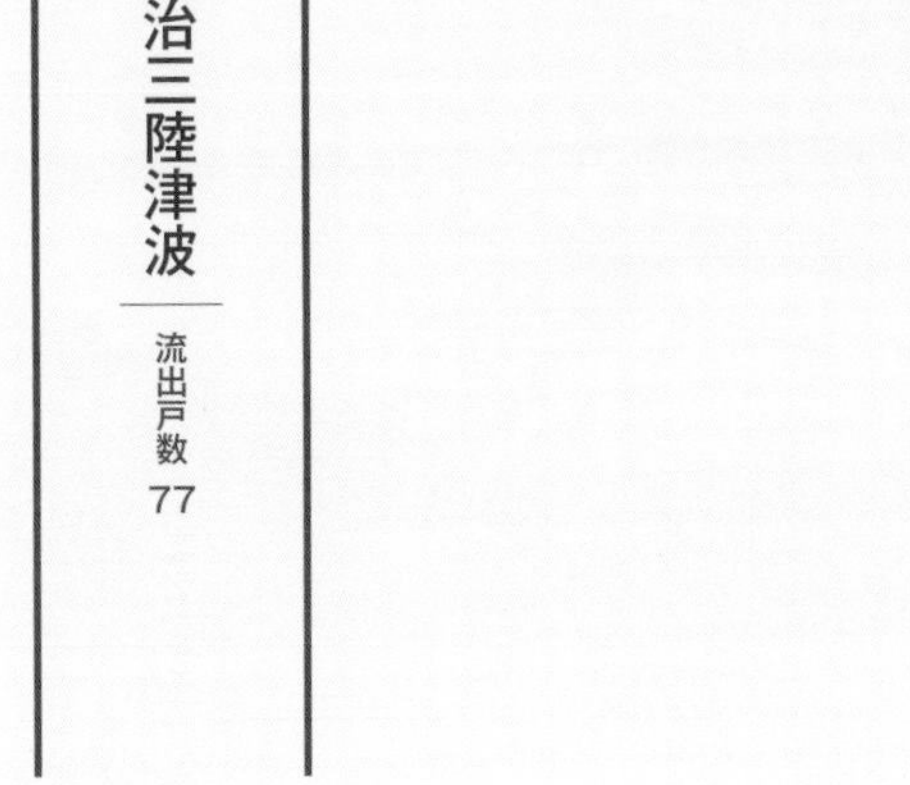

1950年代

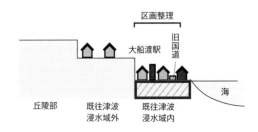

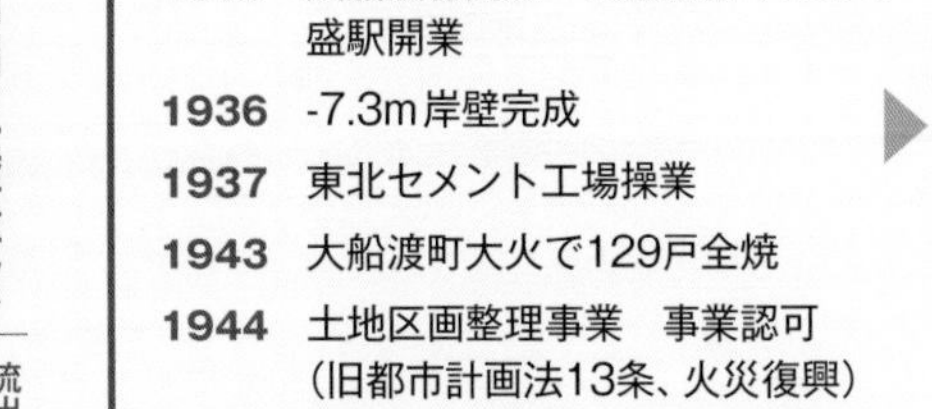

チリ地震津波後の復興計画

防災都市建設計画　　岩手県（1960），大船渡災害誌

「大船渡市をあらゆる災害から防備し、都市防災の目的を達成するためには既に策定を了してある新市建設計画を再検討し、その地域の問題点を把握するとともに、将来開発 発展する様相を適確に想定し、大船渡市及びその経済圏におけるその地域の立地環境を検討し、これに対応する諸施設の整備と防災施設とを関連的に調整して、チリ地震津波災害の復興と防災都市建設が、即、総合開発であるとの根本理念をもって計画を樹立し、その実現を期せんとするものである」

大船渡地区の建設計画

- 台町より笹崎に至る海岸線に側うて延長約1,592m高さ6.3mの防潮壁を築造
- 鉄道以西を住宅地区、以東を商業地区とする
- 鉄道以東の商業地区の主要地域に防火建築帯を設置
- 台町地区の高台に通ずる避難道路を開設する

東日本大震災後の復興計画

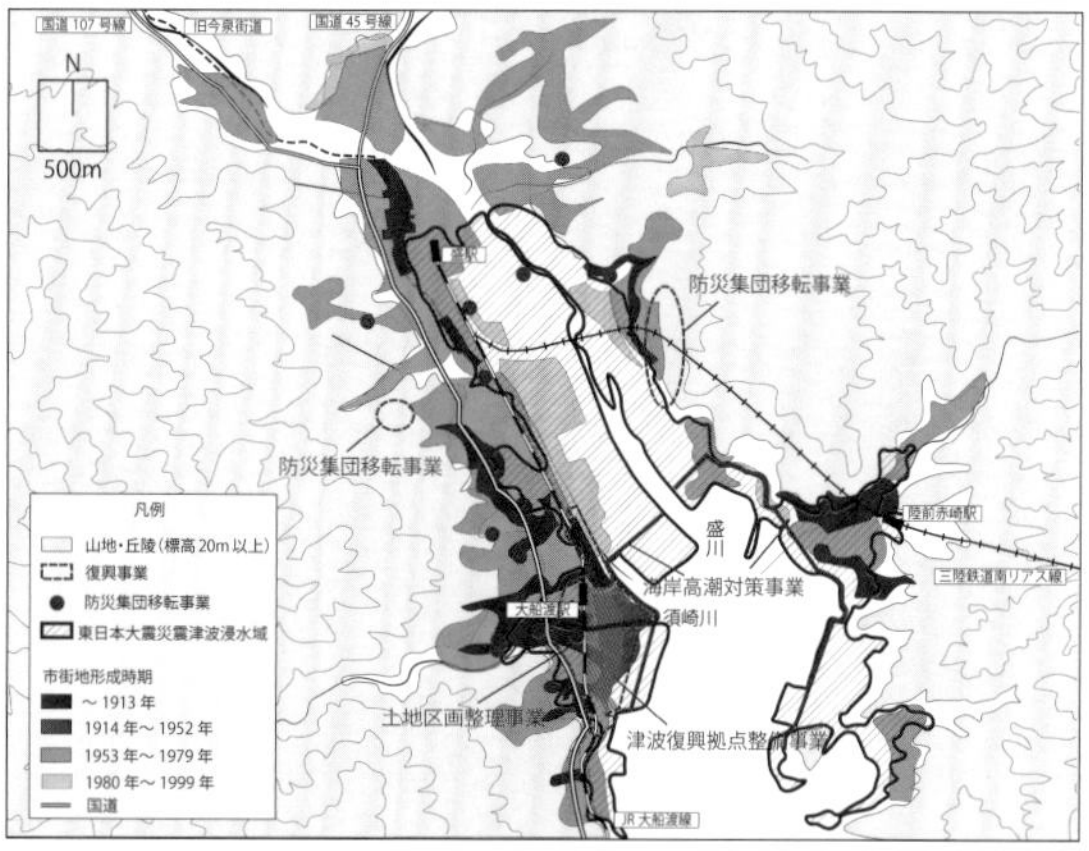

人口分布変化（1970年から2010年の増減）

チリ地震津波浸水域のメッシュにおいて人口が減少し、内陸の1-5番、丘陵部12、17、22番のメッシュで人口増加。

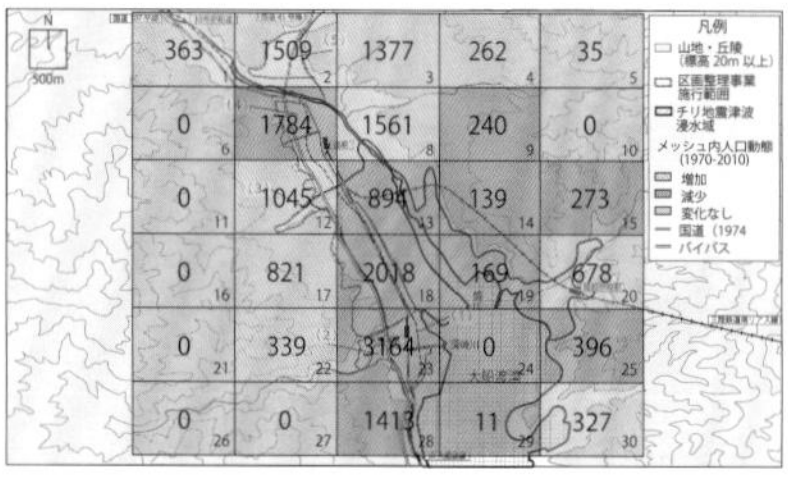

人口分布変化（2010年から2020年の増減）

多くのメッシュで人口が減少しているが、災害公営住宅や高台集団移転事業が行われた丘陵部3、8、12番メッシュで人口増加。

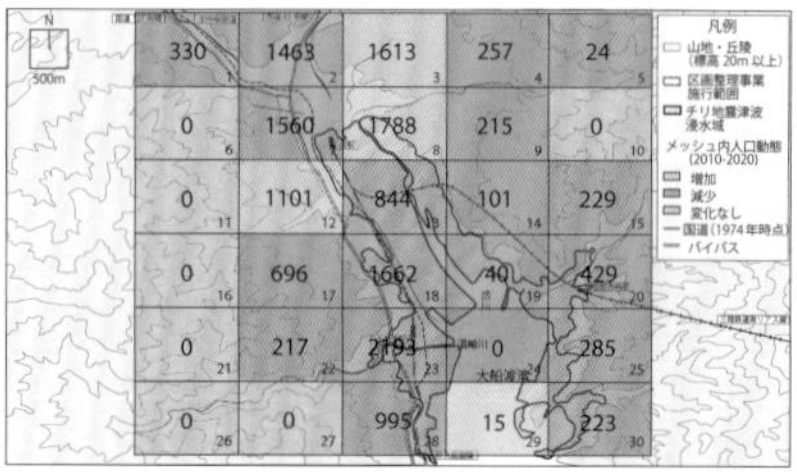

1960.5.23
チリ地震津波
流出戸数 218
津波高 T.P.+5.0m※

1962　低開発工業促進地域指定
港湾締切防波堤建設開始
防災都市建設計画

▶ 区画整理から漁港整備までを包含した総合的な防災計画。臨海12地区の将来像・土地利用計画立案。

1968　木材輸入特定港指定

50年代～70年代　7地区で土地区画整理事業　事業認可・換地処分
国道45号の高台への付け替え

1984　三陸鉄道南リアス線が全通（盛-釜石）

80年代～90年代　土地区画整理事業認可・換地処分（組合施工）

※大船渡市茶屋前

2011.3.11
東日本大震災
用途地域浸水面積率
38%

1970年代

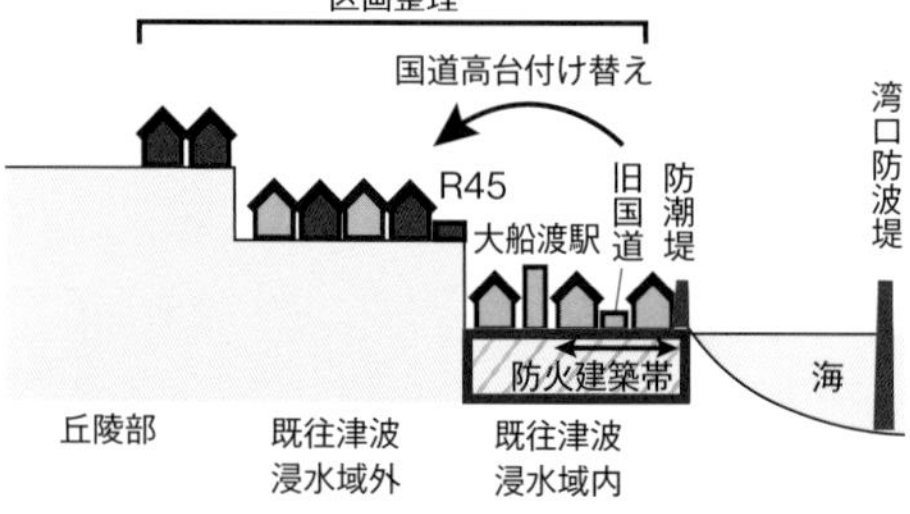

2020年

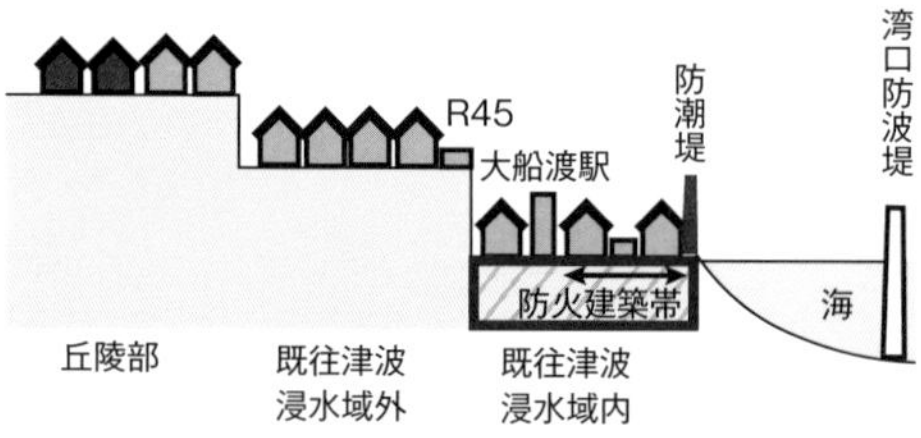

気仙沼　漁業と密接した市街地

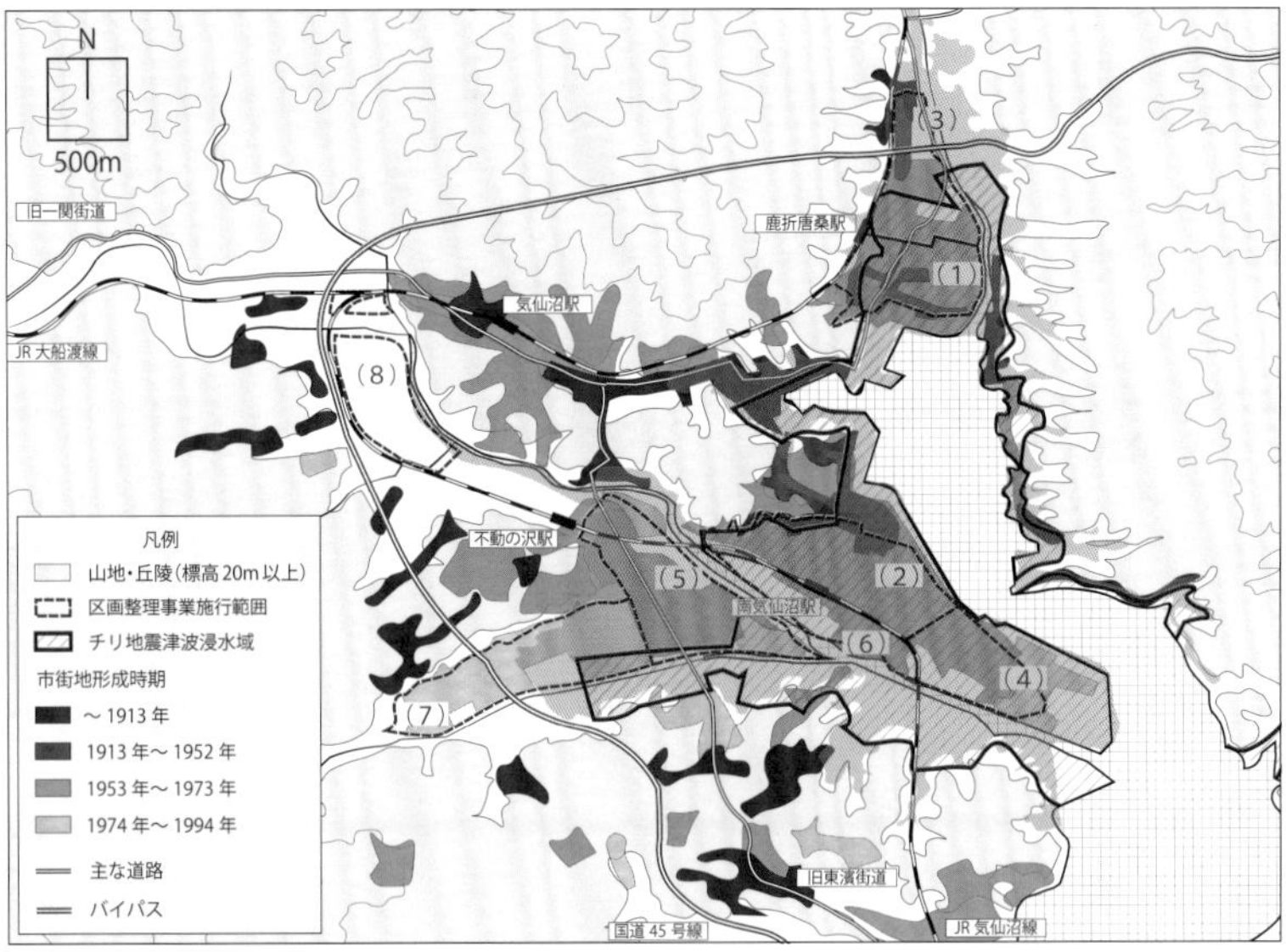

1913年時点では、古町から八日町、魚町にかけて東西に伸びる建物密集地が気仙沼湾の湾奥に見られ、生業上海との関係が密接であったため、歴史を通して中心市街地は海に近接して形成されてきた。気仙沼町は明治三陸津波と昭和三陸津波でほとんど被害を受けていない。一方、気仙沼湾特有の強い北西風は気仙沼の町に度々大火をもたらし、特に1915年大火では1064戸が焼尽、1929年の大火では897戸が全焼するという甚大な被害を出している。1960年のチリ地震津波では気仙沼湾奥で3.7mの津波を観測した。これを受け、気仙沼湾ではチリ地震津波を基準としてT.P.+2.8m ～ 4.5mの防潮堤が整備されたが、中心市街地の面する湾奥部では防潮堤は建設されなかった。図に示した区画整理事業はチリ地震津波前後に事業認可されている（1951 ～ 1967）は、いずれもチリ地震津波の浸水域をその施行範囲に含んでいる。1929年に開業している気仙沼駅、1992年に完成した気仙沼バイパスは共に既往津波浸水域外の内陸部に設置され、交通インフラによって誘導された市街地の拡大は危険地帯の外で生じることとなった。

年表

1896. 6.15	**明治三陸津波** 流出戸数10
1915	大火
1929	大火 →鹿桑地区への工場・住宅転入増加 大船渡線気仙沼駅開業
1929	気仙沼港が内務省指定港に編入 →百トン以上の船舶が入港可能に
1933. 3.3	**昭和三陸津波** 流出戸数6、津波高T.P.+3.8m
1955	気仙町、鹿折町、松岩村が合併し 気仙沼市に
1956	内ノ脇に近代的新魚市場が竣工
1957	国鉄気仙沼線気仙沼～本吉間開業
1960. 5.23	**チリ地震津波** 流出戸数32、津波高T.P.+3.7m
1960	南気仙沼駅、不動の沢駅開業
1964	大川デルタの先端部で 商港建設に着手
1977	気仙沼線全通
1978	開港指定を受け国際貿易港に
1984 ～ 1992	気仙沼バイパスが順次開通
2006	唐桑町と合併
2009	本吉町を編入
2011. 3.11	**東日本大震災** 用途地域浸水面積率 86%

人口分布変化（1970年から2010年の増減）

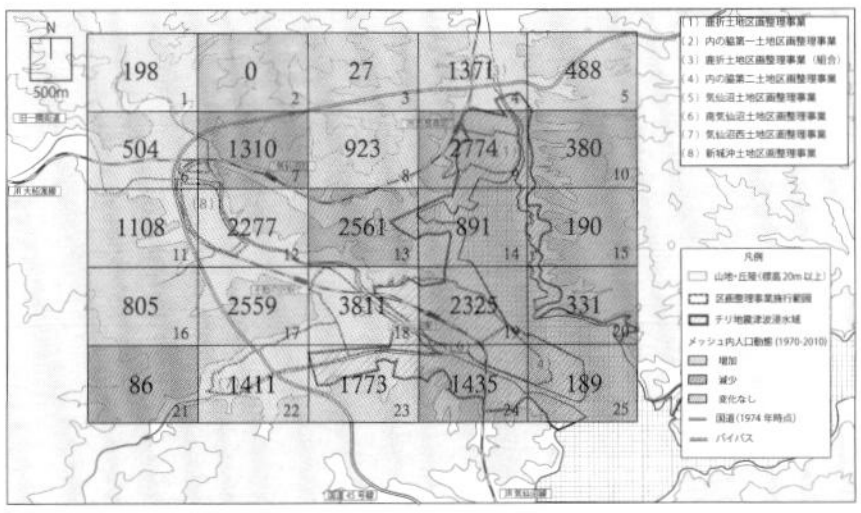

人口分布変化（2010年から2020年の増減）

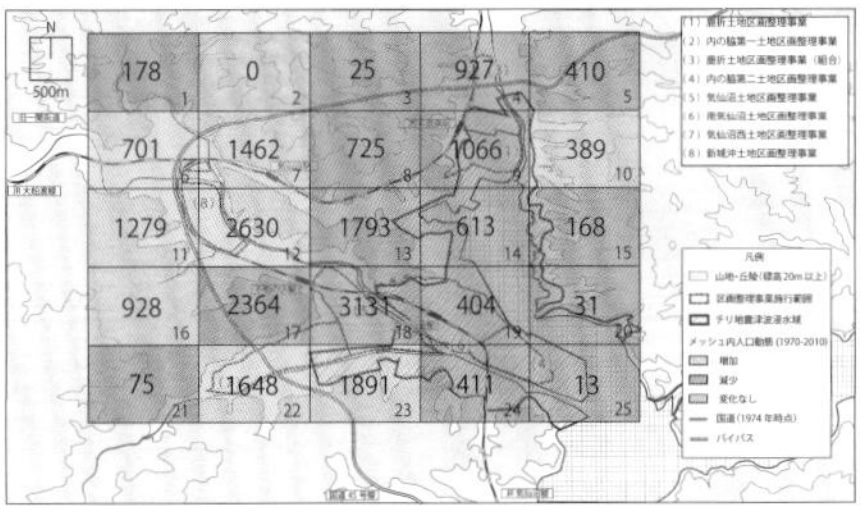

1970年には旧市街地にあたる13番と14番のメッシュ、土地区画整理事業が行われた9番、19番メッシュに人口が集中していたが、2010年ではこれらの地区の人口が減少し、内陸部の人口増加が見られる。東日本大震災後も同じ傾向が継続している。

断面の変遷

大正初期の集落配置
＋1950年代の変化

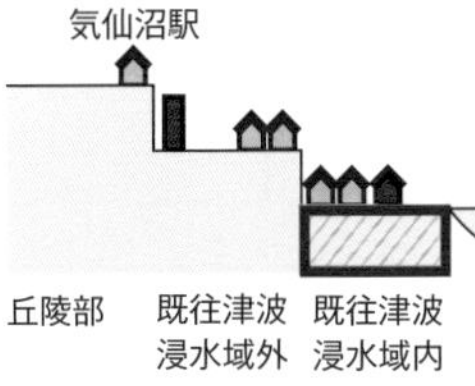

1970年代

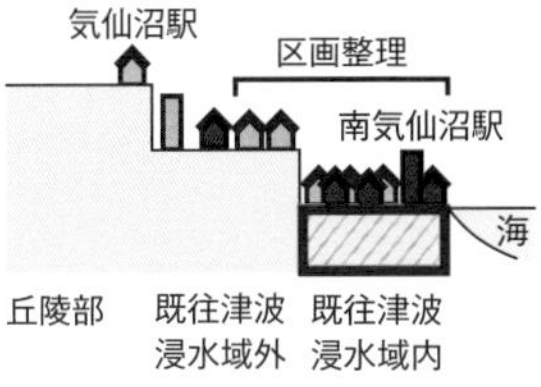

2000年代

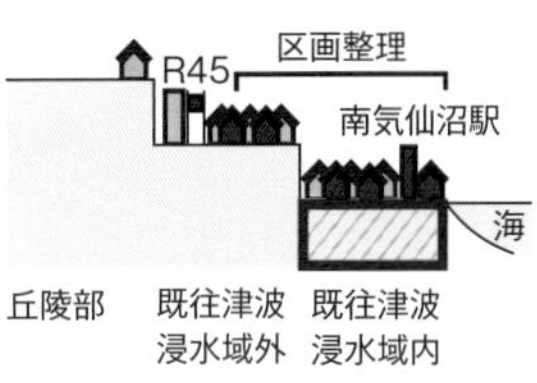

2020年

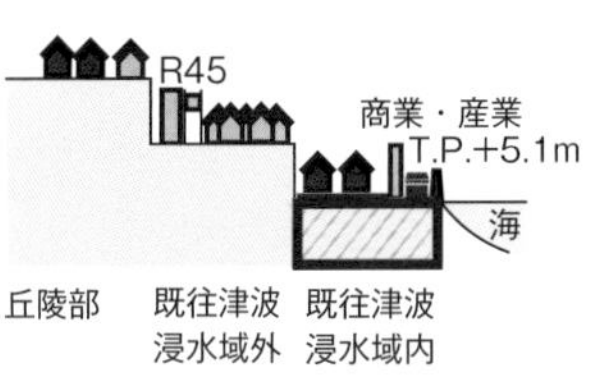

気仙沼復興橋梁群

大日本コンサルタント株式会社、株式会社長大、
国土交通省東北地方整備局仙台河川国道事務所、宮城県気仙沼土木事務所

分類：橋梁の設計

気仙沼大島大橋（気仙沼市三ノ浜～磯草地内）
供用開始：2019年4月
構造形式：鋼中路式アーチ橋
橋長：356.000m、アーチ支間長：297m
支間長：24.7m+40.5m+224.0m+40.5m+24.7m
アーチライズ：54.0m、幅員：9.5m
アクセス：気仙沼駅から車で15分
浦島大橋ICから5分

気仙沼湾横断橋（気仙沼市小々汐地区～朝日地区）
供用開始：2021年3月
橋梁形式：鋼３径間＋６径間 連続箱桁橋（陸上部）＋鋼３径間連続斜張橋（海上部）
橋長：1,344m（陸上部664m＋海上部680m）
斜張橋支間長：360m、斜張橋主塔：高さ100m
斜張橋支間：160m+360m+160m
アクセス：浦島大島IC・気仙沼港ICすぐ

気仙沼市復興祈念公園付近から両橋を望む、手前が気仙沼湾横断橋（左）、気仙沼大島大橋（右上）、気仙沼湾横断橋（右下）

■ 事業概要

気仙沼大島大橋は、宮城県気仙沼市の離島・大島と本土を結ぶ、橋長356mの鋼中路式アーチ橋である。大橋の整備前は大島と本土を結ぶ交通機関はフェリーだけであったが、大橋が完成することで、大島の住民を中心に日常生活における利便性の向上や救急医療などの安全・安心の確保、観光振興や地域間交流の促進が期待されている。

一方、気仙沼湾横断橋は、三陸自動車道のうち「気仙沼道路」（気仙沼中央IC ～唐桑南IC）の主要区間で、大川と気仙沼湾を横断する橋長1,344mの橋梁である。約半分（680m）の区間が東北地方最大の斜張橋となり、復興のシンボルとしても期待されている。

■ 講評

気仙沼大島大橋は、東日本大震災で長期孤立を余儀なくされた大島と気仙沼を結ぶ橋である。瀬戸の水深が深いことから、杭・橋脚を設けない鋼中路アーチ橋が選定された。維持管理しやすい内空構造を採用し、緊急輸送路としての機能も着実に実現している。

気仙沼湾横断橋は、東北復興において三陸の不便を解消するために計画された三陸自動車道の要と言える橋梁であり、気仙沼湾を南北に結び、100 mの塔から路面中央部で桁を支える一面吊りの斜張橋である。2面吊り斜張橋に比べてケーブル本数を少なくすることで格段に管理しやすく、又さまざまな災害想定を繰り返し破壊や侵食のメカニズムに基づいて丁寧な設計が行われた。力学的に素直に設計された主塔の逆Y字も美しく、ウェブの設えによって桁がよりすっきりと下からも見えるなど、意匠面での工夫も際立っている。

気仙沼市街のさまざまな場所から、両橋は時に重なり合い、見え隠れしつつ、さまざまな土地とつながりあう気仙沼の新たな都市的風景の象徴として定着しつつある。

気仙沼大谷海岸の再生

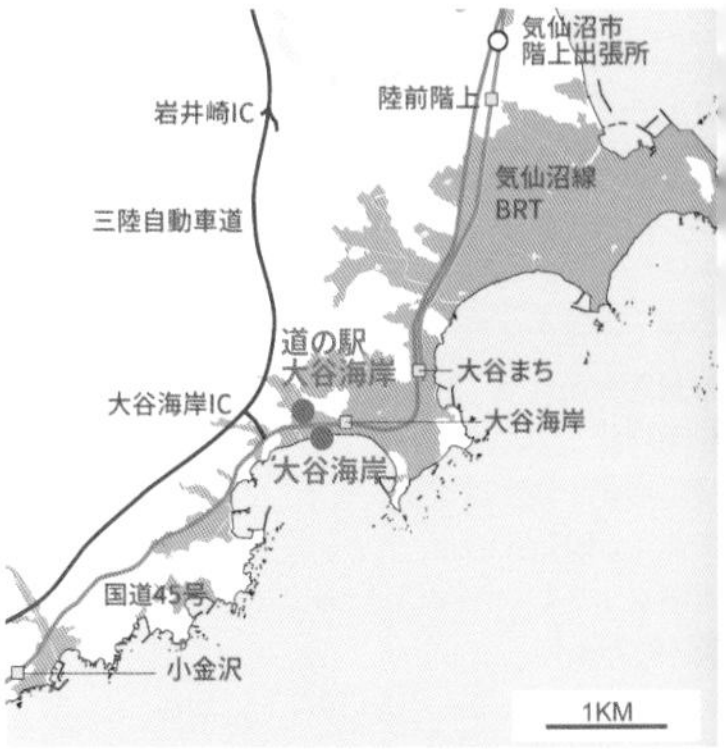

大谷地区振興会連絡協議会
大谷里海づくり検討委員会

分類：海岸の再生、防潮堤の建設
工期：2017年11月本格着工、2021年7月事業完了
防潮堤：高さT.P.+9.8m・延長L=677m、国道：嵩上げ延長L=980m
法覆護岸：復旧延長 L=115m・法覆護岸工A=1,060㎡、砂浜：再生した面積2.8ha
道の駅：2021年3月グランドオープン、海水浴場：2021年7月再開
アクセス：気仙沼線BRT 大谷海岸駅すぐ、気仙沼駅から車で20分、大谷海岸ICから車で3分

気仙沼大谷海岸の全景（左）、夏には多くの海水浴客で賑わう（右上）、堤防と嵩上げした国道・道の駅（右下）

■ 事業概要

気仙沼市大谷地区の象徴であり、環境省選定海水浴場百選に選定されるなど、海水浴場として多くの人で賑わった大谷海岸の砂浜は東日本大震災により大きく消失した。

2012年に砂浜のすべてを埋め立てる防潮堤建設計画が上がったが、市民と行政が協働して防潮堤のセットバックと、住民の求めた国道の嵩上げにより、震災前と同規模の砂浜を残す計画に変更した。これにより伝統のある砂浜海岸を震災前と同規模で残し、安全性と利便性にも優れ、自然と調和したまちづくりが実現した。

計画の見直しにあたっては、地域が署名活動を行い、「大谷里海づくり検討委員会」を始めとする市民を中心とする組織が専門家の協力を得ながら代替案を検討した。気仙沼市も住民の要望を積極的に支持し、時間をかけて市民の意見を反映させながら、自然と調和したまちづくりを推進している。

防潮堤のセットバックにあたっては、JR気仙沼線のBRT化等とも連動し、防潮堤の敷地が確保されている。また、砂浜には元の砂丘の砂を確保するなど施工等にも細かい配慮が施されている。

■ 講評

本計画は、地域の宝である砂浜を守りたい住民の想いが、自らのまちづくりを考え、気仙沼市の積極的な理解、支持が後押しとなり、国道管理者の決断、市による国道背後地のかさ上げ、計画との整合を考えた海岸管理者の所管替え、行政間の横の連携を図るための復興庁の支援、JR線のBRT化に伴う沿岸路線の土地の譲渡など、一見すると困難と思えるような課題の解決や震災によって変化した地域事情を的確に取り込むことなどで実現されており、プロセス面でも優れている。大規模災害からの復興では、一定の合理性を求めることが必要な場面も多い。本計画は、多くの解決すべき課題がある中でも地域の事情を踏まえて実現されたまちづくりの先例であり、政策的な意義も大きい。

気仙沼線／大船渡線BRT

東日本旅客鉄道

分類：公共交通の復旧・バス高速輸送システム
総延長距離：72.8km（気仙沼線）／43.7km（大船渡線）
停留所数：26（気仙沼線）／27（大船渡線）
運行開始：2012年8月20日（気仙沼線）／2013年3月2日（大船渡線）

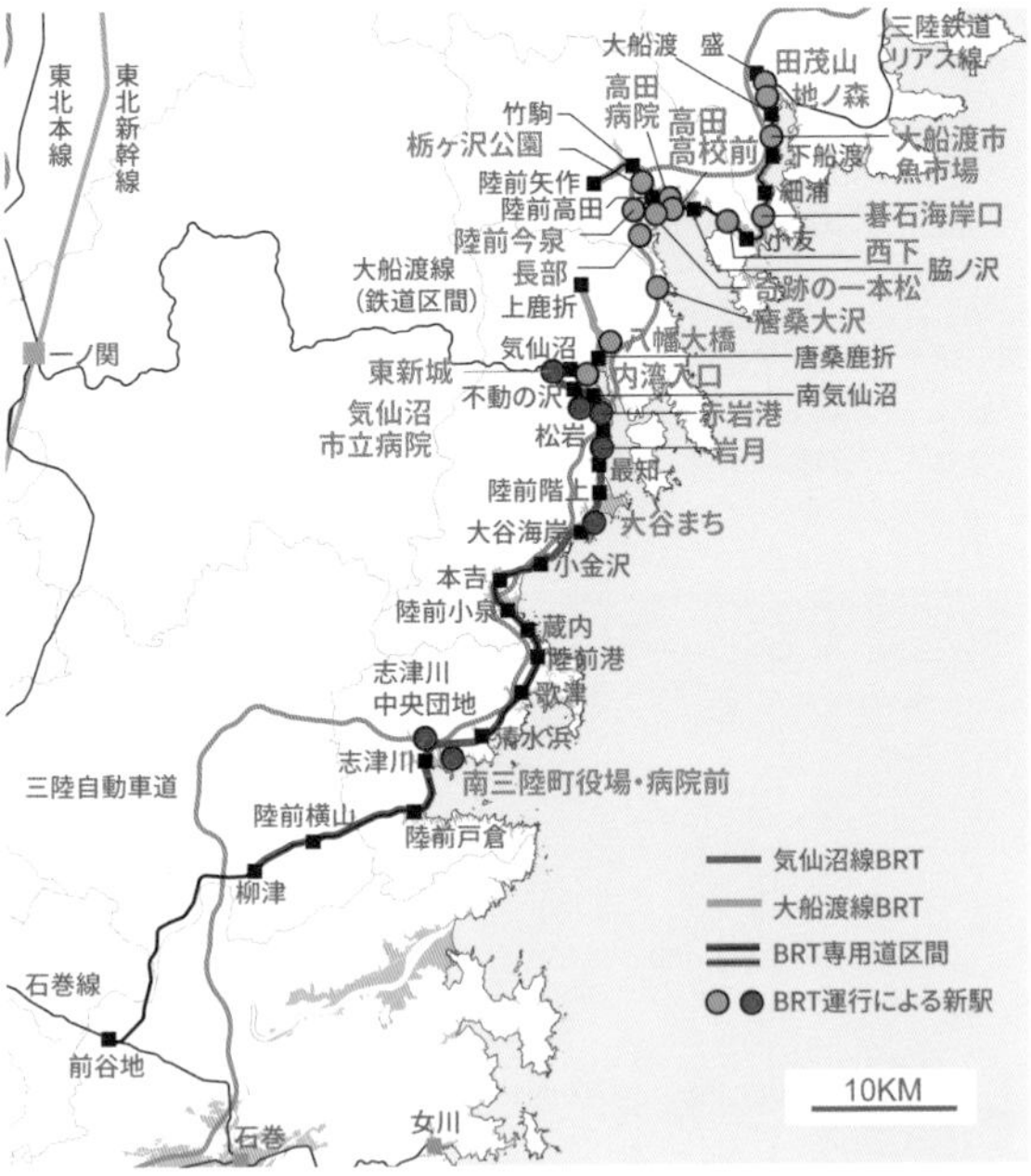

■ 事業概要

東日本大震災の津波で大きな被害を受けた気仙沼線柳津・気仙沼間（後に前谷地・柳津間延伸）、大船渡線気仙沼・盛間において、従来の鉄道をBRT（バス高速輸送システム）として運行再開したものである。

東日本大震災後、気仙沼線・大船渡線の鉄道復旧には多くの課題があり、相当の時間を要することが想定された。また、震災直後から振替輸送が実施されていたが、速達性や運行頻度などの点で課題があり、輸送サービスを向上させる必要があった。そこで、鉄道敷を活用した専用道と一般道の併用により早期の運行開始を実現した。

専用道を活用した速達性・定時性の確保や運行頻度を高めるなど、利便性の向上を図るとともに、まちづくりの各段階に合わせたルート設定、駅の増設等の柔軟な対応を行い、また、鉄道とBRTが同じホームに乗り入れるユニバーサルな新しい駅のカタチの実現、車いす対応のノンステップ型のハイブリッド新車両を導入するなど、地域の実情に合致した復興に貢献する持続可能な交通手段となっている。

専用道を走行中のBRT

■ 講評

災害後の交通網の復興は土地利用に大きな影響を与えるから地域にとっての最重要課題といっていいだろう。東日本大震災で甚大な被害を受けたJR東日本の気仙沼線柳津ー気仙沼／大船渡線気仙沼盛駅間の復旧復興協議が混迷を窮める中、仮復旧という暫定的なバス代行サービスによる地域復興の支援から、自動車事業許可に基づいて本格運行によるBRTが実現することとなった。鉄道敷を専用線に転換することで速達性と定時性を確保しつつ、柔軟なルート設定により復興状況などに応じたルートの変更や新駅の追加が行われたことは特筆に値する。今後の維持管理や自動走行の導入など、地域活用に向けた施策も注目されている。

BRT専用道整備の流れ

雄勝ローズファクトリーガーデン

一般社団法人雄勝花物語
千葉大学大学院園芸学研究院秋田典子研究室

分類：コミュニティガーデン、災害危険区域の利用
第一期メドウガーデン：約530坪、2012年完成
移転後：約2,000㎡、2018年3月完成
アクセス：三陸自動車道河南ICから車で30分

多くの住民やボランティアが参加し、ガーデンが完成した

ガーデンづくりの作業の風景

ガーデンの様子

■ 事業概要

“花と緑の力で” を合言葉に、被災住民が立ち上げた被災者の慰霊の場であり、被災者・支援者の交流の場である。災害危険区域に指定された中心部低平地の利活用のモデルケースとなっており、さらに、この活動が周辺の土地利用を促進している。

震災直後、慰霊の場として被災した低地部に住民が花を植え始めた。その後、千葉大学や他団体からの支援を受け、地元住民とボランティアにより、2012年に530坪ものメドウガーデンを完成させた。2014年3月には、一般社団法人雄勝花物語を設立し、被災者支援、雇用創出、防災教育、環境教育、ボランティアを含めた交流人口拡大のために、活動をしている。

2017年に復興道路建設により、移転を余儀なくされたが、地元住民や支援者が移転後の造成計画を話し合い、ボランティアとともにガーデンの移植作業を行った。石積みの伝統工法である穴太衆積みを採用し、伝統工法の研修を兼ね、1年かけて、石垣を構築した。

現在、石巻市と雄勝花物語は、雄勝町中心部の移転元地の利活用に向けて連携に取り組み始めた。石巻観光協会の支援の下、雄勝地区の環境保全と暮らしの再生業について協議し、2017年に千葉大学秋田典子研究室と雄勝花物語が連携し、低平地利活用案である「雄勝ガーデンパーク構想」を策定。まちづくり委員会WGで、構想の承認を得た。構想は、花と緑を中心としたランドスケープの中に、柔軟な土地利用と、緑に関わる新作業育成を目指している。

■ 講評

巨大津波により壊滅的な被害を受けたかつての雄勝町中心部において、被災住民が “花と緑の力で” を合言葉に、被災者の慰霊場、被災者・支援者の交流の場として作られた庭園であり、地域交流拠点である。震災直後から慰霊のために花が植えられ始め、途中、移転を余儀なくされたが、年間1,000人のボランティアとともに移植が行われ、生き生きとした庭園として整備・運用が続けられている。現在に至るまで、癒し・交流の場にとどまらず、被災者と故郷をつなぐ拠点、人と人の心のつながりを生む拠点として重要な役割を果たしてきた。また、この活動は、「雄勝ガーデンパーク構想」に発展するなど、まちづくりならびに政策上の展開も認められる。この取り組みは災害危険区域に指定された低平地の土地利活用に大きな示唆を与える重要な取り組みである。

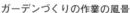

石巻南浜津波復興祈念公園

国土交通省東北地方整備局東北国営公園事務所、宮城県、石巻市

分類：復興祈念公園の計画・設計
開園：2021年3月　面積：38.8 ha
施設：みやぎ東日本大震災津波伝承館
アクセス：バス利用：ミヤコーバス山下門脇線 門脇四丁目バス停下車約12分
車利用：石巻港IC・石巻河南ICより15分、石巻駅より10分

石巻南浜津波復興祈念公園の海側からの全景（左）、みやぎ東日本大震災津波伝承館（右）

■ 事業概要

石巻南浜津波復興祈念公園は、東日本大震災により犠牲となった方々への追悼、震災の記憶と教訓を後世へ伝承、国内外に向けた復興に対する強い意志の発信を目的に、宮城県と石巻市が整備したものである。

「東日本大震災により犠牲となったすべての生命への追悼と鎮魂の思いとともに、まちと震災の記録をつたえ、生命のいとなみの杜をつくり、人の絆をつむぐ」を基本理念としている。

公園の空間構成として、南浜地区における集落の成り立ちの歴史や風土を示すかつての自然環境である「浜」と、震災前に蓄積された半世紀の想いや記憶を示す「街」、さらには東日本大震災による犠牲者を追悼し、被災の記憶を次世代へと伝承し、復興の意志を伝え続ける「祈念公園」としての機能を尊重している。

杜づくりにあたっては、厳しい海浜環境に対する苗木植栽や、順応的管理を行うと共に、市民団体を含めた多様な主体の参画・協働の杜づくりに取り組んでいる。街があり、犠牲者もいらっしゃる敷地での杜づくりは復興の象徴でもあり、その行為自体が鎮魂・祈りの意味を実質的に担っていると言える。

■ 講評

東日本大震災後、岩手・宮城・福島の3県に復興祈念公園が設置されることとなったが、他の2公園と石巻南浜津波復興祈念公園の最大の違いは、元々住宅地であったこと、多くの方がその場で亡くなられたという点にある。この重い課題に真摯に応えるため、関係者が復興祈念公園や追悼のあり方について深く悩み掘り下げ、試行錯誤しながら公園を造った軌跡は高く評価できる。また、復興祈念公園という場が、被災によって厳しい状況に置かれた市民の想いや市民活動を受け止める役割を果たしたことが特筆に値する。

この空間は、震災直後から続く「がんばろう！石巻」に象徴される市民による復興への想いを受け止め、追悼の想いを込めた生命のいとなみの杜づくりのための市民活動を公園の造成・施工期間中にも継続し、公園の開園後にも引き継がれている。市民と事業関係者の信頼関係や協働のあり方、大規模事業の施工時における市民活動の継続という観点から、他事業への横展開の可能性も示唆する先導的なプロジェクトである。

中越メモリアル回廊

公益社団法人 中越防災安全推進機構

そなえ館（左）、震央メモリアルパーク（右上）、妙見メモリアルパーク（右下）

■ 事業概要

中越メモリアル回廊は、新潟県中越地震の被災地をまるごとアーカイブし、情報の保管庫とする試みである。新潟県長岡市（長岡市・旧山古志村・旧川口町）・小千谷市に整備されたメモリアル拠点である4施設、3公園をネットワークし、それぞれの拠点を巡り、震災の記憶と復興の軌跡に触れることで、震災の実像を浮き彫りにするものである。

中越地震のメカニズムと地域変化の「アーカイブ」、防災学習プログラムの開発、中山間地域の持続可能な地域づくりへの貢献等を目指して設立された。

回廊を構成する4つの拠点施設は異なるキーコンセプトを持ち、それらをめぐることで震災と復興の全体像を知ることができる。長岡震災アーカイブセンター「きおくみらい」（長岡市大手通）は、「知」の集積と中越へのゲートウェイ、おぢや震災ミュージアム「そなえ館」（小千谷市）は、震災体験の伝承と防災学習、やまこし復興交流館おらたる（長岡市山古志）は、震災で見直す「文化・生業」、川口きずな館（長岡市川口）は、「復興物語（絆）」の集積と発展をそれぞれキーコンセプトとし、異なる展示を行っている。

3つのメモリアルパークは、実際の被災現場や震源地を保存し、災害の記憶を継承している。木籠メモリアルパーク（山古志木籠集落）では、河道閉塞により水没した家屋を保存した震災遺構であり、また併設された震災復興資料館「郷見庵」は地域住民が中心に運営し語り部活動等も行っている。妙見メモリアルパーク（長岡市妙見町）は、河川沿いの大規模な土砂崩落地に「祈りの場」（災害被災者の慰霊の場）として整備された。震央メモリアルパーク（旧川口町大字武道窪）は、中越地震の「震源地」に整備された公園で、子供たちによる復興のメッセージを伝える「標柱」が建立されている。

分類：災害の伝承・復興ツーリズム
延床面積：合計2,565.72㎡／きおくみらい690.97㎡／そなえ館659.67㎡／きずな館207.11㎡／おらたる1007.97㎡
供用開始：2011年10月（おらたる除く3施設）、2013年10月（おらたる）

水没した家屋（木籠メモリアルパーク）

やまこし復興交流館おらたる

また、震災資料の収集、情報の発信、モデルルートの設定や語り部・視察の受け入れ、ワークショップなどの防災学習プログラムの提供等を実施している。

施設は、中越大震災復興基金を原資として整備されているが、4施設はすべて既存施設の活用を原則とし、行政施設の無償貸与を受けている。またオープンから概ね10年間の維持管理費・人件費は復興基金から拠出されている。

2020年度までの10年間は、長岡市・小千谷市・（公社）中越防災安全推進機構の三者が「中越メモリアル回廊協議会」を設置し、機構を中心として各施設を運営するNPO法人等と連携して管理運営を担った。現在は長岡「きおくみらい」を機構が委託運営し、その他の施設は長岡市・小千谷市が管理している。

■ 講評

2004年12月23日に発生した中越地震は人口減少が進む中山間地域で発生した内陸地殻内地震であり、土砂災害対策などの復興が集落ごとの規模や地形を踏まえて行われた。こうした中越における各地の災害の実情とその多様性は、長岡震災アーカイブセンターきおくみらい、おぢや震災ミュージアムそなえ館、やまこし復興交流館おらたる、川口きずな館、木籠メモリアルパーク、妙見メモリアルパーク、震央メモリアルパークにおいて、地域資源としてそのまま保全され、同時にこれらをむすぶ中越メモリアル回廊が設置され運営されるに至っている。復興堰堤などの技術的な紹介を含む各地の災害復興展示は、中山間地域における新たな災害復興の方法論として評価される。

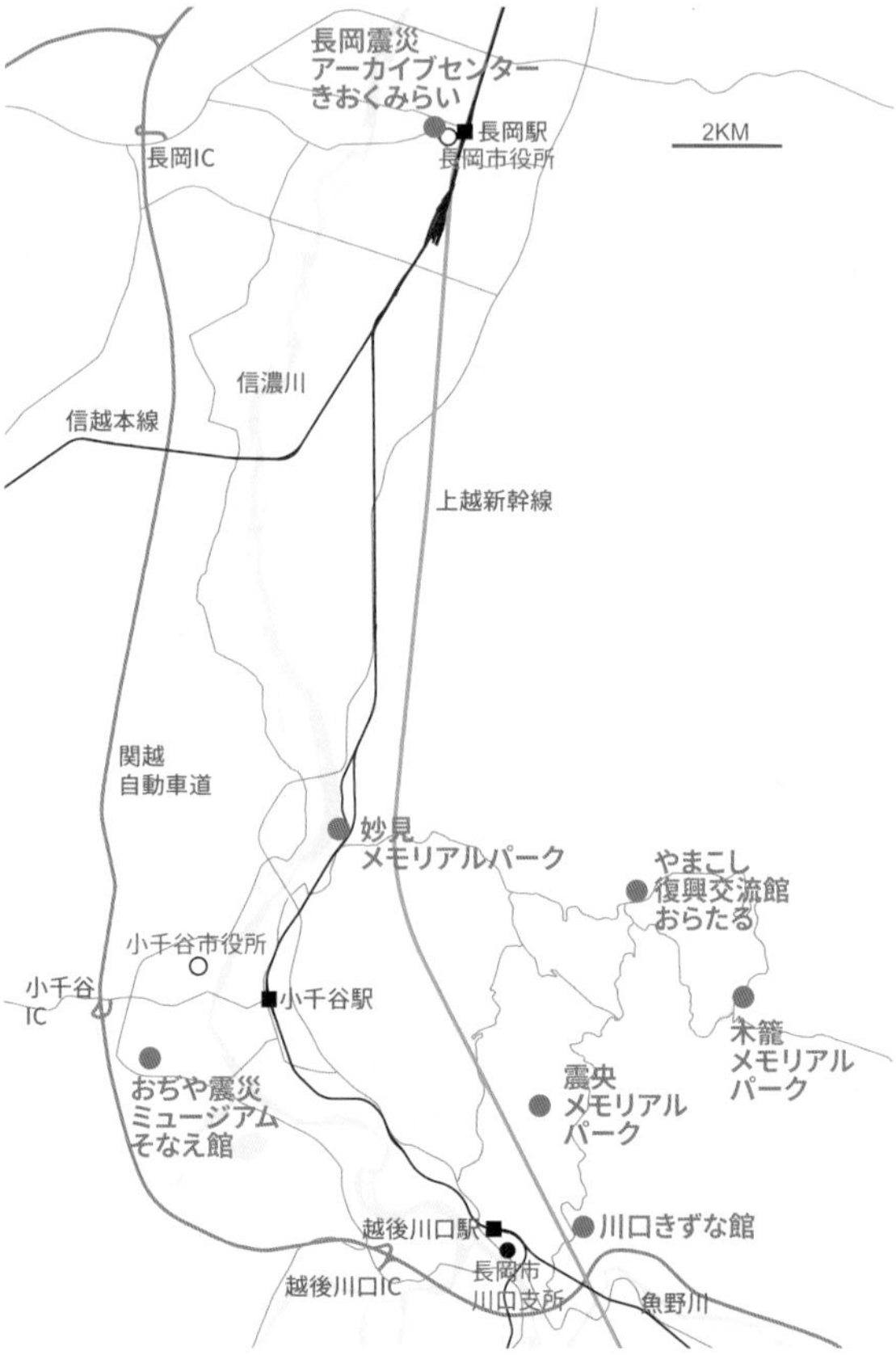

アクセス：
- きおくみらい：長岡駅大手口より大手通を徒歩5分
- おらたる：長岡駅より車で約30分、小千谷ICより約20分、小千谷駅より約20分
- きずな館：越後川口ICより車で約15分、越後川口駅より約10分
- そなえ館：JR小千谷駅より車で約10分、小千谷ICより約5分
- 妙見MP：JR小千谷駅より車で約7分、小千谷ICより約12分
- 木籠MP：長岡駅より車で約40分、小千谷ICより約30分、小千谷駅より約20分
- 震央MP：越後川口駅より車で約8分、越後川口ICより約12分

糸魚川市駅北大火における「修復型まちづくり」の早期実現

新潟県糸魚川市、独立行政法人都市再生機構

キターレ（左）、復興公営住宅脇のポケットパーク（右）

■ 事業概要

2016年12月22日に発生した糸魚川市駅北大火は、消火に至るまでの約30時間燃え続け、約4万㎡、147棟の建物が被害を受けた（うち全焼120棟）。この大火を受け、糸魚川市は早期復興を目指し、関係者が復興まちづくりに対する考え方を共有するための基本方針や、具体的な施策を取りまとめた「糸魚川市駅北復興まちづくり計画」を早期に策定した。

復興まちづくり計画では、「災害に強いまち」「にぎわいのあるまち」「住み続けられるまち」が方針とされ、①大火に負けない防災力の強化、②大火を防ぐまちづくり、③糸魚川らしいまちなみ再生、④にぎわいのあるまちづくり、⑤暮らしを支えるまちづくり、⑥大火の記憶を次世代につなぐ、という6つの重点プロジェクトを設定・実施されている。

このうち、延焼した住宅・市街地の再生にあたって、小規模または不整形な住宅敷地を再編し、密集市街地を解消するために土地区画整理事業が導入された。当初、全面的な面整備も検討されたが、概ねの区画で、一定の水準が満たされたため、事業を速やかに行うために大規模な土地区画整理事業ではなく、「修復型」のまちづくり方針が採用された。事業範囲を街区ごとの小規模な範囲に限定して設定し、市が権利者の同意を得て個人施行で実施した。また、地権者への減歩や事業費負担は求めず、市費で実施した他、転出意向の方の土地は市が取得し、道路や広場整備の用地にあてた。これにより合意形成がスムーズとなり、計画策定が迅速に行われた。

この他、本町通りにおける延焼防災帯の形成や糸魚川らしい「雁木」のある街並みの形成、防災と賑わいの拠点となる「にぎわい創出広場（キターレ）」の整備、医療・福祉や子育てサービスと連携し、地元木材を活かした復興住宅の整備、消防力の強化など様々な取り組みを連携して実施している。このうち、キターレは、映像等で大火の記録を伝えるコーナー、シェアキッチン、多目的広場等を設けており、日常の交流の場と非常時の避難場所としての機能を備えている。

糸魚川市は復興まちづくりを推進するため、復興推進課を設置する等、庁内体制を整備した。それに合わせ、都市再生機構は、経験や専門性のある職員を糸魚川市に派遣するなど、復興まちづくりに人的・技術的に支援し、早期の復興まちづくりを実現した。

分類：市街地の再生
被害概要：焼損棟数147棟（全焼120棟、半焼5棟、部分焼22棟）、消失面積約40,000㎡、負傷者17人、被災者145世帯、56事業者
計画対象：対象地域 約17ha、重点地域（被災地約4ha）　区画整理：5地区（市個人施行、施行面積 合計約1.2ha
復興住宅：木造地上3階、敷地面積1,103㎡、延床面積1,396㎡、18戸、2019年3月竣工
キターレ：鉄骨造平屋、延床面積355.35㎡、竣工2020年

被災直後と復興後の市街地全景

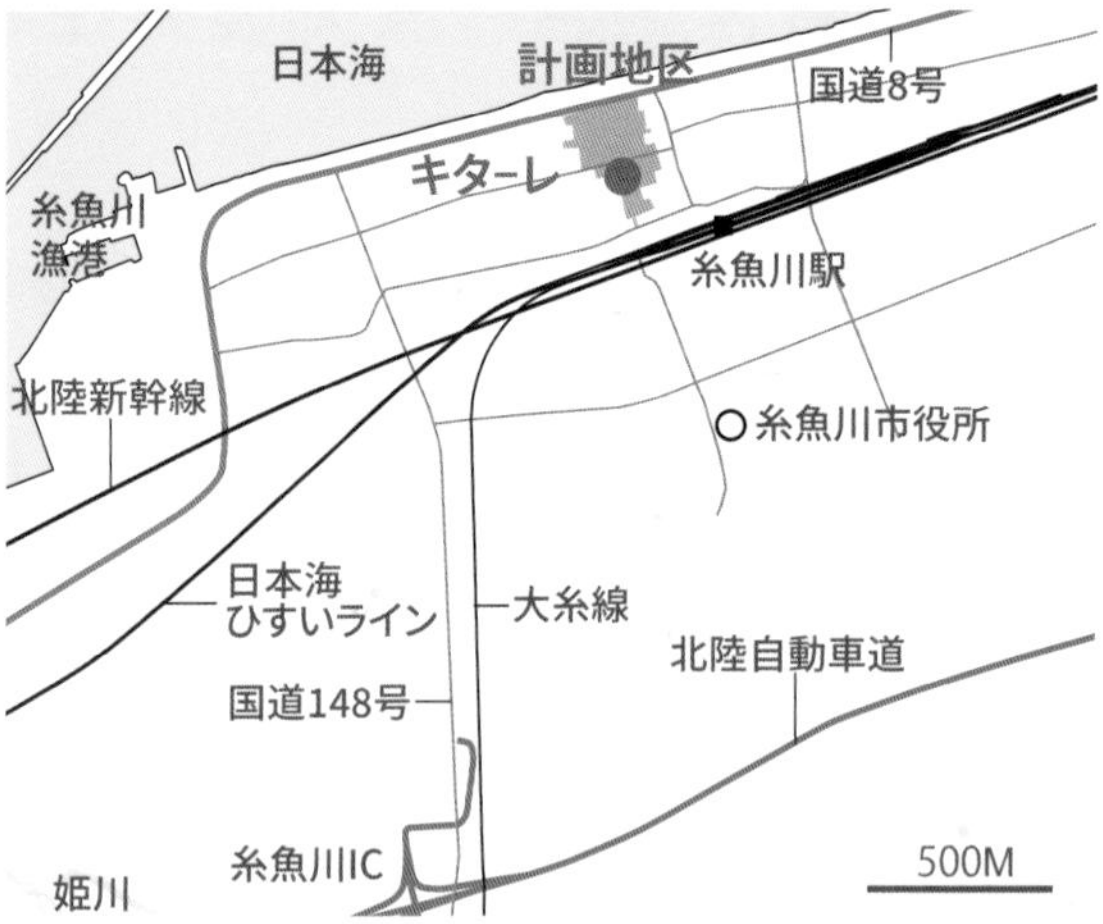

アクセス：糸魚川駅北口から徒歩5分、糸魚川ICから車で6分

■ **講評**

2016年12月22日に発生した糸魚川市駅北大火は、近世末期から近代にかけて20棟以上を焼く火災が14回発生している。対象敷地そのものが1932年大火と重なる古くからの街道沿いのまちで発生している。前回大火から再建された多くの木造建築物は、被災地中央を横切る旧加賀街道の間口が狭く奥行きが長い町屋造りとして軒を連ねていたことから、元の地割も生かしながら、修復型まちづくりの手順にそって復興が迅速に実行に移されている点が特筆するに値しよう。一部市道の拡幅や、都市軸となる本町通りから一定区間内の建物の不燃化による延焼を防ぐ防火帯の設置と合わせて、雁木再生の支援などを行うことで、地域の歴史的な成り立ちを取り入れた復興を実現している。

復興まちづくり計画の重点プロジェクトマップ

芦屋市若宮地区の震災復興住環境整備

岩若宮地区まちづくり協議会、芦屋市、
江川直樹（当時：現代計画研究所大阪事務所）、後藤祐介（当時：GU計画研究所）

若宮地区の住環境整備：存置住宅に馴染むスケールで公営住宅を配置。路地のような空間が各所にデザインされている

■ 事業概要

芦屋市若宮地区は約2.3ha、人口550人程度の密集市街地で、阪神・淡路大震災により甚大な被害を受けた。

芦屋市は、若宮地区を復興事業地区に位置づけ、震災から約4ヶ月後の5月に市が再生案を提示した。この案では、震災で壊れた全ての住宅を撤去し、路地を廃し、地区全体を最大8階建の集合住宅として再建するというものであった。この計画に対して、多くの住民の反対があり、再度検討されたが、2ヶ月後の7月に提示された案は、同様に基盤整備を行った上で、集合住宅のほかに、タウンハウスと独立住宅によって再生する計画であった。

これに対し、地区住民は、行政案では今まで暮らしてきた街の再生にはならないとし、被災した地域住民を中心として1995年9月に「若宮地区まちづくり協議会」を設立した。被災前の路地空間の雰囲気等を生かした復興を目指し、コンサルタントや建築家等の専門家の支援を得て、自力再建住宅と小規模な災害公営が分散的に配置された復興計画案を検討し、1996年6月に市長に提出した。

芦屋市はこの案に賛同し、行政・まちづくり協議会・専門家の協働によって計画を推進することとなった。事業は住宅地区改良事業によって施工された。

若宮地区は、密集市街地で安全上問題もあったが、路地の良い雰囲気を有していた。そこで、小規模な公営集合住宅を分散して配置し、自力再建の独立住宅のまちなみに馴染ませる計画とした。公営住宅には路地のような通り抜けを設け、道路や広場などの公共空間と連続させる設計とした。こうした計画によって、近隣同士の日常的なつながりが維持され、満足度の高い復興に寄与している。

分類：市街地の再生　地区面積：約2.25ha
住戸数：市営住宅：92戸、戸建住宅等65戸
市営住宅の概要：1号棟（RC4階建）、2号棟（RC4階建）、3号棟（RC4階建）、4号A棟・B棟（RC2階建・RC4階建）、5号棟（RC4階建）、
延床面積合計6493.36㎡、竣工：1999年2月（1号棟）、2001年2月（4号A棟）
集会所：RC造平屋建　延床面積110.00㎡

■ 講評

1995年1月17日に発生した阪神・淡路大震災により大きな被害を受けた芦屋市若宮地区では「安全で快適なまちを早期に復興する」を目標に、多くの地元説明会を実施しながら通常困難な計画変更に基づく地区の復興プランの実現を果たしている。配置や色づかい、六甲山への眺望を重視し、4階建を基本に一部3、5階建を混在させながら4つの街区のバリエーションを生み出し、設けられた個性的な広場や緑地によってそれぞれの街区がさまざまな小径によってつながっている。階高を抑えたヒューマンスケールな集合住宅の隙間が綿密に構想されるとともに、まるでもともとそうであったかのような町として復興せしめた設計者やまちづくりに関わったすべての人々の力量も素晴らしい。都市計画や社会基盤計画に関わる若いプランナーや設計者に最も訪れてもらいたい復興地区の一つといえる。

アクセス：
阪神本線打出駅から徒歩5分、JR芦屋駅から徒歩12分

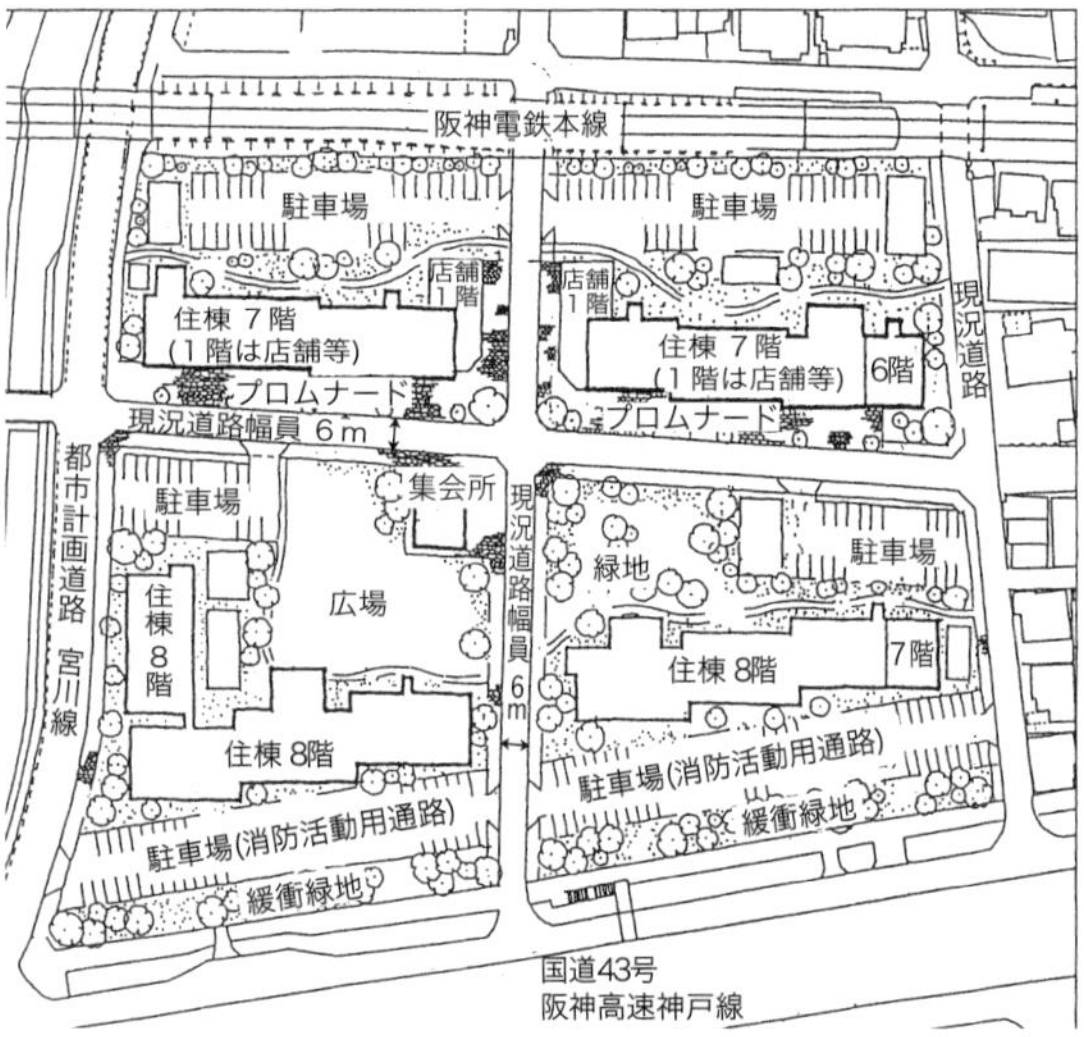

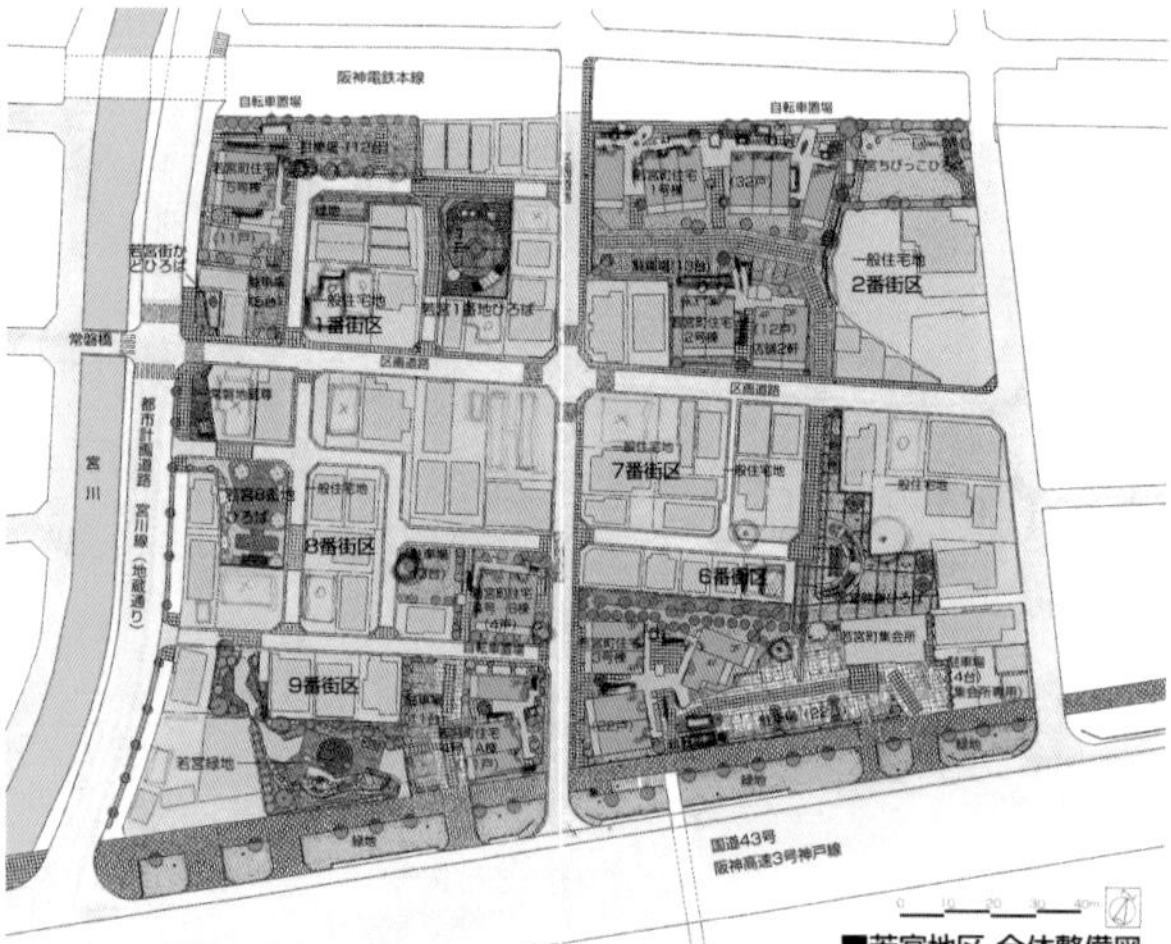

■若宮地区 全体整備図

若宮地区復興計画案：集合住宅を整備する当初案（左）、存置住宅と小規模公営住宅が馴染む最終案（右）

若宮地区の住環境整備：存置住宅に馴染むスケールで公営住宅を配置。路地のような空間が各所にデザインされている

十津川村復興公営住宅

十津川村復興公営住宅設計チーム
(十津川村、奈良県、蓑原敬、環境設計研究所、アルセッド建築研究所、市浦ハウジング＆プランニング)

分類：農村型復興公営住宅の計画・設計
住戸数：モデル住宅2戸、復興公営住宅13戸、医師向け
竣工：2013年7月31日（モデル住宅）
アクセス：高森団地…車の場合、新宮から75分・白浜から90分・五條から100分
バス利用の場合、平谷口バス停から徒歩25分
谷瀬団地…車の場合、五條から60分、バス利用の場合：小栗栖バス停から徒歩25分

■ 事業概要

日本一大きな村である十津川村は、急峻な山々に囲まれ、2011年9月の紀伊半島大水害によって被災した。十津川村では、復興公営住宅・被災者の自力再建住宅のモデルとなり、地場産業である林業振興に貢献する「十津川村復興モデル住宅」を建設した。

モデル住宅は、十津川の気候風土や生活様式に配慮するとともに、十津川杉の魅力を最大限引き出し、省エネ・高性能・低コストであることが求められた。

設計にあたり、民家調査、十津川大工とのワークショップ、住民ヒアリングを繰り返し、急斜面沿いに建てられる十津川の民家の建築様式を把握し、住まいづくりの所作を25項目に整理した。

これらの住まいづくりの原則に従って、2棟の木造モデル住宅（平屋建てタイプ／二階建てタイプ）を建設した。十津川には10齢級を超える杉が豊富にあるため、杉の間伐材から取られる最大寸法4寸×7寸を梁材とする構造計画が採用されている。

その後、村の安全・安心拠点である谷瀬集落・高森集落に、13戸の復興公営住宅、1戸の医師向け住宅を建設した。既存の地形、里道、樹木を継承し、間口5間×奥行3間の細長い住宅を等高線に沿って配置。石積の擁壁、風よけの板塀、生垣など十津川らしい風景を継承した。

高森団地

谷瀬団地

■ 講評

過疎が加速する中山間地域で、復興デザインにどのようなことができるのか。

本プロジェクトでは、設計を進めるにあたり、設計チームが一丸となって地域に向き合い、地域に元々あったデザインコードを明らかにしている点が特筆に値する。つまり、紀伊山地の険しい地形の中で、家々がどのような特徴を持って建てられてきたかを観察し、あるいは繰り返し住民から聞き取ることによって、「パターン・ランゲージ」として丁寧に分析した。

こうした分析に基づいて、斜面地の中に、地場の木材を活用した災害公営住宅を上手く埋め込み、集落の再生を図った、他に例のない中山間地域における復興デザインの事例であると言える。

民間主導による観光拠点「HASSENBA」再建プロジェクト

球磨川くだり株式会社、タムタムデザイン、
ASTER、PREODESIGN、株式会社一平ホールディングス

分類：発船場のリノベーション、観光の復興　供用開始：2021年7月
敷地面積：2860.95㎡、建築面積：360.77㎡、延床面積：540.88㎡
構造：S造（屋根のみ木造）・2階建て
機能：ツアーデスク、カフェ、バー、発船場他
アクセス：相良藩願成寺駅より徒歩10分、人吉駅より徒歩20分
バス利用…九州産交バス 球磨川下り発船場前バス停下車すぐ
車利用…人吉ICより10分

HASSENBA：川側正面（左）、川沿いのスカイテラス（右下）、内部のカフェやショップ（右上及び中央上）

■ 事業概要

HASSENBAは、令和２年７月豪雨により被災した人吉発船場を観光複合施設としてリノベーションしたプロジェクトである。人吉発船場は、１階が1.5m浸水し、球磨川下りの舟は全て流出、売店商品や事業用車両が全て水没した。発船場を経営する球磨川くだり㈱は、被災地域の観光産業復興に寄与するために、各分野の専門家を集めた発船場の再建を検討するプロジェクトチームを立ち上げた。

被災前の乗船券発売所と待合室の機能のみならず、地域交流を狙ったカフェやショップ等も合わせて球磨川流域の観光拠点として再建を果たしている。

さらに被災した建物をスクラップアンドビルドするのではなく、既存建物を生かしながら、改築した点も稀有な復興再建事例であり、被災から１年間という極めて短期間で事業竣工まで達成しており、既存建物を活かしつつ新たな価値を生み出す生業再生事業であり、今後頻発の予想される豪雨災害からの産業復興事例として極めて示唆的である。

■ 講評

このプロジェクトで驚かされるのは、そのスピード感である。豪雨により、甚大な被害を受けたが、1週間後には泥出しや掃除を終え、１ヶ月後にはプロジェクトチームを作って再スタートした。プロジェクトの具体化にあたり、なりわい再建補助金を有効に活用するなど、民間ならではの実行力で、被災からわずか1年で再建された。

再建されたHASSENBAは、地域交流を促すカフェやショップ等も合わせた人吉市民にとっても望んでいた複合施設となっており、空間も、球磨川越しに人吉城を望むという素晴らしいロケーションを最大限に活かした開放的で居心地良い。

被災建物が解体され空き地が広がる人吉において、晴れやかに気持ちよく集える場所が存在することの価値は計り知れず、公共が届かないことを、優れたパブリックマインドを持って実現しており、新しい復興の姿を示すものだと評価できる。

甲佐町営白旗団地・乙女団地災害公営住宅

シーラカンスK&H株式会社、熊本県、甲佐町

乙女団地全景（写真：浅川敏）

■ 事業概要

平成28年熊本地震後に整備された、熊本県甲佐町にある農家型の災害公営住宅である。2戸1棟 の住棟を敷地内にずらして配置し、また軒先の高さを抑えることで、周囲の農村景観、スケールに合わせた計画となっている。

白旗団地・乙女団地共に、3種類の住戸タイプからなる同じ構成の住棟を、敷地に合わせて配置している。乙女地区では、既存樹木を中心としたケヤキ広場を、白旗団地では、住戸を中心とした共有の広場を配置し、お互いが顔合わせ、豊かなコミュニケーションを誘発する住まいが提案されている。

両団地とも、農家や農作業を行う人達が多く入居しており、農村らしい生活を支える住まいが検討された。妻側に大小の庇を張り出し、室内、縁側、そして庭を繋ぐとともに、洗濯物干しや大工仕事ができる空間となっている。また、リビングから続く土間空間を設けることで、農作業の道具置き場や近所の人と立ち話をする場所となっている。

高齢者や子育て世代など、様々なライフスタイルにとって使いやすく、また将来的なライフスタイルの変化に対応することを想定し、住戸内は大きなワンルームのような空間となっている。2戸1棟型の住宅であるが間仕切りの一部を取り外すことで、二世帯住宅等としても使用可能な計画としている。

構造材や下地材などは地場産材を使用し、工務店が調達可能な金物を基本とした計画とするなど、地場工務店で施工しやすい設計になっている。

分類：農村型復興公営住宅の計画・設計
敷地面積：2084.36㎡（白旗団地）　3181.63㎡（乙女団地）、建築面積：834.71㎡（白旗団地）　949.42㎡（乙女団地）
延床面積：561.45㎡（白旗団地）　765.17㎡（乙女団地）
構造階数：木造地上1階　工期：2018年3月～2019年1月
住戸数：白旗団地　5棟（10棟）　Aタイプ3棟、Cタイプ2棟、乙女団地　7棟（12戸）　Aタイプ5棟、Bタイプ2棟
専有面積：A 127.53㎡、B 63.76㎡、C 89.44㎡

住戸内、リビンクから続く土間空間（写真：浅川敏）

住棟を妻側から望む（写真：浅川敏）

■ 講評

本作品は、農村型の災害公営住宅として質の高いデザインとなっており、地域性を踏まえて、周辺環境に馴染む小規模な公営住宅のモデルとなりうるとして評価された。

白旗の農村集落には、荒神様の石碑があり、さらに農家の建築がある中で、この災害公営住宅がポンと置かれている。それが旧村の形になじみつつ、一方で新しい建築の形が確実にデザインとして埋め込まれている。そうすることで、農村の暮らしを大事にし、絶妙な距離感を持つ共有空間、農村が生き返るような空間が、微妙に二戸一の住宅をずらしながら生み出されている。ここには丁寧なスタディの跡を見て取ることができる。

アクセス：
白旗団地…熊本駅から車で30分、御船ICから車で7分、バス利用：芝原バス停下車徒歩3分
乙女団地…熊本駅から車で30分、城南スマートICから車で5分、バス利用：田原バス停下車徒歩5分

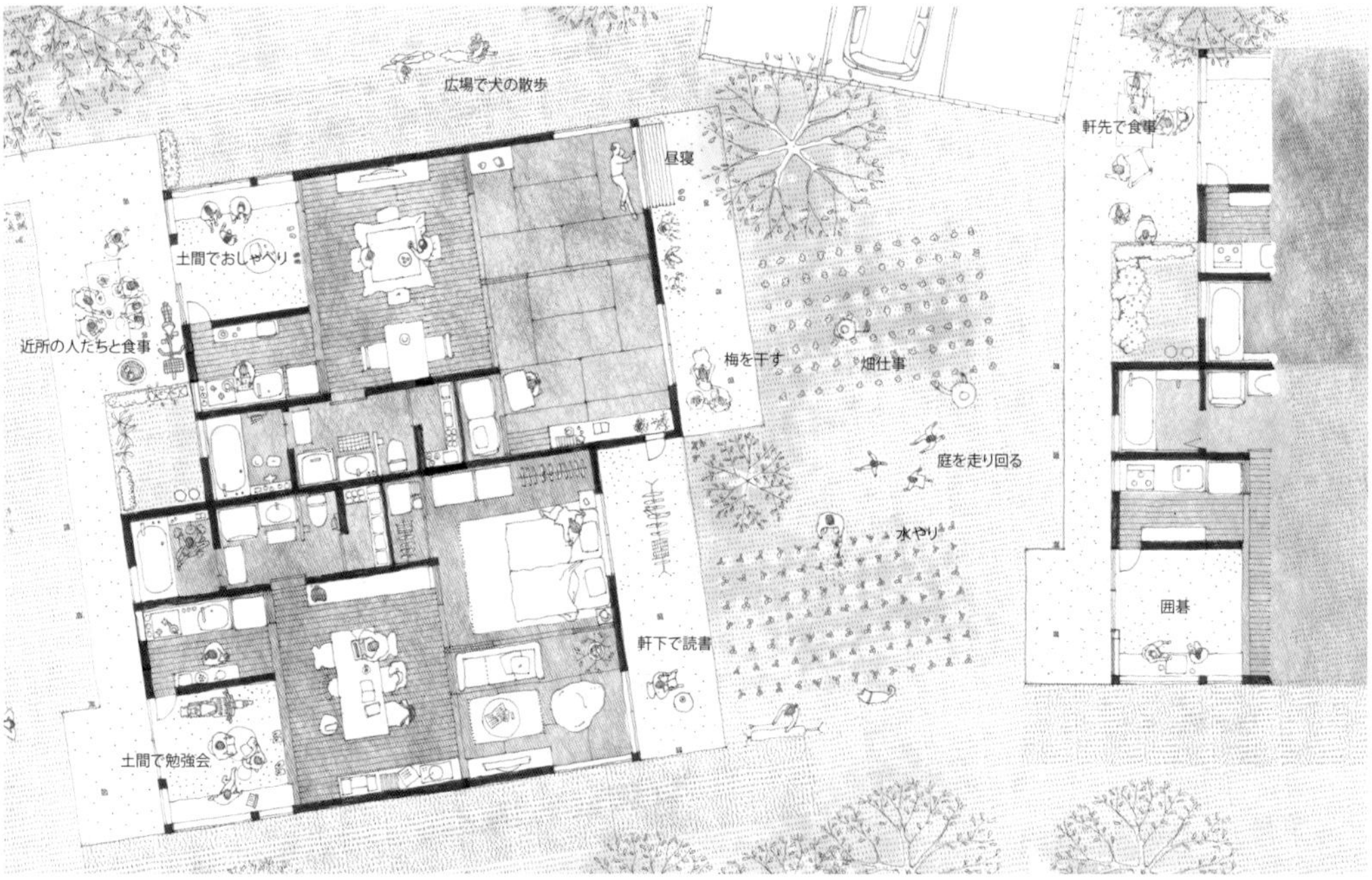

住戸プラン

黒潮町の復旧・復興までを見据えた分野横断的な事前防災の取り組み

黒潮町

黒潮町での避難訓練の様子

■ 事業概要

高知県黒潮町は、高知県の南西に位置する人口1万人程度の町である。2012年3月に公表された南海トラフ地震・津波に関する想定で、最大震度7、最大津波高34.4mと推計され、甚大な被害が想定された。以後、町では強い危機感のもと防災計画・対策事業の見直しを行ってきた。「犠牲者ゼロ」の防災まちづくり、またそれを通したコミュニティ再生や地域づくり目指している。行政と地区が協働したきめ細やかな地区防災計画の策定、避難カルテの作成や防災教育、避難施設・道路の整備と防災拠点となる公共施設の整備・高台移転、応急期計画の検討、防災産業の充実化等、ハードとソフトを組み合わせた総合的な取り組みにより着実な成果を挙げている。

防災計画では避難を諦める「避難放棄者」を出さず、「犠牲者ゼロ」の防災まちづくりを目指し、これを実現するために、次のようなハードとソフトを組み合わせた総力戦の取り組みを行っている。

町内全61地区を対象に地区防災計画を策定し、ワークショップを通じ避難道路・避難場所の課題を抽出し、整備計画を検討している。また世帯ごとの避難カルテを作成した。こうした地区防災計画の策定にあたっては全町職員が防災担当を兼務する「職員地域担当制」を導入し、地域住民との協働できめ細やかな防災活動を行っている。また、小中学校では、防災教育を継続的に行っている。

こうした整備計画等をもとに、避難タワーの6基整備、避難道路（約230本）や避難場所（約150箇所）の整備を行った。また高台において、「一団地の津波防災拠点市街地形成施設」を都市計画決定し、防災機能を高めた町役場庁舎の移転を行うと共に、都市防災総合推進事業などを活用し、公共施設や教育施設等の安全な地域の防災拠点整備を図っている。また2021年度からは町役場隣の谷を埋立、大規模な高台宅地造成に着手した。こうした防災拠点施設整備にあたっては、整備中の四国横断自動車道と連携し、施設との連携・連絡、また建設発生土の有効活用等を行っている。

これらの被災軽減策に加えて、被災後の復旧、復興

分類：南海トラフ地震に対する事前復興まちづくり

佐賀津波避難タワー

高台に移転した黒潮町新庁舎

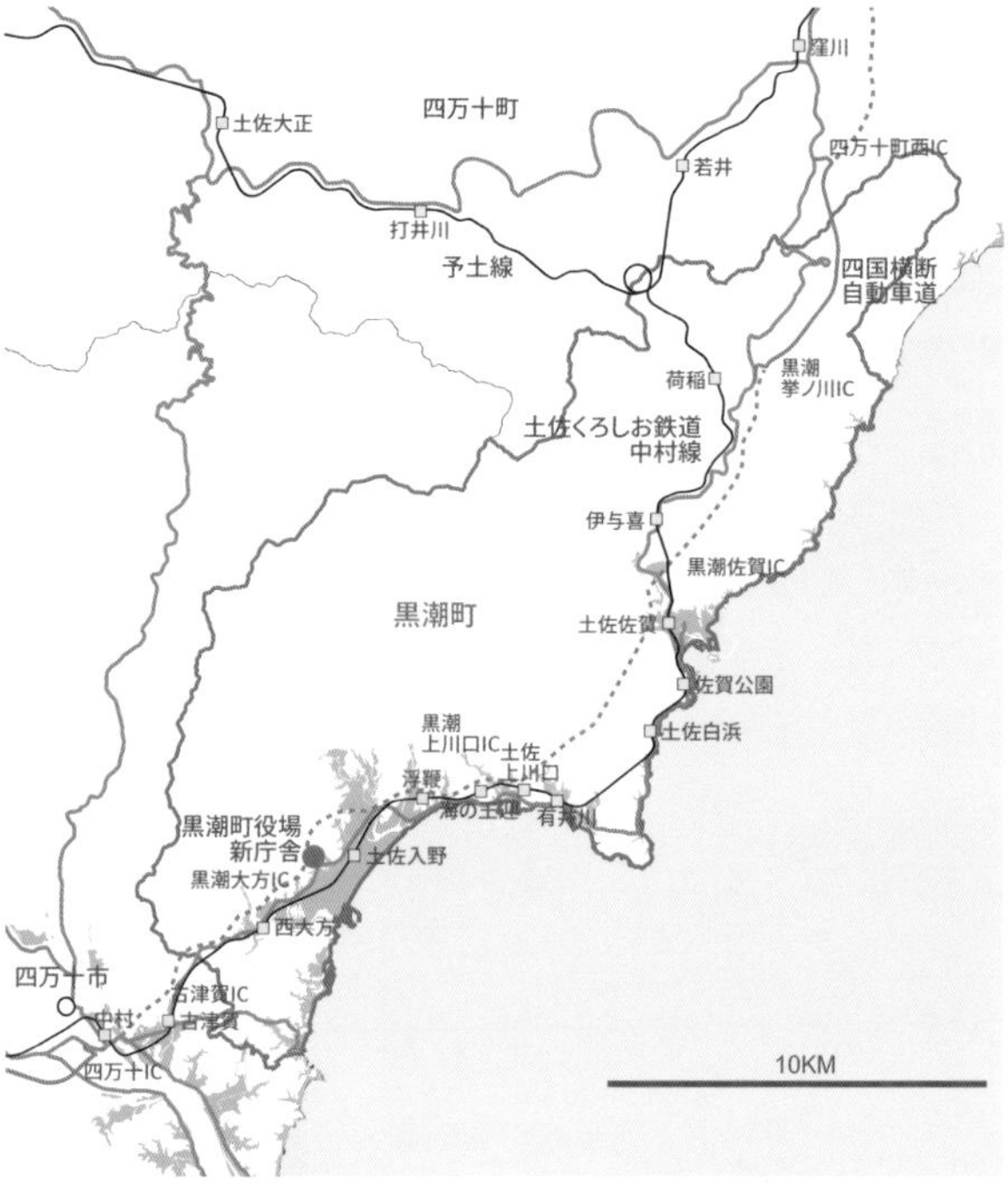

アクセス（黒潮町役場）：
黒潮拳ノ川ICより車で約30分。
土佐くろしお鉄道中村線、土佐入野駅から徒歩約15分

計画に向けた施設配置の検討や、応急期機能配置計画の策定、防災協力農地制度等による民有地の活用による復旧活動の円滑化に努めている。

さらに、産業防災についての事前対策として、町内で災害時の食料を確保する対策を兼ねた防災関連産業・黒潮町缶詰製作所を第三セクターとして設立。地元の食材を使った缶詰開発を行っている。また、防災ツーリズム等の推進も図っている。

■ 講評

南海トラフ巨大地震による最大震度7、津波の最大高さ34.4mという被害想定が公表された黒潮町では、甚大な被害から「あきらめない」という防災思想をつくりあげることをモットーとして、文明（ハード）と文化（ソフト）を組み合わせた総力戦の防災対策を行っている。これは町内全61地区を対象とした地区防災計画の策定や、ワークショップでの課題抽出に基づく避難経路・避難場所の整備計画検討など実効性の高い取り組みから、生業の機会創出を目的とした34Mブランドの缶詰開発などユニークなものまで様々である。

なかでも黒潮町では、高台で一団地の津波防災拠点市街地形成施設を計画し、防災機能を高めた町役場庁舎の移転を行うとともに、公共施設や教育施設等の安全な地域の防災拠点整備を図っており、2021年度からは大規模な高台宅地造成にも着手したということである。これは整備中の四国横断自動車道とも連携して、施設との連携・連絡、建設発生土の有効活用等を行う多主体連携のものとなっている。そしてここでは、被災後の復旧・復興計画に向けた施設配置の検討や、応急期機能配置計画の策定、防災協力農地制度等による民有地の活用による復旧活動の円滑化も十分に考慮されている。

黒潮町では発災時の犠牲者ゼロの達成から復旧・復興までを見据えて、分野横断的かつ多主体が連携した取り組みを行っており、地域のレジリエンス向上のみならず、この取り組みがコミュニティの再生や地域づくりにも寄与している。このような黒潮町の取り組みは、未災地における減災対策と事前の復旧・復興対策を総合化した地域の先駆的なモデルである。

復興デザイン 23選

凡例
①掲載ページ（特別付録）、②所在自治体名、
③災害名（発生年）、④事例キーワード、⑤受賞年

賞の分類　政策賞　計画賞　設計賞

デザインの対象　制度・仕組　インフラ・交通　都市・まち　ランドスケープ　建築設計　災害伝承

フェーズ　応急復旧　復興　予防・事前準備

くしの歯作戦

政策賞　インフラ・交通　応急復旧

①p38、②青森県・岩手県・宮城県・福島県、③東日本大震災、④応急対応、道路啓開、⑤2019年

津波被災市街地復興手法検討調査

政策賞　制度・仕組　復興

①p39、②青森県・岩手県・宮城県・福島県内の自治体、③東日本大震災、④被害調査、復興計画・事業の支援、⑤2020年

復興CM方式

政策賞　制度・仕組　復興

①p40、②岩手県・宮城県・福島県内の12自治体、③東日本大震災、④復興計画・事業の支援、⑤2021年

3.11伝承ロード

政策賞　災害伝承　復興

①p41、②青森県・岩手県・宮城県・福島県、③東日本大震災、④災害と復興の伝承・復興ツーリズム、⑤2020年

宮古市の復興まちづくり計画

計画賞　都市・まち　復興

①p42、②岩手県宮古市、③東日本大震災、④復興まちづくり計画、⑤2019年

釜石市東部地区復興公営住宅（天神町・大町1号・大町3号・只越1号）

設計賞　建築設計　復興

①p43、②岩手県釜石市、③東日本大震災、④都市型災害公営住宅、⑤2020年

釜石・平田地区 コミュニティケア型仮設住宅の計画

計画賞　建築設計　応急復旧

①p44、②岩手県釜石市、③東日本大震災、④建設型応急仮設住宅団地の計画、⑤2020年

釜石市立唐丹小学校・釜石市立唐丹中学校・釜石市唐丹児童館

設計賞　建築設計　ランドスケープ　復興

①p45、②岩手県釜石市、③東日本大震災、④教育施設の再建、⑤2019年

花露辺地区復興計画

計画賞　都市・まち　復興

①p46、②岩手県釜石市、③東日本大震災、④漁業集落の復興計画、⑤2020年

高田松原津波復興祈念公園 国営追悼・祈念施設

設計賞　建築設計　ランドスケープ　復興

①p30、②岩手県陸前高田市、③東日本大震災、④復興祈念公園・追悼施設の計画・設計、⑤2019年

川原川・川原川公園

設計賞　ランドスケープ　復興

①p32、②岩手県陸前高田市、③東日本大震災、④河川・公共空間のデザイン、⑤2021年

気仙沼線／大船渡線BRT

計画賞 インフラ・交通 復興

①p53、②石巻市・登米市・南三陸町・気仙沼市・陸前高田市・大船渡市、③東日本大震災、④公共交通の復旧、⑤2020年

気仙沼復興橋梁群

設計賞 インフラ・交通 復興

①p51、②宮城県気仙沼市、③東日本大震災、④橋梁の設計、⑤2021年

気仙沼大谷海岸の再生

計画賞 インフラ・交通 復興

①p52、②宮城県気仙沼市、③東日本大震災、④海岸の再生、防潮堤の建設、⑤2021年

雄勝ローズファクトリーガーデン

政策賞 ランドスケープ 復興

①p54、②宮城県石巻市、③東日本大震災、④コミュニティガーデン、災害危険区域の利用、⑤2021年

石巻南浜津波復興祈念公園

計画賞 建築設計 ランドスケープ 復興

①p55、②宮城県石巻市、③東日本大震災、④復興祈念公園の計画・設計、⑤2021年

中越メモリアル回廊

計画賞 災害伝承 ランドスケープ 復興

①p56、②新潟県長岡市・小千谷市、③新潟県中越地震（2004）、④災害と復興の伝承・復興ツーリズム、⑤2019年

糸魚川市駅北大火における「修復型まちづくり」の早期実現

政策賞 都市・まち 復興

①p58、②新潟県糸魚川市、③糸魚川駅北大火（2016）、④市街地の再生、⑤2020年

十津川村復興公営住宅

設計賞 建築設計 復興

①p62、②奈良県十津川村、③紀伊半島大水害（2011）、④農村型復興公営住宅の計画・設計、⑤2019年

芦屋市若宮地区の震災復興住環境整備

計画賞 建築設計 都市・まち 復興

①p60、②兵庫県芦屋市、③阪神・淡路大震災、④市街地の再生、⑤2020年

黒潮町の復旧・復興までを見据えた分野横断的な事前防災の取り組み

計画賞 都市・まち 予防・事前準備

①p66、②高知県黒潮町、③想定南海トラフ巨大地震、④南海トラフ地震に対する事前復興まちづくり、⑤2021年

甲佐町営白旗団地・乙女団地災害公営住宅

設計賞 建築設計 復興

①p64、②熊本県甲佐町、③熊本地震（2016年）、④農村型復興公営住宅の計画・設計、⑤2020年

民間主導による観光拠点「HASSENBA」再建プロジェクト

設計賞 建築設計 復興

①p63、②熊本県人吉市、③令和2年7月豪雨（球磨川水害）、④発船場のリノベーション、観光の復興、⑤2021年

MEMO